U0628091

油田化学实验

基础与教程

王增宝 黄维安 ● 主编

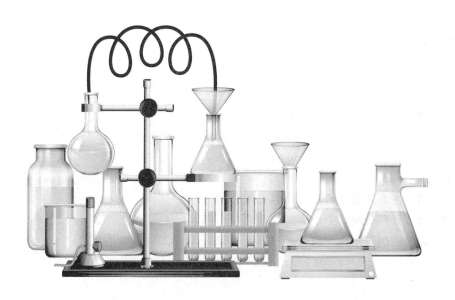

中国石油大学出版社
CHINA UNIVERSITY OF PETROLEUM PRESS

山东·青岛

图书在版编目（CIP）数据

油田化学实验基础与教程 / 王增宝，黄维安主编
. -- 青岛 : 中国石油大学出版社，2024.4
ISBN 978-7-5636-8109-9

Ⅰ. ①油… Ⅱ. ①王… ②黄… Ⅲ. ①油田化学－化
学实验－教材 Ⅳ. ①TE39-33

中国国家版本馆 CIP 数据核字（2024）第 038688 号

中国石油大学（华东）规划教材

书　　　名：油田化学实验基础与教程
　　　　　　YOUTIAN HUAXUE SHIYAN JICHU YU JIAOCHENG

主　　　编：王增宝　黄维安

策划统筹：吕华华（电话　0532-86981529）
责任编辑：付晓云（电话　0532-86981980）
责任校对：董　然（电话　0532-86981536）
封面设计：孙晓娟

出 版 者：中国石油大学出版社
　　　　　　（地址：山东省青岛市黄岛区长江西路 66 号　邮编：266580）
网　　　址：http://cbs.upc.edu.cn
电子邮箱：bjzx1130@sina.com
排 版 者：青岛天舒常青文化传媒有限公司
印 刷 者：日照日报印务中心
发 行 者：中国石油大学出版社（电话　0532-86983584，86983437）
开　　　本：787 mm×1 092 mm　1/16
印　　　张：24.25
字　　　数：593 千字
版 印 次：2024 年 4 月第 1 版　2024 年 4 月第 1 次印刷
书　　　号：ISBN 978-7-5636-8109-9
定　　　价：49.00 元

前 言
PREFACE

油田化学作为石油工业中的重要领域,其创新和应用对石油的勘探开发和生产运行具有重要的意义。本教材通过系统的实验项目和操作指南,帮助在油田化学领域学习的学生和从业的研究人员全面掌握实验技能,为今后的学习和科研奠定坚实基础。

本教材共分为3篇,分别是"化学实验基础知识与操作技术""油田化学实验"和"拓展创新实验"。

"化学实验基础知识与操作技术"一篇系统介绍了油田化学相关实验中常用的玻璃仪器等的准确操作规范,有助于提高实验安全性,训练操作规范性。

"油田化学实验"一篇按照油田化学的基础理论知识与开发生产的不同过程,将实验项目归类分为"油田物理化学实验""钻井化学实验""采油化学实验""集输化学实验"4章,实验项目与"应用物理化学""油田化学"课程体系相对应。"应用物理化学"是石油工程专业后续专业基础课程"油层物理"和专业课程"油田化学""提高采收率原理"的基础,主要包括气体、溶液与相平衡、电化学基础、表面现象、表面活性剂与高分子、分散体系与高分子溶液等内容。为加深对理论知识的理解,本教材设置了9个与"应用物理化学"课程相关的实验项目。钻井化学是"油田化学"的一部分,研究的是如何用化学方法解决钻井和固井过程中遇到的问题,可分为钻井液化学和水泥浆化学。本教材设置了12个与钻井化学相关的实验项目,其中实验一至实验八为钻井液化学实验,主要介绍钻井液的配制、性能评价、性能调整与控制等相关的实验操作与实验设计;实验九至实验十二为水泥浆化学实验,介绍了水泥浆的配制及流动度、密度的测定,流变性和游离液的测定,凝结时间、稠化时间及抗压强度的测定等实验操作与实验设计。采油化学研究的是如何用化学方法解决采油过程中遇到的问题。本教材编写了 20 个与化学驱提高采收率、调剖、堵水、稠油降黏、酸液性能调整、压裂液性能调整、油水井防砂、油井防蜡、清蜡等内容相关的实验项目。集输化学研究的是如何用化学方法解决原油集输过程中遇到的问题。本教材根据原油集输过程中存在的化学问题及解决办法,编写了 10 个与管道的腐蚀与防腐、乳化原油的破乳和起泡原油的消泡、原油的降凝输送与减阻输送、天然气处理与油田污水处理等内容相关的实验项目。

"拓展创新实验"可帮助学生进一步提高创新实践能力,分为"拓展性实验"与"综合创新性实验"两章。"拓展性实验"是与油田化学实验内容相关的实验项目,是油田化学实验内容的补充与拓展,以进一步加深、提升学生对实验教学内容的认识与理解;"综合创新性实验"主要为创新设计类实验,以课题研究的模式开展,重在提升学生的创新研究能力。

附录部分为读者提供了油田化学常用实验器材与玻璃装置、实验常用参数、实验常用指示剂、缓冲液配制、常用洗液、常用溶剂物性以及常见基团红外吸收特征频率等内容的简介,便于相关从业人员快速查阅。

本教材可作为石油院校有关专业的教学用书,也可作为从事石油工程专业、应用化学专业、精细化工专业研究人员和工程人员,以及油田化学领域相关科研院所科研人员、油田化学剂生产厂技术人员的参考用书。

本教材由王增宝负责策划、统稿并审校。王增宝、黄维安主编,耿杰、范鹏、孙铭勤、战永平等参与部分内容的编写并进行校对。

本教材在实验项目选取上力图做到理论联系实际,增强实用性;在实验项目设置方面力图做到系统连贯,增强体系化。但是由于油田化学领域的实验涉及相关学科较多,在理论应用方面仍有许多问题需要进一步探讨,有些实验方法跟不上行业前沿的快速发展,加之编者学识水平有限,书中难免存在错误与不足之处,敬请广大读者不吝指正!

编　者

2024 年 2 月

目 录
CONTENTS

第一篇　化学实验基础知识与操作技术

第二篇　油田化学实验

第三篇　拓展创新实验

第一篇

化学实验基础知识与操作技术

介绍油田化学相关实验中用到的玻璃仪器的准确操作规范,提高实验安全性,训练操作规范性。

第一章

实验室安全

实验室是从事实验教学、科学研究、社会服务的重要场所。实验室安全管理对工作人员具有深远的影响。从实验室的布局、设备的维护保养，到危险化学品的存放、仪器设备的使用记录、安全检查记录，再到实验室的管理模式、管理制度等方面，都在要求实验人员形成严谨求实、精益求精的作风，培养安全实验的良好习惯。实验室中潜伏着许多危险因素，稍有疏忽，则极易出现安全事故，影响实验人员的身体健康，进而影响工作任务的顺利完成。

实验室安全管理，责任重于泰山。

第一节　实验室安全准则

（1）必须坚持安全第一、预防为主的原则。在实验室工作的所有人员都应熟悉"实验室安全制度"和其他有关安全的规章制度，应掌握消防安全知识、化学危险品安全知识和化学化验的安全操作知识。实验室工作人员应认真遵守化验操作规范，了解仪器设备的使用方法及操作过程中可能出现的事故，知道事故的处理方法。实验室安全负责人应定期进行安全教育和检查。

（2）新进实验室做实验的人员，均须经过安全教育、培训和考核，合格者方能进行实验。

（3）在实验进行中，操作者不得擅自离开实验室，离开时必须有人代管（对于具有安全保障和仪器运行可靠的实验，可短时间离开）。

（4）严禁在实验室饮食（也不可以在冰箱里储存食物），绝对禁止在实验室吸烟以及任何形式的嬉戏打闹。

（5）工作时应穿工作服，长发不可披肩，应扎起，不可在食堂等公共场所穿工作服。进行危险性工作时应穿戴防护用具。

（6）实验室的化学试剂应按有关规定进行保管。实验人员进行危险性操作，如处理易燃易爆品、处理危险废液、对危险品进行取样分析等，应穿防护服并有第二人员陪伴，陪伴者应能清晰并完整地观察操作的全过程。

（7）贵重金属、贵重物品、贵重试剂及剧毒试剂应有专人负责保管。

（8）氢气瓶、乙炔瓶等盛危险气体的钢瓶必须放在室外指定地点（钢瓶间或阳台），放在室内的钢瓶须用铁链或其他方式进行固定,应经常检查是否漏气,严格遵守使用钢瓶的操作规程。

（9）熟悉室内的天然气、水、电的总开关所在位置及使用方法。遇有事故或停水、停电、停气,或用完水、电、气时,使用者必须立即关好相应的开关。

（10）不得使用运行状态不正常（待修）的仪器设备进行化验,控温性能不可靠的电热设备不得在无人值守的情况下运行,因振动大或噪声大而对周围化验室造成干扰的设备不得运行。不得超负荷使用电源和器件（配电箱、插座、插线板、电源线等）,不得使用老化或裸露的电线（连接临时电线时,应使用护套线）,不得擅自改接电源线,不得遮挡实验室的电闸箱、天然气阀门及给水阀门。不得擅自在实验室进行电焊或气焊。

（11）离开实验室前应用洗手液（洗洁精）洗手。

（12）最后离开实验室的人员,有责任检查水、电、气及窗户是否关好,锁好门再离开。

第二节　实验室安全注意事项

（1）遵守实验室的各项规章制度。爱护仪器,节约试剂和水、电等。保持实验室的整洁和安静,注意维持桌面和仪器的整洁。每个实验人员都必须知道实验室内电闸、水阀和气阀的位置,实验完毕离开实验室时,应将这些闸、阀关闭。

（2）实验室内禁止饮食吸烟,切勿以实验器皿代替水杯、餐具等使用,防止化学试剂入口。实验结束后要洗手,若曾使用过有毒药品,则还应漱口。

（3）保持水槽清洁和通畅,切勿将固体物品投入水槽。废纸和废屑应投入废纸箱内,废液应小心倒入废液桶集中收集和处理,切勿随意倒入水槽,以免腐蚀下水道及污染环境。废渣应根据性质进行收集和处理。

（4）使用汞盐、氰化物、砷盐等有毒试剂时应特别小心,用过的废物不可乱扔、乱倒,应及时回收或进行特殊处理。严禁在酸性介质中加入氧化物。对于少量洒到实验台上的汞,应及时用硫黄粉覆盖,收集后集中处理。

（5）使用 CCl_4、乙醚、苯等有毒或易燃有机溶剂时要远离火源和热源,敞口操作应在通风橱中进行。试剂用后及时给试剂瓶加盖,并将其置于阴凉处存放。低沸点、低闪点的有机溶剂不得在明火或电炉上加热,应在水浴、油浴或可调压电热套中加热。用过的溶剂不可倒入水槽中排放,应倒入回收瓶中集中处理。

（6）使用浓酸、浓碱等强腐蚀性试剂时要戴上防护手套,同时注意安全,以免溅在皮肤、衣服和鞋袜上。使用 HF、HCl、HNO_3、$HClO_4$、H_2SO_4、氨水等易挥发试剂时,应在通风橱中进行操作,绝不允许在实验室中加热。夏天,打开浓氨水试剂瓶瓶盖之前,应先将试剂瓶放在自来水水流下冷却,再开启。进入实验室后要明确洗眼器位置,若不小心将酸或碱溅到皮肤或眼睛内,则应立即用水冲洗,然后用 50 g/L 碳酸氢钠溶液（酸腐蚀时采用）或 50 g/L 硼酸溶液（碱腐蚀时采用）冲洗,最后用水冲洗。在操作酸、碱及其他对皮肤和眼睛有刺激的物质时,应佩戴防护用具。

（7）热、浓的 $HClO_4$ 溶液遇有机物易发生爆炸。若试样为有机物,则应先将有机物与浓硝酸混合加热,使有机物与浓硝酸发生反应,结构被破坏后,再加入浓 $HClO_4$ 溶液。蒸发浓 $HClO_4$ 溶液所产生的烟雾易在通风橱中凝聚,故经常使用 $HClO_4$ 的通风橱应定期用水冲洗,以免 $HClO_4$ 的凝聚物与尘埃、有机物作用,引起燃烧或爆炸,造成事故。

(8) 发生烫伤,可在烫伤处抹上黄色的苦味酸溶液或烫伤软膏,严重者应立即送往医院治疗。

(9) 使用高压气体钢瓶时,要严格按操作规程进行操作。高压钢瓶的种类可根据其颜色加以辨认,见表 1-1-1。

表 1-1-1　高压钢瓶种类及标识

气体名称	瓶体颜色	字　样	字样颜色	横条颜色
氧　气	天　蓝	氧	黑	—
氢　气	深　绿	氢	红	—
氮　气	黑	氮	黄	棕
二氧化碳	黑	二氧化碳	黄	—
压缩空气	黑	压缩空气	白	—
硫化氢	白	硫化氢	红	红
二氧化硫	黑	二氧化硫	白	黄
石油气	灰	石油气体	红	—
氩　气	灰	纯　氩	绿	—

(10) 若在实验过程中发生着火,则应尽快切断电源和燃气源,并选择合适的灭火器材扑救。酒精及其他可溶于水的液体着火时,可用水灭火;汽油、乙醚等有机溶剂着火时,可用砂土灭火,此时绝对不能用水,否则会扩大燃烧面;导线或电器着火时,不能用水及二氧化碳灭火器灭火,若着火面积较大,则应在尽力扑救的同时及时报警。

第三节　实验室安全防护

一、基本要求

(1) 为了防止眼睛或面部受到泼溅物、碰撞物或人工紫外线辐射的伤害,必须戴安全眼镜、面罩(面具)或其他防护设备。

(2) 严禁穿着实验室防护服离开实验室,例如去餐厅、咖啡厅、办公室、图书馆、员工休息室和卫生间。

(3) 不应在实验室内穿露脚趾的鞋子。

(4) 禁止在实验室工作区域进食、饮水、化妆和清洗隐形眼镜。

(5) 禁止在实验室工作区域储存食品和饮料。

(6) 实验室内的防护服不应当和日常服装放在同一柜子内。

二、头部防护

对于有可能出现高空重物坠落、容易溅落物品的实验室,实验人员必须佩戴安全帽(如图 1-1-1 所示)才能进入,可以起到防止物体打击伤害、防止机械性损伤、防止污染毛发伤害、防止高处坠落伤害头部等作用。

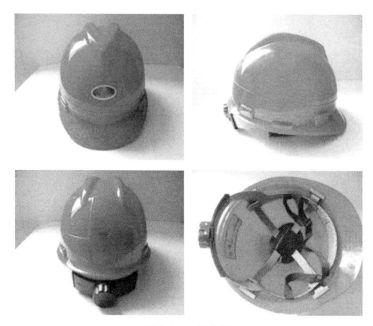

图 1-1-1 安全帽

使用安全帽时,要注意以下事项。

(1) 要有下颌带和后帽箍并拴系牢固,以防帽子滑落与被碰掉。

(2) 热塑性安全帽可用清水冲洗,不得用热水浸泡,不能放在暖气片、火炉上烘烤,以防帽体变形。

(3) 若安全帽使用超过规定期限或者受过较严重的冲击,虽然肉眼看不到其裂纹,但也应予以更换。一般塑料安全帽使用期限为 3 年。

(4) 佩戴安全帽前,应检查各配件有无损坏、装配是否牢固、帽衬调节部分是否卡紧、绳带是否系紧等,确认各部件完好后,方可使用。

三、眼部与面部防护

防护眼镜(简称"护目镜")和防护面罩(如图 1-1-2 所示)可以起到防止异物进入眼睛,防止化学性物品的伤害,防止强光、紫外线和红外线的伤害,防止微波、激光和电离辐射的伤害等作用。

护目镜要选用经产品检验机构检验合格的产品;护目镜的宽窄和大小要适合使用者的脸型;护目镜镜片磨损粗糙、镜架损坏,会影响操作人员的视力,应及时调换;护目镜要专人专用,防止传染眼病;焊接护目镜的滤光片和保护片要按规定作业需要选用和更换;防止重摔重压,防止坚硬的物体摩擦镜片和面罩。

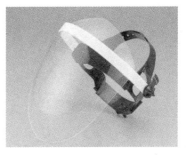

图 1-1-2　防护眼镜与防护面罩

四、耳部防护

耳部防护用品主要有耳罩、耳塞等(如图 1-1-3 所示),其防护作用如下。

图 1-1-3　耳部防护装备

(1) 防止机械噪声的危害,如由机械的撞击、摩擦,固体的振动和转动而产生的噪声。

(2) 防止空气动力噪声的危害,如通风机、空气压缩机等产生的噪声。

(3) 防止电磁噪声的危害,如发电机、变压器发出的声音。

在佩戴各种耳塞时,要先将耳郭向上提拉,使耳甲腔呈平直状态,然后手持耳塞柄,将耳塞体部分轻轻推入外耳道内,并尽可能地使耳塞体与耳甲腔相贴合,以自我感觉适度为宜。戴后感到隔声不良时,可缓慢转动耳塞,将其调整到效果最佳位置。如果经反复调整仍然效果不佳,则应考虑改用其他型号的耳塞并反复试用,以选择最佳者。

使用耳塞时,要注意以下事项。

(1) 佩戴泡沫塑料耳塞时,应将圆柱体拧成锥形体后塞入耳道,让耳塞体自行回弹,充满耳道。

(2) 佩戴硅橡胶自行成型的耳塞时,应分清左、右塞,不能弄错;将其插入耳道时,要稍稍转动,将其放正,使之紧贴耳甲腔。

五、手部防护

防护手套(如图 1-1-4 所示)具有防止火与高温、低温的伤害,防止电磁与电离辐射的伤害,防止电、化学物质的伤害,防止撞击、切割、擦伤、微生物侵害的作用。

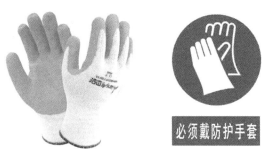

图 1-1-4　防护手套

使用防护手套时,要注意以下事项。

（1）防护手套的品种很多,要根据防护功能来选用。应先明确防护对象,再仔细选用。如耐酸碱手套,有耐强酸（碱）的,有耐低浓度酸（碱）的,而耐低浓度酸（碱）的手套不能用于接触高浓度酸（碱）。切记勿误用,以免发生意外。

（2）防水、耐酸碱手套使用前应仔细检查,观察表面是否有破损,简易办法是向手套内吹气,用手捏紧手套口,观察其是否漏气。若漏气,则不能使用。

（3）绝缘手套应定期检验电绝缘性能,不符合规定的不能使用。

（4）橡胶、塑料等类防护手套用后应冲洗干净、晾干,保存时避免高温,并在制品上撒上滑石粉,以防粘连。

（5）操作旋转机床时,禁止戴手套作业。

六、脚部的防护

防护鞋（如图 1-1-5 所示）的作用如下。

图 1-1-5　防护鞋

（1）防止物体砸伤或刺割伤害。例如,高处坠落物品及铁钉等锐利的物品散落在地面,就可能引起砸伤或刺伤。

（2）防止高低温伤害。在冶金等行业,不但环境气温高,而且有强辐射热灼烤足部,灼热的物料喷溅到足面或掉入鞋内引起烧伤。另外,冬季在室外施工作业时,可能发生冻伤。

（3）防止酸碱性化学品伤害。在作业过程中接触到酸碱性化学品时,可能发生足部被酸碱灼伤的事故。

（4）防止触电伤害。在作业过程中接触到带电体,可造成触电伤害。

（5）防止静电伤害。静电对人的伤害主要是引起心理障碍,使人产生恐惧心理,造成从高处坠落等二次事故。

七、防尘防毒

防尘防毒用品(如图 1-1-6 所示)具有以下作用。

图 1-1-6 防尘防毒面具

（1）防止生产性粉尘的危害。固体物质的粉碎、筛选等作业会产生粉尘,这些粉尘进入肺组织,可引起肺组织的纤维化病变,也就是尘肺病。使用防尘防毒用品可防止、减少尘肺病的发生。

（2）防止生产过程中有害化学物质的伤害。生产过程中的毒物侵入人体,会引起职业性中毒。使用防尘防毒用品可防止、减少职业性中毒的发生。

第四节 实验室安全应急处置

一、火灾

着火是化学实验室特别是有机实验室里最容易发生的事故。多数着火事故是由加热或处理低沸点有机溶剂时操作不当引起的。万一不慎失火,切莫惊慌失措,而应冷静、沉着处理。只要掌握必要的消防知识,一般可以迅速灭火。

化学实验室一般不用水灭火,因为水能和一些药品(如钠)发生剧烈反应,用水灭火时会引起更大的火灾甚至爆炸,并且大多数有机溶剂不溶于水且比水轻,用水灭火时有机溶剂会浮在水上面,进而扩大火场。化学实验室常备的几种灭火器材包括沙箱、灭火毯、二氧化碳灭火器、泡沫灭火器等。

（1）沙箱。将干燥的沙子储于容器中备用,灭火时,将沙子撒在着火处。干沙对扑灭金属起火特别安全、有效。平时保持沙箱干燥,切勿将火柴梗、玻管、纸屑等杂物随手丢入其中。

（2）灭火毯。通常用大块石棉布作为灭火毯,灭火时使其包盖住火焰即可。近年来已确证石棉有致癌性,故改用玻璃纤维布。沙子和灭火毯经常用来扑灭局部小火,必须妥善安放在固定位置,不得随意挪作他用,使用后必须归还原处。

(3) 二氧化碳灭火器。二氧化碳灭火器是化学实验室最常使用也是最安全的灭火器。其钢瓶内储有 CO_2 气体。使用时,一手提灭火器,一手握在喷 CO_2 的喇叭筒的把手上,打开开关,即有 CO_2 喷出。应注意,喇叭筒的温度会随着喷出的 CO_2 的气压的骤降而骤降,故手不能握在喇叭筒上,否则会严重冻伤。CO_2 无毒害,使用后干净无污染。二氧化碳灭火器特别适用于扑灭油脂和电器起火,但不能用于扑灭金属着火。

(4) 泡沫灭火器。泡沫灭火器的工作原理是 $NaHCO_3$ 与 $Al_2(SO_4)_3$ 溶液作用产生 $Al(OH)_3$ 和 CO_2 泡沫,CO_2 泡沫把燃烧物质包住,与空气隔绝而灭火。因为泡沫能导电,故不能用于扑灭电器着火。使用泡沫灭火器灭火后的污染严重,使火场清理工作麻烦,故一般非大火时不用它。

常用的灭火器及其适用范围见表1-1-2。

表 1-1-2　常用的灭火器及其适用范围

类　型	药液成分	适用范围
酸碱式灭火器	H_2SO_4,$NaHCO_3$	非油类及电器失火的一般火灾
泡沫式灭火器	$Al_2(SO_4)_3$,$NaHCO_3$	油类失火
二氧化碳灭火器	液体 CO_2	电器失火
干粉灭火器	粉末主要成分为 Na_2CO_3 等盐类物质,加入适量润滑剂、防潮剂	油类、可燃气体、电气设备、文件记录和遇水燃烧等物品的初起火灾
1211灭火器	CF_2ClBr	油类、有机溶剂、高压电气设备、精密仪器等失火

过去常用的四氯化碳灭火器,因其毒性大,灭火时会产生毒性更大的光气,目前已被淘汰。

一旦失火,首先采取措施防止火势蔓延,应立即熄灭附近所有火源(如煤气灯),切断电源,移开易燃易爆物品,并视火势大小采取不同的扑灭方法。

(1) 对在容器(如烧杯、烧瓶、热水漏斗等)中发生的局部小火,可用石棉网、表面皿或木块等盖灭。

有机溶剂在桌面或地面上蔓延燃烧时,不得用水冲,可撒上细沙或用灭火毯扑灭。

(2) 对钠、钾等金属的着火,通常用干燥的细沙覆盖。严禁用水和四氯化碳灭火器,否则会导致猛烈的爆炸,也不能用二氧化碳灭火器。

(4) 衣服着火时,切勿慌张奔跑,以免风助火势。化纤织物最好立即脱除。一般小火可用湿抹布、灭火毯等包裹使火熄灭。若火势较大,则可就近用水龙头浇灭。必要时可就地卧倒打滚,一方面防止火焰烧向头部,另一方面可在地上压住着火处,使其熄火。

(5) 在反应过程中,因冲料、渗漏、油浴着火等引起反应体系着火时,情况比较危险,处理不当会加重火势。扑救时必须谨防冷水溅在着火处的玻璃仪器上,谨防灭火器材击破玻璃仪器,造成严重的泄漏而扩大火势。有效的扑灭方法是用几层灭火毯包住着火部位,隔绝空气使其熄灭,必要时在灭火毯上撒些细沙。若仍不奏效,则必须使用灭火器,由火场的周围逐渐向中心处扑灭。

二、化学中毒

化学中毒主要是由下列原因引起的。

（1）由呼吸道吸入有毒物质的蒸气。

（2）有毒药品通过皮肤被吸收进入人体。

（3）吃进被有毒物质污染的食物或饮料，品尝或误食有毒药品。

实验中若出现咽喉灼痛、嘴唇脱色或发绀，胃部痉挛或恶心呕吐、心悸头晕等症状，则可能系中毒所致。视中毒原因施以下述急救后，要立即送医院治疗，不得延误。

（1）固体或液体毒物中毒。

有毒物质尚在嘴里的立即吐掉，用大量水漱口。误食碱者，先饮大量水，再喝些牛奶。误食酸者，先喝水，再服 $Mg(OH)_2$ 乳剂，最后饮些牛奶。不要服用催吐药，也不要服用碳酸盐或碳酸氢盐。

重金属盐中毒者，喝一杯含有几克 $MgSO_4$ 的水溶液，并立即就医。不要服用催吐药，以免引起危险或使病情复杂化。

砷和汞化物中毒者，必须紧急就医。

（2）吸入气体或蒸气中毒。

立即将中毒者转移至室外，解开其衣领和纽扣，使其呼吸新鲜空气。对休克者应施以人工呼吸，但不要用口对口法。立即送医院急救。

三、化学灼伤

化学灼伤是皮肤直接接触强腐蚀性物质、强氧化剂、强还原剂，如浓酸、浓碱、氢氟酸、钠、溴等，引起的局部外伤。

（1）眼睛灼伤或掉进异物。

眼睛内一旦溅入任何化学药品，立即用大量水缓缓彻底冲洗。实验室内应备有专用洗眼水龙头。洗眼时要保持眼皮张开，可由他人帮助翻开眼睑，持续冲洗 15 min。忌用稀酸中和溅入眼内的碱性物质，反之亦然。对溅入碱金属、溴、磷、浓酸、浓碱或其他刺激性物质的眼睛灼伤者，急救后必须迅速送往医院检查治疗。

眼睛内进入玻璃屑是比较危险的。这时要尽量保持平静，绝不可用手揉擦，也不要试图让别人取出碎屑。尽量不要转动眼球，可任其流泪，有时碎屑会随泪水流出。用纱布轻轻包住眼睛后，及时就医。

进入眼睛内的若系木屑、尘粒等异物，可由他人翻开眼睑，用消毒棉签轻轻取出异物，或任其流泪，待异物排出后，再滴入几滴鱼肝油。

（2）皮肤灼伤。

① 酸灼伤。先用大量水冲洗，以免深度受伤，再用稀 $NaHCO_3$ 溶液或稀氨水浸洗，最后用水洗。

氢氟酸能使指甲、骨头腐烂，滴在皮肤上，会造成令人痛苦的、难以治愈的烧伤。若皮肤被灼烧，则应先用大量水冲洗 20 min 以上，再用冰冷的饱和硫酸镁溶液或 70% 乙醇浸洗 30 min 以上，或用大量水冲洗后，用肥皂水或 2%～5% $NaHCO_3$ 溶液冲洗，用 5% $NaHCO_3$

11

溶液湿敷。局部外用可的松软膏或紫草油软膏及硫酸镁糊剂。

②碱灼伤。先用大量水冲洗,再用1％硼酸或2％乙酸溶液浸洗,最后用水洗。

③溴灼伤。溴灼伤是很危险的,被溴灼伤后的伤口一般不易愈合,必须严加防范。凡用溴时,都必须预先配制好适量的20％$Na_2S_2O_3$溶液备用。一旦有溴沾到皮肤上,则立即用$Na_2S_2O_3$溶液冲洗,再用大量水冲洗干净,包上消毒纱布后就医。

在受上述灼伤后,创面起水泡,均不宜把水泡挑破。

四、烫伤

一旦被火焰、蒸汽、红热的玻璃、铁器等烫伤,则立即用大量水冲淋或浸泡伤处,以迅速降温,避免深度烧伤。若起水泡,则不宜挑破,而应用纱布包扎后送医院治疗。对轻微烫伤,可在伤处涂些鱼肝油或烫伤油膏或万花油后包扎;或用高锰酸钾或苦味酸溶液揩洗灼烧处,再擦上凡士林或烫伤药膏。

五、割伤

先取出伤口处的玻璃碎屑等异物,再用水洗净伤口,挤出一点血,然后涂上红汞水,用消毒纱布包扎。也可在洗净的伤口上贴上"创可贴",可立即止血,且令伤口易愈合。

若严重割伤大量出血,则应先止血。让伤者平卧,抬高出血部位,压住附近动脉,或用绷带盖住伤口直接施压。若绷带被血浸透,则不要换掉,再盖上一块施压,并立即送医院治疗。

第二章

玻璃器皿的洗涤与干燥

第一节　玻璃器皿的洗涤

实验中所使用的器皿应洁净,这是保证实验结果准确性的第一步。在进行实验前,对不同的玻璃器皿,应采用相应的洗涤剂和洗涤方法进行洗涤。化学实验室常用的洗涤剂种类很多,除了去污粉、常见的洗化用品洗涤剂之外,常用的还有稀 HCl 溶液、NaOH-KMnO$_4$ 溶液、乙醇及其与盐酸或氢氧化钠的混合液、铬酸洗液与有机溶剂等。

一、一般的玻璃仪器

实验室中常用的烧杯、锥形瓶、量筒、量杯、试剂瓶、表面皿等都属于一般的器皿。对此类玻璃器皿,可用自来水润湿表面后,用刷子蘸取去污粉或洗涤剂直接刷洗内外壁,再用自来水冲洗干净,然后用蒸馏水或去离子水润洗 3 次。

二、具有精确刻度的玻璃仪器

移液管、吸量管、容量瓶、滴定管等量器都属于具有精确刻度的玻璃仪器。清洗此类器皿的内壁时,不可用刷子,以免造成机械磨损而影响玻璃仪器容积的准确性;也不宜用强碱性洗涤剂(因为强碱性洗涤剂会腐蚀玻璃)。对此类玻璃器皿,可采用合成洗涤剂洗涤,将配成的 0.1%～0.5% 的洗涤液倒入容器中,摇动几分钟,弃去洗涤液,用自来水冲洗干净,再用蒸馏水或去离子水润洗 3 次。如果用此方法未能洗干净,那么可选用合适的洗涤剂浸泡,必要时可将洗涤剂加热。

铬酸洗液是一种洗涤能力很强的洗涤剂,具有很强的氧化能力,且对玻璃的腐蚀极小,但铬为重金属元素,会对环境造成污染,对人体有害,不宜多用。必须使用时,应尽量沥干容器内的水后,再将洗液倒入容器浸泡。用过的洗液应倒回原瓶中,第一次冲洗的废水应倒入废液桶中集中处理,以免腐蚀水槽和下水道,造成环境污染。

铬酸洗液的配制方法:将 20 g K$_2$Cr$_2$O$_7$ 溶于 40 mL 水中,将 360 mL 浓硫酸缓缓倒入 K$_2$Cr$_2$O$_7$ 溶液中(千万不能将水、新配制的洗液或溶液加入硫酸中),边倒边用玻璃棒搅拌,并注意不要让液体溅出。混合均匀,冷却后,将其装入洗液瓶备用。新配制的洗液为红褐色,氧化能力很强,当洗液用久后变为黑绿色(可加入固体高锰酸钾使其再生),说明洗液失去了氧化洗涤力。

三、比色皿

光度分析仪器用的比色皿,分为玻璃比色皿和石英比色皿,不能用毛刷刷洗,应根据不同情况,采用不同的洗涤方法。清洗比色皿时,一般先用水冲洗,再用蒸馏水洗净。若比色皿被有机物沾污,则可用(1+2)盐酸-乙醇混合洗涤液浸泡片刻,再用水冲洗。不能用碱溶液或氧化性强的洗涤液洗比色皿,以免损坏。每次做完实验后,应立即洗净比色皿。

应注意,对于有塞的玻璃器皿如称量瓶、容量瓶、碘量瓶、干燥器等,在洗涤前最好用线或皮筋拴好塞、盖,以免在洗涤过程中"张冠李戴",破坏磨口处的密封性。

已洗净的玻璃仪器器壁应能被水均匀湿润,不挂水珠,应具有"既不聚集成滴,又不成股流下"的特点。洗净的器皿用蒸馏水润洗时要少量多次,顺壁冲洗。

第二节　玻璃器皿的干燥

当实验中需使用干燥的器皿时,可根据不同的情况,采用以下方法将洗净的容器干燥。

(1)晾干。

将洗净的器皿置于实验柜或器皿架上晾干。

(2)烘干。

将洗净的器皿放进干燥箱中烘干,放进干燥箱前要先把水沥干,也可将器皿套在"气流烘干机"的杆子上烘干,但量器不可采用此烘干方法。

(3)溶剂润洗后吹干。

当移液管和吸量管使用前需干燥时,可用少量乙醇或丙酮润洗已洗净的器皿内壁,倾出溶剂后,用吸耳球吹干。

第三章

药品的取用与保存

第一节　取用原则

取用化学药品,要遵循维护药品洁净、保证安全、节约的基本原则。为此,要注意以下几点。

(1) 严禁品尝和用手直接接触药品。

(2) 不要让瓶口对着面部,也不要把鼻孔凑到容器口去闻药品(特别是毒气)的气味。

(3) 节约使用药品。要严格按实验规定的用量取用药品,如果没有用量说明,那么一般应按最少量取用,即液体取 2 mL,固体只需盖满试管底部。

(4) 不允许用不洁器具取用药品。

(5) 取用药品后立即盖紧瓶盖。实验剩余药品既不能放回原瓶,又不能随意丢弃,更不能拿出实验室,而要放入指定容器内。也有特殊情况,如钾、钠等金属可放回原瓶。

第二节　固体药品的取用

取用固体药品一般用药匙或镊子。药匙的两端分别为大、小两匙,取药品的量大时用大匙,量小时用小匙。镊子则用于夹取块状固体药品。

往试管里装固体粉末时,为避免药品沾在管口和管壁上,应先使试管倾斜,把盛有药品的药匙(或纸槽)小心地送入试管底部,然后使试管缓缓直立起来,让药品全部落到底部,如图 1-3-1 所示。

将块状药品或密度较大的金属颗粒放入玻璃容器时,应先把容器横放,把药品或金属颗粒放入容器口以后,再把容器慢慢地竖立起来,使药品或金属颗粒缓缓地滑到容器的底部,以免打破容器。

图 1-3-1　将固体样品放入玻璃试管

第三节　液体药品的取用

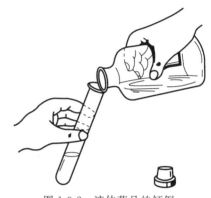

　　取用液体药品,可以使用移液管、胶头滴管等,亦可用倾倒法。使用倾倒法取药品时,应使试剂瓶的标签朝上,对着手心,使试剂瓶口紧靠另一手所持的略微倾斜的试管口,让药品缓缓地注入试管内。注意不要让残留在瓶口的药液流下来腐蚀标签。倒完液体,立即盖好原瓶塞。液体药品的倾倒如图 1-3-2 所示。

　　配制一定物质的量浓度的溶液,要引流时,玻璃棒的上半部分不能靠在容量瓶口,而下端应靠在容量瓶刻度线下的内壁上(即"下靠上不靠,下端靠线下")。往烧杯中倾注液体的操作如图 1-3-3(a)所示。

图 1-3-2　液体药品的倾倒

　　取用一定量的液体药品可用量筒,如图 1-3-3(b)所示。量液时,量筒必须放平,视线要跟量筒内液体的凹液面的最低处保持水平,再读出体积数[如图 1-3-3(c)所示]。

　　从滴瓶中取液体药品时,要用滴瓶中的滴管,用手指捏紧橡胶胶头,赶出滴管中的空气,再将滴管伸入试剂瓶中,放开手指,药品即被吸入[如图 1-3-3(d)所示]。取出滴管,把它悬空放在烧杯(或其他容器)上方(不可接触容器内壁,以免沾污滴管,造成药品污染),然后用拇指和食指轻轻捏挤胶头,使药品滴下[如图 1-3-3(e)所示]。特别指出,实验室制备 $Fe(OH)_2$ 沉淀时,滴管可伸入 $FeSO_4$ 的液面下滴入。从试剂瓶中取少量液体药品时,需要专用滴管。装有药品的滴管不得横置或滴管口向上斜放,以免液体滴入滴管的胶皮帽中。

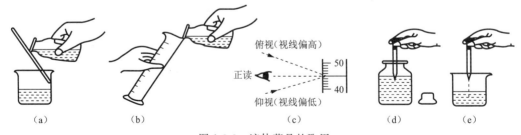

俯视(视线偏高)

正读

仰视(视线偏低)

50

40

(a)　　　　(b)　　　　(c)　　　　(d)　　　　(e)

图 1-3-3　液体药品的取用

　　使用胶头滴管取试剂时,要做到"四不能":不能伸入和接触容器内壁,不能平放和倒拿,不能随意放置,未清洗的滴管不能吸取别的药品。

固体药品与液体药品取用量、取用形态与所使用的取用仪器见表 1-3-1。

表 1-3-1　药品取用与使用仪器对应表

药品取用		使用仪器
固体药品	粉　末	药匙(或纸槽)
	块状固体	镊　子
	一定量	托盘天平
液体药品	少　量	胶头滴管
	多　量	用试剂瓶倾倒
	一定量	托盘天平、量筒、滴定管等

第四节　药品的保存

一、存放要求

保存化学药品,要根据物质本身的性质选用不同的方法,同时还要考虑试剂瓶和瓶塞的选用、存放地点的选择与存放时间的长短等因素。

二、对试剂瓶的要求

一般固体(尤其是块状)物质应保存在广口瓶中,便于用药匙或镊子取用。

一般液体及挥发性物质应保存在细口瓶中。

凡见光不分解或不发生反应的药品一般用无色玻璃瓶保存;见光易分解的药品应保存在棕色瓶中,如浓硝酸、硝酸银、卤化银、氯水、溴水、碘水和某些有机物试剂。

存放药品时,还要考虑药品是否与瓶子材料反应、药品是否吸水等因素。不与玻璃的成分发生反应的药品均可存放于玻璃瓶中。能与玻璃发生反应的药品一般存放于塑料瓶中,如氢氟酸、强碱等。对于极易吸收水蒸气的药品,如无水硫酸铜、五氧化二磷、氯化钙等,应放在干燥器中保存。

三、对瓶塞的要求

除强碱及水解呈强碱性的盐以外的药品存放时一般用玻璃塞。

强碱及水解呈强碱性的盐存放时通常用橡胶塞,如 $NaOH$、石灰水、Na_2CO_3、Na_2S、Na_2SiO_3 等。强氧化性药品及大多数液态有机物存放时不能用橡胶塞,如硝酸、浓硫酸、$KMnO_4$、H_2O_2、液溴、氯水及汽油、柴油、机油、苯、四氯化碳、乙醇、乙醚等。

四、密封保存的药品

(1) 由于药品与空气中的成分作用而应密封保存。

① 与 CO_2 作用的有碱类[如 $NaOH$，$Ca(OH)_2$ 等]、弱酸盐类（如水玻璃、$NaAlO_2$ 溶液、漂白粉等）、碱石灰、过氧化钠。

② 与水作用的有吸水性和潮解性的物质（如浓硫酸、$CaCl_2$、$NaOH$ 固体、P_2O_5、碱石灰、浓 H_3PO_4 溶液等）、与水反应的物质（如电石、生石灰、无水 $CuSO_4$、钠、钾、Na_2O_2 等）。

③ 与 O_2 作用的物质（一般有还原性）（如钾、钠、亚硫酸盐、硫化物、白磷、苯酚、亚铁盐等）。

（2）药品由于挥发或自身分解而应密封保存，一般应置于冷暗处，如浓硝酸、$AgNO_3$、H_2O_2、液溴、浓氨水、汽油、苯等。

五、密封方法的选择

选择依据：药品是否挥发或是否变质等。

（1）瓶塞密封。一般的药品要加塞密封保存，其目的如下。

① 防止灰尘进入使药品被污染及某些药品挥发（如浓盐酸、氨水、苯、甲苯、乙醚等低沸点有机物）。

② 防止药品与空气中的 O_2（如苯酚、$FeSO_4$、Na_2SO_3、H_2S、Na_2S、KI 等）、CO_2（如 $NaOH$，Na_2O_2 等）及水蒸气（如 CaO、P_2O_5、Na_2O_2、电石等）等气体反应变质，以及防止药品吸水变稀或潮解（如浓硫酸、$CaCl_2$、$FeCl_3$、$NaOH$、$CuSO_4$）。

（2）水封。对极易挥发（如液溴）、毒性大（如白磷）、易自燃（如白磷）、比水重且不与水反应或互溶的药品，常先加水进行液封，再加瓶塞。

（3）油封。极易被氧化且与水剧烈反应的 K，Na 等应保存在煤油中。锂的密度比煤油小，应用石蜡密封保存。

六、存放地点的选择

根据药品之间是否易反应，药品的稳定性、毒性来选择合适的存放地点。

（1）强氧化剂和强还原剂及易燃物等应分柜存放，并远离明火（如高锰酸钾与乙醇）。

（2）见光或受热分解的药品要放在阴凉处（如硝酸、硝酸银、氯水等）。

（3）剧毒药品（如 KCN，As_2O_3 等）要单独、隔离存放，并加锁保管。

七、存放时间长短的选择

根据药品的稳定性选择合适的存放时间。

（1）短时间。Fe^{2+} 盐溶液、H_2SO_4 及其盐溶液、氢硫酸及其盐溶液，因易被空气氧化，不宜长期放置，所以如碘化钾、硫化亚铁、硫酸钠等平时保存固体而不保存溶液，应现用现配；检验醛基（—CHO）所用的新制 $Cu(OH)_2$ 悬浊液和银氨溶液必须现用现配，多余的要及时处理，若久置，则前者会失效，后者可产生易爆炸物。

（2）较长时间。大多数药品只要密封好，可较长时间存放。

依据药品的特性，对常用化学药品可按照表 1-3-2 中的保存依据与保存方法进行保存。

表 1-3-2 常用化学药品的存放

保存依据	保存方法	典型实例
防氧化	① 密封或用后立即盖好; ② 加入还原剂; ③ 隔绝空气	① Na_2SO_3、苯酚固体; ② $FeSO_4$ 溶液中加少量铁屑; ③ K,Na 保存在煤油里,白磷保存在水里,Li 保存在石蜡里
防潮解 (或与水反应)	密封保存	$NaOH$,$CaCl_2$,$CuSO_4$,CaC_2,P_2O_5 等固体,浓硫酸
防止与 CO_2 反应	密封保存,减少露置时间	$NaOH$、Na_2CO_3 溶液、石灰水、Na_2O_2 固体等
防挥发	① 密封置于阴凉处; ② 液封	① 浓盐酸、浓氨水等置于阴凉处; ② 液溴用水封
防燃烧	置于阴凉处,不与氧化剂混合储存,严禁火种	苯、汽油、乙醇等
防见光分解	保存在棕色瓶中,置于冷暗处	浓硝酸、$KMnO_4$ 溶液、$AgNO_3$ 溶液、氯水等
防水解	加入酸(碱)抑制水解	$FeCl_3$ 溶液中加稀盐酸
防腐蚀	① 能腐蚀橡胶的物质用玻璃塞或塑料盖; ② 能腐蚀玻璃的物质用塑料容器	① 浓硝酸、$KMnO_4$ 溶液、氯水、溴水等腐蚀橡胶,汽油、苯、CCl_4 等能使橡胶溶胀; ② 氢氟酸保存在塑料瓶中
防粘结	碱性溶液用橡胶塞	$NaOH$、石灰水、Na_2S、Na_2CO_3、Na_2SiO_3 溶液等
防变质	现配现用	银氨溶液、新制 $Cu(OH)_2$ 悬浊液等

第四章

溶液浓度及配制

第一节 溶液的浓度

溶液的浓度是表示在一定量的溶液或溶剂中所含溶质的量。在化学实验中常用的浓度表示方法有以下几种。

一、比例浓度(V/V)

比例浓度(也称稀释比浓度或体积比浓度)是用浓的(市售原装)液体试剂与溶剂的体积比来表示的浓度。比例浓度中的前一个数字表示浓试剂的体积,后一个数字表示溶剂(通常是水)的体积。例如,1:2 的 HCl 溶液有时也写成$(1+2)$HCl,表示该 HCl 溶液是由 1 体积市售浓盐酸(12 mol/L)和 2 体积水配制而成的。

二、质量分数(w_B)

质量分数是用溶液中所含溶质的质量占比来表示的:

$$质量分数 = \frac{溶质质量(g)}{溶质质量(g)+溶剂质量(g)} \times 100\%$$ (1-4-1)

市售的酸碱浓度常用此法表示,例如,H_2SO_4(98%)表示在 100 g H_2SO_4 溶液中含有 98 g H_2SO_4。

三、体积分数(φ_B)

体积分数是用溶液中所含溶质的体积占比来表示的:

$$体积分数 = \frac{溶质体积(mL)}{溶液体积(mL)} \times 100\%$$ (1-4-2)

液体试剂稀释时常用此法表示,例如,体积分数为 10% 的 H_2SO_4 溶液表示 10 mL 浓硫酸用水稀释到 100 mL。

四、物质 B 的物质的量浓度(c_B)

物质 B 的物质的量浓度也称为物质 B 的浓度,简称浓度。其定义为物质 B 的物质的量 n_B 除以混合物的体积 V。其符号为 c_B,即

$$c_B = \frac{n_B}{V} \tag{1-4-3}$$

物质 B 的物质的量浓度 c_B 的国际制单位(SI 单位)为 mol/m^3,在化学中常用的单位名称为"摩[尔]每升",其符号为 mol/L 或 $mol \cdot L^{-1}$。例如,$c_{NaOH} = 0.1\ mol/L$,表示在 1 L NaOH 溶液中含有 0.1 mol NaOH。

五、滴定度(T)

滴定度是用每毫升标准溶液相当于被测物质的质量(g)来表示的。例如,$T_{\frac{K_2Cr_2O_7}{Fe}} = 0.005\ 585\ g/mL$,表示用 $K_2Cr_2O_7$ 法滴定 Fe 含量时,1 mL $K_2Cr_2O_7$ 标准溶液相当于 0.005 585 g 铁。在常规分析某一固定组分时,标准溶液的浓度常用此法表示,对计算测定结果极为方便。

六、物质 B 的质量浓度(ρ_B)

物质 B 的质量浓度的定义为物质 B 的质量 m_B 除以溶液的体积 V,其符号为 ρ_B,即

$$\rho_B = \frac{m_B}{V} \tag{1-4-4}$$

物质 B 的质量浓度 ρ_B 的 SI 单位名称为"千克每升",其符号为 kg/L,在实际工作中常用克每升(g/L)、毫克每毫升(mg/mL)、微克每毫升($\mu g/mL$)等表示。

七、质量摩尔浓度(b_B)

质量摩尔浓度的定义是物质的量 n 除以质量 m,即

$$b_B = \frac{n}{m} \tag{1-4-5}$$

其 SI 单位符号为 mol/kg。质量摩尔浓度多在标准缓冲溶液的配制中使用。

八、ppm 和 ppb

ppm 和 ppb 为非法定计量单位,但目前在油田中仍会用到。ppm 是"part per million"的缩写,表示百万分之一($1/10^6$)。ppb 是"part per billion"的缩写,表示十亿分之一($1/10^9$),在微量或超微量分析中有时用到此表示法。另外,在油田矿场中,有些试剂加量很少,也经常用到此表示方法,例如,某油田生产井中缓蚀剂加量为 30 ppm;天然气中硫化氢含量大于 20 ppm。

第二节　溶液的配制及注意事项

化学实验中,水是最常用的溶剂。一般所用的水是蒸馏水,有时根据实验的需要,也用去离子水或二次蒸馏水。在油田化学矿场实验中,经常提到用清水作为溶剂,在实验室中,清水一般是指自来水。通常不指明溶剂的溶液即为水溶液。

化学实验中所用的溶液有两大类:一类为非标准溶液,即一般的溶液,它只具有大致的浓度,实验中所用的辅助试剂(如指示剂、沉淀剂、洗涤剂、显色剂等)多属于这类;另一类为标准溶液,它具有准确的浓度,在实验中可作为分析被测物的标准。除了这两大类溶液之外,还有一类溶液-缓冲溶液,它具有一定的 pH,在许多定量分析实验中是不可缺少的辅助试剂。缓冲溶液的具体配制方法可参见附录四。缓冲溶液的缓冲容量及 pH 的计算可参考分析化学的理论书,在此不再赘述。这里只介绍非标准溶液和标准溶液的配制以及溶液配制过程中的一些注意事项。

一、非标准溶液的配制

非标准溶液的浓度通常用比例浓度、质量分数、体积分数或物质的量浓度表示。

(1)用固体试剂配制。

根据实验的要求,可选用台秤或电子天平称取适量的固体试剂并将其置于烧杯中,溶于适量水中,必要时可加热助溶,但必须等到溶液冷却后方可转移至试剂瓶中,稀释至所需体积,贴上标签,注明溶液的名称、浓度及配制的日期,摇匀备用。切忌将固体试剂直接放入试剂瓶中溶解,以防止因溶解放热而导致试剂瓶破裂或溶解不完全。

配制指示剂溶液时,需称取试剂的量往往很少,这时可选用电子分析天平称量,但只要读取两位有效数字即可。根据指示剂的性质,选用合适的溶剂,必要时加入适当的稳定剂,并注意其保存期。配好的指示剂一般储存于棕色瓶中。

(2)用液体试剂配制。

用量筒量取适量的试剂,将其缓慢倒入适量水中(若放热,则须冷却至室温),再转移至试剂瓶,稀释至所需体积,贴上标签,注明溶液的名称、浓度、配制日期,摇匀备用。

易侵蚀或腐蚀玻璃的溶液不能盛放在玻璃试剂瓶中,如氟化物应保存于聚乙烯瓶中,装苛性碱的玻璃瓶应选用橡胶塞,苛性碱最好也存放于聚乙烯瓶中。

配制溶液时要合理选用试剂的级别,不要超规格使用试剂,以免造成浪费;也不要降低规格使用试剂,以免影响分析结果的准确性。

对于经常并大量使用的溶液,可先配制使用浓度 10 倍的储备液,需要时取储备液稀释10 倍即可。

二、标准溶液的配制

标准溶液的配制通常有两种方法:直接法与标定法。

（1）直接法。

用分析天平称取一定量的基准试剂,将其溶于适量的水中,再定量转移至容量瓶中,用水稀释至刻度。根据称取的质量和容量瓶的体积计算溶液的浓度。例如,Na_2CO_3,$CaCO_3$,$Na_2C_2O_4$ 的标准溶液都可采用直接法配制。

用此法配制标准溶液,要求所称量的试剂必须是基准物质。基准物质是纯度很高、组成一定、性质稳定的试剂,其纯度相当于或高于优级纯试剂的纯度。基准试剂可用于直接配制标准溶液或用于标定溶液的浓度。

基准物质应具备下列条件。

① 试剂的组成与其化学式完全相符（包括结晶水）。

② 试剂的纯度应足够高（一般要求纯度在 99.9% 以上）,而杂质的含量应低到不至于影响分析的准确度,通常低于 0.1%。

③ 在通常条件下,试剂的物理性质和化学性质稳定。

④ 试剂加入反应时,应按照反应式定量进行,且没有副反应。

在选择基准物质时,除满足以上条件外,为减小误差,应尽可能选用相对分子质量大的基准试剂。常用的基准物质及其干燥条件见附录七。

（2）标定法。

标定法也称为间接配制法。实际上只有少数试剂符合基准试剂的要求,很多试剂不宜用直接法配制标准溶液,而用间接的方法。在这种情况下,先配制接近所需浓度的溶液,然后用基准试剂或另一种已知准确浓度的标准溶液来标定它的准确浓度。例如,$KMnO_4$,HCl,NaOH 溶液都需要用标准溶液标定后方可知道其准确浓度。

在实际工作中,特别是在工厂实验室,还常用标准试样来标定标准溶液的浓度。标准试样含量是已知的,与被测物质含量相近。这样标定的标准溶液浓度与测定被测物质的条件相同,分析过程中的系统误差可以抵消,结果准确度较高。

储存的标准溶液,由于水分蒸发,水珠凝于瓶壁,故使用前应将溶液摇匀;如果溶液浓度有了改变,那么必须重新标定。对不稳定的溶液,要定期标定。

必须指出,使用不同温度下配制的标准溶液,从玻璃的膨胀系数考虑,即使温度相差 30 ℃,造成的误差也不大。但是水的膨胀系数约为玻璃的 10 倍,当使用温度与标定温度相差 10 ℃以上时,应注意这个问题。

三、溶液配制的注意事项

（1）分析实验所用的溶液应用国家标准（GB/T 6682—2008《分析实验室用水规格和试验方法》）中规定的水进行配制,容器应用纯化水洗涤 3 次。对特殊要求的溶液,应事先做空白值检验。

（2）溶液要用带塞的试剂瓶盛装,见光易分解的溶液要装于棕色瓶中,挥发性试剂瓶塞要严密,见空气易变质及放出腐蚀性气体的溶液也要盖紧,必要时用蜡封住。浓碱液应用塑料瓶盛装。

（3）配制好的试剂应立即盛入试剂瓶,试剂瓶上必须标明名称、浓度、配制人、配制日期、使用期限等信息。

（4）配制硫酸、磷酸、硝酸、盐酸等溶液时，都必须将酸倒入水中。不可在试剂瓶中进行配制。

（5）用有机溶剂配制溶液（如配制指示剂溶液）时，有时有机物溶解较慢，应不时搅拌，可以在热水浴中温热搅拌，不可直接加热，必须避免火源。

（6）应熟悉部分常见溶液的配制方法及常见试剂的性质。

（7）不可用手接触带腐蚀性或剧毒的溶液。剧毒废液必须经解毒处理，不可直接倒入下水道。

（8）一般溶液保存时间不可超过 6 个月，若试剂发生浑浊变质，则必须废弃，不得使用。

第五章

实验数据记录与表达规范

实验中所观察到的与被测物质密切相关的各种宏观物理量,如试样的质量、标准溶液的体积、吸光物质的吸光度、指示电极的电位等,都是分析化学实验所追求的数据信息。学会科学地记录、处理所得实验数据,并以合理的形式报出分析的结果,是分析化学实验课程的重要任务之一。

第一节 实验数据与数据表达

实验中直接观察得到的数据称为原始数据,它们应直接记录在实验记录本上,不允许随意更改和删减。数据记录的格式一般为表格式(根据所记录的数据自行设计表格)。记录数据的有效位数应与所用仪器的最小读数相适应。实验结束后,应将实验数据仔细复核并报指导教师后,方可离开实验室。

由于实验方法的可靠程度、所用仪器的精密度和实验者感官的限度等各方面条件的限制,一切测量均带有误差,即测量值与真值之差。因此,必须对误差产生的原因及其规律进行研究,方可在合理的人力、物力支出条件下,获得可靠的实验结果。

一、误差的分类

误差按其性质可分为如下 3 种。

(1)系统误差。系统误差即在相同条件下,多次测量同一量时,绝对值和符号保持恒定的误差,或在条件改变时,按某一确定规律变化的误差。系统误差产生的原因如下。

① 实验方法方面存在缺陷。例如使用了近似公式。

② 仪器、药品不良引起。例如电表零点偏差、温度计刻度不准、药品纯度不高等。

③ 操作者的不良习惯引起。例如观察视线偏高或偏低。

改变实验条件可以发现系统误差的存在,针对其产生原因可采取措施将其消除。

(2)过失误差(或粗差)。这是一种明显歪曲实验结果的误差。它无规律可循,是由操作者读错、记错所致,只要加强责任心,此类误差可以避免。若发现有此种误差产生,则所得数据应予以剔除。

（3）偶然误差（随机误差）。在相同条件下多次测量同一量值时，误差的绝对值时大时小，符号时正时负，但随测量次数的增加，其平均值趋近于零，即具有抵偿性，此类误差称为偶然误差。它产生的原因并不确定，一般是由环境条件的改变（如大气压、温度的波动）、操作者感官分辨能力的限制（例如对仪器最小分度以内的读数难以读准确等）所致。

二、有效数字

当对一个测量的量进行记录时，所记数字的位数应与仪器的精密度相符合，即所记数字的最后 1 位为仪器最小刻度以内的估计值，称为可疑值，其他几位为准确值，这样一个数字称为有效数字，它的位数不可随意增减。例如，普通 50 mL 的滴定管，最小刻度为 0.1 mL，则记录"26.55 mL"是合理的，记录"26.5 mL"和"26.556 mL"都是错误的，因为它们分别缩小和夸大了仪器的精密度。为了方便地表达有效数字位数，一般用科学记数法记录数字，即用一个带小数的个位数乘以 10 的相当幂次表示。例如，"0.000 567"可写为"5.67×10^{-4}"，有效数字为 3 位；"10 680"可写为"$1.068\ 0 \times 10^4$"，有效数字为 5 位；如此等等。用以表达小数点位置的"0"不计入有效数字位数。

在间接测量中，须通过一定公式对直接测量值进行运算，运算中对有效数字位数的取舍应遵循如下规则。

（1）误差一般只取 1 位有效数字，最多 2 位。

（2）有效数字的位数越多，数值的精确度越大，相对误差越小。例如，(1.35±0.01)m，有 3 位有效数字，相对误差 0.7%；(1.350 0+0.000 1)m，有 5 位有效数字，相对误差 0.007%。

（3）若第 1 位的数值等于或大于 8，则有效数字的总位数可多算 1 位，如 9.23 虽然只有 3 位，但在运算时，可以看作 4 位有效数字。

（4）运算中舍弃过多不定数字时，应用"4 舍 6 入 5 成双"的法则：被修约的数字等于或小于 4 时，该数字舍去；被修约的数字等于或大于 6 时，进位；被修约的数字等于 5 时，要看 5 前面的数字，若是奇数，则进位，若是偶数，则将 5 舍掉，即修约后末尾数字都成为偶数；若 5 的后面还有不为"0"的任何数，则此时无论 5 的前面是奇数还是偶数，均应进位。例如，有 3 个数值 9.435，4.685，9.825 01，整化为 3 位数，根据上述法则，整化后的数值为 9.44，4.68，9.83。

（5）在加减运算中，各数值小数点后所取的位数，以其中小数点后位数最少者为准。

（6）在乘除运算中，各数保留的有效数字，应以其中有效数字最少者为准。例如，1.436 ×0.020 568/85，其中"85"的有效数字最少，由于首位是"8"，所以可以看成 3 位有效数字，其余 2 个数值也应保留 3 位，最后结果也只保留 3 位有效数字。

（7）在乘方或开方运算中，结果可多保留 1 位。

（8）对数运算时，对数中的首数不是有效数字，则对数的尾数的位数应与各数值的有效数字相当。

（9）常数 π,p,e 及乘子 2 和某些取自手册的常数，如阿伏伽德罗常数、普朗克常数等，不受上述规则限制，其位数按实际需要取舍。

第二节　实验数据处理的基本方法

实验数据的处理可用列表法、图解法及电子表格法。在化学分析法中常用列表法,其形式最为简洁。在仪器分析法中常用图解法。而电子表格法既有列表法的直观和简洁,又能方便、快速地转换成所需形式的图,还可用于实验室信息的统一存储和管理。

一、列表法

列表法在一般化学实验中应用最为普遍,特别是对原始实验数据的记录,简明方便。具体方法是:在表格的上方标明实验的名称,表的横向表头列出实验编号,纵向表头列出数据的名称,通常按操作步骤的顺序排列,见表 1-5-1。如果实验组数较多,则可将表格进行转置设计,即表的横向表头列出数据的名称,纵向表头列出实验编号。

表 1-5-1　列表法实验记录表示例

实验名称记录表

实验编号	1	2	3	4	5
质　量					
体　积					
密　度					

二、图解法

在许多仪器分析法中,常用图形来表述实验结果。用图解法表示测量数据间的关系往往比用文字表述更简明和直观。一个图需要显示不同曲线信息时,可以采用双坐标图解的形式,如图 1-5-1 所示。

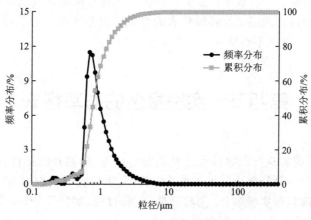

图 1-5-1　颗粒粒度分布

27

三、电子表格法

为便于更快、更好地进行数据处理,采用电子表格法进行数据处理是当前最为通用的方法。利用电子表格既可以对所记录的数据进行快速、自动的处理,又可用计算结果绘出各种图形,如图 1-5-2 所示。常用的数据处理与绘图软件包括 Excel,Origin 等。

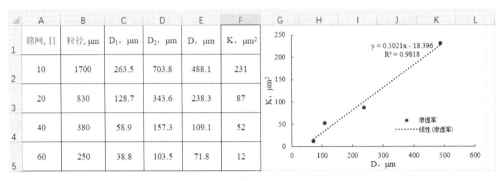

图 1-5-2　数据记录与处理

第三节　实验结果分析注意事项

实验结果处理与分析要注意以下事项。

(1) 实验结果应以多次测定的平均值表示,同时还应给出测定结果的置信区间或标准偏差。

(2) 以何种形式表示实验结果要与实验要求相一致。如用重铬酸钾法测铁,测定结果如果以 Fe_2O_3 的质量分数形式报出,那么就必须以该种形式给出,而不能以 FeO 的质量分数形式表示。必要时,给出实验结果计算公式。

(3) 对试样中某一组分含量的报告,要以原始试样中该组分的含量报出,不能仅给出测试溶液中该组分的含量。如果在测试前曾对样品进行稀释,那么最后结果应折算为未稀释前原试样中的含量。

(4) 实验结果数据的有效数字位数要与实验中测量数据的有效数字相适应。

(5) 注意误差和偏差的定义及其所代表的意义。误差和偏差的具体概念和计算方法可参见分析化学理论书,在此不再赘述。

第四节　实验报告的书写格式

实验结束后,完成实验报告的过程是对实验的提炼、归纳和总结的过程,能进一步消化所学的知识,培养分析问题、解决问题的能力,因此要重视实验报告的书写。

实验报告一般应包括实验名称、实验日期、实验目的、实验原理、简要步骤、实验现象和数据、数据处理和实验结果、讨论等内容。

第六章

常用化学实验器材与基本操作

第一节　电子分析天平及其使用

一、分类

按精度可将电子天平分为以下几类。

(1) 超微量电子天平。超微量电子天平的最大称量为 2～5 g,其标尺分度值小于(最大)称量的 10^{-6}。

(2) 微量电子天平。微量电子天平的称量一般为 3～50 g,其分度值小于(最大)称量的 10^{-5}。

(3) 半微量电子天平。半微量电子天平的称量一般为 20～100 g,其分度值小于(最大)称量的 10^{-5}。

(4) 常量电子天平。常量电子天平的最大称量一般为 100～200 g,其分度值小于(最大)称量的 10^{-5}。

通常说的电子分析天平,是常量电子天平、半微量电子天平、微量电子天平和超微量电子天平的总称。精密电子天平是准确度级别为Ⅱ级的电子天平的统称。日常使用中,也经常将电子天平分为十分之一电子天平、百分之一电子天平、千分之一电子天平、万分之一电子天平等,一般精度等于或高于千分之一的电子天平,都会加防风玻璃罩。

二、校准

电子天平开机显示零点,不能说明电子天平称量的数据准确度符合测试标准,只能说明电子天平零位稳定性合格。用电子天平进行计量测试时发现存在误差,一般是由于在较长的时间间隔内未进行校准。电子天平需要定期校准,不同的电子天平校准方法不同,可分为内校准和外校准两种,校准前一定要仔细阅读对应电子天平的使用说明书。因存放时间较长,位置移动,环境变化或为获得精确测量,电子天平在使用前一般都应进行校准操作。

三、使用

电子天平的使用一般分为 3 个步骤:调水平、预热、称量。

(1)调水平。电子天平开机前,电子天平后部水平仪内的水泡应位于圆环的中央,否则通过天平的地脚螺栓调节,左旋升高,右旋下降。

(2)预热。电子天平在初次接通电源或长时间断电后开机时,至少需要 30 min 的预热时间。因此,实验室电子天平在通常情况下,不要经常切断电源。

(3)称量。按下"ON/OFF"键,接通显示器;等待仪器自检。当显示器显示"零"时,自检过程结束,可用电子天平进行称量。将干净、干燥的小烧杯或其他器皿置于电子天平的称量盘上,待电子天平的显示稳定后,将其校零,再将所称物品置于器皿中,待电子天平的显示稳定后,读数,即得所称物品的质量。称量完毕,按下"ON/OFF"键,关断显示器。

注意:称量过程中必须保持电子天平的清洁,若不小心将称量物品撒落在电子天平中或电子天平周围,必须立即用小毛刷或干净的抹布清扫干净。

电子天平显示屏上的符号代表电子天平的几种状态。显示器右上角显示"O",表示显示器处于关断状态。显示器左下角显示"O",表示仪器处于待机状态,可进行称量。显示器左上角出现菱形标志,表示仪器的微处理器正在执行某个功能,此时不接受其他任务。

四、注意事项

(1)将电子天平置于稳定的工作台上,避免振动、气流及阳光照射。

(2)电子天平在安装时已经过严格校准,故不可轻易移动,否则校准工作需重新进行。

(3)称量前应检查电子天平是否正常,水平仪气泡是否调整至中间位置,玻璃框内外是否清洁。

(4)电子天平在使用前,应按说明书的要求进行预热。

(5)使用带防风玻璃罩的电子天平时,其前门不得随意打开。称量过程中只能打开左、右两个边门。

(6)被称物要放在电子天平盘的中央,称量物不能超过电子天平负载,被称物的温度必须和天平室的室温一致。称量易挥发和具有腐蚀性的物品时,要将被称物盛放在密闭的容器中,以免腐蚀和损坏电子天平。

(7)严禁不使用称量纸、称量器皿直接称量。每次称量后,需清洁电子天平,避免对电子天平造成污染而影响称量精度,以及影响他人的工作。

(8)同一化学实验中的所有称量,应自始至终使用同一架电子天平,使用不同电子天平会造成误差。

(9)保持电子天平内部清洁,必要时用软毛刷或绸布抹净或用无水乙醇擦净。

(10)经常对电子天平进行自校或定期外校,保证其处于最佳状态。

(11)电子天平出现故障应及时检修,不可带"病"工作。

(12)若长期不用电子天平,则应将其收藏好,并在电子天平内放干燥剂。

第二节 试样的称量

一、称量试样的预处理

处于空气中的试样通常都含有湿存水,其含量随试样的性质和条件的不同而变化。因此,不论用上面哪种方法称取试样,在称量前必须采用适当的干燥方法将水分除去。

1.性质稳定、不易吸湿的试样

对于性质稳定、不易吸湿的试样,可其薄薄地铺在表面皿或蒸发皿上,然后放入烘箱,在指定温度下干燥一定时间,取出后放在干燥器里冷却,最后转移至磨口试剂瓶里备用。盛样试剂瓶通常存放在不装干燥剂的干燥器里。经过干燥处理的试样即可放入称量瓶,用递减法称量。称取单份试样也可使用表面皿。

2.易潮解的试样

对于易潮解的试样,可将其直接放在称量瓶里干燥。干燥时应把瓶盖打开,干燥后把瓶盖松松地盖住,放入干燥器中,并且把干燥器放在天平近旁冷却。称量前,应将瓶盖稍微打开一下,再立即盖严,然后称量。需要特别指出的是,由于这类试样很容易吸收空气中的水分,故不宜采用递减称样法连续称量,一个称量瓶一次只能称取一份试样,并且倒出试样时应尽量把瓶中的试样倒净,以免剩余试样再次吸湿而影响准确性。因此,要求最初加入称量瓶里的试样量尽可能接近需要量。整个称量过程进行要快。如果需要称取两份试样,则应用两个称量瓶盛试样进行干燥。

这种“一个称量瓶一次只称取一份试样”的方法是在要求较高的情况下才采用。

3.含结晶水的试样

对于含结晶水的试样,如果在除去湿存水的同时,结晶水也会失去,则不宜进行烘干。此时,所得分析结果应以“湿样品”表示。对受热易分解的试样也应如此。

二、称量方法

根据不同的称量对象和不同的天平(如机械天平和电子天平),需采用相应的称量方法和操作步骤。在这里介绍 3 种称量方法,即指定质量称样法、递减(差减)称样法和直接称样法。具体的称量操作主要针对电子天平。

1.指定质量称样法

指定质量称样法又称为增量法。在分析化学实验中,当需要用直接法配制指定浓度的标准溶液时,常用指定质量称样法来称取基准物质。此法只能用来称取不易吸湿且不与空气中各种组分发生作用、性质稳定的粉末状物质(最小颗粒应小于 0.1 mg),不适用于块状物质的称量,如图 1-6-1 所示。

图 1-6-1 增量法的称量操作

具体操作方法如下。

（1）准备。做好称量前的准备工作（即前面讲述的电子天平水平位置调节、预热、灵敏度校准）。

（2）去皮。将干燥的称量纸或其他盛接被称物的器皿平稳地放置在电子天平的称量盘上（注意所用器皿的质量不要超过电子天平的称量上限），按下"O/T"键去皮。

（3）称量。极其小心地以左手持盛有试样的药匙，伸向称量纸或表面皿中心部位上方2～3 cm 处，用左手拇指、中指及掌心拿稳药匙，以食指轻弹（最好是摩擦）药匙柄，让药匙里的试样以非常缓慢的速度抖入称量纸或表面皿。这时，眼睛既要注意药匙，又要注视着天平的示数。

若加入的试样不慎超过了指定的质量，则应用药匙轻轻取出多余的试样。严格要求时应将取出的多余试样弃去，不可放回原来的试剂瓶中。重复上述操作，直至试样的质量符合指定要求为止。

在称量过程中，还应注意不要将药品撒到天平的其他地方，否则不仅会造成称量质量的不准确，还可能造成天平的腐蚀和损坏。

（4）试样转移。称好的试样必须定量地转入接收器中。若试样为可溶性盐类，则应采用表面皿进行称量，沾在表面皿上的少量试样粉末可用蒸馏水冲洗入接收器中。

2. 递减称样法

递减称样法又称减量法，称取试样的量是由两次称量之差求得的。此法用于称量一定质量范围的样品或试剂。分析化学实验中用到的基准物质和待测固体试样大都采用此法称量。采用本法称量时，被称量的物质不直接暴露在空气中，因此本法特别适合称量易吸水以及易与空气中 O_2，CO_2 发生反应的物质。

具体操作方法如下。

（1）准备。同指定质量称样法。

（2）取样。从干燥器中取出称量瓶（注意：不要让手指直接接触称量瓶和瓶盖），用约1 cm 宽并且具有一定强度的清洁纸带套在称量瓶上，用手拿住纸带尾部把称量瓶放到电子天平盘的正中位置，取出纸带。

（3）去皮。将称量瓶放入电子天平盘，待示数稳定后，按下"O/T"键，将示数归零。

（4）称量。用手拿住纸带尾部，把称量瓶拿至烧杯或锥形瓶口上方，用小纸片夹住称量瓶盖柄，打开瓶盖（称量瓶中的试样量要稍多于需要量），瓶盖不离开接收器上方。将瓶身慢慢向下倾斜，这时原在瓶底的试样逐渐流向瓶口。接着一边用瓶盖轻轻敲击瓶口内缘，一边转动称量瓶，使试样缓缓加入接收器内，如图 1-6-2 所示。待加入的试样量接近需要量时，一边继续用瓶盖轻敲瓶口，一边逐渐将瓶身竖直，使沾在瓶口附近的试样落入接收器或落回称量瓶底部。然后盖好瓶盖，把称量瓶放回电子天平盘的正中位置，取出纸带，关好电子天平门，准确记录其质量。所显示数据应该为负值，此数值的绝对值为称量瓶内试样所减少的质量，即所要称取的质量。若称取3份试样，则连续称量4次即可。

操作时应注意以下几点。

（1）若加入的试样量不够，则可重复上述操作；若加入的试样量大大超过所需量，则只能弃去重做。

（2）盛有试样的称量瓶除放在表面皿和秤盘上或用纸带拿在手中外，不得放在其他地

（a）用纸条套住称量瓶　　　　　　　（b）倾倒试样

图 1-6-2　减量法的称量操作

方,以免沾污。

（3）套上或取出纸带时,不要碰着称量瓶口,纸带应放在清洁的地方。

（4）沾在瓶口的试样应尽量处理干净,以免沾到瓶盖上或丢失。

（5）要在接收器的上方打开瓶盖,以免可能沾附在瓶盖上的试样失落他处。

3. 直接称样法

对某些在空气中没有吸湿性的试样或试剂,如金属、合金等,可以用直接称样法称样。用药匙取试样,放在已知质量、清洁而干燥的表面皿或硫酸纸上,一次称取一定质量的试样,然后将试样全部转移到接收器中。

第三节　干燥器的使用

干燥器是一种具有磨口盖子的厚质玻璃器皿,磨口上涂有一薄层的凡士林,可使其更好地密合。底部放适量的干燥剂,如变色硅胶、无水氯化钙等,上搁一块带孔的瓷板,坩埚放在瓷板的孔内。开启干燥器时,左手按住干燥器的下部,右手握住盖上的圆顶,向前推开器盖,如图 1-6-3 所示。加盖时,也应当拿住盖上圆顶推着盖好。当放入温热的坩埚时,先将盖留一缝隙稍等几分钟,再盖严。挪动干燥器时,不应只端下部,而应按住盖子挪动,如图 1-6-4 所示,以防盖子滑落。

图 1-6-3　开启干燥器　　　　　　　图 1-6-4　挪动干燥器

33

第四节 滴定管及滴定操作

一、滴定管的分类

滴定管可分为普通具塞（酸式）滴定管和无塞（碱式）滴定管，又可分为三通活塞自动定零位滴定管、侧边自动定零位滴定管、侧边三通活塞自动定零位滴定管等。常用滴定管的容量有 1 mL，10 mL，25 mL，50 mL，100 mL。常用的酸式滴定管、碱式滴定管如图 1-6-5 所示。

酸式滴定管用来装非碱性物质的溶液，碱式滴定管用来装非氧化性的碱性溶液。

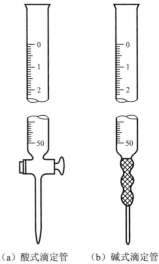

（a）酸式滴定管　（b）碱式滴定管

图 1-6-5　常用的滴定管示意图

二、滴定管使用前的准备

1. 正确选择滴定管

酸式滴定管下端为活塞加橡皮圈，碱式滴定管下端加滴头（橡胶管、玻璃珠及尖嘴玻璃管，橡胶管中的玻璃珠应大小合适）。

2. 试漏

装水至零刻度线，并放置 2 min，看是否漏水。对酸式滴定管，看活塞两端是否有水，2 min 后，将活塞旋转 180°角，再看活塞两端是否有水。若发现漏水，酸式滴定管则应该涂凡士林，碱式滴定管则应换玻璃珠或橡胶管。

3. 洗涤

（1）当滴定管没有明显污染时，可直接用自来水冲洗或用没有损坏的软毛刷蘸洗涤剂水溶液刷洗（不可用去污粉）。

（2）当用洗涤剂洗不干净时，可用 5～10 mL 铬酸洗液润洗。

对酸式滴定管，先关闭活塞，倒入洗液后，一只手拿住滴定管上端无刻度部分，另一只手拿住活塞下端无刻度部分，边转动边倾斜，使洗液布满全管；反复转动 2～3 次。

对碱式滴定管，先取下尖嘴玻璃管，将滴定管倒夹在滴定台上并插入盛铬酸洗液的烧杯中，用一只手的大拇指和食指挤压玻璃珠上的橡胶管，以形成通道；另一只手将吸耳球插入橡胶管，以吸取铬酸洗液，使洗液充满全管后松开大拇指和食指，让其浸泡几分钟（注意：铬酸洗液不要与橡胶管接触）。随后，用大拇指和食指挤压玻璃珠上的橡胶管，使其形成通道，将洗液放回原烧杯中。

使用过的洗液回收到原盛洗液的试剂瓶中。沾有残余洗液的滴定管，用少量的自来水洗后，倒入废液缸中。滴定管再用大量自来水冲洗，随后用蒸馏水（每次 5～10 mL）润洗 3

次,即可使用。

4. 酸式滴定管的活塞涂油

当滴定管活塞转动不灵活或漏水时,应在活塞上涂油(凡士林),如图 1-6-6 所示。先取下活塞上的小橡皮圈,取下活塞,用软布或软纸将活塞擦拭干净,再将软布或软纸卷成小卷,插入活塞槽,来回擦拭,将内壁擦拭干净。

用手指蘸少量凡士林擦在活塞的两头,沿四周各涂一薄层;使活塞孔与滴定管平行并将活塞插入活塞槽中,然后向同一方向转动活塞,直到全部涂满为止,并套上小橡皮圈。套橡皮圈时,应该将滴定管放在台面上,一只手顶住活塞大头,另一只手套橡皮圈,以免活塞顶出。

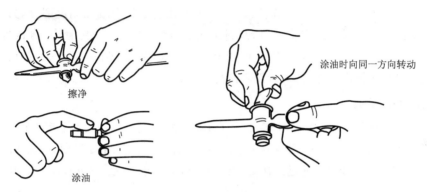

擦净　　涂油时向同一方向转动　　涂油

图 1-6-6　酸式滴定管的活塞涂油

若活塞仍转动不灵活或有纹路,则表明涂油不够;若有油从缝中挤出,则表明涂油太多。遇到这种情况,必须重新涂油。若发现活塞孔或出水口被凡士林堵塞,则必须清除。如果是活塞孔堵塞,那么可以取下活塞,用细铜丝通出;如果是出水口堵塞,那么用水充满全管,并将出水口浸入热水中,片刻后打开活塞,使管内的水突然冲下,将熔化的油带出。如果这样还不能解决,那么可用有机溶剂(四氯化碳)浸溶。如果还不能解决,那么可以用导线的细铜丝按如图 1-6-7 所示操作,将堵塞物带出,操作应十分小心,转动时动作应轻。

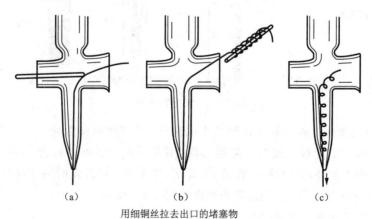

（a）　　　　　（b）　　　　　（c）

用细铜丝拉去出口的堵塞物

图 1-6-7　酸式滴定管去除异物方法

三、滴定管的使用及滴定操作

1. 操作溶液的装入

(1) 用操作溶液润洗。装入操作溶液之前,将滴定管用操作溶液润洗 3 次,每次用液 5~10 mL。润洗时,先将活塞关好,将试剂瓶中的溶液摇匀,直接从试剂瓶将溶液倒入滴定管中,倒入溶液后,一只手拿住滴定管上端无刻度部分,另一只手拿住活塞下端无刻度部分,边转动边倾斜,使溶液布满全管,然后放出全部润洗液(尽量放净)。随后润洗第 2 次、第 3 次。

(2) 操作溶液的装入。摇匀操作溶液,一只手拿住滴定管上端无刻度部分,另一只手拿住试剂瓶,将试剂瓶口对准滴定管上口,倾斜试剂瓶,将溶液倒入滴定管中(直接加入溶液,不可借助其他器皿),直到溶液达到零刻度线上 2~3 mL 为止;等待 30 s 后,打开活塞,使溶液充满滴定管尖,并排出气泡,随后调至零刻度。

2. 滴定管的读数

(1) 口诀:食拇指,拿上端,臂杠杆,自竖直;眼平视,读取数,高低上下都不行。

(2) 读数时注意有效数字,必须读准到小数点后两位;记录时必须保留有效数字的位数,小数点后无数字时,加"0"补足。例如,"22.00 mL"不能记为"22 mL","21.50 mL"不能记为"21.5 mL"。

(3) 浅色溶液读弯月面的下边,深色溶液读弯月面的上边。

滴定管读数时如图 1-6-8 所示。

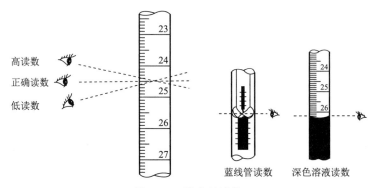

图 1-6-8 滴定管读数

(4) 滴定管的操作。滴定管在铁架台上的高度,以方便操作为准。滴定管尖一般插入锥形瓶口内 1 cm 左右为好。用右手摇锥形瓶,用左手把着活塞;拇、食、中指包塞拿,不能推,应该轻轻向手心拉住;先快滴,后慢滴;半开塞,挂半滴。近终点时的半滴溶液,轻靠锥形瓶内壁,而后用洗瓶吹洗下去。滴定管的操作如图 1-6-9 所示。

平行测定时,应该重新充满溶液,使用滴定管相同的一段。

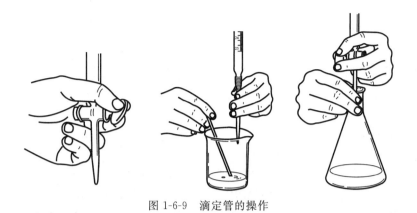

图 1-6-9　滴定管的操作

第五节　移液管、吸量管及其使用

一、移液管和吸量管

移液管和吸量管都是用来准确移取一定量溶液的量器。移液管是一根细长而中间膨大的玻璃管,在管的上端有一环形标线,膨大部分标有它的体积和标定时的温度。常用的移液管有多种规格,如 2 mL,5 mL,10 mL,25 mL,50 mL 等。当吸入溶液至其弯月面的最低点与标线相切后,使移液管竖直,让溶液自然流出,此时放出溶液的体积等于移液管上所标体积,移液管尖端吸留的一小部分溶液不必强制放出。

吸量管是具有分刻度的玻璃管,主要用于移取所需的不同体积的溶液,常用的吸量管有 1 mL,2 mL,5 mL,10 mL 等规格。移液管和吸量管的使用如图 1-6-10 所示。

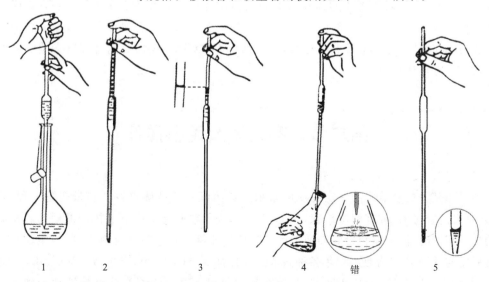

1—吸溶液;2—溶液吸至标线以上;3—调节至标线;4—放出溶液;5—残留液处理。

图 1-6-10　移液管和吸量管的使用

二、洗涤

移液管和吸量管管口小,故不能刷洗,应用铬酸洗液泡洗。其洗涤方法与滴定管相似,洗至内壁和外壁不挂水珠,并用蒸馏水润洗 3 次。

三、移取溶液

(1)移取溶液之前,先必须用待移取的溶液将移液管润洗 3 次。方法是:吸取一定量溶液,立即用右手食指按住管口(尽量勿使溶液回流),将管横过来,用两手拿住并转动移液管,使溶液布满全管内壁,将管直立,使溶液由尖嘴放出,弃去;反复 3 次(注意用滤纸擦净外管壁)。

(2)用移液管从容量瓶中移取溶液时,一只手拿移液管,另一只手拿吸耳球;拿移液管的手,拇指与中指拿住移液管上端距管口 2~3 cm 的部位,食指在管口的上方,将移液管插入容量瓶内液面以下 1~2 cm 深度(若插入太深,则外壁粘带溶液较多;若插入太浅,则液面下降时会吸空);用拿吸耳球的手排出吸耳球中的空气后,将吸耳球紧靠在移液管上口上,慢慢松开,借助吸力吸取溶液,当管中的液面上升至标线以上时,迅速用食指按住管口,用拇指及中指捻转管身,使液面缓慢下降,直到溶液弯液面与管颈标线相切(常称为调定零点),按紧食指,使溶液不再流出;用滤纸擦去管尖外壁的溶液,将移液管流液口靠着容器的内壁,松开食指,使溶液自由地沿器壁流下,待下降的液面静止后,再等待 15 s,然后拿出移液管。(注意:在调定零点和排放溶液的过程中,移液管都要保持竖直)流液口内残留的一点溶液绝不可用外力使其被振出或吹出。

(3)移液管用完应放在管架上,不要随便放在实验台上,尤其要防止管颈下端被污染。吸量管的使用方法与移液管大致相同。使用吸量管时,通常是使液面从吸量管的最高刻度降低到另一刻度,两刻度之间的体积恰好为所需的体积。这里要注意的是,平等移取溶液时,应使用同一吸量管的同一部位,而且尽可能使用上面部分。有时候要使吸量管中的溶液全部放出,此时要注意吸量管上的标示,若上面标有"吹"字的,则要把流液口尖端的残留液吹出,否则,应该让它留住。

第六节　容量瓶及定容操作

容量瓶是为配制准确的一定物质的量浓度的溶液用的精确仪器。容量瓶是一种细颈、梨形、平底的容器,带有磨口玻塞,颈上有标线,表示在所指温度下液体凹液面与容量瓶颈部的标线相切时,溶液体积恰好与瓶上标注的体积相等。容量瓶上标有温度、容量、刻度线。容量瓶常与移液管配合使用,有多种规格,小的有 5 mL,25 mL,50 mL,100 mL,大的有 250 mL,500 mL,1 000 mL,2 000 mL 等。它主要用于直接法配制标准溶液和准确稀释溶液以及制备样品溶液。容量瓶也叫量瓶。

一、检漏

在使用容量瓶之前,除了检查容量瓶容积与所要求的是否一致外,还要检查瓶塞是否严密不漏水,即检漏。具体操作如下。

加水至标线附近,盖好瓶塞后,左手食指按住塞子,其余手指拿住瓶颈标线以上部分,右手指尖托住瓶底,将瓶倒立 2 min,若不漏水,则将容量瓶直立,将瓶塞转动 180°角,再倒立 2 min,若不漏水,则可使用。(使用时,玻璃塞不应放在桌面上,以免沾污,操作时可用一只手的食指和中指夹瓶塞的扁头,当操作结束后随手将瓶盖盖上,也可用橡皮筋或细绳将瓶塞系在瓶颈上)若不漏水,则先用自来水冲洗,再用蒸馏水润洗 3 次,备用。

二、配制溶液

使用容量瓶配制溶液的方法如下。

(1) 使用前检查瓶塞处是否漏水。

(2) 把准确称量好的固体溶质放在烧杯中,用少量溶剂溶解。然后把溶液沿玻璃棒转移到容量瓶里。为保证溶质能全部转移到容量瓶中,要用溶剂多次洗涤烧杯,并把洗涤溶液全部转移到容量瓶里。

(3) 向容量瓶内加入的液体液面离标线 1～2 cm 时,应改用滴管小心滴加,最后使液体的弯月面(凹液面)的最低点与刻度线正好相切。

(4) 盖紧瓶塞,用倒转和摇动的方法使瓶内的液体混合均匀。

配制一定物质的量浓度的溶液过程如图 1-6-11 所示。

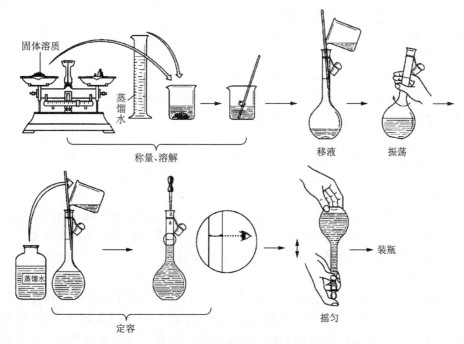

图 1-6-11 配制一定物质的量浓度的溶液过程示意图

（2）、（3）详细操作步骤如下。

用容量瓶配制标准溶液时，先将精确称重的试样放在小烧杯中，加入少量溶剂，搅拌使其溶解（若难溶，则可盖上表面皿，稍加热，但必须放冷后才能转移）。用转移沉淀的操作，沿搅拌棒将溶液定量地移入洗净的容量瓶中，然后用洗瓶吹洗烧杯壁 2～3 次，按相同方法转入容量瓶中。当溶液加到瓶中 2/3 处以后，将容量瓶水平方向摇转几周（勿倒转），使溶液大体混匀。然后把容量瓶平放在桌子上，慢慢加水到距标线 2～3 cm，等待 1～2 min，使粘附在瓶颈内壁的溶液流下，再改用胶头滴管滴加，眼睛平视标线，加水至溶液凹液面底部与标线相切。立即盖好瓶塞，用食指顶住瓶塞，另一只手的手指托住瓶底，注意不要用手掌握住瓶身，以免体温使液体膨胀，影响容积的准确性（对于容积小于 100 mL 的容量瓶，不必托住瓶底）。随后将容量瓶倒转，使气泡上升到顶，此时可将瓶振荡数次。再倒转过来，仍使气泡上升到顶。如此反复 10 次以上，才能混合均匀。

使用时应注意，当溶质溶解或稀释时出现吸热或放热时，需先将溶质在烧杯中溶解或稀释，并冷却。

三、注意事项

使用容量瓶时，除了检验密闭性外，还应注意以下几点。

（1）不能在容量瓶里进行溶质的溶解，应将溶质在烧杯中溶解后转移到容量瓶里。

（2）用于洗涤烧杯的溶剂总量不能超过容量瓶的标线，一旦超过，必须重新进行配制。

（3）容量瓶不能进行加热。如果溶质在溶解过程中放热，那么要待溶液冷却后再进行转移，因为温度升高，瓶体和液体都将膨胀，膨胀系数不一，所量体积就会不准确。

（4）容量瓶只能用于配制溶液，不能长时间或长期储存溶液，因为溶液可能会对瓶体造成腐蚀，从而使容量瓶的精度受到影响。

（5）容量瓶用毕应及时洗涤干净，塞上瓶塞，并在塞子与瓶口之间夹一条纸条，防止瓶塞与瓶口粘连。

（6）容量瓶只能配制一定体积的溶液，但是一般保留 4 位有效数字（例如 250.0 mL），不能因为溶液超过或者没有达到刻度线而估算改变小数点后面的数字，只能重新配制，因此书写溶液体积的时候必须写成"×××.0 mL"。

四、容量瓶的校正

（1）绝对校正法。

将洗净、干燥、带塞的容量瓶准确称量（空瓶质量）。注入蒸馏水至标线，记录水温，用滤纸条吸干瓶颈内壁水滴，盖上瓶塞称量，两次称量之差即为容量瓶容纳的水的质量。用上述方法算出该容量瓶 20 ℃时的真实容积数值，求出校正值。

（2）相对校正法。

在很多情况下，容量瓶与移液管是配合使用的，因此，重要的不是要知道所用容量瓶的绝对容积，而是容量瓶的容积与移液管的容积之间的关系是否正确，例如 250 mL 容量瓶的容积是否为 25 mL 移液管所放出的液体体积的 10 倍。一般只需要做容量瓶与移液管的相对校正即可，校正方法如下。

预先将容量瓶洗净控干,用洁净的移液管吸取蒸馏水注入该瓶中。假如容量瓶容积为 250 mL,移液管容积为 25 mL,则共吸 10 次,观察容量瓶中水的弯月面最低点是否与标线相切。若不相切,则表示有误差,一般应将容量瓶烘干后重复校正一次。若仍不相切,则在容量瓶颈上做一个新标记,以后配合该移液管使用时,以新标记为准。

第七节　蒸馏和分馏、减压蒸馏

一、蒸馏和分馏

蒸馏和分馏都是利用有机物沸点不同,在蒸馏过程中将低沸点的组分先蒸出,高沸点的组分后蒸出,从而达到分离和纯的目的。不同的是,分馏是借助分馏柱使一系列的蒸馏不需多次重复,而是一次得以完成的蒸馏(分馏就是多次蒸馏)。两者应用范围也不同。蒸馏时混合液体中各组分的沸点要相差 30 ℃ 以上才可以进行分离,而要彻底分离,则沸点要相差 110 ℃ 以上;分馏可使沸点相近的互溶液体混合物(甚至沸点仅相差 1～2 ℃)得到分离和纯化。

液体的分子由于分子运动有从表面逸出的倾向,这种倾向随着温度的升高而增大,进而在液面上方形成蒸气。当分子由液体逸出的速度与分子由蒸气中回到液体中的速度相等时,液面上方的蒸气达到饱和,称为饱和蒸气。它对液面所施加的压力称为饱和蒸气压。实验证明,液体的蒸气压只与温度有关,即液体在一定温度下具有一定的蒸气压。当液态物质受热,蒸气压增大到与外界施于液面的总压力(通常是大气压力)相等时,就有大量气泡从液体内部逸出,即液体沸腾。这时的温度称为液体的沸点。

1. 蒸馏

蒸馏是将液态物质加热到沸腾变为蒸气,又将蒸气冷却为液体这两个过程的联合操作。

纯粹的液体有机化合物在一定的压力下具有一定的沸点(沸程 0.5～1.5 ℃)。利用这一点,可以测定纯液体有机物的沸点,这种方法又称常量法。

但是具有固定沸点的液体不一定都是纯粹的化合物,因为某些有机化合物常和其他组分形成二元或三元共沸混合物,它们也有一定的沸点。

通过蒸馏,我们可除去不挥发性杂质,可分离沸点差大于 30 ℃ 的液体混合物,还可以测定纯液体有机物的沸点及定性检验液体有机物的纯度。

2. 分馏

将两种挥发性液体混合物进行蒸馏,在沸腾温度下,其气相与液相达成平衡,出来的蒸气中含有较多的易挥发物质的组分,将此蒸气冷凝成液体,其组成与气相组成等同(即含有较多的易挥发物质的组分),而残留物中含有较多的高沸点组分(难挥发组分)。这就是进行了一次简单的蒸馏。

将蒸气凝成的液体重新蒸馏,即又进行一次气液平衡,在再度产生的蒸气中,所含的易挥发物质的组分又有增多,同样,将此蒸气再经冷凝而得到的液体中,易挥发物质的组分当然更多,这样可以利用一连串的有系统的重复蒸馏,最后得到接近纯组分的两种液体。

虽然应用反复的简单蒸馏可以得到接近纯组分的两种液体,但是这样做浪费时间,且在重复多次蒸馏操作中的损失很大,设备复杂,所以通常利用分馏柱进行多次气化和冷凝,这就是分馏。

在分馏柱内,当上升的蒸气与下降的冷凝液互凝相接触时,上升的蒸气部分冷凝放出热量使下降的冷凝液部分气化,两者之间发生了热量交换,其结果是上升蒸气中易挥发组分增加,而下降的冷凝液中高沸点组分(难挥发组分)增加。如果继续多次,那么就等于进行了多次气液平衡,即达到了多次蒸馏的效果。这样靠近分馏柱顶部易挥发物质的组分比率高,而在烧瓶里难挥发物质的组分(高沸点组分)比率高。只要分馏柱足够高,就可将这两种组分彻底分开。工业上的精馏塔就相当于分馏柱。

二、减压蒸馏

减压蒸馏是分离、提纯有机物的重要方法之一,它特别适用于沸点较高及在常压下蒸馏时易分解、氧化和聚合的物质。有时在蒸馏、回收大量溶剂时,为提高蒸馏速度,也考虑采用减压蒸馏的方法。

液体的沸点是指它的饱和蒸气压等于外界大气压时的温度,所以液体沸腾的温度是随外在压力的降低而降低的。用真空泵连接盛有液体的容器,使液体表面上的压力降低,即可降低液体的沸点。这种在较低压力下进行蒸馏的操作称为减压蒸馏,减压蒸馏时物质的沸点与压力有关。

为了使用方便,常把不同的真空度划分为以下几个等级。

(1) 低真空度[1.333 2~101.32 kPa(10~760 mmHg)]。一般可用水泵获得。水泵所达到的最大真空度受水蒸气压力限制,因此,水温在 3~4 ℃时,水泵可达 0.799 9 kPa(6 mmHg)的真空度,而水温在 20~25 ℃时,水泵只能达到 2.266~3.333 kPa(17~25 mmHg)的真空度。

(2) 中真空度[13.332~1 333.2 Pa(10⁻¹~10 mmHg)]。一般可由油泵获得。

(3) 高真空度[<13.332 Pa(10⁻¹ mmHg)]。一般由扩散泵获得。该泵利用一种液体的蒸发和冷凝,使空气附着在凝聚的液滴表面上,达到富集气体分子的目的。该泵的作用一方面是抽走集结的气体分子,另一方面是降低所用液体的汽化点,使其易沸腾。扩散泵所用的工作液可以是扩散泵油或其他特殊油类,其极限真空主要取决于工作液的性质。

三、实验装置

1. 蒸馏装置

蒸馏装置主要由汽化装置、冷凝装置和接收装置 3 部分组成(如图 1-6-12 所示)。

(1) 蒸馏瓶。蒸馏瓶的选用与被蒸液体量的多少有关,通常装入液体的体积应为蒸馏瓶容积的 1/3~2/3。液体量过多或过少都不宜。在蒸馏低沸点液体时,选用长颈蒸馏瓶;而蒸馏高沸点液体时,选用短颈蒸馏瓶。

(2) 温度计。温度计应根据被蒸馏液体的沸点来选择。沸点低于 100 ℃,可选用 100 ℃温度计;沸点高于 100 ℃,应选用 250~300 ℃温度计。

(3) 冷凝管。冷凝管可分为水冷凝管和空气冷凝管两类,水冷凝管用于被蒸液体沸点

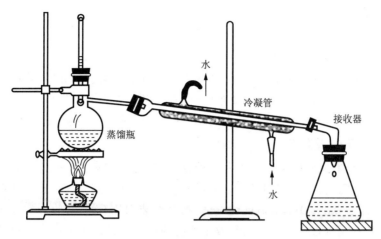

图 1-6-12　蒸馏装置

低于 140 ℃的情况,空气冷凝管用于被蒸液体沸点高于 140 ℃的情况。

（4）尾接管及接收瓶。尾接管将冷凝液导入接收瓶中。常压蒸馏选用锥形瓶为接收瓶,减压蒸馏选用圆底烧瓶为接收瓶。

仪器安装顺序为:先下后上,先左后右。拆卸仪器与其顺序相反。

2. 减压蒸馏系统

减压蒸馏系统可分为蒸馏装置、抽气装置以及保护和测压装置 3 部分（如图 1-6-13 所示）。蒸馏装置这一部分与普通蒸馏相似,亦可分为 3 个组成部分。

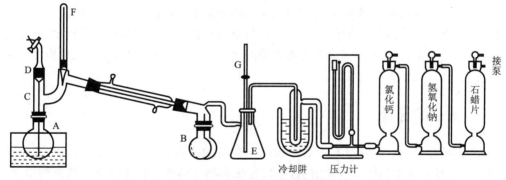

图 1-6-13　减压蒸馏系统

（1）减压蒸馏瓶（克氏蒸馏瓶）有两个颈,其目的是避免减压蒸馏时瓶内液体由于沸腾而冲入冷凝管中,瓶的一颈中插入温度计,另一颈中插入一根距瓶底约 1～2 mm 的、末端拉成细丝的毛细管的玻管。毛细管的上端连有一段带螺旋夹的橡胶管,螺旋夹用以调节进入空气的量,使极少量的空气进入液体,呈微小气泡冒出,作为液体沸腾的汽化中心,使蒸馏平稳进行,又起搅拌作用。

（2）冷凝管和普通蒸馏相同。

（3）接收部分与普通蒸馏不同的是,接液管上具有可供接抽气部分的小支管。蒸馏时,若要收集不同的馏分而又不中断蒸馏,则用两尾或多尾接液管。转动多尾接液管,就可使不同的馏分进入指定的接收器中。

3. 抽气部分

实验室通常用水泵或油泵进行减压。

水泵(水循环泵)所能达到的最低压力为 1 kPa。

油泵的效能决定于油泵的机械结构以及真空泵油的好坏。好的油泵能抽至真空度为 13.3 Pa。油泵结构较精密,工作条件要求较严。蒸馏时,如果有挥发性的有机溶剂、水或酸的蒸气,那么都会损坏油泵及降低其真空度。因此,使用时必须十分注意对油泵的保护。

4. 保护和测压装置部分

为了保护油泵,必须在馏液接收器与油泵之间顺次安装冷却阱和几个吸收塔。冷却阱中冷却剂的选择随需要而定。吸收塔(干燥塔)通常设 3 个:第 1 个装无水 $CaCl_2$ 或硅胶,吸收水汽;第 2 个装粒状 NaOH,吸收酸性气体;第 3 个装切片石蜡,吸收烃类气体。

实验室通常利用水银压力计来测量减压系统的压力。水银压力计有开口式水银压力计和封闭式水银压力计。

第八节　结晶和重结晶

重结晶是提纯固体有机化合物的常用方法之一,是将晶体溶于溶剂或熔融以后,重新从溶液或熔体中结晶的过程,又称再结晶。

固体混合物在溶剂中的溶解度与温度有密切关系。一般是温度升高,溶解度增大。把固体溶解在热的溶剂中达到饱和,冷却时由于溶解度降低,溶液过饱和而析出晶体。利用被提纯物质和杂质在溶剂中的溶解度不同,可以使被提纯物质从过饱和溶液中析出,而让杂质全部或大部分仍留在溶液中(若杂质在溶剂中的溶解度极小,则杂质可在被配成饱和溶液后被过滤除去),从而达到提纯目的。

一、溶剂的选择

被提纯的化合物在不同溶剂中的溶解度与化合物本身的性质以及溶剂的性质密切相关,通常是极性化合物易溶于极性溶剂,非极性化合物易溶于非极性溶剂。通常情况下,通过实验的方法对溶剂进行选择。

(1)不与被提纯的化合物发生化学反应。

(2)在较高温度时能溶解多量的被提纯物质;而在室温或更低温度时,只能溶解很少量的该种物质。对杂质的溶解度非常大或者非常小(前一种情况是使杂质留在母液中,不随被提纯物晶体一同析出;后一种情况是使杂质在热过滤时被滤去)。

(3)容易挥发(溶剂的沸点较低),易于结晶分离除去。

(4)无毒或毒性很小,便于操作,价廉易得。

(5)适当时候可以选用混合溶剂。

二、重结晶的操作

1. 溶解

首先通过实验结果或查阅溶解度数据计算被提取物所需溶剂的量,再将被提取物晶体置于锥形瓶中,加入比需要量稍少的适宜溶剂,加热到沸腾一段时间后,若被提取物晶体未完全溶解,则可再添加溶剂,每次加溶剂后需再加热使溶液沸腾,直至被提取物晶体完全溶解(但应注意,在补加溶剂后,发现未溶解固体不减少,应考虑是不溶性杂质,此时不要补加溶剂,以免溶剂过量)。

若需脱色,则待溶液稍冷后,加入活性炭,煮沸 5～10 min。

2. 过滤

接着进行过滤。常用的过滤方法有常压过滤、减压过滤和热过滤 3 种。

(1) 常压过滤最为简便,在玻璃漏斗内壁紧贴一张折成锥形的滤纸,用玻璃棒转移溶液进行过滤。应注意,玻璃棒要靠在 3 层滤纸处,漏斗颈应靠在接收容器的壁上,先转移溶液,后转移沉淀,漏斗内液面不得超过滤纸高度的 2/3。

(2) 减压过滤也称抽滤。循环水泵的抽气使得吸滤瓶内压力下降,在布氏漏斗内的液面和吸滤瓶内造成一个压力差,因此提高了过滤的速度。装置中设置一个安全瓶,是为了防止自来水倒吸而使滤液沾污并被冲稀。正因如此,停止过滤时应先拔掉吸滤瓶上橡胶管,再关循环水泵。抽滤所用的滤纸,应略小于漏斗内径,但又能把瓷孔全部盖没。过滤时,先将滤纸湿润,再抽气使滤纸贴紧,然后往漏斗中转移溶液。

(3) 热过滤通常采用热漏斗过滤。热漏斗的外壳是用金属薄板制成的,其内装有热水,必要时还可在外部加热,以维持过滤液的温度。重结晶时常采用热过滤,若没有热漏斗,则可用普通漏斗在水浴上加热,然后立即使用。此时应注意选择颈部较短的漏斗。热过滤常采用折叠滤纸。

3. 结晶

(1) 将滤液在室温或保温下静置,使之缓缓冷却(若滤液已析出晶体,则可加热使之溶解),析出晶体,再用冷水充分冷却。必要时,可进一步用冰水或冰盐水等冷却(视具体情况而定,若使用的溶剂在冰水或冰盐水中能析出结晶,则不能采用此步骤)。

(2) 有时滤液中有焦油状物质或胶状物存在,使结晶不易析出,或形成过饱和溶液,也不析出晶体。此时可用玻璃棒摩擦器壁以形成粗糙面,使溶质分子成定向排列而形成结晶的过程比在平滑面上迅速和容易;或者投入晶种(同一物质的晶体。若无此物质的晶体,则可用玻璃棒蘸一些溶液,稍干后即会析出晶体),供给定型晶核,使晶体迅速形成。

(3) 有时被提取物呈油状析出,虽然该油状物经长时间静置或足够冷却后也可固化,但这样的固体往往含有较多的杂质(杂质在油状物中常比在溶剂中的溶解度大;另外,析出的固体中还包含一部分母液),纯度不高。用大量溶剂稀释,虽可防止油状物生成,但将使产物大量损失。这时可将析出油状物的溶液重新加热溶解,然后慢慢冷却。当油状物析出时,剧烈搅拌混合物,使油状物在均匀分散的状况下固化,但最好是重新选择溶剂,以便得到晶形产物。

(4) 过滤。一般采用减压过滤。剪裁符合规格的滤纸放入漏斗中,用少量溶剂润湿滤纸,开启水泵并关闭安全瓶上的活塞,将滤纸吸紧。打开安全瓶上的活塞,关闭水泵,借助玻璃棒,将待分离物分批倒入漏斗中,并用少量滤液洗出粘附在容器上的晶体,一并倒入漏斗中,再次开启水泵并关闭安全瓶上的活塞,进行减压过滤,直至漏斗颈口无液滴为止。打开安全瓶上的活塞,关闭水泵。用少量溶剂润湿晶体,再次开启水泵并关闭安全瓶上的活塞,进行减压过滤,直至漏斗颈口无液滴为止。

（5）结晶的干燥。一般晶体要进行必要的干燥。固体干燥的方法很多,要根据重结晶所用溶剂及结晶的性质来选择:空气晾干(不吸潮的低熔点物质在空气中干燥是最简单的干燥方法)、烘干(在空气中和一定温度下稳定的物质可在烘箱中干燥,烘箱温度应比被干燥物质的熔点低 20～50 ℃)、用滤纸吸干(此方法易使固体物被滤纸纤维污染)、置于干燥器中干燥。

第九节　索氏提取法

索氏提取法,又名连续提取法、索氏抽提法,是从固体物质中萃取化合物的一种方法。索氏抽提法是公认的经典抽提方法,通常用于粗脂肪含量的测定。在石油化工行业,索氏提取法经常用来清洗钻取到的储层岩芯(将岩芯中的原油清洗干净),清洗掉原油后的岩芯可以更好地进行岩性、物性等分析。索氏提取器如图 1-6-14 所示。

烧瓶中的液体不能装得太多,不能超过其容积的 2/3,也不能少于其容积的 1/3。

一、抽提原理

索氏提取器利用溶剂回流和虹吸原理,使固体物质每一次都能被纯的溶剂所萃取,所以萃取效率较高。萃取前应先将固体物质研磨细,以增加液体浸溶的面积。然后将固体物质放在滤纸套内,放置于萃取室中。安装仪器。当溶剂被加热沸腾后,蒸气通过导气管上升,被冷凝为液体,滴入提取器中。当液面超过虹吸管最高处时,即发生虹吸现象,溶液回流入烧瓶,因此可萃取出溶于溶剂的部分物质。就这样利用溶剂回流和虹吸作用,使固体中的可溶物富集到烧瓶内。

二、抽提方法与试剂的选择

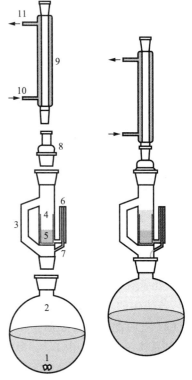

1—搅拌磁子;2—烧瓶;3—蒸气路径;
4—套管;5—固体;6—虹吸管;
7—虹吸出口;8—转接头;9—冷凝管;
10—冷却水入口;11—冷却水出口。

图 1-6-14　索氏提取器的示意图

以抽提岩芯中原油为例,将岩芯用长镊子放入抽提筒中。选择合适的抽提溶剂(见表 1-6-1),注入一次虹吸量大约 2 倍的抽提试剂,使岩芯完全浸没在抽提试剂中。连接好抽提器各部分,接通冷凝水水流,在恒温水浴中进行抽提,调节合适的蒸馏温度,使冷凝下滴的抽提试剂成连珠状(120～150 滴/min 或回流 7 次/h 以上),抽提至抽取筒内的抽提试剂用滤纸点滴检查无油迹为止。抽提完毕后,用长镊子取出岩芯,在通风橱内使抽提溶剂挥发。提取瓶中的抽提试剂另行回收。

表 1-6-1　溶剂的选择及应用

溶　剂	沸　点/ ℃	溶解的物质
丙　酮	56.5	油、水、盐
氯仿/甲醇(65/35)	53.5	油、水、盐
环己烷	81.4	油
氯化乙烯	83.5	油、少量水
己　烷	49.7～68.7	油
甲　醇	64.7	水、盐
二氯甲烷	40.1	油、少量水
石脑油	160.0	油
四氯乙烯	121.0	油
氧杂环戊烷	65.0	油、水、盐
甲　苯	110.6	油
三氯乙烯	87.0	油、少量水
二甲苯	138.0～144.4	油

第十节　沉淀与过滤

沉淀操作是将溶液中的目的产物或主要杂质以无定形固相形式析出再进行分离的单元操作。沉淀法有等电点沉淀法、盐析法、有机溶剂沉淀法等。在经典的定性分析中,几乎一半以上的检出反应是沉淀反应。在定量分析中,它是重量法和沉淀滴定法的基础。沉淀反应也是常用的分离方法,既可将欲测组分分离出来,又可将其他共存的干扰组分沉淀除去。

一、沉淀原理

沉淀的原理是从液相中产生一个可分离的固相的过程,或是从过饱和溶液中析出难溶物质。沉淀作用表示一个新的凝结相的形成过程,或加入沉淀剂使某些离子成为难溶化合物而沉积的过程。产生沉淀的化学反应称为沉淀反应。物质的沉淀和溶解是一个平衡过程,通常用溶度积常数 K_{sp} 来判断难溶盐是沉淀还是溶解。溶度积常数是指在一定温度下,在难溶电解质的饱和溶液中,组成沉淀的各离子浓度的乘积。分析化学中经常利用溶度积常数,加入同离子使沉淀溶解度降低,使残留在溶液中的被测组分小到可以忽略的程度。

二、沉淀类型

按照水中悬浮颗粒的浓度、性质及其絮凝性能的不同，可将沉淀分为以下几种类型。

（1）自由沉淀。悬浮颗粒的浓度小，在沉淀过程中呈离散状态，互不黏合，不改变颗粒的形状、尺寸及密度，各自完成独立的沉淀过程。这种类型多表现在沉砂池、初沉池初期。

（2）絮凝沉淀。悬浮颗粒的质量浓度比较大（50～500 mg/L），在沉淀过程中能发生凝聚或絮凝作用，使悬浮颗粒互相碰撞凝结，颗粒质量逐渐增大，沉降速度逐渐加快。经过混凝处理的水中颗粒的沉淀、初沉池后期、生物膜法二沉池、活性污泥法二沉池初期等均属絮凝沉淀。

（3）拥挤沉淀。悬浮颗粒的质量浓度很大（大于500 mg/L），在沉降过程中，产生颗粒互相干扰的现象，在清水与浑水之间形成明显的交界面（混液面），并逐渐向下移动，因此又称成层沉淀。活性污泥法二沉池的后期、浓缩池上部等沉淀均属这种沉淀类型。

（4）压缩沉淀。悬浮颗粒浓度特大（以至于不再称水中颗粒物浓度，而称固体中的含水率），在沉降过程中，颗粒相互接触，靠重力压缩下层颗粒，使下层颗粒间隙中的液体被挤出界面上流，固体颗粒群被浓缩。活性污泥法二沉池污泥斗中、浓缩池中污泥的浓缩过程属此类型。

三、过滤和干燥

1. 沉淀的过滤

过滤是使沉淀和母液分开，与过量沉淀剂、共存组分或其他杂质分离，从而得到纯净的沉淀。

对后续处理需要灼烧的沉淀，用定量滤纸过滤，这种滤纸已用HCl和HF处理，大部分无机物已被除去，每张滤纸灼烧后残留灰分小于0.2 mg。根据沉淀的性质，选择疏密程度不同的定量滤纸。

（1）一般无定形沉淀，应选用疏松的快速滤纸。

（2）粗粒的晶形沉淀，可选用较紧密的中速滤纸。

（3）较细粒的晶形沉淀，应选用最紧密的慢速滤纸。

对只需烘干即可得到称量形式的沉淀，常用玻璃砂芯坩埚或玻璃砂芯漏斗减压抽滤，根据沉淀的性状选择不同型号的滤器。

过滤时均采用倾泻法。若沉淀的溶解度随温度变化不大，则趁热过滤更好。

倾泻法过滤与漏斗洗涤如图1-6-15所示。

2. 沉淀的洗涤

洗涤沉淀是为了洗去沉淀表面吸附的杂质和混杂在沉淀中的母液。洗涤时选择合适的洗液，可减少沉淀的溶解损失和避免形成胶体。选择洗液的原则如下。

（1）对溶解度小而不易形成胶体的沉淀，可用蒸馏水洗涤。

（2）对溶解度大的晶形沉淀，可用稀沉淀剂（干燥或灼烧可除去）溶液或沉淀的饱和溶液洗涤。

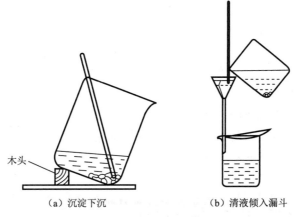

木头

（a）沉淀下沉　　　　　　　　（b）清液倾入漏斗

图 1-6-15　倾泻法过滤与漏斗洗涤

（3）对易胶溶的无定形沉淀,应选用易挥发的电解质稀溶液洗涤。

（4）对溶解度随温度变化不大的沉淀,可用热溶液洗涤。采用倾泻法洗涤沉淀,洗涤过程遵循少量多次原则,可采用特效反应检查是否洗涤干净。

吹洗沉淀的方法和沉淀帚如图 1-6-16 所示。

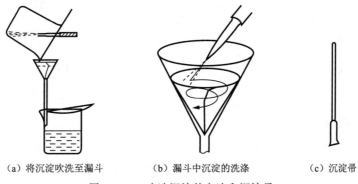

（a）将沉淀吹洗至漏斗　　　　（b）漏斗中沉淀的洗涤　　　　（c）沉淀帚

图 1-6-16　吹洗沉淀的方法和沉淀帚

3. 沉淀的干燥或灼烧和恒重

为了除去沉淀中的水分和挥发性物质,以及使沉淀分解为组分恒定的称量形式,需要将沉淀干燥或灼烧。干燥是将沉淀在 110～120 ℃烘 40～60 min,除去沉淀中的水分和挥发性物质,得到沉淀的称量形式。灼烧是在 800 ℃以上,彻底除去沉淀中的水分和挥发性物质,并使沉淀分解为组成恒定的称量形式。

第十一节　玻璃加工与塞子钻孔

用非标准磨口的玻璃仪器(如圆底烧瓶、蒸馏瓶、冷凝管、温度计等)装配一套实验装置时,一般是用塞子、玻璃管(棒)、橡胶管等将这些仪器连接在一起。因此,首先要对所用的塞子和玻璃管(棒)进行加工,使之适合装配工作的需要。

一、玻璃管(棒)的加工

简单的玻璃加工,通常是指玻璃管(棒)的截断、圆口、弯曲、拉伸等。

1.玻璃管(棒)的截断

将玻璃管(棒)平放在桌面上,依需要的长度,左手按住要切割的部位,右手用锉刀的棱边(或薄片小砂轮)在要切割的部位按一个方向(不要来回锯)用力锉出一道凹痕,如图 1-6-17 所示。

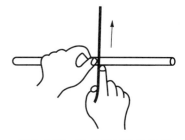

图 1-6-17　玻璃管(棒)的锉痕

锉出的凹痕应与玻璃管(棒)垂直,这样才能保证截断后的玻璃管(棒)截面是平整的。然后双手持玻璃管(棒),两拇指齐放在凹痕背面,如图 1-6-18(a)所示,并轻轻地由凹痕背面向外推折,同时两食指和拇指将玻璃管(棒)向两边拉,如图 1-6-18(b)所示,如此将玻璃管(棒)截断。若截面不平整,则不合格。

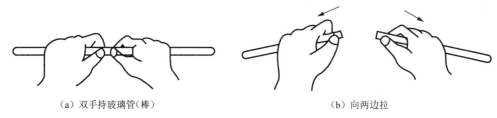

(a)双手持玻璃管(棒)　　　　　　　　　(b)向两边拉

图 1-6-18　玻璃管(棒)的截断

2.玻璃管(棒)的圆口

切割后的玻璃管(棒),其截断面的边缘很锋利,容易割破皮肤、橡胶管或塞子,所以必须放在火焰中熔烧,使之平滑,这个操作称为圆口(或熔光)。将刚切割的玻璃管(棒)的一头插入火焰中熔烧,熔烧时,角度一般为 45°,并不断来回转动玻璃管(棒),如图 1-6-19 所示,直至管口变成红热平滑为止。

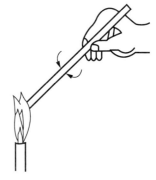

图 1-6-19　玻璃管(棒)的圆口

3.玻璃管(棒)的弯曲

(1)烧玻璃管(棒)。先将玻璃管(棒)用小火预热一下,然后双手持玻璃管(棒),把要弯曲的部位斜插入喷灯(或煤气灯)火焰中,以增大玻璃管(棒)的受热面积;也可在灯管上罩以鱼尾灯头扩展火焰,来增大玻璃管(棒)的受热面积。若灯焰较宽,则也可将玻璃管(棒)平放于火焰中,同时缓慢而均匀地不断转动玻璃管(棒),使之受热均匀,如图 1-6-20 所示。两手用力均等,转速缓慢一致,以免玻璃管(棒)在火焰中扭曲。加热至玻璃管(棒)发黄变软时,即可自焰中取出,进行弯管(棒)。

(2)弯玻璃管(棒)。将变软的玻璃管(棒)取离火焰后稍等 1～2 s,使各部温度均匀,用"V"字形手法,即两手在上方,玻璃管的弯曲部分在两手中间的正下方,缓慢地将其弯成所需的角度,如图 1-6-21 所示。弯好后,待其冷却变硬后才可撒手,将其放在石棉网上继续冷却。冷却后,应检查其角度是否准确,整个玻璃管(棒)是否处于同一个平面上。

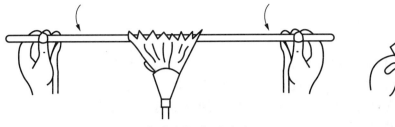
图 1-6-20 烧玻璃管(棒)的方法

图 1-6-21 弯玻璃管(棒)的方法

120°以上的角度可一次弯成,但弯制较小角度的玻璃管(棒),或灯焰较窄,玻璃管(棒)受热面积较小时,需分几次弯制。切不可一次完成,否则弯曲部分的玻璃管(棒)会变形。将其弯成一个较大的角度,在第 1 次受热弯曲部位稍偏左或稍偏右处进行第 2 次加热弯曲,如此第 3 次、第 4 次加热弯曲,直至变成所需的角度为止。弯管(棒)好坏的比较如图 1-6-22 所示。

 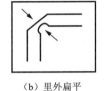  

（a）里外均匀平滑　　　　（b）里外扁平　　　　（c）里面扁平　　　　（d）中间细

图 1-6-22 弯玻璃管(棒)好坏的比较

4.制备毛细管和滴管

（1）烧管。拉细玻璃管时,加热玻璃管的方法与弯玻璃管时基本一样,不过烧的时间要更长一些,玻璃管软化程度应更大一些,要烧至红黄色。

（2）拉管。待玻璃管烧成红黄色,软化以后,将其从火焰中取出,两手顺着水平方向边拉边旋转玻璃管,如图 1-6-23(a)所示。拉到所需要的细度时,一只手持玻璃管向下垂一会儿。待玻璃管冷却后,将其按需要长度截断,形成两个尖嘴管。如果要求细管部分具有一定的厚度,那么应在加热过程中待玻璃管变软后,将其轻缓向中间挤压,减短它的长度,使管壁增厚,然后按上述方法拉细。拉管好坏的比较如图 1-6-23(b)、(c)所示。

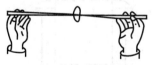  

（a）顺水平方向边拉边旋转　　　　（b）良好　　　　（c）不好(烧管时放置不够,受热不均)

图 1-6-23 拉伸玻璃管及拉管好坏的比较

（3）制滴管的扩口。将未拉细的另一端玻璃管口以 40°角斜插入火焰中加热,并不断转动。待管口灼烧至红热后,用金属锉刀柄斜放入管口内迅速而均匀地旋转,如图 1-6-24 所示,将其管口扩开。另一个扩口的方法是待管口烧至稍软化后,将玻璃管口垂直放在石棉网上,轻轻向下按一下,将

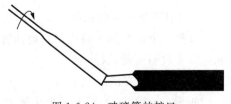
图 1-6-24 玻璃管的扩口

其管口扩开。冷却后，安装上胶头，即成滴管。

二、塞子与塞子钻孔

容器上常用的塞子有软木塞、橡皮塞和玻璃磨口塞。软木塞易被酸或碱腐蚀，但与有机物的作用较小。橡皮塞可以把容器塞得很严密，但对装有机溶剂和强酸的容器并不适用。相反，盛碱性物质的容器常用橡皮塞。玻璃磨口塞不但能把容器塞得紧密，而且可作为盛装液体或固体(除氢氟酸和碱性物质外)容器的塞子。

为了能在塞子上安装玻璃管、温度计等，塞子需预先钻孔。软木塞可先经压塞机(如图 1-6-25 所示)压紧，或用木板在桌子上碾压(如图 1-6-26 所示)，以防钻孔时塞子开裂。常用的钻孔器是一组直径不同的金属管，如图 1-6-27 所示。它的一端有柄，另一端很锋利，可用来钻孔。另外还有一根带柄的铁条在钻孔器金属管的最内层管中，称为捅条，用来捅出钻孔时嵌入钻孔器中的橡皮或软木。

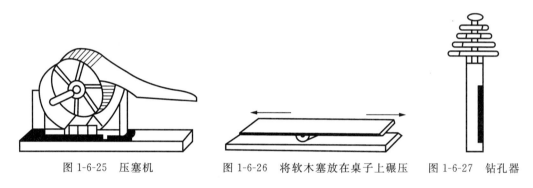

图 1-6-25　压塞机　　　　图 1-6-26　将软木塞放在桌子上碾压　　　图 1-6-27　钻孔器

(1)塞子大小的选择。

塞子的大小应与仪器的口径相适合。塞子塞进瓶口或仪器口的部分不能少于塞子本身高度的 1/2，也不能多于 2/3，如图 1-6-28 所示。

(a)不正确　　　　　　　(b)正确　　　　　　　　(c)不正确

图 1-6-28　塞子大小的选择

(2)钻孔器大小的选择。

选择一个比要插入橡皮塞的玻璃管口径略粗一点的钻孔器，因为橡皮塞有弹性，孔道钻成后由于收缩而使孔径变小。

(3)钻孔的方法。

如图 1-6-29 所示，将塞子小头朝上平放在实验台上的一块垫板上(避免钻坏台面)，左手用力按住塞子,不得移动,右手握住钻孔器的手柄,并在钻孔器前端涂点甘油或水。将钻孔器按在选定的位置上,沿一个方向,一面旋转一面用力向下钻动。钻孔器要垂直于塞子的面,不能左右摆动,更不能倾斜,以免把孔钻斜。钻至深度约达塞子高度一半时,反方向旋转并拔出钻孔器,用带柄捅条捅出嵌入钻孔器中的橡皮或软木。然后调换塞子大头朝上,将钻孔器对准原孔的方位,按同样的方法钻孔,直到两端的圆孔贯穿为止;也可以不调换塞子的方向,仍按原孔直接钻通到垫板上为止。拔出钻孔器,再捅出钻孔器内嵌入的橡皮或软木。

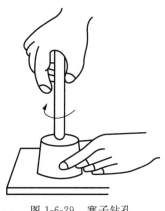

图 1-6-29 塞子钻孔

孔钻好以后,要检查孔道是否合适。若选用的玻璃管可以毫不费力地插入塞子里,则说明塞孔太大,塞孔和玻璃管之间不够严密,塞子不能使用。若塞孔略小或不光滑,则可用圆锉适当修整。

(4)玻璃导管与塞子的连接。

将选定的玻璃导管插入并穿过已钻孔的塞子,一定要使所插入的导管与塞孔严密套接。

先用右手拿住导管靠近管口的部位,并用少许甘油或水将管口润湿,如图 1-6-30(a)所示,再左手拿住塞子,将导管口略插入塞子,用柔力慢慢地转动导管,使其逐渐旋转进入塞子,如图 1-6-30(b)、(c)所示,并穿过塞孔至所需的长度为止。也可以用布包住导管,将导管旋入塞孔。如果用力过猛或手持玻璃导管离塞子太远,都有可能将玻璃导管折断,刺伤手掌。

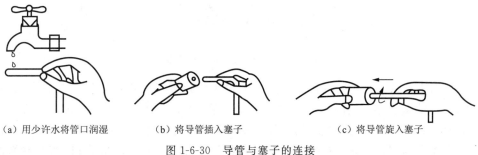

(a)用少许水将管口润湿　　　(b)将导管插入塞子　　　(c)将导管旋入塞子

图 1-6-30 导管与塞子的连接

将温度计插入塞孔的操作方法与上述一样,但开始插入时要特别小心,以防温度计的水银球破裂。

第十二节　化学合成实验常用仪器及组装

一、常用的玻璃仪器

玻璃仪器一般是由软质或硬质玻璃制作而成的。软质玻璃耐温性、耐腐蚀性较差,但是价格便宜。因此,一般用软质玻璃制作的仪器均不耐温,如普通漏斗、量筒、吸滤瓶、干燥器等。硬质玻璃具有较好的耐温性和耐腐蚀性,制成的仪器可在温度变化较大的情况下使用,如烧瓶、烧杯、冷凝管等。

玻璃仪器一般分为普通和标准磨口两种。在实验室中常用的普通玻璃仪器有非磨口锥形瓶、烧杯、布氏漏斗、吸滤瓶、量筒、普通漏斗等,如图 1-6-31 所示。常用的标准磨口玻璃仪器有磨口锥形瓶、圆底烧瓶、三颈瓶(又称三口烧瓶)、蒸馏头、接收管、冷凝管等,如图 1-6-32 所示。

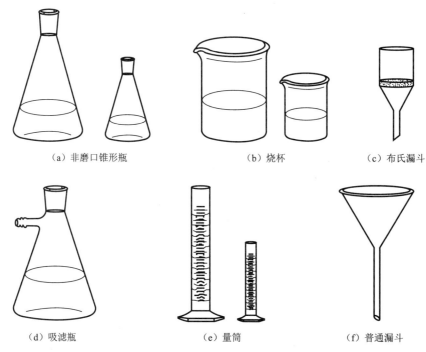

(a) 非磨口锥形瓶　　　　　　　(b) 烧杯　　　　　　　(c) 布氏漏斗

(d) 吸滤瓶　　　　　　　(e) 量筒　　　　　　　(f) 普通漏斗

图 1-6-31　常用的普通玻璃仪器

标准磨口玻璃仪器是具有标准磨口或磨塞的玻璃仪器。由于口塞尺寸的标准化、系统化、磨砂密合,凡属于同类规格的接口,均可任意互换,各部件能组装成各种配套仪器。当不同类型、规格的部件无法直接组装时,可使用变接头使之连接起来。使用标准磨口玻璃仪器既可免去配塞子的麻烦手续,又能避免反应物或产物被塞子沾污的危险;口塞磨砂性能良好,密合性较高,可使仪器达到较高的真空度,对蒸馏尤其减压蒸馏有利,对有毒物质或挥发性液体的实验来说较为安全。

二、玻璃仪器的连接与装配

1. 玻璃仪器的连接

化学实验中所用玻璃仪器间的连接一般采用两种形式,即塞子连接和磨口连接。现大多使用磨口连接。

除了少数玻璃仪器(如分液漏斗的上、下磨口部位是非标准磨口)外,绝大多数仪器的磨口是标准磨口。我国标准磨口采用国际通用技术标准,常用的是锥形标准磨口。玻璃仪器根据容量大小及用途不同,可采用不同尺寸的标准磨口。常用的标准磨口系列见表 1-6-2。

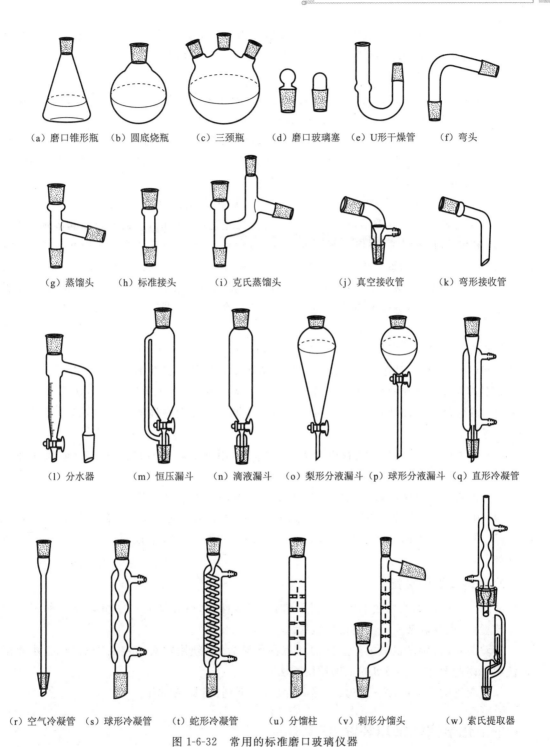

（a）磨口锥形瓶　（b）圆底烧瓶　（c）三颈瓶　（d）磨口玻璃塞　（e）U形干燥管　（f）弯头

（g）蒸馏头　（h）标准接头　（i）克氏蒸馏头　（j）真空接收管　（k）弯形接收管

（l）分水器　（m）恒压漏斗　（n）滴液漏斗　（o）梨形分液漏斗　（p）球形分液漏斗　（q）直形冷凝管

（r）空气冷凝管　（s）球形冷凝管　（t）蛇形冷凝管　（u）分馏柱　（v）刺形分馏头　（w）索氏提取器

图 1-6-32　常用的标准磨口玻璃仪器

表 1-6-2　常用的标准磨口

编　号	10	12	14	19	24	29	34
大端直径/mm	10.0	12.5	14.5	18.8	24.0	29.2	34.5

每件仪器带内磨口还是外磨口取决于仪器的用途。带有相同编号的磨口的一组仪器可以互相连接,带有不同编号的磨口的仪器需要用接头过渡才能紧密连接。

使用标准磨口仪器时应注意以下事项。

(1) 必须保持磨口表面清洁,特别是不能沾有固体杂质,否则磨口不能紧密连接。硬质沙粒还会给磨口表面造成永久性的损伤,破坏磨口的严密性。

(2) 标准磨口仪器使用完毕必须立即拆卸,洗净,各个部件分开存放,否则磨口的连接处会发生粘结,难以拆开。非标准磨口部件(如滴液漏斗的旋塞)不能分开存放,应在磨口间夹上纸条,以免日久粘结。

(3) 盐类或碱类溶液会渗入磨口连接处,蒸发后析出固体物质,易使磨口粘结,所以不宜用磨口仪器长期存放此类溶液。使用磨口装置处理这些溶液时,应在磨口涂润滑剂。

(4) 在常压下使用时,磨口一般不需润滑,以免沾污反应物或产物。为防止粘结,也可在磨口靠大端的部位涂敷很少量的润滑脂(凡士林、真空活塞脂或硅脂)。如果要处理盐类溶液或强碱性物质,则应将磨口的表面全部涂上一薄层润滑脂。减压蒸馏使用的磨口仪器必须涂润滑脂(真空活塞脂或硅脂)。在涂润滑脂之前,应将仪器洗刷干净,磨口表面一定要干燥。

(5) 从内磨口涂有润滑脂的仪器中倾出物料前,应先将磨口表面的润滑脂用有机溶剂擦拭干净(用脱脂棉或滤纸蘸石油醚、乙醚、丙酮等易挥发的有机溶剂),以免物料受到污染。

只要遵循使用规则,磨口很少会打不开。一旦发生粘结,可采取以下措施处理。

(1) 将磨口竖立,向磨口的缝隙间滴甘油。如果甘油能慢慢地渗入磨口,那么最终能使连接处松开。

(2) 使用热吹风、热毛巾或在教师指导下小心地用酒精灯火焰加热磨口外部,仅使外部受热膨胀,内部还未热起来,再尝试将磨口打开。

(3) 将粘结的磨口仪器放在水中逐渐煮沸,常常也能使磨口打开。

(4) 用木板沿磨口轴线方向轻轻地敲外磨口的边缘,振动磨口,也可能会松开。

(5) 如果磨口表面已被碱性物质腐蚀,那么粘结的磨口就很难打开了,这时就需要更换新的玻璃仪器。

2. 玻璃仪器的装配

使用同号的标准磨口仪器,仪器利用率高,互换性强,可在实验室中组合成多种多样的实验装置(参见各制备实验中的仪器装置)。

实验装置(特别是机械搅拌这样的动态操作装置)必须用铁夹固定在铁架台上,才能正常使用。因此要注意铁夹等的正确使用方法。

仪器装置的安装顺序一般为:以热源为准,从下到上,从左到右。

三、化学实验常用装置

化学实验中常见的实验装置如图 1-6-33～图 1-6-45 所示。

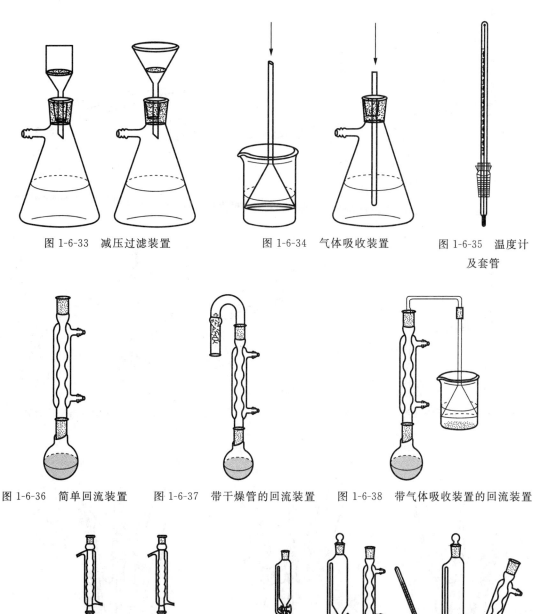

图 1-6-33 减压过滤装置　　　　图 1-6-34 气体吸收装置　　　　图 1-6-35 温度计
及套管

图 1-6-36 简单回流装置　图 1-6-37 带干燥管的回流装置　图 1-6-38 带气体吸收装置的回流装置

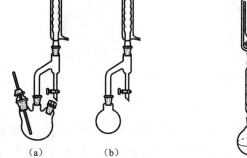

（a）　　　（b）

图 1-6-39 带分水器的回流装置

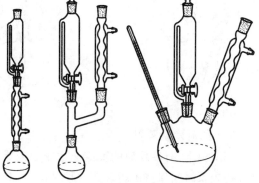

图 1-6-40 带有滴加装置的回流装置

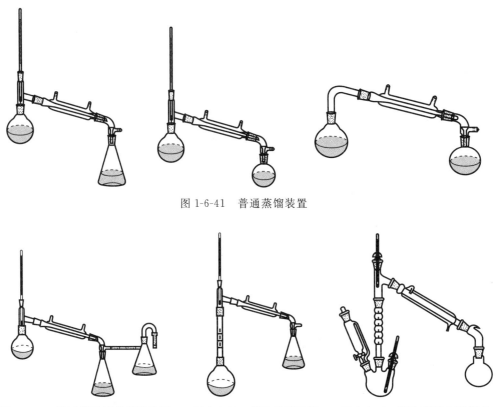

图 1-6-41　普通蒸馏装置

图 1-6-42　带干燥装置的蒸馏装置　　图 1-6-43　简单分馏装置　　图 1-6-44　滴加蒸出反应装置

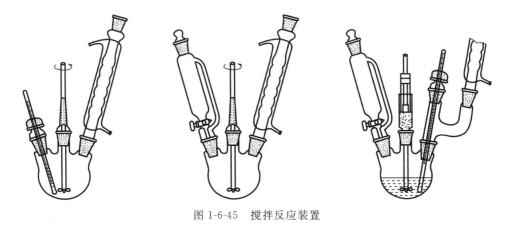

图 1-6-45　搅拌反应装置

（1）回流冷凝装置。

在室温下，有些反应的反应速率很小或难以进行。为了使反应尽快地进行，常常需要使反应物较长时间保持沸腾。在这种情况下，就需要使用回流冷凝装置，使蒸气不断地在冷凝管内冷凝而返回反应器中，以防止反应瓶中的物质逃逸损失。图 1-6-36～图 1-6-40 所示是最简单的回流冷凝装置。将反应物放在圆底烧瓶中，在适当的热源上或热浴中加热。直立的冷凝管夹套中自下而上通入冷水，使夹套充满水，水流速度不必很快，能保持蒸气充分冷凝即可。加热的程度也需控制，使蒸气上升的高度不超过冷凝管的 1/3。

如果反应物怕受潮,那么可在冷凝管上端口装氯化钙干燥管来防止空气中湿气侵入(如图 1-6-37 所示)。如果反应中会放出有害气体(如溴化氢),那么可连接气体吸收装置(如图 1-6-38 所示)。

(2)回流分水反应装置。

在进行某些可逆平衡反应时,为了使正向反应进行到底,可将反应产物之一不断从反应混合物体系中除去,常采用回流分水装置除去生成的水。在图 1-6-39 所示的装置中,有一个分水器,回流下来的蒸气冷凝液进入分水器,分层后,有机层自动被送回圆底烧瓶,而生成的水可从分水器中放出去。

(3)滴加回流冷凝装置。

有些有机反应需要一边滴加反应物一边将产物或产物之一蒸出反应体系,防止产物发生二次反应。在可逆平衡反应中,蒸出产物能使反应进行到底。这时常用与图 1-6-44 所示类似的反应装置来进行这种操作。在图 1-6-44 所示的装置中,反应产物可单独或形成共沸混合物在反应过程中被不断蒸馏出去,并可通过滴液漏斗将一种试剂逐渐滴加进去,以控制反应速率或使某种试剂消耗完全。

必要时可在上述各种反应装置的反应烧瓶外面用冷水浴或冰水浴进行冷却,在某些情况下,也可用热浴加热。

(4)搅拌反应装置。

用固体和液体或互不相溶的液体进行反应时,为了使反应混合物能充分接触,需进行不断搅拌或振荡。在反应物量小,反应时间短,而且不需要加热或温度不太高的操作中,用手摇动容器就可达到充分混合的目的。用回流冷凝装置进行反应时,有时需做间歇振荡。这时可将固定烧瓶和冷凝管的夹子暂时松开,一只手扶住冷凝管,另一只手拿住瓶颈做圆周运动;每次振荡后,应把仪器重新夹好。也可用振荡整个铁架台的方法(这时夹子应夹牢)使容器内的反应物充分混合。

在那些需要用较长时间进行搅拌的实验中,最好用电动搅拌器。电动搅拌的效率高,节省人力,还可以缩短反应时间。

图 1-6-45 所示是适合不同需要的机械搅拌反应装置。搅拌棒是用电机带动的。在装配机械搅拌装置时,可采用简单的橡胶管密封或用液封管密封。搅拌棒与玻璃管或液封管应适配,不太松也不太紧,搅拌棒能在中间自由地转动。根据搅拌棒的长度(不宜太长)选定三口烧瓶和电机的位置。先将电机固定好,用短橡胶管(或连接器)把已插入封管中的搅拌棒连接到电机的轴上,再小心地将三口烧瓶套上去,至搅拌棒的下端距瓶底约 5 mm,然后将三口烧瓶夹紧。检查这几件仪器安装得是否正直,电机的轴和搅拌棒应在同一直线上。用手试验搅拌棒转动是否灵活,再以低转速开动电机,试验运转情况。当搅拌棒与封管之间不发出摩擦声时,才能认为仪器装配合格,否则需要进行调整。最后装上冷凝管、滴液漏斗(或温度计),用夹子夹紧。整套仪器应安装在同一个铁架台上。

四、玻璃仪器的选择、装配与拆卸

化学实验的各种反应装置都是由一件件玻璃仪器组装而成的,实验中应根据实验要求选择合适的仪器。一般选择仪器的原则如下。

（1）烧瓶的选择。

根据液体的体积而定。一般液体的体积应占容器体积的 1/3～1/2,也就是说烧瓶容积的大小应是液体体积的 2～3 倍。进行水蒸气蒸馏和减压蒸馏时,液体体积不应超过烧瓶容积的 1/3。

（2）冷凝管的选择。

一般情况下,回流用球形冷凝管,蒸馏用直形冷凝管。但是当蒸馏温度超过 140 ℃时,应改用空气冷凝管,以防温差较大时仪器受热不均匀而造成冷凝管断裂。

（3）温度计的选择。

实验室一般备有 150 ℃和 300 ℃两种温度计,根据所测温度可选用不同的温度计。一般选用的温度计量程要高于被测温度 10～20 ℃。

有机化学实验中仪器装配的正确与否,对实验的成败有很大影响。

（1）在装配一套装置时,所选用的玻璃仪器和配件都是干净的,否则会影响产物的产量和质量。

（2）所选用的器材要恰当。例如,在需要加热的实验中,需选用圆底烧瓶时,应选用质量好的,其容积大小应使所盛反应物占其容积的 1/2 左右为宜,最多也不应超过 2/3。

（3）安装仪器时,应选好主要仪器的位置,按先下后上、先左后右的顺序,逐个将仪器边固定边组装。拆卸的顺序则与组装相反。拆卸前,应先停止加热,移走加热源,待装置稍微冷却后,先取下产物,再将仪器逐个拆掉。拆卸冷凝管时,要注意不要将水洒到电热套上。

总之,仪器装配要求做到严密、正确、整齐和稳妥。在常压下进行反应的装置,应与大气相通。铁夹的双钳内侧要贴有橡皮或绒布,或缠上石棉绳、布条等,否则容易将仪器损坏。

使用玻璃仪器时,最基本的原则是禁止对玻璃仪器的任何部分施加过度的压力或扭歪,马虎的实验装置不但看上去使人感觉不舒服,而且也是潜在的危险,因为扭歪的玻璃仪器在加热时会破裂,甚至在放置时也会破裂。

五、常用玻璃仪器的保养

有机化学实验常用的各种玻璃仪器的性能是不同的,必须掌握它们的性能、保养和洗涤方法,才能正确使用,提高实验效果,避免不必要的损失。下面介绍几种常用的玻璃仪器的保养和清洗方法。

（1）温度计。

温度计水银球部位的玻璃很薄,容易破损,使用时要特别小心:一是不能将温度计当搅拌棒使用;二是不能测定超过温度计的最高刻度的温度;三是不能把温度计长时间放在高温的溶剂中,否则会使水银球变形,读数不准。

温度计用后要让它慢慢冷却,特别在测量高温之后,切不可立即用水冲洗,否则会使水银球破裂或水银柱断裂。应将温度计悬挂在铁架台上,待冷却后,把它洗净抹干,放回温度计盒内,盒底要垫上一小块棉花。如果是纸盒,那么放回温度计时要检查盒底是否完好。

（2）冷凝管。

冷凝管通水后很重,所以安装冷凝管时应将夹子夹在冷凝管的重心的地方,以免翻倒。洗刷冷凝管时要用特制的长毛刷,如用洗涤液或有机溶液洗涤时,则用软木塞塞住一端,不用时,应直立放置,使之易干。

（3）分液漏斗。

分液漏斗的活塞和盖子都是磨砂口的，若非原配的，就可能不严密，所以使用时要注意保护它们。各个分液漏斗之间不要相互调换，用后一定要在活塞和盖子的磨砂口间垫上纸片，以免日后难以打开。

（4）砂芯漏斗。

砂芯漏斗在使用后应立即用水冲洗，不然，放置时间较长，难以洗净。滤板不太稠密的漏斗可用强烈的水流冲洗；如果是滤板较稠密的漏斗，则用抽滤的方法冲洗，必要时用有机溶剂洗涤。

六、小型电气设备

（1）电吹风。

电吹风用于吹干一两件急用的玻璃仪器，先以热风吹干，后调至冷风挡吹冷。不使用时应注意防潮、防腐蚀。

（2）烘箱。

烘箱可用于烘干成批量的玻璃仪器和无腐蚀性且热稳定性好的药品如变色硅胶等。当烘箱用于烘干玻璃仪器时，先将仪器用清水洗净沥干，再开口向上放入烘箱，接通电源，将自动控温旋钮调至约 110 ℃。为了加快烘干，可启动烘箱内鼓风机。仪器烘干后可切断加热电源，使仪器在烘箱内鼓风下冷却至室温，以免在冷却过程中吸潮。若仪器干燥程度要求较高，可在冷却至 100 ℃ 左右时用干布衬手将其取出并置于干燥器中冷却。用有机溶剂洗净的仪器不可在烘箱中烘干，以免发生危险。当一批仪器快要烘干时，不要再在烘箱中放入湿的仪器，否则会使已烘干的仪器重新吸收水汽，或在热烫的仪器上滴上冷水珠而造成仪器炸裂。

（3）气流烘干器。

气流烘干器用于烘干玻璃仪器，有冷风挡和热风挡。使用时，将洗净后甩干的玻璃仪器挂在它的风柱上，开启热风挡，可在数分钟内将玻璃仪器烘干，再以冷风将其吹冷。气流烘干器的电热丝较细，当玻璃仪器烘干取下时应随手关掉烘干器，不可使其持续数小时吹热风，否则会烧断电热丝。玻璃仪器壁上的水若没有甩干，则会顺着风孔滴落在电热丝上造成短路而损坏烘干器。

（4）电动搅拌器。

电动搅拌器亦称机械搅拌器，用于非均相反应。使用时应注意保持转动轴承的润滑，经常加油。电动搅拌器由于功率较小，不可用于搅拌过于黏稠的物料，以免超负荷。不使用时应注意防潮、防腐蚀。

（5）磁力搅拌器。

磁力搅拌器是以电动机带动磁场旋转，并以磁场控制磁子旋转的。磁子是一根包裹着玻璃或聚四氟乙烯外壳的软铁棒，外形为棒状（用于锥形瓶等平底容器）或橄榄状（用于圆底烧瓶或梨形瓶），直接放在瓶中。磁力搅拌器一般兼有加热装置，可以调速调温，也可以按照设定的温度维持恒温。在物料较少、不需太高温度的情况下，磁力搅拌可代替其他方式的搅拌，且易于密封，使用方便。但物料过于黏稠，或其中有大量较重的固体颗粒，或调速过急，都会使磁子跳动而撞破瓶壁。发现磁子跳动，应立即将调速旋钮旋到零，待磁子静止后再缓缓开启,必要时还需加适当的溶剂以改变其黏度等。

（6）电热套。

电热套是以玻璃丝包裹电热丝盘成碗状,用以加热圆底烧瓶。电热套与变压器配套联用,具有调温范围宽广、不见明火、使用安全的优点。使用时应注意变压器的输出功率不可小于电热套的功率,电热套的使用温度一般不超过 400 ℃。

（7）红外灯。

红外灯通常与变压器联用,安装在防尘罩里,用于烘干固体样品,使用时注意将其调至适宜的温度。若温度过高,则会将样品烘熔或烤焦。水珠溅落在热的红外灯上会引起红外灯爆炸,故不宜在其附近用水。

（8）调压变压器。

调压变压器与其他电器联用以调节温度或转速。使用时注意接好地线,不许超负荷使用,输入端与输出端不许错接,调节时应缓慢均匀,其碳刷磨短而接触不良时应更换碳刷。不使用时应保持干燥清洁,防止腐蚀。

（9）真空油泵。

真空油泵用以提供中度真空,在高真空实验中也作为扩散泵的前级泵使用。单相油泵只能用单相电源,三相油泵只能用三相电源。使用油泵时,必须接好泵前的保护系统,以防止泵油受到污染而降低功效。泵油用脏了,要及时更换。油泵不宜经常拆卸。

（10）机械水泵。

机械水泵一般外形为箱状,箱的下半部储水,上半部装有压缩机和水泵,将水压入水泵以获得真空,可用于抽真空,也可提供循环冷却水。在不使用时,要将箱内储水全部放干,以防机件锈蚀。

（11）冰箱。

冰箱用于储存对热敏感的药品,也用于少量制冰。有的药品会散发出腐蚀性气体而损蚀冰箱机件,有的会散发出易燃气体,被电火花点燃而造成事故,所以装盛药品的容器必须严格密封后才可放入冰箱。用锥形瓶或平底烧瓶装盛的药品不可放入冰箱,以免在负压下瓶底破裂。瓶上的标签易受冰箱中水汽侵蚀而模糊或脱落,故在放入冰箱前应以石蜡涂盖标签。

七、其他仪器和器具

（1）金属器具。

实验室中所用的金属器具有铁支架(铁架台)、十字夹(十字头)、爪形夹(冷凝管夹)、烧瓶夹(霍夫曼夹)、铁圈、水浴锅、保温漏斗(热水漏斗)、水蒸气发生器、三脚架、煤气灯、鱼尾灯头、止水夹、螺丝夹、不锈钢刮铲、剪刀、镊子、三角锉、圆锉、老虎钳、螺丝刀、扳手、打孔器、天平和气体钢瓶等。所有这些器具在不用时均应保持干燥,防止药品侵蚀。凡有螺钉或转动轴的地方,均应滴加润滑油以防锈蚀。

（2）陶瓷、橡胶和塑料制品。

实验室中的瓷质仪器主要是瓷蒸发皿和瓷漏斗(布氏漏斗),其特性及使用常识同玻璃仪器。常用的橡胶制品有橡皮塞、橡胶管、氧气袋等,应避免与有机溶剂或腐蚀性气体长期接触,以免被溶解或加速老化。常用的塑料制品有聚乙烯塑料管和聚四氟乙烯搅拌头、搅拌棒叶片等,应保持洁净,防火防烫。

第二篇

油田化学实验

　　按照油田化学的基础理论知识与开发生产的不同过程,将实验项目归类为油田物理化学实验、钻井化学实验、采油化学实验、集输化学实验4章,实验内容前后衔接关联。

第一章

油田物理化学实验

　　油田物理化学是石油工程专业后续化学课程（油田化学）、专业基础课程（油层物理）和专业课程（提高采收率原理）的基础，主要包括气体、溶液与相平衡，电化学基础，表面现象，表面活性剂与高分子，分散体系与高分子溶液等内容。为加深对理论知识的理解，设置了相关的油田物理化学实验项目。

实验一　三组分体系相图的制备

一、实验目的

制备等温、等压下苯-水-乙醇三组分体系相图。

二、实验原理

　　三组分体系的组成可用等边三角坐标表示。等边三角形 3 个顶点分别代表纯组分 A，B 和 C，则 AB 线上各点相当于 A 和 B 组分的混合体系，BC 线上各点相当于 B 和 C 组分的混合体系，AC 线上各点相当于 A 和 C 组分的混合体系。

　　在苯-水-乙醇三组分体系中，苯与水是部分互溶的，而乙醇和苯、乙醇和水都是完全互溶的。设由一定量的苯和水组成一个体系，其组成为 K，此体系分为两相：一相为水相，另一相为苯相。当在体系中加入乙醇时，体系的总组成沿 AK 线移至 N 点。此时乙醇溶于水相及苯相，同时乙醇促使苯与水互溶，故此体系由 2 个分别含有 3 个组分的液相组成，但这 2 个液相的组成不同。若分别用 b_1，c_1 表示这两个平衡的液相的组成，此两点的连线称为连系线，这两个溶液称为共轭溶液。代表液-液平衡体系中所有共轭液相组成点的连线称为溶解度曲线，曲线以下区域为两相共存区，其余部分为均相区，如图 2-1-1 所示。此图称为含一对部分

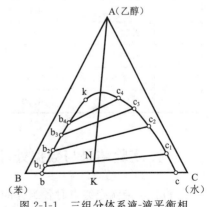

图 2-1-1　三组分体系液-液平衡相

互溶组分的三组分体系液-液平衡相图。

按照相律,三组分相图要画在平面上,必须规定2个独立变量。在本实验中,这2个独立变量分别是温度(为室温)和压力(为大气压)。

三、实验仪器与药品

1. 实验仪器

酸式滴定管(2 支,25 mL)、移液管(5 mL)、锥形瓶(8 个,50 mL,带盖)。

2. 实验药品

苯(分析纯)、无水乙醇(分析纯)、蒸馏水。

四、实验步骤

(1) 取8个干燥的50 mL带盖锥形瓶,按照表2-1-1中的规定体积用滴定管及移液管配制6种不同浓度的苯-乙醇溶液,及两种不同浓度的水-乙醇溶液。

(2) 用滴定管向已配好的水-乙醇溶液中滴苯,至清液变浊,记录此时所用苯的体积。滴定时必须充分摇荡,同时注意动作迅速,尽量避免由苯、乙醇的挥发而引入的误差。

(3) 用滴定管向已配好的苯-乙醇溶液中滴水,至清液变浊,记录此时所用水的体积。滴定时必须充分摇荡,同时注意动作迅速,尽量避免由苯、乙醇的挥发而引入的误差。

(4) 读取室温。

(5) 将数据记录在表2-1-1中。

表 2-1-1　溶解度曲线有关数据

溶液编号	体积/mL			质量/g				质量分数/%		
	苯	水	乙醇	苯	水	乙醇	合计	苯	水	乙醇
1		3.50	1.50							
2		2.50	2.50							
3	1.00		5.00							
4	1.50		4.00							
5	2.50		3.50							
6	3.00		2.50							
7	3.50		1.50							
8	4.00		1.00							

五、实验结果与数据处理

将各溶液滴定终点时各组分的体积换算为质量(各组分在实验温度下的密度见附录二中的4与5),求出各溶液滴定终点时的质量分数。将所得的点及苯与水的相互溶解度点(见附录二中的 10)绘制于三角坐标纸上,并将各点连成平滑曲线。

六、思考题

(1) 本实验所用的滴定管(盛苯的)、锥形瓶、移液管等为什么必须干燥?

(2) 当体系组成分别在溶解度曲线上方及下方时,这两个体系的相数有什么不同? 在本实验中是如何判断体系总组成正处于溶解度曲线上的? 此时为几相?

(3) 温度升高,此三组分体系的溶解度曲线会发生什么样的变化? 在本实验操作中,应注意哪些问题,以防止温度变化而影响实验的准确性?

实验二　腐蚀与缓蚀剂的电化学评价

一、实验目的

(1) 掌握腐蚀极化曲线的测定原理。

(2) 掌握腐蚀极化曲线的测定方法。

(3) 掌握以电化学分析法对缓蚀剂进行评价的方法。

(4) 了解影响腐蚀速率的因素。

二、实验原理

碳钢在油气田中的腐蚀过程的本质主要是电化学反应,主要由腐蚀的阴极过程所控制。在强极化区,将阳极、阴极极化曲线的塔菲尔线性区外推得到的交点所对应的横坐标即为腐蚀电流密度的对数,以此得到腐蚀电流密度,再根据法拉第定律求得腐蚀速率,由未加和加有缓蚀剂的腐蚀电流密度计算缓蚀率;同时可以根据加药前后腐蚀电位和极化曲线形状的改变,确定缓蚀剂的作用类型。

恒电位法(potentiostatic)或动电位(potentiodynamic)极化法是目前最常被使用的电化学分析技术。图 2-1-2 为测量极化曲线装置示意图,其中包括恒电位仪(potentiostat)、工作电极(working electrode,WE)、参比电极(reference electrode,RE)、辅助电极(counter electrode,CE or AUX)。

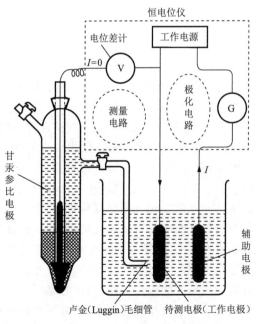

图 2-1-2　测量极化曲线装置示意图

工作电极推荐加工成直径为(10±0.2)mm、高为(5.0±0.2)mm 的圆柱体,焊上直径为1～2 mm 的铜导线,用丙酮擦去油污及残留焊药后,将其镶嵌于聚四氟乙烯绝缘块中,再用环氧树脂封住焊点端面。待固化后,用 200 号、400 号、600 号、800 号砂纸依次研磨,再用 W7 金相砂纸将工作面磨至镜面。用无水乙醇棉球擦拭样品表面,然后用无水乙醇冲洗,冷风吹干,测量面积后放入干燥器中备用。

参考电极的功用是测量工作电极在目前环境下的电位,种类有饱和甘汞电极(saturatedcalomel electrode)、银-氯化银电极(silver-silver chloride)、铜-硫酸铜电极(copper-copper sulfate electrode)、标准氢电极(standard hydrogen electrode)等。而辅助电极功用为与试片形成回路供电流导通,通常是钝态的材料,如铂金或石墨。整个实验的过程中,输出的电流、电压大小,由恒电位仪(potentiostat)来控制。三电极系统电化学池装置如图 2-1-3 所示。

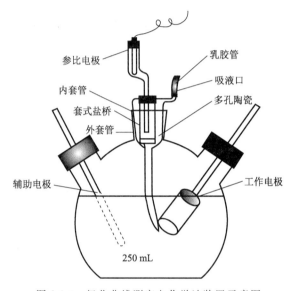

参比电极　乳胶管　内套管　吸液口　套式盐桥　多孔陶瓷　外套管　辅助电极　工作电极　250 mL

图 2-1-3　极化曲线测定电化学池装置示意图

由恒电位法或动电位极化法记录实验过程中的电位值和电流值的变化情形,可得一典型的极化曲线,如图 2-1-4 所示,图中曲线可分为阴极极化(cathodic polarization)曲线与阳极极化(anodic polarization)曲线,阴极极化曲线代表整个实验过程中氢气的还原:$2H^+ + 2e \longrightarrow H_2$,而阳极极化曲线为金属(试片)的氧化:$M \longrightarrow M_n + ne$。

阴极极化曲线与阳极极化曲线的交点为金属的腐蚀电位(E_{corr}),即为金属开始发生腐蚀的电位;腐蚀电流的求得有两种方法:塔菲尔外推法(Tafel extrapolation)和线性极化法(linear polarization)。线性极化法又称为极化电阻法(polarization resistance),塔菲尔外推法在腐蚀电位±50 mV 区域附近,可得一线性区域,称为塔菲尔直线区(Tafel region),阴极与阳极极化曲线的塔菲尔直线区切线(β_a, β_c)外推交于横轴,即为腐蚀电流(I_{corr}),可代表腐蚀速率。然而,大部分的情况并不是如此单纯,在腐蚀电位±50 mV 的极化曲线区域,可能不是线性关系,所以可以使用第二种方法——线性极化法。在低电流时,电压与电流的对数有塔菲尔公式的线性关系,而在电流更低时,大约在腐蚀电位±10 mV 的范围内,外加电压与电流密度也会呈线性关系,可由下列公式来表示,由此可求得腐蚀电流(I_{corr})。

$$R_p = \frac{\Delta E}{\Delta I} = \frac{\beta_a \beta_c}{2.3 \, I_{corr}(\beta_a + \beta_c)} \tag{2-1-1}$$

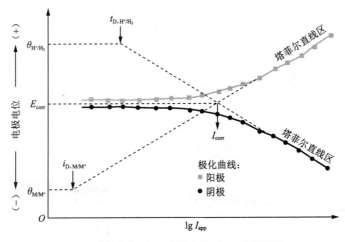

E_{corr}—腐蚀电位；I_{corr}—腐蚀电流；I_{app}—电流密度

图 2-1-4　理想阴极和阳极极化曲线

式中　　R_p——极化电阻，Ω；

$\quad\quad\beta_a$——阳极曲线塔菲尔斜率；

$\quad\quad\beta_c$——阴极曲线塔菲尔斜率。

三、实验仪器与药品

1. 实验仪器

恒电位仪(精度为 0.1 mV)、辅助电极(石墨电极或 Pt 电极)、参比电极(饱和甘汞电极)、盐桥(带鲁氏毛细管，饱和 KCl 溶液)、恒温水浴(控温精度为±1 ℃)、磁力搅拌器(无极调速)、四口烧瓶(250 mL，也可用可密封的其他玻璃容器代替)。

2. 实验药品

NaCl、HCl、H_2SO_4、无水乙醇、丙酮、纯氮气、油田用缓蚀剂(FMO，OP-10，SIM-1)。

3. 实验介质

3％ NaCl 溶液、0.1 mol/L HCl 的水溶液。在实验过程中，电解池用氮气保护。

四、实验内容及步骤

1. 强极化区极化曲线测定

(1) 将缓蚀剂溶液按设计质量浓度值用移液管加入电解池中。将工作电极、辅助电极和参比电极装入电解池中，按图 2-1-2 所示接好装置并调整其相对位置。打开恒电位仪电源开关，进行预热。将一定体积的实验介质加入上述电解池中，通氮气除氧 30 min，并将电解池置于已恒温的水浴中，同时用磁力搅拌器搅拌。

(2) 将功能选择置于"动电位扫描"(塔菲尔曲线)，进行扫描参数设置(如图 2-1-5 所示)。扫描幅度为 E_0(开路电位)±100 mV，扫描速度为 0.5 mV/s，延迟时间为 60 s。电解池参数设置如图 2-1-6 所示,用于设定工作电极的面积、材料化学当量、参比电极类型等,这些参数将用于腐蚀参数的计算,待体系的自然腐蚀电位稳定后(5 min 内 E_0 波动不超过 ± 1 mV),即可开始测量,点击图 2-1-6 中的"确定"按钮即可。

图 2-1-5 极化曲线参数设置窗口

图 2-1-6 电极与电解池参数设置窗口

2. 缓蚀剂评价

先在空白溶液中测量一条极化曲线,随后分别加入相同浓度的不同缓蚀剂试液,在相同的测试条件下重新进行塔菲尔曲线测试,然后保存数据并利用软件附带功能计算阴、阳极塔菲尔斜率以及腐蚀电位(E_{corr})、腐蚀电流(I_{corr})、腐蚀速率、极化电阻等值,并将数据记录在表 2-1-2 中。

五、实验结果与数据处理

(1)记录实验操作程序。

(2)将实验数据准确记录到表 2-1-2 中。

表 2-1-2 用软件自带数据处理得到的计算结果

缓蚀剂质量浓度/(mg·L^{-1})					缓蚀率/%
腐蚀速率/(mm·a^{-1})					
腐蚀电流/(A·cm^{-2})					
塔菲尔斜率 β_a/(mV·dec^{-1})					
塔菲尔斜率 β_c/(mV·dec^{-1})					
自然腐蚀电位 E_{ocp}/V					

(3)实验数据处理。

① 通过缓蚀率计算公式(2-1-2)来算出不同浓度的缓蚀剂效率。

$$\eta = \frac{I - I'}{I} \times 100\% \tag{2-1-2}$$

式中 η——缓蚀率,%;

I——空白溶液中电极表面的腐蚀电流密度,mA/cm²;

I'——添加缓蚀剂的溶液中电极表面的腐蚀电流密度,mA/cm²。

② 缓蚀剂类型判定。根据测试的极化曲线形状及腐蚀电位,可判断缓蚀剂是阻滞阴极过程、阳极过程还是同时阻滞了两个过程,从而确定缓蚀剂是阴极型、阳极型还是混合型。图 2-1-7 所示为几种不同类型缓蚀剂的塔菲尔曲线。图中,1 号缓蚀剂的加入引起阴极极化曲线 1′向负的移动比阳极极化曲线 1 向正的移动大,且 E_{c1} 比 E_{c4} 负(负移>30 mV),则 1-1′曲线所表示的缓蚀剂阻滞了阴极过程;2 号缓蚀剂的加入引起极化曲线的变化情况正好相反,且 E_{c2} 比 E_{c4} 正(正移>30 mV),则 2-2′曲线所表示的缓蚀剂阻滞了阳极过程;3 号缓蚀剂的加入使阴、阳极过程的极化曲线都发生了较显著的变化,而 E_{c3} 与 E_{c4} 相比变化不大(在 ±30 mV 之内波动),则 3-3′曲线所表示的缓蚀剂同时阻滞了阴、阳极过程。由此可判断 1 号缓蚀剂是阴极型缓蚀剂,2 号缓蚀剂是阳极型缓蚀剂,3 号缓蚀剂是混合型缓蚀剂。

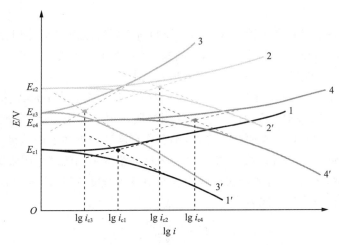

图 2-1-7 不同类型缓蚀剂对电极过程作用影响示意图

六、安全提示及注意事项

(1) 在实验过程中,应避免电化学工作站的 3 个电极直接接触。

(2) 电极处理(抛光)方法应尽可能保持一致,即尽可能使电极表面处于同一状态。

(3) 软件操作可参见仪器使用说明书。

七、思考题

(1) 为什么整个装置要用氮气保护? 怎样进行氮气保护操作?

(2) 为什么要求控温精度在 ±1 ℃以内?

(3) 为什么本实验要在酸性介质中进行?

实验三 最大压差法测表面张力

一、实验目的

(1)掌握最大压差法测定表面张力的原理及方法。

(2)测定正丁醇水溶液的表面张力,了解表面张力的概念及影响因素。

(3)学习吉布斯(Gibbs)公式及其应用。

二、实验原理

由于净吸引力的作用,处于液体表面的分子倾向于到液体内部来,因此液体表面倾向于收缩。要扩大面积,就要把内部分子移到表面来,这就要克服净吸引力做功,所做的功转变为表面分子的位能。单位表面具有的表面能叫表面张力。

在一定温度、压力下,纯液体的表面张力是定值。但在纯液体中加入溶质,表面张力就会发生变化。若溶质使液体的表面张力升高,则溶质在溶液相表面层的浓度小于在溶液相内部的浓度;若溶质使液体的表面张力降低,则溶质在溶液相表面层的浓度大于在溶液相内部的浓度。这种溶质在溶液相表面的浓度和相内部的浓度不同的现象叫吸附。

在一定的温度、压力下,溶质的表面吸附量与溶液的浓度、溶液的表面张力之间的关系,可用吉布斯(Gibbs)吸附等温式表示:

$$\Gamma = -\frac{c}{RT}\frac{d\sigma}{dc} \qquad (2\text{-}1\text{-}3)$$

式中 Γ——吸附量,mol/m^2;

c——吸附质在溶液内部的浓度,mol/L;

σ——表面张力,N/m;

R——通用气体常数,$N \cdot m/(K \cdot mol)$;

T——绝对温度,K。

若 $d\sigma/dc < 0$,则溶质为正吸附;若 $d\sigma/dc > 0$,则溶质为负吸附。若能通过实验测出表面张力与溶质浓度的关系,则可作出 $\sigma\text{-}c$ 曲线,并在此曲线上任取若干个点作曲线的切线,这些曲线的斜率即为浓度对应的 $d\sigma/dc$,将此值代入式(2-1-3),可求出在此浓度时的溶质吸附量。

测定液体表面张力的方法有许多种。本实验采用最大压差法,测定装置如图 2-1-8 所示。

测定时,将滴液漏斗的活塞打开,使瓶内压力降低,气泡即可通过毛细管(要求它的尖嘴刚刚与液面接触)。从浸入液面下的毛细管端鼓出空气泡时,需要高出外部大气压的附加压力,以克服气泡表面张力。此时附加压力与表面张力成正比,与气泡的曲率半径成反比,其关系式如下:

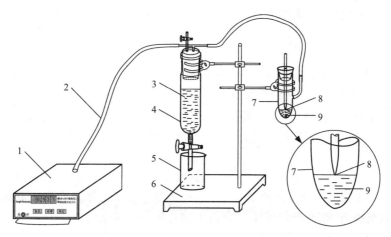

1—精密数字压力计；2—胶皮管；3—自来水；4—滴液漏斗；
5—烧杯；6—铁架台；7—外套管；8—毛细管；9—待测液。

图 2-1-8　表面张力测定装置

$$\Delta p = \frac{2\sigma}{R} \qquad\qquad (2\text{-}1\text{-}4)$$

式中　Δp——广口瓶内滴水形成的附加压力，N；

　　　R——气泡的曲率半径，m；

　　　σ——表面张力，N/m。

如果毛细管半径很小，那么形成的气泡基本上是球形的（如图 2-1-9 所示）。当气泡开始形成时，表面几乎是平的，这时曲率半径最大，随着气泡的形成，曲率半径逐渐变小，直到形成半球形，这时曲率半径与毛细管半径 r 相等，曲率半径达最小值，根据式（2-1-4），这时附加压力达最大值。气泡进一步变大，R 变大，附加压力则变小，直到气泡溢出。

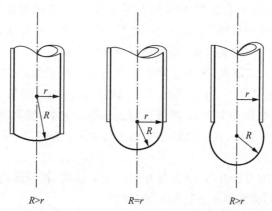

$$R>r \qquad\qquad R=r \qquad\qquad R>r$$

图 2-1-9　气泡最小曲率半径示意图

若用图 2-1-8 所示装置分别测出一种已知表面张力的液体（例如水）和另一种未知表面张力的液体（如正丁醇水溶液）的附加压力最大值，则因为 $R=r$，所以：

$$\Delta p_1 = \frac{2\sigma_1}{r} \qquad\qquad (2\text{-}1\text{-}5)$$

式中　Δp_1——已知表面张力液体的最大附加压力，N；

σ_1——已知液体的表面张力，N/m。

$$\Delta p_2 = \frac{2\sigma_2}{r} \tag{2-1-6}$$

式中　Δp_2——未知表面张力液体的最大附加压力，N；

σ_2——未知液体的表面张力，N/m。

因为两种液体的最大附加压力（即最大压差）是用同一仪器的同一毛细管测得的，所以式(2-1-5)、式(2-1-6)中的 r 是相同的。若将 r 消去，则得：

$$\sigma_2 = \frac{\Delta p_2}{\Delta p_1} \cdot \sigma_1 \tag{2-1-7}$$

因此，在同一温度下，只要测得 Δp_1，Δp_2，再由温度查出已知表面张力液体（水，见附录二中的4)）的表面张力，即可由式(2-1-7)求出未知液体的表面张力。

三、实验仪器与药品

1. 实验仪器

最大压差法测表面张力装置(1套)、洗瓶、吸耳球。

2. 实验药品

正丁醇(分析纯)、蒸馏水。

四、实验步骤

(1) 用洗液洗表面张力测定仪的外套管和毛细管。方法是在外套管中放入少量洗液，倾斜转动外套管，使洗液与外套管接触(注意不要让洗液从侧管流出)。再将毛细管插入，这时保持外套管倾斜不动，转动毛细管，使洗液与毛细管接触，再用吸耳球吸洗液至毛细管内，洗毛细管内壁。用完的洗液倒回原来的瓶中，然后用自来水充分冲洗外套管和毛细管，最后用蒸馏水冲洗外套管和毛细管各3次，即可进行下面的实验。

(2) 在外套管中放入蒸馏水(作为已知表面张力的液体，其表面张力见附录二中的4)，将毛细管插入外套管，塞紧塞子，并使毛细管尖端刚碰到液面。如果外套管中液体稍过量，那么可用吸耳球将液体吸到毛细管中，将液体移出。通过调节，使毛细管尖端刚碰到液面。

(3) 关闭滴液漏斗下活塞，在滴液漏斗中加入自来水。按图2-1-8所示将表面张力测定装置管线流程接上。

(4) 打开精密数字压力计电源，然后打开漏斗上的活塞，将管线内压力放空。按精密数字压力计的采零键，将精密数字压力计的示数置零。

(5) 关闭滴液漏斗上的活塞，缓缓打开滴液漏斗下的活塞，使漏斗中的水缓慢滴下，这时毛细管处有气泡匀速冒出。从精密数字压力计读出最大压差值，重复读取3次，将数据记录在实验记录纸上，取平均值。

(6) 测完蒸馏水的最大压差后，倒掉蒸馏水，用 0.02 mol/L 的正丁醇溶液将外套管和毛细管洗2次，再加入该溶液，按照测定蒸馏水最大压差的方法，测定该溶液的最大压差值。依次测得 0.05 mol/L，0.10 mol/L，0.15 mol/L，0.20 mol/L，0.25 mol/L，0.30 mol/L，

0.35 mol/L 的正丁醇溶液的最大压差值。(注意:每更换一次溶液,都应用待测液清洗外管套管和毛细管)

(7) 记录实验温度。

五、实验结果与数据处理

(1) 由附录二中的 4 查出实验温度下蒸馏水的表面张力。

(2) 由公式 $\sigma_2 = \dfrac{\Delta p_2}{\Delta p_1} \cdot \sigma_1$ 计算出不同浓度正丁醇溶液的表面张力,用表格的形式列出计算结果,并取一组数据附一计算实例。

(3) 以表面张力为纵坐标,以浓度为横坐标,在坐标纸上画出正丁醇溶液的 $\sigma\text{-}c$ 图。

(4) 在 $\sigma\text{-}c$ 图上选若干点,作不同浓度时曲线的切线,依 Gibbs 公式(2-1-3)求出相应的表面吸附量,并在坐标纸上画出正丁醇溶液的吸附等温线。

六、思考题

(1) 在实验中,毛细管深入液面 1 mm 会造成多大误差?

(2) 在实验中,为什么要尽量放慢鼓泡速度?

(3) 在实验中,为什么要求从稀到浓逐个测定不同浓度溶液的表面张力?

(4) 解释 $\sigma\text{-}c$ 曲线的变化趋势。

(5) 在实验中,影响表面张力测定准确性的因素有哪些?

实验四 表面活性剂 HLB 值的测定(核磁共振法)

一、实验目的

(1) 学会核磁共振(NMR)法测定表面活性剂 HLB(亲水亲油平衡)值的原理与方法。

(2) 掌握由核磁共振谱的信息计算表面活性剂 HLB 值的方法。

(3) 比较核磁共振法测定值与色谱法测定值的误差来源。

二、实验原理

1949 年,W. C. Griffin 率先提出 HLB 值论点,说明表面活性剂分子中的亲水基团与亲油基团的平衡关系,表面活性剂的亲油或亲水程度可以用 HLB 值的大小进行判别。HLB 值越大,代表亲水性越强;HLB 值越小,代表亲油性越强。一般而言,HLB 值为 1~40。HLB 值在实际应用中有重要参考价值。亲油性表面活性剂 HLB 值较小,亲水性表面活性剂 HLB 值较大。亲水亲油转折点的 HLB 值为 10。HLB 值小于 10,表面活性剂表现为亲油性;HLB 值大于 10,表面活性剂表现为亲水性。它既与表面活性剂的亲水性、亲油性有关,又与表面活性剂的表面(界面)张力、界面上的吸附性、乳化性、乳状液的稳定性、分散性、溶解性、去污性等基本性能有关,还与表面活性剂的应用性能有关。

表面活性剂为具有亲水基团和亲油基团的两亲分子,表面活性剂分子中亲水基和亲油基之间的大小和力量平衡程度的量,定义为表面活性剂的亲水亲油平衡值,即 HLB 值。

每一种表面活性剂都有一个 HLB 值,它表示活性剂亲水基的亲水能力与亲油基的亲油能力的关系。HLB 值的大小不同,表面活性剂用途也不同,故在不知道表面活性剂 HLB 值的情况下,对表面活性剂的 HLB 值的测定有着实际意义。

用核磁共振研究一些非离子表面活性剂的亲油和亲水部分的氢原子时发现,其共振波谱的特性值与表面活性剂的 HLB 值有良好的一致性,用于表面活性剂的 HLB 值的计算有快速简捷、重现性好的特点。该法对表面活性剂的混合物也适用。

核磁共振法用于表面活性剂性质的研究应用广泛,如用于表面活性剂的临界胶束浓度(critical micelleconcentration,CMC)和胶束的聚集数等测定。本实验用于测定表面活性剂的 HLB 值,为研究微多相分散制剂、选择表面活性剂奠定基础。

根据多元醇型非离子表面活性剂 Span 型与 Tween 型的核磁共振图谱,各组分的亲水质子和亲油质子的积分曲线高度具有一定的加和性,质子数不同,高度不同,并且由于质子所处基团不同,其化学位移不同,经对 NMR 图谱分析发现,以化学位移 $\delta=2.5$ 为中线,小于 2.5 区域为亲油基,大于 2.5 区域为亲水基,分别求出其亲水性基团中亲水质子的积分曲线高度 $\left[\sum H_{(w)}\right]$ 和亲油基团中亲油质子的积分曲线高度 $\left[\sum H_{(o)}\right]$,再求出亲水性质子积分曲线高度的相对比值($R$):

$$R = \frac{\sum H_{(w)}}{\sum H_{(w)} + \sum H_{(o)}} \tag{2-1-8}$$

根据其他方法测得 $\rho=R_{EtoH}/R_{Hex}$,将 Span 型、Tween 型表面活性剂的 HLB 值与 NMR 法测得的 R 值进行线性回归,可得如下经验方程:

$$HLB = 18.24R + 1.80 \tag{2-1-9}$$

将 NMR 法与质量分数加和法计算 HLB 值进行比较:

$$HLB = \frac{HLB_A W_A + HLB_B W_B}{W_A + W_B} \tag{2-1-10}$$

式中 W_A,W_B——A,B 两种表面活性剂的质量;

HLB$_A$,HLB$_B$——A,B 两种表面活性剂的 HLB 值。

表面活性剂 HLB 值的测定还可采用色谱法,详见第三篇第一章"实验六   表面活性剂 HLB 值的测定(色谱法)"。

三、实验仪器与药品

1. 实验仪器

核磁共振仪(BRUKER ARX-300)。

2. 实验药品

Tween 80、Span 80、CCl$_4$、四甲基硅烷(TMS)。

四、实验步骤

将样品干燥,按表 2-1-3 配制混合表面活性剂。称 30~40 mg 样品溶于 0.5 mL 含有 1.0% TMS(内标物)的四氯化碳中,测定其 NMR 图谱,以 $\delta = 2.5$ 为中线,求出两侧质子的积分曲线高度 $\sum H_{(w)}$ 与 $\sum H_{(o)}$,求出相对比值 R。

表 2-1-3 质量分数加和法计算混合表面活性剂的 HLB 值

编 号	W_S/g	W_T/g	HLB 值
1	1	0	4.3
2	15	5	6.975
3	10	10	9.65
4	5	15	12.325
5	0	1	15.0

五、实验结果与数据处理

(1) 根据质量分数加和法计算混合表面活性剂的 HLB 值。已知 Span 80 的 HLB 值为 4.3,Tween 80 的 HLB 值为 15.0。

(2) 用质量分数加和法计算混合表面活性剂的 HLB 值,计算结果见表 2-1-3。

$$\text{HLB} = \frac{4.3 W_S + 15.0 W_T}{W_S + W_T} \tag{2-1-11}$$

(3) 根据实验测得 NMR 图谱,求出表面活性剂的亲水亲油基团质子的积分曲线高度值,求得 HLB 值。

(4) 将计算值与 NMR 法测得值进行比较。

六、思考题

(1) 混合表面活性剂的 HLB 值的计算方法是什么?

(2) 简述 NMR 法测定表面活性剂 HLB 值的基本原理。

(3) HLB 值的数值范围为多少?亲水亲油平衡值的分界点是多少?

实验五 表面活性剂临界胶束浓度(CMC)的测定

一、实验目的

(1) 通过实验掌握电导率法与染料法测定表面活性剂溶液 CMC 的原理与方法。

(2) 了解通过表面张力-浓度关系曲线求得表面活性剂溶液 CMC 的方法。

二、实验原理

表面活性剂分子在溶剂中缔合形成胶束的最低浓度即为临界胶束浓度。表面活性剂的表面活性源于其分子的两亲结构,亲水基团使分子有进入水中的倾向;而憎水基团则竭力阻止其在水中溶解而从水的内部向外迁移,有逃逸水相的倾向。这两种倾向平衡的结果是使表面活性剂在水表面富集,亲水基伸向水中,憎水基伸向空气,水表面好像被一层非极性的碳氢链所覆盖,从而导致水的表面张力下降。

表面活性剂在界面富集吸附,一般为单分子层。当表面吸附达到饱和时,表面活性剂分子不能在表面继续富集,而憎水基的疏水作用仍竭力促使其分子逃离水环境,于是表面活性剂分子在溶液内部自聚,即疏水基聚集在一起形成内核,亲水基朝外与水接触形成外壳,组成最简单的胶团。当溶液达到临界胶束浓度时,溶液的表面张力降至最低值,此时再提高表面活性剂浓度,溶液表面张力不再降低,而是大量形成胶团,此时溶液的表面张力就是该表面活性剂能达到的最小表面张力。由于表面活性剂溶液的许多物理化学性质随着胶束的形成而发生突变,在乳液聚合、石油开采、去污等方面都有着重要的增溶作用,且增溶作用的大小与表面活性剂的 CMC 有关,影响 CMC 的各种因素必然也影响到增溶作用,因此,测定 CMC,掌握影响 CMC 大小的因素,对于深入研究表面活性剂的物理化学性质是至关重要的。

在表面活性剂溶液中,当浓度增大到一定值时,表面活性剂离子或分子发生缔合,形成胶束(或称胶团)。对于某种表面活性剂,其溶液开始形成胶束的浓度称为该表面活性剂的临界胶束浓度。

由于表面活性剂溶液的许多物理化学性质随着胶束的形成而发生突变,故将 CMC 看作表面活性剂的一个重要特性,是表面活性剂溶液表面活性大小的量度。

测定 CMC 的方法很多,原则上只要溶液的物理化学性质随着表面活性剂溶液浓度在 CMC 处发生突变,都可以用来测定 CMC。常用的方法如下。

(1)表面张力法。

该法测定表面活性剂溶液的表面张力随浓度的变化,在浓度达到 CMC 时发生转折。以表面张力(γ)对表面活性剂溶液浓度的对数($\lg c$)作图,由曲线的转折点来确定 CMC。

(2)电导率法。

该法利用离子表面活性剂水溶液电导率随浓度的变化关系,从电导率(κ)对浓度(c)曲线或摩尔电导率 $\lambda m - \sqrt{c}$ 曲线上转折点求 CMC。此法仅对离子表面活性剂适用,而对 CMC 较大、表面活性低的表面活性剂,因转折点不明显而不灵敏。

(3)染料法。

该法基于有些染料的生色有机离子吸附于胶束之上,其颜色发生明显的改变,故可用染料做指示剂,测定最大吸收光谱的变化来确定 CMC。

(4)增溶法。

该法利用表面活性剂溶液对有机物增溶能力随浓度的变化,在 CMC 处有明显的改变来确定 CMC。

本实验采用电导率法与染料法测定表面活性剂溶液的 CMC。

三、实验仪器与药品

1. 实验仪器

表面张力仪、电导率仪、分光光度计、10 mm 光学液池、分析天平、容量瓶杯。

2. 实验药品

频哪氰醇氯化物（pinacyanol chloride，相对分子质量为388.5，又称氯化频哪氰醇）、月桂酸钾、丙酮、二次蒸馏水。

四、实验步骤

1. 溶液的配制

（1）分别配制浓度为 1×10^{-4} mol/L 的频哪氰醇氯化物的水溶液与丙酮溶液各 25 mL。

（2）配制频哪氰醇氯化物浓度为 1×10^{-4} mol/L 的不同浓度的月桂酸钾溶液各 25 mL。月桂酸钾浓度范围为 $1.0 \times 10^{-1} \sim 1.0 \times 10^{-3}$ mol/L，可配成 1.0×10^{-3} mol/L，1.0×10^{-2} mol/L，2.0×10^{-2} mol/L，2.5×10^{-2} mol/L，5×10^{-2} mol/L，1.0×10^{-1} mol/L 等 6 种不同浓度的溶液。

2. 吸收光谱的测定

用分光光度计在波长 $450 \sim 650$ nm 内、间隔为 $10 \sim 20$ nm 的条件下对已配制的溶液进行波长扫描。

（1）对浓度为 1.0×10^{-4} mol/L 频哪氰醇氯化物的水溶液测定不同波长下的吸光度，约在 520 nm 与 550 nm 出现吸收峰。

（2）对上述染料的丙酮溶液测定吸收光谱，在 $570 \sim 610$ nm 出现吸收峰。

（3）选择频哪氰醇氯化物浓度为 1.0×10^{-4} mol/L 的月桂酸钾浓度为 2.5×10^{-2} mol/L 与 5×10^{-2} mol/L 的溶液进行吸收光谱的测定。

（4）将上述几组数据作吸收光谱（A）对波长的图，以最大吸光系数对应的波长为它的特征吸收峰。

3. 月桂酸钾 CMC 的测定

在上述实验测得的特征波长（约 610 nm）的条件下，测定含染料的 6 种不同浓度的月桂酸钾溶液的吸光度。

4. 电导率法测定十二烷基硫酸钠的 CMC

用 25 mL 容量瓶精确配制浓度在 $3.0 \times 10^{-3} \sim 3.0 \times 10^{-2}$ mol/L 的 $8 \sim 10$ 种不同浓度的十二烷基硫酸钠水溶液。配制时最好用新蒸出的电导水。从低浓度到高浓度依次测定表面活性剂的电阻值。每次测量前，电导管都得用待测溶液洗涤 $2 \sim 3$ 次。将数据作图、列表，求出 CMC。

5. 染料法测定月桂酸钾的 CMC

本实验利用频哪氰醇氯化物在月桂酸钾水溶液形成胶束后吸收光谱的变化来测定临界

胶束浓度。频哪氰醇氯化物在水中的吸收光谱带在 520 nm 和 550 nm,当加入浓度为 2.5×10^{-2} mol/L 的月桂酸钾水溶液中(此浓度大于月桂酸钾的 CMC),吸收光谱发生变化,原有的 520 nm 和 550 nm 的吸收光谱带消失,与此同时,570 nm 和 610 nm 的吸收谱增强,后面的两谱带是该染料在有机溶剂即丙酮中的谱线特征。因此,可通过此吸收光谱的变化来测定月桂酸钾的 CMC。

五、实验结果与数据处理

通过作 A-C 图,由曲线的突变点求出表面活性剂的 CMC。

六、思考题

(1) 电导率法和染料法测定表面活性剂的 CMC,哪个更精确?
(2) 电导率法能测定所有表面活性剂的 CMC 吗?
(3) 用表面张力法测定 CMC 时,为什么当浓度大于 CMC 后,表面张力不再降低?

实验六 溶胶的制备及性质研究

一、实验目的

(1) 学会溶胶制备的基本原理并掌握溶胶制备的主要方法。
(2) 利用界面电泳法测定 AgI 溶胶的电动电位。
(3) 掌握溶胶的聚沉原理与方法。
(4) 理解电解质聚沉的符号和价数法则。
(5) 掌握电解质和高分子对胶体稳定性的影响。

二、实验原理

溶胶是溶解度极小的固体在液体中高度分散所形成的胶态体系,其颗粒直径变动在 $10^{-7} \sim 10^{-9}$ m 或更大范围。

1. 溶胶制备

要制备出较为稳定的溶胶,一般需满足两个条件:固体分散相的质点大小必须在胶体分散度的范围内;固体分散质点在液体介质中要保持分散、不聚结,为此,一般需要加稳定剂。

制备溶胶原则上有两种方法:将大块固体分割到胶体分散度的大小,此法称为分散法;使小分子或粒子聚集成胶体大小,此法称为凝聚法。

(1) 分散法。

分散法主要有 3 种,即机械研磨法、超声分散法和胶溶分散法。

① 机械研磨法。常用的设备主要有胶体磨和球磨机等。胶体磨有两片靠得很近的盘

或磨刀,均由坚硬耐磨的合金或碳化硅制成。当上下两磨盘以高速反向转动时(转速 5 000~10 000 r/min),粗粒子就被磨细。在机械磨中,胶体研磨的效率较高,但一般只能将质点磨细到 1 μm 左右。

② 超声分散法。频率高于 16 000 Hz 的声波称为超声波,高频率的超声波传入介质,在介质中产生相同频率的疏密交替,对分散相产生很大的撕碎力,从而达到分散效果。此法操作简单,效率高,经常用作胶体分散及乳状液制备。

③ 胶溶分散法。胶溶分散法是把暂时聚集在一起的胶体粒子重新分散而成溶胶。例如,氢氧化铁、氢氧化铝等的沉淀实际上是胶体质点的聚集体,由于制备时缺少稳定剂,故胶体质点聚在一起而沉淀。此时若加入少量的电解质,胶体质点因吸附离子而带电,沉淀就会在适当的搅拌下重新分散成胶体。

有时质点聚集成沉淀是因为电解质过多,设法洗去过量的电解质会使沉淀转化成溶胶。利用这些方法使沉淀转化成溶胶的过程称为胶溶作用。胶溶作用只能用于新鲜的沉淀。若沉淀放置过久,小粒经过老化,出现粒子间的连接或变成大的粒子,就不能利用胶溶作用来达到重新分散的目的。

(2) 凝聚法。

凝聚法主要有化学反应法和改换介质法。此法的基本原则是形成分子分散的过饱和溶液,控制条件,使形成的不溶物颗粒大小在溶胶分散度内。与分散法相比,此法不但消耗能量更少,而且可以制成分散度更高的胶体。

① 化学反应法。凡能形成不溶物的复分解反应、水化反应以及氧化还原反应等,皆可用来制备溶胶。由于离子的浓度对胶体的稳定性有直接影响,故在制备溶胶时要注意控制电解质的浓度。

② 改换介质法。此法系利用同一物质在不同溶剂中溶解度相差悬殊的特性,使溶解于良溶剂中的溶质,在加入不良溶剂后,其溶解度下降而以胶体粒子的形式析出,形成溶胶。此法操作简便,但得到的溶胶粒子较大。

2. 溶胶的电泳

在电场的作用下,胶体粒子向正极或负极移动的现象叫电泳。电泳现象证实胶体粒子的带电性。胶体粒子带电是因为在其周围形成了扩散双电层。按其对固体的关系,扩散双电层离子可沿滑动面分为吸附层离子和扩散层离子两部分,使固体表面和分散介质之间有电势差,即 ξ 电势。ξ 电势的大小可通过电泳实验测得。

在外电场的作用下,根据胶体粒子的相对运动速度计算 ξ 电势的基本公式是:

$$\xi = \frac{\eta l d}{\varepsilon t V} \tag{2-1-12}$$

式中　ξ——胶体粒子的电动电势,V;

η——介质的动力黏度,Pa·s;

d——溶胶界面移动的距离,m;

l——两电极之间的距离,m;

ε——介电常数,F/m;

V——两极间的电位差,V;

t——电泳进行的时间,s。

水的介电常数和黏度可通过查附录二中的 3 与 4 得到。

利用电泳测定电动电势的方法有宏观法和微观法两种。宏观法是观察在电泳管内溶胶与辅助液间界面在电场作用下的移动速度,微观法借助超显微镜观察单个胶体粒子在电场作用下的移动速度。本实验用宏观法测定,所使用的电泳管如图 2-1-10 所示。

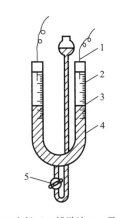

1—电极;2—辅助液;3—界面;
4—溶胶;5—活塞。

图 2-1-10 电泳管示意图

3. 无机电解质的聚沉作用

溶胶由于失去聚结稳定性进而失去动力稳定性的整个过程叫聚沉。电解质可以使溶胶发生聚沉,原因是电解质能使溶胶的 ξ 电势下降,且电解质的浓度越高,ξ 电势下降幅度越大,当 ξ 电势下降至某一数值时,溶胶就会失去聚结稳定性,进而发生聚沉。

不同电解质对溶胶有不同的聚沉能力,常用聚沉值来表示。聚沉值是指一定时间内,能使溶胶发生明显聚沉的电解质的最低浓度。聚沉值越大,电解质对溶胶的聚沉能力越小。

聚沉值的大小与电解质中与溶胶所带电荷符号相反的离子的价数有关。这种相反符号离子的价数越高,电解质的聚沉能力越大。叔采-哈迪(Schulze-Hardy)分别研究了电解质对不同溶胶的聚沉值,并归纳得出了聚沉离子的价数与聚沉值的关系:

$$M^+ : M^{2+} : M^{3+} = (25 \sim 150) : (0.5 \sim 2) : (0.01 \sim 0.1) \tag{2-1-13}$$

这个规律称为叔采-哈迪规则。

4. 溶胶相互聚沉现象

两种具有相反电荷的溶胶相互混合能产生聚沉,这种现象称为相互聚沉现象。通常认为有两种作用机理。

(1)电荷相反的两种胶粒电性中和。

(2)一种溶胶是具有相反电荷溶胶的高价反离子。

5. 高分子的絮凝作用

当高分子的浓度很低时,高分子主要表现为对溶胶的絮凝作用。絮凝作用是由于高分子对溶胶胶粒的"桥联"作用而产生的。"桥联"理论认为:在高分子浓度很低时,高分子的链可以同时吸附在几个胶体粒子上,通过"架桥"的方式将几个胶粒连在一起,高分子链段的旋转和振动将胶体粒子聚集在一起而产生沉降。

三、实验仪器与药品

1. 实验仪器

电泳仪、电导率仪、电炉、秒表、电泳管、Zeta 电位仪、电极(2 支)、烧杯(3 个,100 mL)、烧杯(250 mL)、量筒(2 个,50 mL)、量筒(100 mL)、具塞试管(6 支,20 mL)、锥形瓶(3 个,100 mL)、具塞量筒(3 个,50 mL)、移液管(10 mL)、胶头滴管、吸耳球等。

2. 实验药品

蒙脱土、蒸馏水、1 000 mg/L NaCl 溶液、0.01 mol/L AgNO$_3$ 溶液、0.01 mol/L KI 溶液、0.005 mol/L KCl 溶液、2 mol/L KCl 溶液、0.01 mol/L K$_2$SO$_4$ 溶液、0.001 mol/L K$_3$(COO)$_3$C$_3$H$_4$OH 溶液、1 000 mg/L 部分水解聚丙烯酰胺(相对分子质量为 300 万)溶液、原油、Fe(OH)$_3$ 溶胶、黏土溶胶。

四、实验步骤

(一) 溶胶的制备

1. 分散法

(1) 黏土溶胶的制备。

① 称取 0.5 g 蒙脱土于 100 mL 的烧杯中,用量筒量取 50 mL 蒸馏水倒入烧杯中,充分搅拌,制得黏土溶胶。

② 称取 1 g 蒙脱土于 250 mL 的烧杯中,用量筒量取 100 mL 1 000 mg/L NaCl 溶液倒入烧杯中,充分搅拌,制得黏土溶胶。

(2) 分别取 50 mL 两种溶胶于两支 50 mL 具塞量筒中,充分震荡,静置 10 min,观察两种溶胶的稳定性。

2. 胶溶法

制备氢氧化铁[Fe(OH)$_3$]溶胶:取 10 mL 20% FeCl$_3$ 溶液放在小烧杯中,加水稀释到 100 mL,然后用滴管逐滴加入 10% 的 NH$_3$·H$_2$O 到稍微过量为止;过滤生成的 Fe(OH)$_3$ 沉淀,用蒸馏水洗涤数次;将沉淀放入一个烧杯中,加 10 mL 蒸馏水,再用滴管滴加约 10 滴 20% 的 FeCl$_3$ 溶液,并用小火加热,最后得到棕红色、透明的 Fe(OH)$_3$ 溶胶。

3. 改换介质法

制备松香溶胶:配制 2% 的松香乙醇溶液,用滴管将溶液逐滴滴入盛有蒸馏水的烧杯中,同时剧烈搅拌,可得到半透明的溶胶。若发现有较大的质点,则需将溶胶过滤 1 次。

4. 化学反应法

(1) 氢氧化铁溶胶的制备(水解法)。在一个 250 mL 的烧杯中加入 150 mL 蒸馏水并加热至沸腾,在不断搅拌下滴加 8 mL 3% 的 FeCl$_3$ 溶液,溶液变成暗棕红色的 Fe(OH)$_3$ 溶胶。然后对此溶胶进行渗析,除去多余的电解质。

渗析的方法是按下列步骤先做一个渗析用的火棉胶袋:将一个 500 mL 的锥形瓶洗净、烘干,将火棉胶液倒入锥形瓶中,倾斜锥形瓶并慢慢地移动,使锥形瓶内均匀地涂上一层胶液,然后倒出火棉胶。当火棉胶干后(不粘手),将瓶口的胶膜剥离开一小部分。从此剥离口慢慢地加入蒸馏水,胶膜逐渐与瓶壁剥离。取出胶袋,在蒸馏水中浸泡数小时。

将上面制备的 Fe(OH)$_3$ 溶胶倒入火棉胶袋,并悬挂在盛有蒸馏水的大烧杯中,每小时换一次蒸馏水,直到用 0.1 mol/L AgNO$_3$ 溶液检验无 Cl$^-$ 时,渗析便可结束。

(2) 碘化银(AgI)溶胶的制备(复分解法)。在两个锥形瓶中分别准确地加入 5 mL 0.02 mol/L KI 溶液和 0.02 mol/L AgNO$_3$ 溶液,对盛有 KI 溶液的锥形瓶在搅拌下准确地滴加

4.5 mL 0.02 mol/L AgNO₃ 溶液,在盛有 AgNO₃ 溶液的锥形瓶中准确地滴加 4.5 mol/L KI 溶液。观察两锥形瓶中 AgI 溶胶透射光及散射光的颜色。

（二）AgI 溶胶的电泳

1. AgI 负溶胶的制备

用一个 50 mL 量筒量取 30 mL 0.01 mol/L 的 KI 溶液,倒入 100 mL 的烧杯中。然后用另一个 50 mL 量筒量取 28 mL 0.01 mol/L 的 AgNO₃ 溶液,用胶头滴管向量取的 KI 溶液中滴加量取的 AgNO₃ 溶液,并不断搅拌,滴加结束即制得 AgI 负溶胶。

2. 辅助液的制备

先测定溶胶的电导率。用少量溶胶将试管及电导率池洗 3 次,在试管中加入适量溶胶,插入电极,测定室温下溶胶的电导率。向 0.01 mol/L KI 溶液中加蒸馏水至其电导率与溶胶相同,本实验用的辅助液是浓度约为 0.005 mol/L 的 KCl 溶液。

3. 电势的测定

（1）仔细洗净电泳管,检查活塞润滑是否良好、密封性如何。用少量已配好的 AgI 溶胶将电泳管的漏斗至活塞的支管洗一遍。用滴管由漏斗加入少量溶胶,使活塞孔内充满溶胶,迅速关闭活塞。用辅助液洗涤 U 形管部分。活塞以上若有溶胶,则应洗去。

（2）关闭电泳管活塞,将电泳管竖直固定在铁架台支架上。

（3）用胶头滴管由漏斗向电泳管中加入制得的溶胶至漏斗细支管顶部,然后倒入烧杯中剩余的溶胶。

（4）用烧杯取一定量的 KCl 辅助液,沿 U 形管倒入电泳管。若使用长电极,则将辅助液倒入 U 形管至刻度线 4;若使用短电极,则将辅助液倒入 U 形管至刻度线 9。

（5）将黑色挡板放在 U 形管后,慢慢打开活塞,使溶胶缓慢上升。注意不要全部打开,而且一定要慢,否则得不到清晰的溶胶界面。至溶胶上升至刻度线 0 左右时,关闭活塞。

（6）将两个电极轻轻插入电泳管的 U 形管中。整个过程保持平稳,不使电泳管振动。

（7）按电泳仪的"开始"按钮,同时计时,指示灯显示为"R"。

注意:电泳仪输出电压较高,在通电过程中不要接触电极,否则有触电危险。

（8）观察溶胶上升界面清晰后,用秒表测量界面上升 0.5 cm,1.0 cm,1.5 cm 所需时间。测量完毕,按电泳仪的"停止"按钮,指示灯灭。拆下电极引线,卸下电泳管,将管内的液体倒入指定的废液杯中。

（9）用钢尺仔细量出 U 形管两端的距离,减去 U 形管的两个半径,即为两电极之间的距离。

（10）实验结束,洗净使用过的所有玻璃仪器,将药品和仪器放回原处。

计算 AgI 负溶胶的 ξ 电势,并取平均值。

（三）溶胶聚沉

1. 电解质对溶胶的聚沉

（1）依次用移液管移取 Fe(OH)₃ 溶胶 10 mL,分别加到 3 个清洁、干燥的 100 mL 锥形瓶内。

注意：用移液管将液体移入锥形瓶中时，使其出口尖端接触器壁，使锥形瓶倾斜 45°，使移液管直立，然后放松食指，让溶液自由地顺壁流下，待溶液停止流出后，让移液管在壁上旋转 15～30 s，此时移液管尖端仍残留有一滴液体，残留液体不可吹出。

（2）用胶头滴管向第 1 个锥形瓶中滴加 0.01 mol/L 硫酸钾溶液，每加入 1 滴要充分振荡，至少 1 min 内溶胶不会出现浑浊才可以加入第 2 滴电解质溶液，当溶液和氢氧化铁溶胶相比颜色变浅，记下刚刚产生浑浊时电解质的滴数，按每毫升 20 滴计算聚沉值。

（3）按照上述操作方法，分别向另外 2 个盛有氢氧化铁溶胶的锥形瓶中滴加柠檬酸钾溶液和氯化钾溶液，记录刚刚产生浑浊时电解质的滴数（见表 2-1-4）。

表 2-1-4　不同电解质对溶胶的聚沉作用记录

Fe(OH)₃溶胶			
电解质	电解质溶液浓度/(moL·L^{-1})	所用电解质溶液体积/mL	聚沉值/(mmoL·L^{-1})
KCl			
K$_2$SO$_4$			
K$_3$(COO)$_3$C$_3$H$_4$OH			

2. 黏土溶胶和氢氧化铁溶胶的相互聚沉

（1）取 6 只 20 mL 具塞试管，在第 1 支试管中滴加 2 滴（即 0.1 mL）氢氧化铁溶胶，然后摇晃电性中和黏土溶胶使之均匀，用胶头滴管向具塞试管中加入摇晃均匀的黏土溶胶，使两种溶胶的总体积为 6 mL，最后将配好溶液的具塞试管放在试管架上。

（2）分别向其余 5 只具塞试管中滴加 0.5 mL，1.0 mL，3.0 mL，5.0 mL，5.5 mL 氢氧化铁溶胶和 5.5 mL，5.0 mL，3.0 mL，1.0 mL，0.5 mL 电性中和黏土溶胶。

注意：在向这 5 个具塞试管中滴加溶胶时，先加入量多的溶胶，然后加入量少的溶胶，最后使具塞试管中溶胶总体积为 6.0 mL。

（3）将配好溶胶的 6 只具塞试管放在试管架上。然后两手拿起试管，同时上下摇晃 10 次后，放在试管架上静置。启动秒表，10 min 后观察溶胶体系的聚沉量、分层快慢及体积变化规律（见表 2-1-5）。

注意：在做该实验时，应注意氢氧化铁溶胶和黏土溶胶的添加顺序。

表 2-1-5　溶胶的相互聚沉作用记录表

试管编号	1	2	3	4	5	6
Fe(OH)₃溶胶体积/mL	0.1	0.5	1.0	3.0	5.0	5.5
黏土溶胶体积/mL	5.9	5.5	5.0	3.0	1.0	0.5
聚沉现象						

（四）高分子的絮凝作用

（1）分别取蒸馏水和 NaCl 溶液配制的黏土溶胶 50 mL 于 50 mL 具塞量筒中，均加入 15 滴质量浓度为 1 000 mg/L 的部分水解聚丙烯酰胺溶液，盖上塞子后，同时将两个具塞量筒来回摇晃 10 次，摇晃结束后，静置 10 min，观察两个具塞量筒中黏土溶胶的絮凝现象。

（2）取 NaCl 溶液配制的黏土溶胶 50 mL 于 50 mL 的具塞量筒中,向具塞量筒中加入 1 mL 原油,盖上塞子后,上下摇晃 100 次后,静置 10 min,观察原油的分散状态;再向具塞量筒中加入 30 滴 1 000 mg/L 的部分水解聚丙烯酰胺溶液,盖上塞子后,上下摇晃 10 次,静置 10 min,观察沉降或上浮情况。

本实验中所加部分水解聚丙烯酰胺(HPAM)溶液的体积是不固定的,仅供参考。因为高分子的最佳絮凝浓度随所用 HPAM 的相对分子质量、水解度及溶胶浓度和制备条件而变化,所以 HPAM 溶液的加入量可根据实际情况适当变动。

（五）Zeta 电位仪测定分散体系电动电位

（1）打开 Zeta 电位仪电源,双击电脑上"94K2"程序。

（2）点击程序界面中"选项""连接"按钮,连接成功之后,点击"连接镜头""活动图像""镜头缩放"按钮,变焦缩放设置在 1.5 倍。

（3）加入被测样品至比色皿 1/3 处,约 0.5 mL,避免气泡。插入标定电极,标定样品。

（4）连接电极引线,点击"启动"按钮,选择保存路径,之后点击"确定"按钮,用上下左右按钮调节存图区,点击"存图"按钮,保存图片。电泳总时间不超过 20 s。

（5）点击"分析程序""开始"按钮,选择之前保存的文件,点击图片中对应粒子 5～10 次,记录粒子移动距离,点击"继续"按钮,再次点击图片中对应粒子 5～10 次,记录粒子移动距离,输入电场符号,点击"计算"按钮,记录结果。点击"保存退出"按钮,结束实验。

（6）将数据记录在表 2-1-6 中。

（7）实验结束后,关闭电源,用蒸馏水清洗比色皿。

表 2-1-6　Zeta 电位仪测定分散体系电动电位记录表

分散体系名称					
体系浓度					
Zeta 电位/mV					

五、思考题

（1）试比较不同溶胶的制备方法的共同点和不同点。

（2）为什么要求辅助液与溶胶的电导率相同? 这对计算电动电势有什么作用?

（3）电泳时溶胶上升界面与下降界面的颜色、清晰程度及移动速度有什么不同? 分析产生这些差别的可能原因。

（4）$Fe(OH)_3$ 溶胶渗析的目的是除去什么电解质? 有什么办法检测 $Fe(OH)_3$ 溶胶纯化的程度? 渗析时是将溶胶中分散的所有离子都除去吗?

（5）为什么 $Fe(OH)_3$ 溶胶必须透析后才能做絮凝实验?

（6）不同的电解质对同一溶胶的聚沉值是否一样? 为什么?

（7）为什么聚丙烯酰胺溶液对蒸馏水和 NaCl 溶液配制的黏土溶胶的絮凝作用存在差异?

（8）当高分子在溶胶中的浓度较大时,会出现什么现象? 为什么?

实验七 乳状液的制备、鉴别和破坏

一、实验目的

（1）制备不同类型的乳状液。
（2）了解乳状液的一些制备方法。
（3）熟悉乳状液的一些破坏方法。

二、实验原理

乳状液是一种分散体系，它是由一种或一种以上的液体以液珠的形式均匀地分散于另一种与它不相混溶的液体中而形成的。通常以液珠形式存在的一相称为内相（或分散相、不连续相），另一相称为外相（或分散介质、连续相）。

通常的乳状液一相为水或水溶液（简称水相），另一相为有机相（简称油相）。乳状液有两种类型，即水包油型（O/W）和油包水型（W/O）。外相为水相、内相为油相的乳状液称为水包油型乳状液，以 O/W 表示；反之，则为油包水型乳状液，以 W/O 表示。

只有两种不相溶的液体是不能形成稳定乳状液的。要形成稳定的乳状液，必须有乳化剂存在。为使乳状液稳定而加入的第三种物质（多为表面活性剂）称为乳化剂，一般的乳化剂大多为表面活性剂。表面活性剂主要通过降低表面能、在液珠表面形成保护膜或使液珠带电来稳定乳状液。

乳化剂的性质常能决定乳状液的类型。乳化剂分为两类，即水包油型乳化剂和油包水型乳化剂。通常，一价金属的脂肪酸皂类（例如油酸钠）由于亲水性大于亲油性，碱金属皂可使 O/W 型乳状液稳定，所以为水包油型乳化剂，而两价或三价脂肪酸皂类（例如油酸镁）由于亲油性大于亲水性，可使 W/O 型乳状液稳定，所以是油包水型乳化剂。

有时将乳化剂的亲水、亲油性质用 HLB 值表示，此值越大，亲水性越强。HLB 值为 3～6 的乳化剂可使 W/O 型乳状液稳定，HLB 值为 8～18 的乳化剂可使 O/W 型乳状液稳定。欲使某液体形成一定类型的乳状液，对乳化剂的 HLB 值有一定要求。当集中乳化剂混合使用时，混合乳化剂的 HLB 值和单个乳化剂的 HLB 值有下述关系。

$$混合乳化剂\ HLB\ 值=\frac{ax+by+cz+\cdots}{x+y+z+\cdots} \tag{2-1-14}$$

式中 a,b,c 等——单个乳化剂的 HLB 值；

x,y,z 等——各单个乳化剂在混合乳化剂中占的质量分数。

两种类型的乳状液可用以下 3 种方法鉴别。

（1）稀释。

加一滴乳状液于水中，乳状液如果立即散开，则说明乳状液的分散介质为水，故乳状液为水包油型；如果不立即散开，则为油包水型。

（2）电导法。

水相中一般含有离子,故其导电能力比油相大得多。当水为分散介质（即连续相）时,乳状液的导电能力大;反之,油为连续相,水为分散相,水滴不连续,乳状液导电能力小。将两个电极插入乳状液,接通直流电源,并串联电流表。若电流表指针显著偏转,则乳状液为水包油型;若指针几乎不动,则乳状液为油包水型。

（3）染色法。

选择一种仅溶于油但不溶于水或仅溶于水但不溶于油的染料（如苏丹Ⅲ为仅溶于油但不溶于水的红色染料）加入乳状液。若染料溶于分散相,则在乳状液中出现一个个染色的小液滴;若染料溶于连续相,则乳状液内呈现均匀的染料颜色。因此,根据染料的分散情况可以判断乳状液的类型。

在工业上常需破坏一些乳状液,常用的破乳方法如下。

（1）加破乳剂法。

破乳剂往往是反型乳化剂。例如,对于由油酸镁做乳化剂的油包水型乳状液,加入适量油酸钠可使乳状液破坏。因为油酸钠亲水性强,它也能在液面上吸附,形成较厚的水化膜,与油酸镁相对抗,互相降低它们的乳化作用,使乳状液稳定性降低而被破坏。若油酸钠加入过多,则其乳化作用占优势,油包水型乳化液可能转化为水包油型乳化液。

（2）加电解质法。

不同电解质可能产生不同作用。一般来说,在水包油型乳状液中加入电解质,可改变乳状液的亲水亲油平衡,从而降低乳状液的稳定性。

有些电解质能与乳化剂发生化学反应,破坏其乳化能力或形成新的乳化剂。例如,在油酸钠稳定的乳状液中加入盐酸,由于油酸钠与盐酸发生反应生成油酸,失去了乳化能力,使乳状液破坏。

$$C_{17}H_{33}COONa + HCl \longrightarrow C_{17}H_{33}COOH + NaCl$$

同样,如果在乳状液中加入氯化镁,则可生成油酸镁,乳化剂由一价皂变成二价皂。当加入适量氯化镁时,生成的反型乳化剂油酸镁与剩余的油酸钠对抗,使乳状液破坏。若加入过量氯化镁,则形成的油酸镁乳化作用占优势,使水包油型的乳状液转化为油包水型的乳状液。

$$2C_{17}H_{33}COONa + MgCl_2 \longrightarrow (C_{17}H_{33}COO)_2Mg + 2NaCl$$

（3）加热法。

升高温度可使乳状剂在界面上的吸附量降低,使溶剂化层减薄,降低介质黏度,增强布朗运动,因此可减小乳状液的稳定性,有助于乳状液的破坏。

（4）电法。

在高压电场的作用下,液滴变形,彼此连接合作,分散度下降,乳状液被破坏。

三、实验仪器与药品

1. 实验仪器

电热恒温水浴锅、电导率仪、具塞锥形瓶（2个,60 mL）、试管（7支）、量筒（4个,25 mL）、烧杯（2个,100 mL）、胶头滴管（2支）等。

2. 实验药品

苯（化学纯）、油酸钠（化学纯）、3 mol/L HCl 溶液、1％油酸钠水溶液、5％油酸钠水溶液、1％油酸镁苯溶液、0.25 mol/L MgCl$_2$ 水溶液、饱和 NaCl 水溶液、苏丹Ⅲ溶液。

四、实验步骤

1. 乳状液的制备

（1）用 25 mL 量筒量取 15 mL 1％油酸钠水溶液，然后倒入 60 mL 锥形瓶内。用 25 mL 量筒量取 15 mL 苯，然后向盛有油酸钠水溶液的锥形瓶内分次加入苯，每次约加 1 mL，并且每次加入苯后，剧烈振荡锥形瓶，直至看不到分层的苯相。将量取的苯全部加完，并将溶液摇匀后，即制得Ⅰ型乳状液。

（2）将细口瓶中的 1％油酸镁苯溶液摇晃均匀，用 25 mL 量筒量取 15 mL 油酸镁苯溶液，然后倒入干净的 60 mL 锥形瓶内。用 25 mL 量筒量取 15 mL 蒸馏水，向盛有油酸镁苯溶液的锥形瓶内分次加入水，每次约加 1 mL，并且每次加入水后，剧烈震荡锥形瓶，直至看不到分层的水相。将量取的水全部加完，并将溶液摇匀后，即制得Ⅱ型乳状液。

2. 乳状液类型鉴别

（1）稀释法。分别用小滴管将 1 滴Ⅰ型和Ⅱ型乳状液滴入盛有自来水的烧杯中，观察现象。

（2）染色法。取两只干净试管，分别加入 1～2 mLⅠ型和Ⅱ型乳状液，向每支试管中加入 1 滴苏丹Ⅲ溶液，振荡摇匀，观察现象。

（3）导电法。打开电导率仪电源，用电导率仪电极分别测Ⅰ型与Ⅱ型乳状液的电导率，观察电导率仪指针偏转情况，依次鉴别乳状液的类型。导电法线路如图 2-1-11 所示。

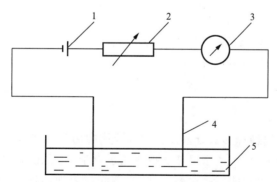

1—直流电源；2—可变电阻；3—毫安表；4—电极；5—乳状液。

图 2-1-11　导电法线路图

3. 乳状液的破坏和转相

（1）取 1～2 mLⅠ型和Ⅱ型乳状液分别放入两支试管中，逐滴加入 3 mol/L HCl 溶液，观察现象。

（2）取 1～2 mLⅠ型和Ⅱ型乳状液分别放入两支试管中，在水浴中加热，观察现象。

注意：要用绝热材料将试管取出，避免烫伤。

（3）取 2～3 mLⅠ型乳状液于试管中，逐滴加入 0.25 mol/L MgCl$_2$ 溶液，每加一滴就剧烈摇动,注意观察乳状液的破坏和转相(是否转相用稀释法或染色法鉴别,下同)。

(4)取 2~3 mL Ⅰ型乳状液于试管中,逐滴加入饱和 NaCl 溶液,每加一滴就剧烈摇动,用稀释法或染色法观察、鉴别乳状液有无破坏和转相。

(5)取 2~3 mL Ⅱ型乳状液于试管中,逐滴加入 5% 油酸钠溶液,每加一滴就剧烈摇动,用稀释法或染色法观察、鉴别乳状液有无破坏和转相。

五、实验结果与数据处理

用表格记录、整理实验所观察到的现象,并分析原因。

六、思考题

(1)鉴别乳状液的诸方法有何共同点?

(2)有人说,水量大于油量可形成水包油乳状液,反之为油包水。这种说法对吗?试用实验结果加以说明。

(3)是否使乳状液转相的方法都可以破乳?是否可使乳状液破乳的方法都可用来转相?

(4)加入乳化剂,两个互不相溶的液体就能自动形成乳状液吗?

实验八　微乳液的制备与性能

一、实验目的

(1)了解微乳液的基本性质、形成理论和制备方法。

(2)掌握用光散射法测定微乳液液滴大小的方法。

二、实验原理

微乳液是一种液体以液珠形式分散在另一种液体中的分散体系,它可自发形成,是热力学稳定体系。由于液珠太小,故体系呈透明或半透明状态。与乳状液一样,它也有 O/W 和 W/O 两种类型。它的特点是使不相混溶的油、水两相在表面活性剂(有时还要有助表面活性剂)存在下,可以形成稳定、均匀的混合物,因而在工业、农业、医药、食物等方面得到了广泛应用。

微乳液是热力学稳定分散的互不相溶的两相液体组成的宏观上均一而微观上不均匀的液体混合物,通常是由表面活性剂、助表面活性剂(醇类)、油(碳氢化合物)和水(电解质水溶液)组成的透明、各向同性的热力学稳定体系,粒径为 10~100 nm,液滴被表面活性剂和助表面活性剂(一般为醇)的混合膜所稳定。驱油用微乳液配方中,油可用石油馏分或轻质原油等,表面活性剂可用石油磺酸盐等,助表面活性剂一般用 C_3~C_5 的醇,水相通常是 NaCl 水溶液。微乳液的形成不需做功,主要依靠各组分的匹配,自发形成。微乳液有 3 种相态类型,即水外相微乳液、中相微乳液和油外相微乳液,表面活性剂在这 3 种相态类型微乳液中呈现不同的排列方式(如图 2-1-12 所示)。

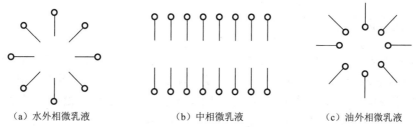

（a）水外相微乳液　　　（b）中相微乳液　　　（c）油外相微乳液

图 2-1-12　不同微乳液类型中表面活性剂的排列方式

微乳液的 3 种相态类型是由各组分间的比例所决定的。当比例发生变化时,相态也发生变化。例如,在体系其他组分的浓度确定后,盐的浓度由低到高变化,一般可得到 3 种相态的微乳液:Winsor Ⅰ,Winsor Ⅱ,Winsor Ⅲ(如图 2-1-13 所示)。这种方法称为盐度扫描法,是目前微乳液驱研究中常用的制备微乳液的方法。Winsor Ⅰ 是 O/W 型微乳液与剩余油达到平衡的状态;Winsor Ⅲ 是 W/O 型微乳液与剩余水达到平衡的状态;Winsor Ⅱ 是微乳液同时与剩余油和水达到平衡的状态,此时的微乳液叫中相微乳液。

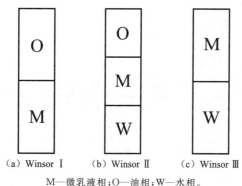

（a）Winsor Ⅰ　　（b）Winsor Ⅱ　　（c）Winsor Ⅲ

M—微乳液相;O—油相;W—水相。

图 2-1-13　微乳液的 3 种相态

形成中相微乳液的盐度范围称为盐宽,盐宽的中间值称为最佳含盐度。达到最佳含盐度时的中相微乳液称为最佳中相微乳液。此时,微乳液与油和水的界面张力相等,且可达到超低值(小于 10^{-2} mN/m),这是该体系具有高驱油效率的主要原因。

制备方法包括 Schulman 法和 Shah 法。

Schulman 法把油、水(电解质水溶液)及表面活性剂混合均匀,然后向体系中加入助表面活性剂,在一定配比范围内,体系澄清透明,形成微乳液。

Shah 法把油、表面活性剂及助表面活性剂混合均匀,然后向体系中加入水(电解质水溶液),在一定配比范围内,体系澄清透明,形成微乳液。

本实验的微乳液采用 Shah 法制备。

三、实验仪器与药品

1. 实验仪器

动态光散射仪、电导率仪、磨口锥形瓶。

2. 实验药品

十二烷基硫酸钠、正戊醇、正辛烷。

四、实验步骤

（1）称取 1.2 g 十二烷基硫酸钠、3.25 g 正戊醇、4.4 g 正辛烷放于 50 mL 磨口锥形瓶中，边搅拌边向锥形瓶中滴加蒸馏水，至十二烷基硫酸钠全部溶解，体系成为透明溶液，用电导率仪测定溶液电导率；以后每加 0.1 g 蒸馏水，测定一次电导率，至溶液变浑浊；继续滴加蒸馏水，溶液又成为透明体系，再测溶液电导率；以后每加 0.3 g 蒸馏水，测定一次电导率，直至体系再变浑浊。用同样方法，在第 1 透明区制备 1 个微乳液体系，在第 2 透明区制备 2～3 个微乳液体系，用动态光散射法测定微乳液滴的颗粒大小。

（2）称取 1.5 g 十二烷基硫酸钠、3.2 g 正戊醇、6.0 g 正辛烷放于 50 mL 磨口锥形瓶中，用与（1）同样的方法制备微乳液。体系透明后，测定电导率随加水量变化，直至体系变浑浊。在这一制备微乳液过程中，只出现 1 个含水量变化范围很大的透明区。因此，应根据步骤（1）中两个透明区的电导率数据，在本步骤的透明区中选择 2～3 个配方。用同样方法制备 2～3 种微乳液，用动态光散射法测定液滴大小。

五、实验结果与数据处理

（1）按表 2-1-7 格式整理数据。

表 2-1-7　原始数据记录表

SDS/戊醇（质量比）	0.37	体系水含量（质量分数）/%	
		电导率/(S·m^{-1})	
	0.47	体系水含量（质量分数）/%	
		电导率/(S·m^{-1})	

（2）根据实验结果，讨论微乳液形成条件、微乳液类型、微乳液颗粒大小与水含量关系。

六、思考题

（1）什么是纳米分散系？
（2）相图法优化微乳液配方的优、缺点各是什么？
（3）什么是微乳液凝胶？其形成机理是什么？

实验九　泡沫的制备与稳泡

一、实验目的

（1）掌握泡沫的制备与性能评定方法。

（2）掌握泡沫稳定剂的评价方法。

二、实验原理

泡沫是气体分散在液体中的分散体系,在起泡剂的作用下,通过搅拌可以制得稳定的泡沫。有些起泡剂有很强的起泡能力,形成稳定的泡沫体系;有些起泡剂起泡率很高,但泡沫粗糙,很容易破裂,有效期短。一般用半衰期表示泡沫的稳定性,半衰期越长,泡沫越稳定。用泡沫质量表示表面活性剂的起泡率,泡沫质量越大,起泡率越高。半衰期为清液到量筒的75 mL 的刻度线处所需的时间。

泡沫质量是泡沫体系气体体积与液体体积的比值,计算公式为:

$$泡沫质量 = \frac{V - V_1}{V_1} \times 100\% \tag{2-1-15}$$

式中　V——泡沫总体积,mL;

V_1——用量筒所取的试液体积,mL。

聚合物能增强泡沫表面液膜的强度,从而使泡沫稳定性增强,表现为半衰期延长。

三、实验仪器与药品

1. 实验仪器

电动搅拌器(转速可设定 8 000 r/min,10 000 r/min)或者同类等效产品、电子天平(感量 0.01 g)、秒表、容量瓶(500 mL)、量筒(200 mL,1 000 mL)、烧杯。

2. 实验药品

起泡剂 AOS(α-烯烃磺酸盐)、稳泡剂 HPG(羟丙基瓜尔胶)。

四、实验步骤

1. 起泡剂半衰期和泡沫质量的测定

（1）试液配制。分别用蒸馏水、自来水为溶剂,起泡剂为溶质,用 500 mL 容量瓶配制 3.0 mL/L 的试液各 500 mL,并分别编号为试液 1、试液 2。

（2）用量筒量取 150 mL 试液 1,倒入高搅杯,在高搅器上以 8 000 r/min 的转速搅拌 10 min,使其生成泡沫。

（3）搅拌后快速把泡沫倒入 1 000 mL 量筒,读出泡沫体积并用秒表开始计时,测出半衰期(半衰期为清液到量筒的 75 mL 刻度线处的时间),同时观察泡沫现象,计算泡沫质量。

（4）用量筒重新量取 150 mL 试液 1,在高搅器上以 10 000 r/min 的转速搅拌 10 min,使其生成泡沫。重复步骤(3),测出半衰期,计算泡沫质量。

（5）用量筒量取 150 mL 试液 2,重复步骤(2)～(4),测出半衰期,观察泡沫现象并计算泡沫质量,将数据记录在实验记录表中。

2. HPG 溶液泡沫半衰期和泡沫质量的测定

（1）试液配制。用蒸馏水配制 500 mL 0.1% HPG 溶液,用自来水配制 500 mL 0.1%

HPG 溶液,以这两种溶液为溶剂,起泡剂为溶质,用 500 mL 容量瓶配制浓度为 3.0 mL/L 的试液各 500 mL,并分别编号为试液 3、试液 4。

(2)用量筒量取 150 mL 试液 3,倒入高搅杯,在高搅器上以 8 000 r/min 的转速搅拌 10 min,使其生成泡沫。

(3)搅拌后快速把泡沫倒入 1 000 mL 量筒,读出泡沫体积并用秒表开始计时,测出半衰期(半衰期为清液到量筒的 75 mL 的刻度线处的时间),同时观察泡沫现象,计算泡沫质量。

(4)用量筒重新量取 150 mL 试液 3,在高搅器上以 8 000 r/min 的转速搅拌 10 min,使其生成泡沫。重复步骤(3),测出半衰期,计算泡沫质量。

(5)用量筒量取 150 mL 试液 4,重复步骤(2)~(4),测出半衰期,观察泡沫现象并计算泡沫质量,将数据记录在实验记录表中。

五、数据记录与处理

(1)记录起泡剂半衰期和泡沫质量(见表 2-1-8)。

表 2-1-8　起泡剂半衰期和泡沫质量数据记录

泡沫液		泡沫现象	半衰期/s	泡沫总体积/mL	泡沫质量
1	8 000 r/min				
	10 000 r/min				
2	8 000 r/min				
	10 000 r/min				

(2)记录 HPG 溶液泡沫半衰期和泡沫质量(见表 2-1-9)。

表 2-1-9　HPG 溶液泡沫半衰期和泡沫质量数据记录

泡沫液		泡沫现象	半衰期/s	泡沫总体积/mL	泡沫质量
3	8 000 r/min				
	10 000 r/min				
4	8 000 r/min				
	10 000 r/min				

六、思考题

(1)相同溶剂中,当转速不同时,泡沫质量有何不同?试分析原因。
(2)当转速相同,水质不同时,泡沫质量有何不同?试分析原因。
(3)HPG 作为稳泡剂有何作用?试分析原因。

第二章

钻井化学实验

钻井化学是油田化学的一部分,钻井化学是钻井工程学与化学之间的边缘科学。钻井化学研究的是如何用化学方法解决钻井和固井过程中遇到的问题。由于钻井和固井过程中遇到的问题主要来自钻井液和水泥浆,因此钻井化学可分为钻井液化学和水泥浆化学。钻井液化学是通过研究钻井液的组成、性能及对其控制与调整,达到优质、快速、安全、经济地钻井的目的。在钻井液性能的控制与调整中,化学法是重要的方法。为了掌握这一方法,必须了解各种钻井液处理剂的类型、结构、性能及对其作用机理,这是钻井液化学的主要组成部分。水泥浆化学是通过研究水泥浆的组成、性能及其控制与调整,达到封隔漏失层、复杂地层和保护产层、套管的目的。因此,水泥浆外加剂和外掺料的类型、结构、性能及其作用机理成为水泥浆化学的主要组成部分。

实验一至实验八为钻井液化学实验,主要介绍钻井液的配制、性能评价、性能调整与控制等相关的实验操作与实验设计;实验九至实验十二为水泥浆化学实验,介绍了水泥浆配制及流动度、密度测定,流变性与游离液测定,凝结、稠化时间及抗压强度测定等实验操作与实验设计。

实验一　钻井液常规性能测试

一、实验目的

(1)掌握六速旋转黏度计的使用方法。

(2)掌握钻井液流变参数的测定和计算方法。

(3)掌握绘制钻井液的流变曲线的方法,及如何判断钻井液的流型。

(4)掌握静滤失仪的使用方法以及钻井液滤失量、pH和滤饼厚度的测定方法。

(5)掌握高温高压滤失仪的操作方法及高温高压滤失量的计算方法。

(6)掌握钻井液膨润土含量测定的实验原理和方法。

(7)掌握钻井液密度的测定方法。

(8)掌握钻井液漏斗黏度的测定方法。

二、实验原理及测定和计算方法

1. 旋转黏度计的工作原理、使用方法及钻井液黏度、切力、流性指数和稠度系数的计算

1）旋转黏度计的结构和工作原理

旋转黏度计有两种类型。一种是转锤形，内筒旋转，外筒不转，如司氏黏度计；另一种是转杯型，外筒旋转，内筒不转，如范氏黏度计。它们都具有两个同轴直立圆筒（内筒和外筒），两筒之间盛装被测的液体。用电动机或下降的重物带动其中一个筒旋转，由于液体的黏滞性，动力被传递给第二个筒，外筒（或内筒）恒速旋转时，内、外两筒旋转产生的力矩达到平衡。在此，主要利用内、外两筒旋转产生的力矩平衡测定两筒间被测液体在某一速度梯度下的黏度。

测量钻井液黏度常用的黏度计为六速旋转黏度计（如图 2-2-1 所示），它是以电动机为动力的转杯型仪器。

半径为 r_2 的外筒以恒定的角速度 ω 旋转，半径为 r_1 的内筒旋转一定角度后不再转动。位于两筒间的被测液体则以同心圆筒层的形式旋转——紧贴外筒的液层具有和外筒相等的角速度 ω，紧贴内筒的液层的角速度为零。很显然，筒间液层之间具有一定的角速度梯度，可转化为相应的线速度梯度。设圆筒的高为 h，则其侧面积为 $S=2\pi rh$，代入牛顿公式可得：

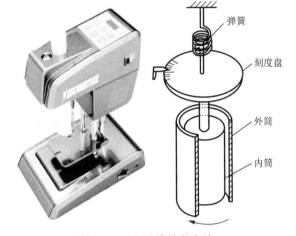

图 2-2-1　六速旋转黏度计

$$F=\eta\frac{r\mathrm{d}v}{\mathrm{d}x}S=\eta\frac{r\mathrm{d}\omega}{\mathrm{d}r}2\pi rh \quad (2\text{-}2\text{-}1)$$

式中　　F——摩擦力，N；

　　　　η——表观黏度，mPa·s；

　　　　r——半径，cm；

　　　　$\mathrm{d}v$——线速度的微分形式，cm·s^{-1}；

　　　　$\mathrm{d}x$——距离的微分形式，cm；

　　　　S——接触面积，单位：cm^2；

　　　　$\mathrm{d}\omega$——角速度的微分形式，$\dfrac{2\pi}{60}$ r·min^{-1}；

　　　　h——圆筒的高度，cm。

设维持外筒恒速旋转的转动力矩为：

$$M=rF=r\eta\frac{r\mathrm{d}\omega}{\mathrm{d}r}2\pi rh=2\pi h\eta r^3\frac{\mathrm{d}\omega}{\mathrm{d}r} \quad (2\text{-}2\text{-}2)$$

式中　　M——转动力矩，dyn·cm^{-1}。

通过变量分离，并利用边界条件定积分可得某一角速度梯度条件下的表观黏度，其表达式为：

$$\eta = \frac{M(r_2^2 - r_1^2)}{4\pi h r_1^2 r_2^2 \omega} \qquad (2\text{-}2\text{-}3)$$

在外筒恒速旋转时,作用在外筒上的转矩等于扭力弹簧(或钢丝)的反力矩,即 $M = \Phi m$,Φ 为扭转格数,m 为每扭转一格所代表的转矩值(dyn/cm),$\omega = \frac{2\pi}{60}$ r/min,将其代入式(2-2-3),得:

$$\eta = \frac{\Phi m (r_2^2 - r_1^2)}{4\pi h r_1^2 r_2^2 \dfrac{2\pi}{60}} = \frac{15\Phi m (r_2^2 - r_1^2)}{2\pi^2 h r_1^2 r_2^2} \qquad (2\text{-}2\text{-}4)$$

其中,r_1,r_2 和 h 的单位为 cm,η 的单位为 mPa·s。

以上介绍的公式具有一般意义。不过,在实际工作中应用它们来处理数据太烦琐。方便起见,往往将旋转黏度计设计成直读式,将液体黏度的测量转为对内筒转角的测量——只需记录 600 r/min 和 300 r/min 两个转速的刻度盘的表针读数,便可计算出塑性流体的塑性黏度、动切力、表观黏度、流性指数和稠度系数,绘制出钻井液流变曲线。

2)六速旋转黏度计的使用方法

(1)检查仪器。接通电源,观察转速显示窗是否归零;依次按下 3 r/min,6 r/min,100 r/min,200 r/min,300 r/min 和 600 r/min 转速按键,观察转速显示窗的数值是否与转速按键一致,并同时观察机器外筒旋转是否偏摆、运转声音是否异常;观察刻度盘的指针是否对零,用手轻轻旋转内筒,然后松开,观察刻度盘是否有卡阻,指针是否回零。

(2)将高速搅拌过的钻井液倒入钻井液杯中至刻度线(此处钻井液的体积为 350 mL),立即置于托盘限位孔上,上升托盘,使液面与外筒刻度线对齐,拧紧托盘手轮。迅速从高速(600 r/min)到低速(3 r/min)依次测量。待刻度盘读数稳定后,记录各转速下的读数 Φ。

(3)实验结束后,关闭电源,松开托盘手轮,移开钻井液杯,倒出钻井液。左旋卸下外转筒,将外转桶和内筒清洗后擦干,将外转筒安装在仪器上。

3)钻井液表观黏度、塑性黏度、静切力、动切力、流性指数和稠度指数的测定和计算

(1)将高速搅拌过的钻井液倒入钻井液杯中至刻度线,立即置于托盘限位孔上,上升托盘,使液面与外筒刻度线对齐,拧紧托盘手轮。按下 600 r/min 转速按键,待刻度盘读数稳定后,记录刻度盘读数 Φ_{600}。

(2)再依次按下 300 r/min,200 r/min,100 r/min,6 r/min 和 3 r/min 转速按键,待刻度盘读数稳定后,分别记录刻度盘读数 Φ_{300},Φ_{200},Φ_{100},Φ_6 和 Φ_3。

(3)再按下 600 r/min 转速按键,搅拌 10 s 后,静置 10 s,然后按下 3 r/min 转速按键,记录刻度盘旋转后的最大读数 $\Phi3_{10\,s}$。

(4)再按下 600 r/min 转速按键,搅拌 10 s 后,静置 10 min,然后按下 3 r/min 转速按键,记录刻度盘旋转后的最大读数 $\Phi3_{10\,min}$。

(5)实验结束后,关闭电源,松开托盘手轮,移开钻井液杯,倒出钻井液。左旋卸下外转筒,将外转桶和内筒清洗后擦干,将外转筒安装在仪器上。

(6)表观黏度、塑性黏度、静切力、动切力、流性指数和稠度指数的计算方法如下。

表观黏度 $AV = 0.5 \times \Phi_{600}$[在式(2-2-1)~式(2-2-4)中用 η 表示],单位:mPa·s;

塑性黏度 $PV = \Phi_{600} - \Phi_{300}$,单位:mPa·s;

动切力 $YP = 0.48 \times (\Phi_{300} - PV)$,单位:Pa;

初切力 $G_{10\ s}=0.5\times\Phi3_{10\ s}$，单位：Pa；

终切力 $G_{10\ min}=0.5\times\Phi3_{10\ min}$，单位：Pa；

流性指数 $n=3.322\ \lg\dfrac{\Phi_{600}}{\Phi_{300}}$，无因次；

稠度系数 $K=\dfrac{0.48\Phi_{300}}{511^{n}}$（其中 n 为流性指数），单位：$Pa\cdot s^{n}$。

4）钻井液的流变性及流变模式的确定

钻井液的流变性是指钻井液流动和变形的特性。该特性通常是由不同的流变模式及其参数来表征的，最常用的流变模式为宾汉模式和幂律模式。其中，宾汉模式的参数为塑性黏度和动切力，幂律模式的参数为流性指数和稠度系数。此外，漏斗黏度、表观黏度、动切力和静切力等也是钻井液的重要流变参数。由于钻井液的流变性与携岩、井壁稳定、提高机械钻速和环空水力参数计算等一系列钻井工作密切相关，所以它是钻井液重要的性能之一。

流变曲线是指剪切速率和剪切应力的关系曲线。根据曲线的形式，它可以分为牛顿型、塑性流型（宾汉模式）、假塑性流型（幂律模式）和膨胀性流型。为了计算任何剪切速率下的剪切应力，常用的方法是使不同流变模式表示的理想曲线逼近实测流变曲线，实际流变曲线与哪一种流变模式更吻合，就把实际液体看成哪种流型的流体。这样，只需要确定两个流变参数，就可以绘出钻井液的流变曲线。

宾汉模式反映的是塑性流体，其数学表达式为：

$$\tau=\tau_0+\eta_{p}D \tag{2-2-5}$$

指数模式反映的是假塑性流体，其数学表达式为：

$$\tau=KD^{n}\quad 或\quad \lg\tau=\lg K+n\lg D \tag{2-2-6}$$

以上两式中　　τ——剪切应力，Pa；

τ_0——动切力，Pa；

η_{p}——塑性黏度，$Pa\cdot s$；

D——剪切速率，s^{-1}；

K——稠度系数，$Pa\cdot s^{n}$；

n——流性指数，无因次。

2.静滤失仪的工作原理、使用方法及滤失量、pH 和滤饼厚度的测定

1）钻井液滤失原理

在滤失介质两端施加一定的压力差，在压力差的作用下，钻井液通过滤失介质发生滤失。

2）静滤失仪的结构和工作原理

静滤失仪的主体是一个内径 76.2 mm（3 in），高度至少 64.0 mm（2.5 in）的筒状钻井液杯。

静滤失仪是将一定量的钻井液注入筒状钻井液杯中，上紧杯盖，接通气源，将压力调至（减压阀的调节如图 2-2-2 所示）0.69 MPa（100 psi），装入钻井液杯（如图 2-2-3 所示），打开通空阀（也称放空阀或进气阀，如图 2-2-4 所示）加压，气体进入钻井液杯中。

通过静滤失仪可记下滤失时间、滤失量并可留取滤饼。

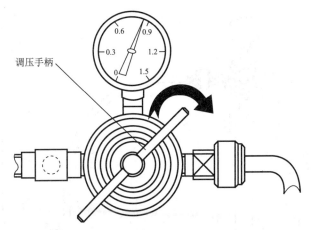

图 2-2-2 减压阀的操作示意图(顺时针旋转手柄使压力升高)

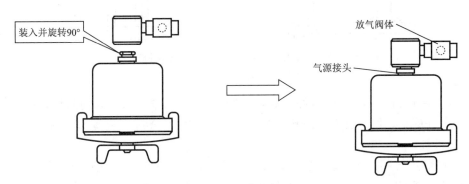

图 2-2-3 钻井液杯的安装示意图

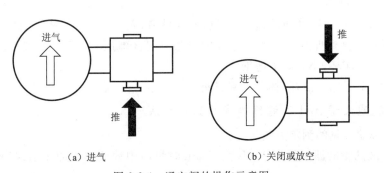

（a）进气　　　　　　　　　　（b）关闭或放空

图 2-2-4 通空阀的操作示意图

可以通过使用打气筒人工打气或氮气瓶通气等方法向滤失仪提供气源,常用的打气筒静滤失仪的结构如图 2-2-5 所示。

3）静滤失仪的使用方法

（1）松开减压阀(逆着图 2-2-2 所示箭头方向旋转减压阀手柄,将手柄退出),此时减压阀处于关死状态,无压力输出和显示。然后关死通气阀[如图 2-2-4(b)所示]。调节气源压力至 1 MPa 左右,然后顺时针旋转减压阀(如图 2-2-2 箭头方向),直到压力表读数为 0.69 MPa（100 psi）。

（2）用手指堵住钻井液杯气接头小孔,倒入适量的钻井液,使液面与杯内刻度线平齐

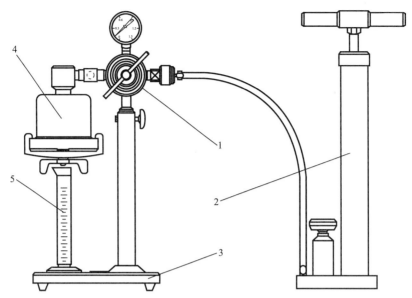

1—减压阀;2—带压力表的打气筒;3—支架底座;4—钻井液杯;5—量筒。

图 2-2-5 打气筒静滤失仪

(高度以低于密封圈 1～1.5 cm 最好),放好干燥的密封圈,铺一张干燥的滤纸,将干燥的钻井液杯盖盖好旋紧。然后装入三通接头并卡好(如图 2-2-3 所示),将量筒放在钻井液杯下面,对准出液孔。

(3) 顺着"进气"箭头方向推通气阀杆[如图 2-2-4(a)所示],同时观察压力表指针。当压力表指针有下降或听到有进气声后,即停止操作通气阀,开始计时并微调减压阀手柄,使压力表指示保持在 0.69 MPa。

(4) 记录 7.5 min 时收集的滤液量,然后取开量筒,逆着"进气"箭头方向推通气阀杆[如图 2-2-4(b)所示],直到听到放气声后(表示钻井液杯已经泄压),取下钻井液杯。

(5) 拆开钻井液杯,小心取下滤纸。

(6) 洗净并擦干钻井液杯、杯盖和密封圈。

4) 钻井液滤失量、pH 和滤饼厚度的测定方法

(1) 钻井液滤失量的测定方法。

假设钻井液的瞬时滤失量为 0 mL,7.5 min 时量筒中滤液体积的 2 倍即为低温低压滤失量。

(2) 钻井液 pH 的测定方法。

将 pH 试纸放到滤液中浸湿后取出,待其颜色稳定后与标准色对照,估计出钻井液的 pH。

注意:此方法只有在滤液颜色较浅的水基钻井液中才可使用。

(3) 钻井液滤饼厚度的测定方法。

静滤失实验结束后,打开钻井液杯,小心取下滤纸,尽可能减少对滤饼的损坏,用缓慢的水流冲洗滤纸上的滤饼;使用"硬""软""坚韧""柔韧""弹性""致密"等词语对滤饼质量进行描述;把滤纸的滤饼面朝上放置在平整的桌面上,用钢板尺测量滤饼的平均厚度值的 2 倍,即为滤饼厚度。

3. 高温高压滤失仪的构成、使用方法与注意事项

1）高温高压滤失仪的构成

高温高压滤失仪(结构如图 2-2-6 所示)的主要部件是 1 个可承受 4 140～8 960 kPa (600～1 300 psi)工作压力的钻井液杯(结构如图 2-2-7 所示)、1 个可控制的压力源、压力调节器(结构如图 2-2-8 所示)、1 套加热系统、1 个能够防止滤液蒸发并承受一定回压的滤液接收器以及 1 个支架。钻井液杯配有温度计插孔、耐油密封圈(需经常更换)、支撑过滤介质的端盖以及 1 个位于滤液排放罐上方控制滤液排放的阀杆。

使用高压气源加压的同时对钻井液进行加热,使得热钻井液在高压作用下通过渗滤介质,从而获得滤液。

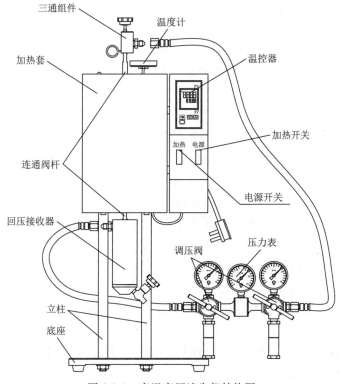

图 2-2-6　高温高压滤失仪结构图

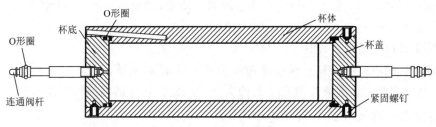

图 2-2-7　钻井液杯结构图

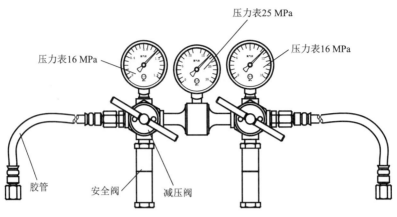

图 2-2-8　压力调节器结构图

2）高温高压滤失仪的使用方法（90 ℃/3.5 MPa）

（1）将温度计插入温度计孔，接通加热套电源，设定加温套温度为 96 ℃（设定温度比实验温度高 5～10 ℃）。

（2）关紧底部阀杆，将搅拌好的钻井液倒入钻井液杯，依次放上密封圈和滤纸，对角拧紧钻井液杯盖的紧固螺丝。注意钻井液液面要离杯上端至少 15 mm。

（3）将钻井液杯的上、下端气阀关闭，然后倒置钻井液杯，放入加温套，并确保加热套的定位孔与加热套定位销插好锁定。将温度计插入钻井液杯温度计孔中。

（4）将加压管汇与上、下二气阀连接，并用"T"形销将其销住锁定。在气阀关闭状态下，打开压力源并连接好高压管汇，调节上、下端管汇压力为 0.7 MPa，旋开上部阀杆，对钻井液杯内的钻井液加压，并维持 1 h。

（5）计时结束后，若钻井液杯温度计显示温度达到 90 ℃（允许温度波动幅度在 3 ℃范围内）时，将钻井液杯上端压力增大到 4.2 MPa，开始计时，并尽快打开下端气阀，使 0.7 MPa 压力通入回压接收器中。在测定过程中，若下端回压超过 0.7 MPa，则可放出一些滤液，将回压降低至 0.7 MPa。

（6）计时 30 min 后，记下收集的滤液体积，关闭上、下气阀，关闭压力源开关和电源，拔掉"T"形销，释放调压器中的气压。

（7）将钻井液杯由加热套中取出并保持竖直状态，待冷却后，小心松开上气阀，将钻井液杯中的高压气体放净，然后打开杯盖，小心地取出滤纸，倒掉钻井液，保留滤饼。测量滤饼厚度，并描述滤饼质量。

（8）洗净并擦干仪器及器皿。

（9）将收集的滤液体积校正到过滤面积为 45.8 cm² 时的体积。本仪器的过滤面积为 22.6 cm²，则应将收集的滤液体积乘以 2，即为 90 ℃，3.5 MPa 的高温高压滤失量。

3）高温高压滤失仪的使用注意事项

（1）实验过程中防止身体裸露部位接触热组件，防止烫伤。

（2）卸压前，钻井液杯中仍有高压，切勿强行打开杯盖。（通常情况下，在杯内有高压的情况下，杯盖难以打开。因此，若旋松杯盖螺钉时感觉困难，则务必立即停止，检查上、下两

个气阀是否处于旋松状态）

（3）卸压时，气阀务必不要对着人。

（4）实验结束，务必检查确保气源开关已旋紧。

4.钻井液膨润土含量的测定原理和方法

1）亚甲基蓝溶液测定钻井液膨润土含量的实验原理

亚甲基蓝是一种阳离子材料，其分子式为 $C_{16}H_{18}N_3SCl \cdot 3H_2O$，在水中电离出氯离子和有机阳离子（染色离子）。其中的有机阳离子很容易与膨润土发生离子交换：

$$MB^+Cl^- + M^+C^- \Longrightarrow MB^+C^- + M^+Cl^-$$

式中　MB^+——亚甲基蓝染色离子，化学式为

$$H_3C-N^+(CH_3)==N(CH_3)CH_3 ;$$

Cl^-——氯离子；

M^+——金属阳离子；

C^-——带负电荷的膨润土粒子。

当带负电荷的黏土晶片与带正电荷的亚甲基蓝染色离子结合生成蓝色水不溶物后，若悬浊液中不存在游离的染色离子，则滴在滤纸上的渗液无色，只有当黏土粒子吸附亚甲基蓝达到饱和状态时，悬浊液中才有游离的亚甲基蓝，滴在滤纸上的渗液由于存在染色离子而呈绿蓝色色圈。

2）钻井液膨润土含量的测定方法

（1）向已加入 10 mL 蒸馏水的三角瓶中，用不带针头的注射器准确移入 2 mL 均匀钻井液，并摇匀。若所测钻井液中有有机处理剂（如木质素磺酸盐、褐煤、纤维素类聚合物、聚丙烯酸盐等），则需要加入 15 mL 3%的双氧水和 0.5 mL 稀硫酸，缓慢煮沸 10 min，然后加蒸馏水稀释至约 50 mL。

（2）用 0.01 mol/L 亚甲基蓝溶液滴定稀释后的钻井液，每滴入 1 mL（或 0.5 mL）亚甲基蓝后，旋摇 30 s，在保持固相颗粒悬浮的情况下，用玻璃棒蘸一滴液体至滤纸上，观察在染色固体斑点（黏土和亚甲基蓝的复合物）外是否出现绿蓝色圈（如图 2-2-9 和图 2-2-10 所示），若无色圈，则继续滴加。

（3）若发现绿蓝色圈，继续旋摇 2 min 后又消失，则说明终点快到，小心地加入 0.5 mL（或更少）亚甲基蓝溶液，直至旋摇 2 min 后色圈仍不褪色，则达到终点，记录所消耗的亚甲基蓝溶液的体积 $V_甲$。

（4）钻井液膨润土含量 $= \dfrac{V_甲 \times 0.01}{V_泥} \times \dfrac{100}{70} \times 1\,000 = 14.3 \times \dfrac{V_甲}{V_泥}$（单位：g/L）。

应该注意，由于非膨润土类黏土也能吸附亚甲基蓝，且膨润土的分散度越高，吸附的亚甲基蓝越多，因此用亚甲基蓝实验测出的膨润土含量有相对性，故有"亚甲基蓝容量"之称。

亚甲基蓝容量提供了钻井液固体总的阳离子交换容量的估计值。亚甲基蓝容量和阳离子交换容量并不严格相等，前者通常比实际的阳离子交换容量小一些。

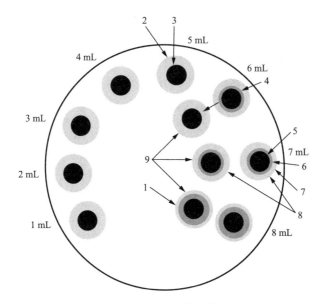

1—终点过量；2,7—渗出的水分；3,5—染色的钻井液固相；4—出现色圈(后消失)；

6—再次出现的色圈；8—终点；9—旋摇 2 min 后的外观。

图 2-2-9　亚甲基蓝滴定终点的点滴示意图

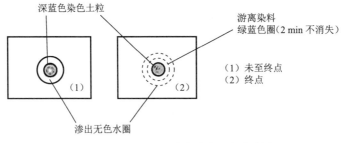

图 2-2-10　亚甲基蓝滴定终点的颜色判断

5.钻井液密度的测定方法

凡精度可达±0.01 g/cm³ 的密度测量仪器,均可用来测定钻井液的密度。通常使用钻井液密度计(如图 2-2-11 所示)测定钻井液的密度。

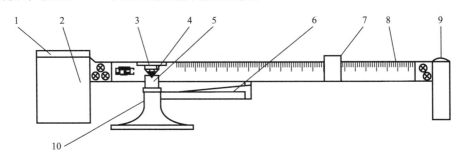

1—杯盖；2—钻井液杯；3—水准泡；4—刀口；5—刀承；6—支撑臂；7—游码；8—杠杆；9—平衡柱；10—底座。

图 2-2-11　钻井液密度计的结构示意图

钻井液密度计的使用方法如下。

(1) 将清水注入杯中齐杯口为止,轻轻将盖旋转盖紧,使多余清水从盖上小孔溢出,擦去外溢清水,然后将刀口置于刀承上,把游码左侧边线移到刻度 1.00 g/cm³ 位置,若水平泡位于中间,则仪器是准确的;否则,可在平衡柱内取出或加入重物来调整。

(2) 倒出清水,擦干,将待测钻井液注入杯中,盖好杯盖,让多余钻井液溢出,擦净钻井液杯周围的钻井液,移动游码使横梁成水平状态(水平泡位于中间),游码左侧边线所对应刻度即该钻井液的密度。

注意:对于混有空气或天然气的钻井液,不能使用该仪器测定。

6. 钻井液漏斗黏度的测定方法

通常使用马氏漏斗黏度计(如图 2-2-12 所示)测定钻井液的漏斗黏度。

马氏漏斗被标定为(21±3)℃时,从漏斗中流出 946 mL(1 quart)淡水的时间为(26±0.5)s。

马氏漏斗黏度计的使用方法如下。

(1) 将用清水刷净的漏斗黏度计挂好,用手指堵住漏斗管口,将钻井液经滤网注入漏斗锥体内,直到钻井液的水平面至筛网底面止(此刻刚好是 1 500 mL)。放开手指,同时计时,直到流满 946 mL 量杯时止,记录消耗的时间,单位为 s。

图 2-2-12　马氏漏斗黏度计

(2) 马氏漏斗使用一段时间后,必须进行必要的校验。按照测定钻井液漏斗黏度的方法,在(21±3)℃条件下将 1 500 mL 清洁淡水注于漏斗内,若流出 946 mL 淡水用时为(26±0.5)s,则为合格。

注意:为了保护漏斗的管嘴,不得用铁丝等硬物穿通;测量时,漏斗应竖直放好。

三、实验仪器与药品

1. 实验仪器

高速搅拌机、六速旋转黏度计、静滤失仪、高温高压滤失仪、滤纸(Φ90)、高温高压滤纸(Φ90)、量筒(20 mL)、秒表、钢板尺(精度 0.5 mm)、pH 广泛试纸、酸式滴定管(25 mL)、三角瓶(250 mL)、玻璃棒、钻井液用密度计、马氏漏斗黏度计等。

2. 实验药品

钻井液(400 mL)、亚甲基蓝溶液(0.01 mol/L)。

四、实验步骤

按照实验原理及测定方法中的方法与步骤,开展以下实验。

(1) 用高速搅拌器高速搅拌钻井液 10 min。

(2) 使用六速旋转黏度计测定并计算钻井液流变参数。

(3) 使用静滤失仪测定钻井液滤失量、滤饼厚度,描述滤饼质量和滤液的 pH。

（4）使用高温高压滤失仪测定钻井液 90 ℃，3.5 MPa 下的滤失量，描述滤饼质量和滤液的 pH。

（5）测定钻井液膨润土含量。

五、实验结果与数据处理

（1）整理并计算所测得的数据。

将实验数据记录到表 2-2-1、表 2-2-2 与表 2-2-3 中。

表 2-2-1　钻井液流变性能实验数据记录表

Φ_{600}	Φ_{300}	Φ_{200}	Φ_{100}	Φ_6	Φ_3	$\Phi_{3,10\,s}$	$\Phi_{3,10\,min}$

表 2-2-2　钻井液滤失性能实验数据记录表

静滤失实验				高温高压实验			
7.5 min 滤失体积/mL	滤饼厚度/mm	滤饼质量	pH	高温高压滤失体积/mL	滤饼厚度/mm	滤饼质量	pH

表 2-2-3　钻井液膨润土含量实验数据记录表

钻井液体积/mL	亚甲基蓝初始体积/mL	亚甲基蓝终了体积/mL

（2）将所测得的流变数据分别用宾汉模式公式和幂律模式公式绘制流变曲线，并与实际曲线对比，分析哪种模式更接近实测曲线并说明原因。

六、思考题

（1）测定钻井液的黏度前，为什么通常都需要使用高速搅拌机进行搅拌？

（2）六速旋转黏度计与漏斗黏度计所测得的黏度有什么区别？使用时，各自有什么优点和缺点？使用六速旋转黏度计测得的表观黏度与马氏漏斗黏度有没有对应关系？为什么？

（3）测定静滤失量时，要求先准备好工作压力，再倒入钻井液后迅速加压测量，请结合静滤失方程进行解释。

（4）测定未知成分的钻井液的膨润土含量时，为什么需要使用氧化剂以减少实验误差？

（5）分析膨润土含量的计算公式，在不考虑测量误差的前提下，指出该公式可能产生误差的主要原因。

（6）测定钻井液膨润土含量时，首次出现绿蓝色圈后，继续旋摇，色圈可能会消失。为什么？

（7）漏斗黏度计为了保护管嘴的内径，即使出现堵塞，也不允许使用铁丝等硬物穿通。假如密度计的钻井液杯附着水泥等难以溶解去除的异物，那么对测量结果的有无影响？为什么？

（8）高温高压滤失量实验中使用的 T 形销有何用途？如果在管道加压前未正确插入 T 形销，那么会出现什么危险？如果实验结束后未卸掉管道中的压力而拔掉 T 形销，那么会出现什么危险？

实验二　钻井液滤液分析

一、实验目的

（1）学习掌握钻井液滤液中的 Cl^- 含量、碱度和石灰含量的测定方法。

（2）学习总硬度和硫酸钙含量的分析方法。

二、实验原理

钻井液滤液化学组成、钻井液性能与井壁稳定有关。钻井液滤液分析数据是分析钻井液性能变化和某些复杂情况（井塌、侵污等）的重要资料。钻井液滤液分析的内容是测定钻井液滤液中重要的化学成分的含量，主要分析项目有氯离子含量、碱度、总硬度等。

莫尔法是测定可溶性氯化物中氯含量常用的方法。此法是在中性或弱碱性溶液中，以 K_2CrO_4 为指示剂，用 $AgNO_3$ 标准溶液进行滴定。由于 $AgCl$ 的溶解度比 Ag_2CrO_4 小，故溶液中首先析出白色 $AgCl$ 沉淀。当 $AgCl$ 定量沉淀后，过量一滴 $AgNO_3$ 溶液即与 CrO_4^{2-} 生成砖红色 Ag_2CrO_4 沉淀，指示终点到达。主要反应如下：

$$Ag^+ + Cl^- \Longrightarrow AgCl（白色）\downarrow \quad K_{sp} = 1.8 \times 10^{-10}$$
$$2Ag^+ + CrO_4^{2-} \Longrightarrow Ag_2CrO_4（砖红色）\downarrow \quad K_{sp} = 2.0 \times 10^{-12}$$

滴定必须在中性或弱碱性溶液中进行，最适宜的 pH 为 6.5～10.5。如果有铵盐存在，那么溶液 pH 为 6.5～7.2。

中和 1 L 水样所需氢离子的物质的量称为碱度（mol/L），碱度分为碳酸盐碱度、重碳酸盐碱度、氢氧化物碱度及不挥发性弱酸盐碱度几种。一般滴定到 pH＝8.3 时所测的碱度称为酚酞碱度，用 P 表示。继续滴定至 pH＝4.6 时所测的碱度称为甲基橙碱度，用 M 来表示，总碱度 $T = M + P$。

钻井液滤液体系总硬度的测定，就是测定体系中 Ca^{2+} 和 Mg^{2+} 的总量。采用配位滴定法。选用的滴定剂是 $Na_2H_2Y \cdot 2H_2O$，以铬黑 T 为指示剂，用 $NH_3 \cdot H_2O\text{-}NH_4Cl$ 缓冲溶液调节 pH≈10。滴定开始至滴定终点前，Mg^{2+} 与指示剂结合形成紫色配合物；滴定终点时，溶液呈现指示剂本身的颜色——蓝色。

三、实验仪器与药品

1. 实验仪器

带刻度的移液管（3 支，规格分别为 1 mL，5 mL，10 mL）、滴定皿（100～150 mL，白色）、注射器(1 mL)、量筒(50 mL)。

2. 实验药品

硝酸银水溶液(0.03 mol/L)、K_2CrO_7 指示剂(将 5 g K_2CrO_7 溶解于 100 mL 水中)、H_2SO_4 溶液(0.01 mol/L)或 HNO_3 溶液(0.02 mol/L)、酚酞指示剂(1 g/100 mL,用50％乙醇配制)、$CaCO_3$(分析纯)、甲基橙指示剂(将 0.1 g 甲基橙用 100 mL 水溶解)、EDTA($C_{10}H_{14}N_2O_3 \cdot 2H_2O$)(0.01 mol/L,1 mL 相当于 1 mg $CaCO_3$)、缓冲液(将 7.0 g NH_4Cl 和 970 mL 30％ $NH_3 \cdot H_2O$ 水溶液加入 1 L 容量瓶中并定容)、硬度指示剂(将 0.1 g 钙镁指示剂用蒸馏水稀释成 100 mL)。

四、实验步骤

1. Cl^- 的测定步骤

(1) 量取 1 mL 或更多滤液置于滴定皿中,加入 2～3 滴酚酞指示剂。如果溶液显红色,那么用移液管逐滴加酸(同时搅拌),直到颜色消失;如果颜色很深,那么可另加 2 mL 0.01 mol/L H_2SO_4 溶液(或 0.02 mol/L HNO_3 溶液)(搅拌),然后加 1 g $CaCO_3$,搅匀。

(2) 加入 25～50 mL 蒸馏水及 5～10 滴 K_2CrO_7 指示剂,用移液管逐滴加入 $AgNO_3$ 标准溶液并连续搅拌,直到溶液颜色从黄色变为橙红色 30 s 不消失。记下所加 $AgNO_3$ 溶液的体积。如果 $AgNO_3$ 溶液的使用量超过 10 mL,那么可用少量的滤液样品重做实验。

2. 碱度和石灰含量的测定步骤

1) 滤液碱度的测定步骤

(1) 量取 1 mL(或更多)滤液置于滴定皿中,加入 2～3 滴酚酞指示剂。如果溶液变成粉红色,那么可逐滴加入 H_2SO_4 或 HNO_3 溶液(搅拌),直至粉红色刚好消失为止;如果样品颜色太深,干扰终点的鉴别,那么可用玻璃电极酸度计测定,当 pH 降至 8.3 时为终点。

(2) 记下滤液的酚酞碱度 P_t,以每毫升滤液所需的酸溶液的体积(以毫升为单位)表示。

(3) 在已滴定至酚酞终点的样品中,再加 2～3 滴甲基橙指示剂。用移液管逐滴加入溶液(搅拌),直至指示剂颜色从黄色变至橙色。如果样品颜色太深,不易判断颜色的变化,那么可用酸度计测量,pH 降至 4.3 为终点。

(4) 记下滤液的甲基橙碱度 M_t,以甲基橙终点时的每毫升滤液所需酸溶液的总体积(以毫升为单位)表示(包括酚酞终点的酸消耗量)。

2) 钻井液碱度测定步骤

(1) 用注射器量取 1 mL 钻井液注入滴定皿中,用 25～50 mL 蒸馏水稀释钻井液样品。加 5～6 滴酚酞指示剂,搅拌后迅速用 0.01 mol/L H_2SO_4 溶液或 0.02 mol/L HNO_3 溶液进行滴定,直至粉红色消失。如果样品颜色很深,那么可用玻璃电极酸度计进行测定,pH 降至 8.3 为终点。

(2) 记下钻井液的酚酞碱度 P_m,以每毫升钻井液所需的酸溶液的体积(以毫升为单位)表示。

3. 总硬度的测定步骤

(1) 在滴定皿中加入 50 mL 蒸馏水和 2 mL 缓冲溶液,滴入足量(2～6 滴)的指示剂,使溶液呈现明显的颜色。如果溶液变红,那么说明蒸馏水中含有硬度离子。这时可逐滴加入 EDTA 溶液,使颜色刚好变为蓝色。在计算样品的硬度时,必须扣除 EDTA 的用量。

(2)量取 1 mL(或更多)样品注入滴定皿中。如果溶液中含钙离子或镁离子,那么将出现酒红色。这时可逐滴加入 EDTA 溶液,不断搅拌,直到颜色呈现蓝色。在被化学减稠剂染成红褐色的钻井液滤液中,减稠剂的颜色干扰可使被滴定的溶液由褐紫色变为灰色。

4. 硫酸钙的测定步骤

(1)将 5 mL 钻井液加入 245 mL 蒸馏水中,搅拌 15 min 以后用致密滤纸过滤,弃去溶液的浑浊部分。

(2)量取上面的清液 10 mL,用 EDTA 标准溶液滴定至终点(方法参照硬度测定)。

(3)Ca^{2+} 的测定。将 1~3 mL 溶液置于试管中,滴加少许草酸饱和溶液。若生成白色沉淀,则说明有 Ca^{2+} 存在。记录反应现象:"轻微""中等"或"大量"。

(4)SO_4^{2-} 的测定。将 1~3 mL 滤液置于试管中,滴加少许 $BaCl_2$ 溶液(16 g/L)。若有 SO_4^{2-} 或 CO_3^{2-} 存在,则会出现白色沉淀。滴加少许浓硝酸,如果沉淀消失,那么为碳酸盐,否则为硫酸盐。记录加酸后残余沉淀的特征,说明其程度:"轻微""中等"或"大量"。

五、实验结果与数据处理

1. Cl^- 的测定数据处理

滤液中 Cl^- 含量可按下式计算:

$$Cl^- \text{含量}(mg/L) = \frac{AgNO_3 \text{ 体积}(mL) \times 1\,000}{\text{滤液体积}(mL)} \tag{2-2-7}$$

$$NaCl \text{含量}(mg/L) = 1.65 \times Cl^- \text{含量} \tag{2-2-8}$$

2. 石灰含量的测定数据处理

按上述方法确定出 P_f 和 P_m,把钻井液中水相的体积分数 F_w 用小数形式表示,则可按下式计算钻井液中的石灰含量:

$$\text{石灰含量}(g/L) = 0.742(P_m - F_w P_f) \tag{2-2-9}$$

3. 总硬度的测定数据处理

按下式计算硬度:

$$CaCO_3 \text{含量}(mg/L) = \frac{EDTA \text{ 溶液体积}(mL) \times 1\,000}{\text{样品体积}(mL)} \tag{2-2-10}$$

$$Ca^{2+} \text{含量}(mg/L) = 0.4 \times CaCO_3 \text{的体积}(mL) \tag{2-2-11}$$

4. 硫酸钙的测定数据处理

数据处理公式:

$$CaSO_4 \text{总含量}(g/L) = 2.38V_t \times 2.85 \tag{2-2-12}$$

$$\text{不溶 } CaSO_4 \text{含量}(g/L) = (2.38V_t - 0.48V_f F_w) \times 2.85 \tag{2-2-13}$$

式中　V_t——滴定 10 mL 稀释溶液所需 EDTA 的体积,mL;

V_f——滴定 1 mL 钻井液滤液所需 EDTA 的体积,mL;

F_w——钻井液中水相的体积分数(见石灰含量测定)。

测定 Cl⁻ 含量时,如果滤液中 Cl⁻ 含量超过 10 000 mg/L,则可用相当于 0.3 mol/L AgNO₃溶液,同时公式(2-2-10)中的系数"1 000"应改为"10 000"。

六、思考题

(1) 在钻井作业过程中,钙侵对钻井液性能会产生什么样的影响? 如何进行处理?

(2) 在钻井作业过程中,如果发生盐侵或盐水侵,那么钻井液性能将发生什么样的变化? 如何进行处理?

(3) 分析在钻井液中加入石灰的作用。石灰钻井液体系能否广泛使用于钻超深井? 为什么?

实验三　钻井液中固相含量的测定

一、实验目的

(1) 掌握黏土、重晶石含量测定原理、步骤与方法。
(2) 学会钻井液中液相、固相含量的计算方法。

二、实验原理

钻井液固相含量通常用钻井液中全部固相的体积占钻井液总体积的百分数来表示。固相含量的高低以及这些固相颗粒的类型、尺寸和性质均对钻井时的井下安全、钻井速度及油气层伤害程度等有直接的影响,因此,在钻井过程中必须对其进行有效的控制。

一般情况下,钻井液中存在着各种不同组分、不同性质和不同颗粒尺寸的固相。根据其性质的不同,可将钻井液中的固相分为两种类型,即活性固相和惰性固相。凡是容易发生水化作用或易与液相中某些组分发生反应的称为活性固相,反之则称为惰性固相。前者主要指膨润土,后者包括石英、长石、重晶石以及造浆率极低的黏土等。除重晶石外,其余的惰性固相均被认为是有害固相,需要尽可能加以清除。

此外,膨润土作为钻井液配浆材料,在提黏切、降滤失等方面起着重要作用,但其用量又不宜过大。因此,在钻井液中必须保持适宜的膨润土含量。钻井液的许多性能,如密度、黏度、切力在很大程度上取决于固相的类型和含量;固相的类型和含量还是影响钻井速度的主导因素,同时也是钻井作业过程中影响油井产能的主要因素之一,固相控制在钻井液工艺中占有很突出的位置,钻井液固含量的测定无疑是十分重要的。此次实验目的主要在于掌握钻井液黏土、重晶石含量的测定方法和步骤。

根据蒸馏原理,取一定量钻井液用电热器将其蒸干,收集并测出冷凝液的体积,用减差法即可求出钻井液中固相含量。也可通过称重方法算出其固相含量。本实验主要应用蒸馏方法测定钻井液中的液相和固相的含量。将钻井液置于专门设计的钻井液蒸馏器中,加热蒸发其中的液体。蒸气通过冷凝器回收于量筒中,从而测出液相体积。进而用减差法可确定固相(包含悬浮的和可溶的)的含量。对于溶解盐量较多的钻井液,一般采用滤液分析校正,否则悬浮固相含量的计算会有较大的误差。

三、实验仪器与药品

1. 实验仪器

ZNC-2 钻井液固液分离装置(结构如图 2-2-13 所示)、量筒(500 mL)、钢丝棉、比重计。

2. 实验药品

二甲基硅油消泡剂、Cp 227 破乳剂、稀硫酸、轻煤油。

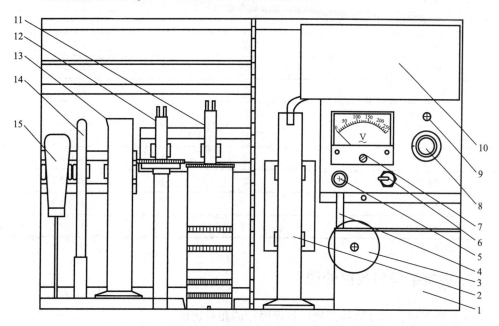

1—ZNG-2-3-00 箱体组件;2,13—量筒;3—杯盖;4—电源线;5—加热棒电源插座;
6—电源开关;7—电压表;8—调压旋钮;9—电源指示灯;10—冷凝体组件;
11—蒸馏器组件;12—加热棒组件;14—杯架;15—刮刀。

图 2-2-13 ZNG-2 钻井液固液分离装置结构图

四、实验步骤

(1) 量取一定体积(约 300 mL)的均匀钻井液样品注入蒸馏罐,加入 2~3 滴消泡剂,同时缓慢搅拌,除去可能混入钻井液中的空气。在钻井液上部加一些细钢丝棉,再加 1 滴消泡剂。盖紧蒸馏罐,注意别堵死容器盖上的小孔。将一个干净的量筒置于冷凝器出口端。加热蒸馏,直到量筒内的液面不再增加;再继续加热 10 min。在冷凝管中滴加 1 滴润湿剂促使油水分离,记录所收集到的油、水的体积。

(2) 根据油、水体积和钻井液样品体积数据,计算出钻井液中油、水和固相(包含悬浮的和可溶的)的体积分数。

(3) 由于溶解盐类在钻井液样品蒸干后仍然留在蒸馏罐中,因此对含可溶盐较多的钻井液应该进行计算校正(用滤液分析结果校正),否则悬浮固相含量的计算会有较大的误差。

(4)校正时,可根据滤液的氯离子分析结果,应用表 2-2-4 计算钻井液中盐的体积分数。

(5)蒸馏钻井液液相时充分蒸馏,务必将钻井液中的液相完全分离出来。同时,分离液相时,须加入润湿剂,促使油相与水相完全分离。

表 2-2-4　钻井液水相中 NaCl 的体积分数(按 Cl⁻ 含量计算)

Cl⁻ 含量/(mg·L⁻¹)	NaCl 的体积分数/%	滤液相对密度
5 000	0.3	1.004
10 000	0.6	1.010
20 000	1.2	1.021
30 000	1.8	1.032
40 000	2.3	1.043
60 000	3.4	1.065
80 000	4.5	1.082
100 000	5.7	1.098
120 000	7.0	1.129
140 000	8.2	1.149
160 000	9.5	1.170
180 000	10.8	1.194
188 650	11.4	1.197

五、实验结果与数据处理

(1)依据下列公式计算钻井液中悬浮固相的相对密度:

$$\gamma_{ss} = \frac{\gamma_m - [\gamma_f(V_w + V_s) + V_o\gamma_o]}{V_{ts} - V_s} \tag{2-2-14}$$

式中　γ_{ss}——悬浮固相的相对密度;

γ_m——钻井液的相对密度;

γ_f——从表 2-2-4 查出的钻井液滤液的相对密度;

γ_o——油的相对密度(用实测值,或用 0.8);

V_w——用蒸馏罐测得的水相体积分数;

V_o——用蒸馏罐测得的油相体积分数;

V_s——从表 2-2-4 中算出的盐的体积分数;

V_{ts}——用蒸馏罐测得的钻井液总固相的体积分数。

其中,V_s 可按下式计算:

$$V_s = \frac{K_f}{1 - K_f} \cdot V_w \tag{2-2-15}$$

式中　K_f——NaCl 的体积分数(表 2-2-4 第 2 列)。

当 Cl⁻ 含量小于 50 000 mg/L 时,用 $V_s = K_f \cdot V_w$ 计算,误差不大于 3%。

（2）计算黏土和重晶石的质量分数。设钻井液固相仅由黏土和重晶石组成，黏土和重晶石的相对密度分别为 $\gamma_{黏}$ 和 $\gamma_{重}$，固相中黏土和重晶石的质量分数分别为 $G_{黏}$ 和 $G_{重}$，则

$$G_{黏}+G_{重}=1 \tag{2-2-16}$$

（3）因固相体积等于黏土体积与重晶石体积之和，所以

$$\frac{1}{\gamma_{ss}}=\frac{G_{黏}}{\gamma_{黏}}+\frac{G_{重}}{\gamma_{重}} \tag{2-2-17}$$

由式（2-2-17）解出 $G_{重}$，代入式（2-2-16），整理可得

$$G_{黏}=\frac{\gamma_{黏}}{\gamma_{黏}-\gamma_{重}}\left(1-\frac{\gamma_{重}}{\gamma_{ss}}\right) \tag{2-2-18}$$

假定黏土与重晶石的相对密度已知，且分别为 $\gamma_{黏}=2.6$ 和 $\gamma_{重}=4.3$，从而代入式（2-2-18）可得

$$G_{黏}=\frac{6.58-1.53\gamma_{ss}}{\gamma_{ss}} \tag{2-2-19}$$

将式（2-2-14）所求得的 γ_{ss} 值代入式（2-2-19）或式（2-2-18），即可得固体中黏土质量分数。将 $G_{黏}$ 值代入式（2-2-16），又可得到固体中重晶石的质量分数。

六、思考题

（1）钻井液中加入黏土、重晶石等固相有何意义？

（2）钻井液中固相含量的高低对钻井作业有何影响？固相含量过高，对储层的产能可能会产生什么样的影响？如何避免此类不利的影响？

（3）若钻井液中可溶性盐类较多，则蒸馏后这类盐仍然留存于蒸馏罐中。试分析若不加校正，则会对实验结果产生怎样的影响。

实验四　页岩抑制性评价

一、实验目的

（1）了解黏土矿物在不同介质中的膨胀情况。

（2）了解并掌握评价页岩抑制性的方法。

（3）掌握高温高压泥页岩膨胀仪的结构、工作原理及页岩线性膨胀法的操作方法，掌握页岩抑制剂膨胀量降低率的测定方法，了解黏土矿物在不同介质中的膨胀情况。

（4）掌握页岩滚动回收法的操作方法。

（5）掌握造浆法评价页岩抑制性的原理和操作方法。

（6）了解钻井液用抑制剂的作用原理。

二、实验原理

黏土矿物广泛存在于油层中，通常当油藏含黏土 $5\%\sim20\%$ 时，认为它是黏土含量较高

的油层,如果在开发过程中措施不当,那么会造成黏土矿物膨胀、分散和运移,从而堵塞地层孔隙结构的喉部,降低地层的渗透性,产生地层损害,导致地层渗透率下降。在钻井过程中,黏土水化膨胀会导致井壁失稳,影响钻井进程,严重时会导致停钻。

黏土的水化膨胀分为如下两个过程。

(1)表面水化。表面水化是由黏土晶体表面(膨胀性黏土表面包括外表面和内表面)吸附水分子与交换性阳离子水化而引起的。表面水是多层的。第一层水是水分子与黏土表面的六角形网格的氧原子形成氢键而保持在表面上的。水分子通过氢键结合为六角环。第二层也以类似情况与第一层以氢键连接,以后的水层照此继续。氢键的强度随离开表面距离的增加而降低。

(2)渗透水化。当黏土表面吸附的阳离子浓度高于分散介质的浓度时,渗透压引起水向黏土晶层间扩散,这就是渗透水化膨胀。由于晶层之间的阳离子浓度大于分散介质内部的浓度,因此水发生浓度扩散进入层间,由此增大了晶层间距,从而形成扩散双电层。渗透水化膨胀引起的体积增加比表面水化晶格膨胀大得多。例如,在表面膨胀范围内,每克干黏土大约可吸收 0.5 g 水,体积可增加 1 倍;但是,在渗透膨胀的范围内,每克干黏土大约可吸收 10 g 水,体积可增加 20~25 倍。

页岩抑制剂(钻井工程中通常称为页岩抑制剂或防塌剂,采油工程中通常称为黏土稳定剂或防膨剂,在本篇中统一称为页岩抑制剂或抑制剂)是一种可以有效防止黏土矿物的水化膨胀和分散的材料,正确使用可以有效防止黏土矿物水化膨胀导致的钻井井塌、卡钻等井下事故,以及储层损害,从而提高油气井开发效果。

目前,国内外页岩抑制剂按照原料成分一般分为无机和有机盐类、聚合物类和复配型等三大类。其中无机盐类(如氯化钠、氯化钾等)和有机盐类(如甲酸钠、甲酸钾、季铵盐等)具有成本低、见效快、有效期短的特点;聚合物类具有成本高、有效期长的特点;复配型通常为聚合物与无机盐及表面活性剂的复配产品,兼具前两类的优点。页岩抑制剂成分千差万别,常用的评价方法有线性膨胀法、离心法和页岩回收率法等。

1. 离心法

离心法通过测定膨润土粉或岩样粉在抑制剂水溶液和清水中的膨胀增量来评价抑制性。离心法计算防膨率方法如下:

$$\rho = \frac{V_2 - V_1}{V_2 - V_0} \times 100\% \qquad (2\text{-}2\text{-}20)$$

式中 ρ——滤液防膨率,%;

V_1——膨润土在滤液中的膨胀体积,mL;

V_2——膨润土在蒸馏水中的膨胀体积,mL;

V_0——膨润土在煤油中的膨胀体积,mL。

2. 线性膨胀法

线性膨胀法就是用页岩膨胀仪测定岩样在页岩抑制剂溶液和清水中的线膨胀增量来评价膨胀量降低率(采油工程中称为防膨率)。其基本原理是将岩样(由膨润土或地层岩石粉末在特定条件下压制而成)装入膨胀仪主测杯内,经加热装置将主测杯加热至设定温度(一般为使用该黏土稳定剂的地层的模拟温度),然后由气压驱动将测试液体压入主测杯与试样面接触,并加压至指定压力,记录初始黏土样品高度 h_0。随测试液体与黏土接触时间的增长,黏土膨胀,高度增加经导杆由容栅传感器感应出试样轴向的位移信号,通过计算机系统将膨胀量随时间的关系曲线记录下来,并显示在屏幕上,不同时刻的膨胀量除以黏土样品的初始高度可得该岩样在不同时刻的膨胀率。当膨胀量达到稳定时,可求最大膨胀率,可按下式进行计算:

$$E=\frac{h_t-h_0}{h_0}\times100\%\qquad(2\text{-}2\text{-}21)$$

式中　E——膨胀率,%;

　　　h_0——黏土样品的初始高度,mm;

　　　h_t——黏土样品在 t 时刻的高度,mm。

　　按上面的操作方法,可以测出岩样在清水中的最大膨胀率。在清水中加入一定的黏土稳定剂(即处理过的黏土),利用上面的操作方法测出最大膨胀率,按下式进行计算即得黏土稳定剂的防膨率:

$$B=(E_1-E_2)\times100\%\qquad(2\text{-}2\text{-}22)$$

式中　B——防膨率,%;

　　　E_1——未经处理过的黏土的最大膨胀率,%;

　　　E_2——处理过的黏土的最大膨胀率,%。

　　膨胀仪法常用高温高压泥页岩膨胀仪(如图 2-2-14 所示),主测杯结构如图 2-2-15 所示。国内外膨胀仪类型较多,一般来说测量压力越来越大,测量温度越来越高,测量精度越来越高,自动化程度也越来越高(自动数据采集与计算)。

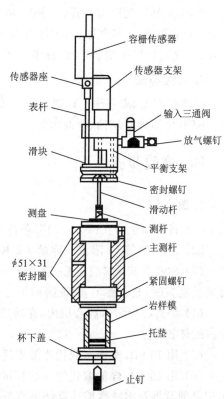

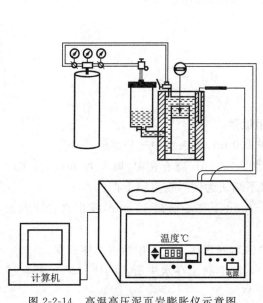

图 2-2-14　高温高压泥页岩膨胀仪示意图　　　　图 2-2-15　主测杯结构示意图

3. 页岩回收率法

页岩颗粒(又称钻屑或岩屑)在水介质中会发生分散剥离的现象叫页岩的分散性。不同页岩颗粒在水介质中发生分散剥离的程度不同,相同页岩颗粒在不同水介质、不同温度及剪切速率条件下发生分散剥离的程度亦不相同。页岩分散性评价方法实验是在模拟井下温度和环空剪切速率下进行的动态实验,用相同条件下测定的 16 h 淡水回收率来比较各种页岩的分散性强弱;用在淡水中加入一定量抑制剂在相同条件下测定的 16 h 滚动回收率来反映页岩抑制剂的优劣。页岩回收提高率计算如下:

$$R = \frac{W_1 - W_0}{W_0} \times 100\%$$ (2-2-23)

式中 R——页岩回收提高率;

W_1——10%KCl 溶液回收的筛余质量,g;

W_0——蒸馏水回收的筛余质量,g。

三、实验仪器与药品

1. 实验仪器

电热鼓风恒温干燥箱、滚子加热炉及养护罐、标准分样筛(6 目、10 目、40 目、100 目)、量筒(10 mL)、具塞刻度离心管(10 mL,精度为 0.2 mL)、离心机(转速 0~2 000 r/min)、高温高压泥页岩膨胀仪、氮气瓶(氮气压力大于 5 MPa)及配套管汇、电子天平(感量分别为 0.01 g 和 0.001 g)、岩样压制装置、游标卡尺等。

2. 实验药品

一级膨润土(离心法)、普通膨润土或地层岩石粉末(膨胀法)、黏土稳定剂(工业级或自制)、KCl(化学纯)、煤油、蒸馏水等。

四、实验步骤

1. 离心法

(1)将膨润土粉在(105±5)℃条件下烘干至恒重。

(2)配制 3%KCl 溶液。称量 3 g KCl,置于 100 mL 自来水中充分溶解,待用。

(3)称取 0.5 g 膨润土粉,精确至 0.001 g,装入 10 mL 离心管中,加入 10 mL 3% KCl 溶液反复振荡,充分摇匀,保证膨润土充分分散(不结块为度),在室温下存放 2 h。

(4)将离心管装入离心机内,在转速 1 500 r/min 下离心分离 15 min,读出水化膨润土所占的体积 V_1。

(5)用 10 mL 蒸馏水取代滤液重复步骤(3)(4),测膨润土在水中所占的体积 V_2。

(6)用 10 mL 煤油取代滤液重复步骤(3)(4),测膨润土在水中所占的体积 V_0。将实验中记录的数据及实验数据计算结果填于表 2-2-5 中。

2. 线性膨胀法

1）样品制备

（1）样品烘干。

将土样或泥页岩样粉（过 100 目筛）在 105 ℃条件下烘干 4 h 以上，冷却至室温，置于干燥器内备用。

（2）样品压制。

① 将带孔托垫放入模具内，上面放一张滤纸，用游标卡尺测量深度 h_1。

② 用天平称取 5～10 g 样品装入压模内，用手拍打压模，使其中样品端面平整，并在表面再放一张滤纸。

③ 将压棒置于模具内，轻轻左右旋转下推，与样品接触；将组好的岩样模置于油压机平台上，加压至 4 MPa，5 min 后泄压；取出压棒，倒置压模，倒出岩样表层的土样，用游标卡尺测量深度 h_2。至此岩样制好，岩样长度 $h_0=h_1-h_2$。

2）膨胀率测试

（1）将制备好的黏土试样（同岩样模具一起）从主测杯底部装入主测杯内，同时注意在主测杯底部放置密封圈，紧固主测杯下 6 个固定螺钉。

（2）在主测杯上部放一个密封圈，将带有测盘、测杆的平衡支架系统放入主测杯内并调整好位置，拧紧固定螺钉；将滑块往下推移，确保滑块接触到试样。

（3）将注液杯与主测杯之间的注液阀顺时针关闭，然后把试液（15～20 mL）倒入注液杯中，拧紧杯盖。关闭注液杯的连通阀。

（4）将连接好的主测杯和注液杯放入加热套中，并将两根输气管分别与主测杯的输入三通阀和注液杯的连通阀杆连接好，插上销钉。

（5）将容栅传感器放入支架内，调节表杆位置，使其底部与滑块接触，并拧紧固定螺钉。然后将温度传感器插入主测杯的孔内。

（6）拧紧注液杯上部的放气手柄，拧紧主测杯的放气螺钉，然后打开注液杯的连通阀。打开总气源阀，调节减压阀：① 将连接注液杯的气体压力调至 0.5～1 MPa；② 将主测杯的气体压力调至实验压力 3.5 MPa。

（7）打开计算机中的测试软件，设置好采样时间。

（8）打开电源开关，设置加热温度。

（9）主测杯放入加热套一定时间后，当温度达到实验温度时，点击测试软件上的"清零"和"开始"按钮；打开注液阀，将液体注入主测杯中，迅速关闭注液阀；打开主测杯的放气螺钉，将主测杯中的压力调节到实验压力。（为减少实验误差，上述三步操作最好在 15 s 内完成）则指定温度、压力条件下的膨胀实验正式开始。

（10）记录不同时间黏土试样的膨胀量，当膨胀量达到稳定时，停止实验。

（11）关闭总气源阀，旋紧主测杯上的放气螺钉，关闭注液杯的连通阀，关闭主机电源，缓慢拧开注液杯上部的放气手柄，放出其中的气体；松开减压阀（连接两根输气管线），卸下与注液杯、主测杯相连的管线。

（12）卸下容栅传感器，卸下温度传感器。

（13）将主测杯从加热套中提出，置于空气中冷却（温度很高时，可用湿布冷却），至温度

$t{\leqslant}40\ ℃$,松开主测杯的放气螺钉,松开注液杯上部的连通阀,打开注液阀,放掉杯内余压。

(14) 确认主测杯和注液杯内没有气压后,卸下注液杯杯盖,松开主测杯上盖和下盖的紧固螺钉,卸下主测杯的上、下杯盖,取出岩样模,清洗导杆端面以及主测杯内壁,擦干后存放。

3) 黏土稳定剂的防膨率测定

(1) 计算并配制 50 mL 0.5%黏土稳定剂溶液。

(2) 重复步骤(1),压制一个新岩样,测量并记录数据。

(3) 重复步骤(2),测定新岩样在黏土稳定剂溶液中的膨胀率。

(4) 找出岩样在清水和黏土稳定剂溶液中的最大膨胀率,按实验原理中公式计算黏土稳定剂的防膨率。

(5) 将实验结果记录到表 2-2-6 与表 2-2-7 中。

3.页岩回收率法

(1) 称取 50.0 g(准确至 0.1 g)风干的页岩颗粒,装入盛有 350 mL 蒸馏水的钻井液罐(或玻璃瓶)中,加盖旋紧。

(2) 将钻井液罐放入温度已调到(80±3)℃的钻井液滚子炉中。滚动 16 h,开始滚动 10 min 后,应检查钻井液养护罐是否渗漏。若发现渗漏,则应取出盖紧或更换垫圈/密封圈。

(3) 恒温滚动 16 h 后,取出钻井液罐,冷却至室温。将罐内的液体和岩样全部倾倒在 40 目分样筛上,在盛有自来水的水槽中湿式筛洗 1 min。

(4) 将 40 目筛余样品放入(105±2)℃的电热鼓风恒温干燥箱中烘干 4 h。取出冷却,并在空气中放置 24 h,然后进行称量(准确至 0.1 g)。

(5) 使用 10% KCl 溶液代替蒸馏水,重复步骤(1)~(4),计算页岩回收提高率。

五、实验数据记录与处理

1.离心法实验结果记录与处理

见表 2-2-5。

表 2-2-5　膨润土粉防膨率测算数据

测试液体	膨润土粉膨胀体积/mL	防膨率/%
煤　油		
蒸馏水		
3%KCl 溶液		

2.线性膨胀法实验结果记录与处理

(1) 测量岩样在清水中的膨胀率的数据及处理。

见表 2-2-6。

表 2-2-6　岩样在清水中的膨胀率实验数据

时间/min	膨胀量/mm	膨胀率/%	时间/min	膨胀量/mm	膨胀率/%
1			40		
5			50		
10			60		
15			90		
20			120		
30			150		
测试温度＝_____℃,测试压力＝_____MPa,黏土样品的初始高度 h_0＝_____mm					

（2）测量岩样在黏土稳定剂溶液中的膨胀率的数据及处理。

见表 2-2-7。

表 2-2-7　岩样在黏土稳定剂溶液中的膨胀率实验数据

时间/min	膨胀量/mm	膨胀率/%	时间/min	膨胀量/mm	膨胀率/%
1			40		
5			50		
10			60		
15			90		
20			120		
30			150		
测试温度＝_____℃,测试压力＝_____MPa,黏土样品的初始高度 h_0＝_____mm					

（3）计算黏土稳定剂防膨率：

$$B=(E_1-E_2)\times100\% \tag{2-2-24}$$

六、安全提示及注意事项

（1）线性膨胀实验涉及高温高压,要严格按操作程序操作,防止机械伤和烫伤。

（2）离心实验要严格按仪器操作规范进行,防止机械伤。

（3）页岩回收率实验中进行湿式筛洗的实验条件应尽量保持一致;露置的温度和湿度尽量与风干岩样的环境温度和湿度一致。

七、思考题

（1）膨润土在蒸馏水、煤油和 KCl 溶液中的膨胀规律及机理是什么?

（2）简述小阳离子、聚合醇、聚胺抑制剂的作用机理。

（3）在初步筛选抑制剂时,用线性膨胀法有何不足? 应该用什么方法?

（4）如何提高离心法的实验精度?

（5）选择砂岩、泥岩、岩芯、钻屑作为页岩颗粒进行页岩回收率实验,对实验结果有何影响？选择哪种作为实验材料最佳？

实验五　包被剂分散造浆性能评价

一、实验目的

（1）掌握抑制膨润土分散性能评价方法。

（2）掌握钻井液处理剂抑制性能的测定。

（3）了解钻井液包被剂的作用原理。

二、实验原理

在钻井液包被剂的研究和现场应用性能的评价实验中，一般以标准的基浆作为其性能评价的基础体系。基浆是用钻井液配浆实验用膨润土（以前常用标准钠膨润土配制，当前市场上无法采购到标准钠膨润土，相关行业标准 SY/T 5490—1993 已废止，由 SY/T 5490—2016 替代），加入适当的化学剂，按标准程序混拌，老化后制得。由于基浆是各种钻井液处理剂评价的基础，因此对其性能有严格要求，若其性能不能满足要求，则必须对其进行调整，直至符合要求，才能作为评价的基础体系。

钻井液包被剂加入钻井液体系经搅拌混合均匀后，与水化的黏土颗粒及其他处理剂发生一系列物理化学反应，吸附于黏土颗粒的表面而形成空间网架结构。只要包被剂与黏土颗粒的作用强度适中，即可由此达到提高钻井液剪切稀释能力的目的，以满足喷射钻井工艺对钻井液的要求。

三、实验仪器与药品

1. 实验仪器

六速旋转黏度计、天平、秒表、滚子加热炉（包含养护罐，材质为不锈钢或铜合金）、高速搅拌器。

2. 实验药品

钻井液配浆实验用膨润土（符合 SY/T 5490—2016 的要求）、包被剂（FA-367 或 K-PAM）、蒸馏水（符合实验室三级用水规定）、氯化钠（化学纯）。

四、实验步骤

1. 基浆的配制

在 400 mL 蒸馏水中，分别加入 16.0 g（称准至 0.01 g）一级膨润土，边搅拌边加入，加完后继续搅拌 10 min，在（25±3）℃下密闭养护 24 h，即得 4% 膨润土淡水基浆。配制 4 份备用。

2.包被剂抑制性能评价实验

(1) 取两份配制的膨润土淡水基浆,在每份基浆中边搅拌边加入 1.20 g(精确至 0.01 g)包被剂试样,加入完毕后继续搅拌 10 min,在(25±2)℃下密闭养护 24 h,再搅拌 5 min,即得加试样后的聚合物基浆。

(2) 将配好的淡水基浆和聚合物基浆各两份,分别装入养护罐,然后放入滚子加热炉,于 160 ℃热滚 16 h。待钻井液冷却至(25±2)℃,高速搅拌 5 min,测 Φ_{600} 读数,并定为 $\Phi_{600,1}$,然后回收钻井液至洁净的钻井液杯中,边搅拌边加入 16.0 g(精确至 0.1 g)膨润土,加入完毕继续搅拌 10 min,在(25±2)℃下密闭养护 3 h 后放入滚子加热炉,于 160 ℃热滚 16 h,待钻井液冷却至(25±2)℃,高速搅拌 5 min,测 Φ_{600} 读数,并定为 $\Phi_{600,2}$。计算方法如下:

$$表观黏度上升率 = \frac{\Phi_{600,2} - \Phi_{600,1}}{\Phi_{600,1}} \times 100\% \tag{2-2-25}$$

按上述方法计算出的膨润土淡水基浆表观黏度上升率应为 450%～700%。

五、实验结果与数据处理

1.实验记录

将淡水基浆实验数据记录在表 2-2-8 中。

表 2-2-8　160 ℃×16 h 老化后实验数据记录表

钻井液种类	Φ_{600}	Φ_{300}	Φ_{100}	pH
淡水基浆				
聚合物基浆				
淡水基浆+16 g 土				
聚合物基浆+16 g 土				

2.数据处理

根据钻井液常规性能测试实验的有关公式计算相关参数,数据处理后将其记录在表 2-2-9 中。

表 2-2-9　160 ℃×16 h 老化后处理数据记录表

钻井液种类	AV/(mP·s)	PV/(mP·s)	YP/Pa	表观黏度上升率/%	pH
淡水基浆					
聚合物基浆					
淡水基浆+16 g 土					
聚合物基浆+16 g 土					

六、安全提示及注意事项

(1) 本实验涉及高温高压,要严格按操作程序操作,防止机械伤和烫伤。

（2）本实验涉及高速搅拌器,严禁将硬物带入搅拌器。严禁搅拌器空转,操作中防止机械伤。

（3）将废弃钻井液倒入指定回收容器,严禁将其倒入下水道。

七、思考题

（1）简述钻井液包被剂的作用原理。

（2）测试钻井液包被剂抑制黏土水化分散还有何种其他方法?

实验六　钻井液润滑性能评价

一、实验目的

（1）掌握 E-P 极压润滑仪的操作方法。

（2）学习掌握常用钻井液润滑剂的作用原理。

二、实验原理

在钻井作业过程中,钻柱与井壁之间的摩擦力消耗大量的能量,在缩径段、斜井段和水平段出现卡钻事故的风险很高,这都需要钻井液具有良好的润滑性。油基钻井液由于在钻柱和井壁之间存在油膜,天然地具有良好的润滑性。但是由于环保和安全风险高、成本高等缺点,油基钻井液的使用受到很大限制,现在施工中应用最广泛的仍然是水基钻井液。水基钻井液中通常使用石墨、塑料小球、玻璃微珠、油脂类表面活性剂来降低体系的摩阻。石墨是一种鳞片状非金属材料,层间的作用力弱,容易滑动,加入了石墨润滑剂的钻井液使得钻柱和井壁之间的摩擦转换成了石墨层间的摩擦,所以能够显著地提高润滑性。使用塑料小球和玻璃微珠,可以将滑动摩擦转换成滚动摩擦,也能提高钻井液的润滑能力。油脂类表面活性剂吸附在钻柱或/和井壁表面,将金属和井壁的摩擦转换成了油膜之间的摩擦,也能明显降低钻井液的摩阻。

1. E-P 极压润滑仪工作原理

当相互接触的两个物体出现相对位移时,就会产生滑动摩擦力。滑动摩擦力的方向与接触面平行且和相对位移的方向相反,其大小和摩擦面上的垂直压力成正比,即:

$$F = \mu P \qquad (2\text{-}2\text{-}26)$$

式中　F——摩擦力,N;

　　　　P——摩擦面上的垂直压力,N;

　　　　μ——润滑系数,无因次。

E-P 极压润滑仪(结构如图 2-2-16 所示)的电机通过传动皮带带动旋转轴定速转动,旋转轴下部的摩擦环(模拟钻柱)和摩擦块(模拟井壁)在固定扭矩的作用下接触,并产生摩擦力。此时,作用在旋转轴上的电磁转矩与摩擦转矩达到平衡,在摩擦块和摩擦环接触面上产生的摩擦力与电机的电枢电流成正比。

$$I \propto \mu_1 P \tag{2-2-27}$$

式中　I——电枢电流,A;

　　　P——摩擦面上的垂直压力,N;

　　　μ_1——润滑系数,无因次。

因此只要确定摩擦块上的垂直作用力 P,在旋转轴转速恒定的条件下,通过检测电机的电枢电流,就可以算出润滑系数 μ_1,即可评价钻井液或处理剂的润滑性能。

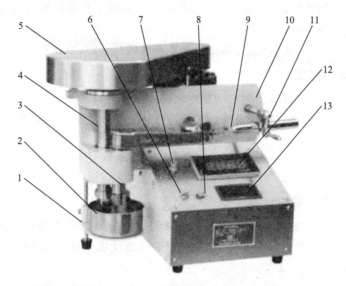

1—托盘;2—钻井液杯;3—摩擦环和摩擦块及托架;4—旋转轴;5—传动皮带保护罩;6—通电开关;7—转速调节旋钮;
8—示值清零按钮;9—扭矩扳手;10—机体;11—加压螺旋手柄;12—数显转速表;13—数显润滑系数表。

图 2-2-16　E-P 极压润滑仪结构示意图

2. E-P 极压润滑仪操作方法

(1) 插上电源,打开通电开关,按下调速按钮,观察电机和旋转轴运行是否平稳。若无异常,则旋转调速按钮,将转速调节至 200 r/min,旋转预热 10 min。

(2) 在预热过程中,观察摩擦块和摩擦环,若有划痕,则用不低于 800 号的细砂纸蘸水打湿后,沿同一方向打磨,并用擦镜纸擦净产生的碎屑并擦干。

注意:放置摩擦块时,要确保摩擦块架在打开状态下,摩擦块的凹面处在靠近操作者的位置。

(3) 在预热过程中,用手转动扭矩扳手刻度盘外壳保护盖中心的带有摩擦条的银白色旋钮,使蓝针指在内圈的 150Pound. inch 的位置,然后用手转动扭矩扳手刻度盘外壳的圆周面上的带有摩擦条的外圈,使黄针指在同在内圈的 0Pound. inch 的位置。

注意:刻度盘上有内外两圈刻度,我们选择指针位置时,只能选择同一圈层的刻度。如果蓝针选择了外圈的 150Pound. inch 的位置,那么黄针就不能选择内圈的 0Pound. inch 的位置了。

(4) 预热结束,旋转调速按钮,将转速调节至 60 r/min。将清零按钮按下,使润滑系数显示为"0.0"。

（5）将盛有蒸馏水的钻井液杯放置在托盘上，合上摩擦块托架，使摩擦块靠近（不要接触）摩擦环，上提托盘架，使蒸馏水液面的高度超过摩擦块架。将扭矩扳手和仪器上的插口配合牢固，握持扭矩扳手手柄水平逆时针转动，将手柄放置在加压螺旋手柄处，并扣好。顺时针转动手柄，观察扭矩扳手的黄针，至黄针与蓝针平齐（此时黄针指向 150Pound.inch 的位置），停止转动，并开始计时。此时，润滑系数的示数会逐渐增大并平稳，计时 5 min 后，其示数应为 31～37。

（6）松开加压螺旋把手柄，取下扭矩扳手，放下托盘，取下钻井液杯（下次使用前，必须洗净擦干），打开摩擦块架，按照步骤（2）检查和修复摩擦块和摩擦环的光洁度，然后换用其他待测液体重复其他步骤，完成测量。

注意：每次测定其他液体之前，都必须重复步骤（2）～（5），确保校准。

3. 润滑系数的修正

理想情况下，按照上述步骤测得的蒸馏水的润滑系数应为 0.34。然而，各种原因导致理想情况并不存在，因此，必须对测得的数据进行校正。按下式计算校正因子：

$$CF = \frac{34}{蒸馏水的润滑系数} \tag{2-2-28}$$

式中　CF——校正因子，无因次。

4. 润滑系数降低率的计算

这项工作在每次实验前都必须进行。如果测得水的摩阻系数值在此范围内（仪表读值应在 32～36 内），那么可以继续进行测试。如果仪器读数不在此范围内，那么需要进行校正，即试块的标准化。

$$\alpha = \frac{CF_b R_b - CF_a R_a}{CF_a R_a} \times 100\% \tag{2-2-29}$$

式中　α——润滑系数降低率；

　　　CF_b——b 液体的校正因子，无因次；

　　　R_b——b 液体的润滑系数，无因次；

　　　CF_a——a 液体的校正因子，无因次；

　　　R_a——a 液体的润滑系数，无因次。

三、实验仪器与药品

1. 实验仪器

E-P 极压润滑仪、天平、秒表、高速搅拌器。

2. 实验材料

钻井液、蒸馏水、石墨固体润滑剂。

四、实验步骤

（1）取一份钻井液，高速搅拌 5 min，按照仪器操作方法，测定基浆的润滑系数。

（2）取另一份钻井液，加入 1% 的石墨固体润滑剂，高速搅拌 10 min，按照仪器操作方法,测定加样浆的润滑系数。

（3）计算加样浆相对基浆的润滑系数降低率。

五、实验结果与数据处理

1. 实验记录

将实验数据记录入表 2-2-10。

表 2-2-10 润滑系数降低率实验数据记录表

钻井液种类	蒸馏水润滑系数	校正因子	钻井液润滑系数
基　浆			
加样浆			

2. 数据处理

根据记录的实验数据计算校正因子和加入石墨固体润滑剂后的润滑系数降低率。

六、安全提示及注意事项

（1）在未浸入液体的情况下,严禁加压干磨。
（2）对未使用润滑剂的液体,加压后的摩擦时间不得超过 10 min。

七、思考题

（1）为什么要使用校正因子?
（2）植物油类的润滑剂,例如油酸,在浅井中表现出优秀的润滑性能,为什么在深井中的润滑效果会明显变差?

实验七　桥接堵漏剂堵漏性能评价

一、实验目的

（1）掌握桥接堵漏剂的堵漏原理。
（2）学习并掌握钻井液堵漏装置的操作方法。

二、实验原理

1. 井漏的原理

在钻完井过程中,钻完井液可能会出现在压差作用下漏入地层的井下复杂情况,即井漏。发生井漏的必要条件通常有:井筒液柱压力大于地层、裂缝或溶洞中的孔隙压力,地层中存在漏失通道或空间,并且通道的开口尺寸大于钻完井液中固相颗粒的大小。井漏不仅导致损失大量的钻完井工作液,还可能导致井壁垮塌、卡钻、井喷等严重事故,所以必须预防井漏或尽快堵漏。

2. 堵漏原理

发生漏失时,向钻完井液中加入各种堵漏剂,使得在井壁附近的漏失通道内产生堵塞以阻断漏失。想达到以上目的,需要堵漏剂满足以下几个条件。

(1)堵漏剂的固相颗粒的形状、大小和堵漏剂的流变性与漏失通道相适应。

(2)堵漏剂进入漏失通道后,要在近井地带的漏失空间滞留、堆积,而不能进入地层的深处。

(3)充满漏失通道的堵漏剂应具有一定的机械强度,并与地层粘结牢固。

3. 桥接堵漏剂作用原理

桥接堵漏剂就是将不同形状(如颗粒状、片状、纤维状)和不同尺寸(粗、中、细)的惰性材料以不同的配比混合加入堵漏浆中,随着堵漏剂进入漏失通道时,利用桥接原理充填堵塞通道。桥接堵漏使用的材料通常有橡胶粒、锯末、蛭石、云母片、碎贝壳、棉籽壳、酸枣等坚果壳、碳酸钙颗粒或粉末等。桥接堵漏形成的堵漏层机械强度高,不易出现重复漏失。但是,如果选择的堵漏材料尺寸与漏失通道的开口尺寸不匹配,那么可能会出现"封门"现象,容易出现重复漏失的现象。

三、实验仪器与药品

1. 实验仪器

钻井液堵漏装置、天平、秒表、烧杯、电动搅拌器、高压氮气瓶。

2. 实验药品

钻井液、粗橡胶粒、中橡胶粒、细橡胶粒、碎贝壳、锯末。

四、实验步骤

(1)取 3 L 钻井液,按照以下步骤操作钻井液堵漏装置,测量漏失量。

① 在钢珠床上置入指定的钢珠或钢珠组合,尽量使钢珠平整。

② 仔细检查堵漏装置内腔的钢珠床底座,确保没有砂石等颗粒物(颗粒物影响钢珠床就位和密封性)。将钢珠床置入底座。关闭出液横管的球阀。

③ 将待测钻井液尽可能地沿堵漏装置内腔壁倒入(防止冲坏钢珠床)。

④ 确保堵漏装置钢筒上部的密封圈就位,并确保其上部的螺纹和钢筒盖的内螺纹间隙没有砂石等颗粒物,旋紧盖子。安装并拧紧阀杆。

注意:盖子很重,要握牢拿稳,防止跌落。

⑤ 联结高压管汇至阀杆,确保销紧"T"型金属销(上提管汇接头,接头和阀杆应联结牢固、不脱离)。在氮气瓶上装好高压管汇的压力表和减压阀总成,确保减压阀调节杆处于关闭状态,打开氮气瓶总阀(注意:总压力表示值应不低于 8.0 MPa,否则应更换氮气瓶),关闭

管汇软管接头的放空阀,顺时针转动减压阀调节杆,调节分压表压力为 0.7 MPa。

⑥ 打开出液横管的球阀,在出液口放置 5 L 的塑料烧杯。逆时针松开阀杆,听到进气声时开始计时,保持 5 min。每隔 2 min 增加 0.5 MPa,直至 4.2 MPa,然后维持 30 min。测量塑料烧杯中漏失液的体积。

注意:如果刚开始加压,或后来的加压过程中漏失体积超过 2 L,或在出液口出现出气声,则停止实验。

⑦ 计时结束,顺指针关闭阀杆。关闭氮气瓶总阀,打开管汇软管接头的放空阀,将管汇中的余气放净,逆时针旋转减压阀调节杆,关闭减压阀。

⑧ 一只手用毛巾盖在阀杆上,另一只手缓慢拧松阀杆,待有出气声时,继续拧松阀杆约半周,等待堵漏装置内腔的余气放净。拧下阀杆。

注意:若松开阀杆后无气体排出,则说明阀杆可能堵塞,此时应立即将阀杆拧紧并报告。

⑨ 旋松并打开盖子,将堵漏装置内腔残留的钻井液舀出,将钢珠床取出,将内腔用清水冲洗干净,将丝扣处残留的颗粒物清理干净。将仪器擦拭干净。

⑩ 将钻井液和清洗残液收集于废液桶内,将钢珠床清理后的堵漏材料收集于垃圾桶内。清理地面卫生。

(2) 取 3 L 钻井液,边搅拌边加入 100 g 粗橡胶粒、100 g 碎贝壳、100 g 锯末,搅拌 30 min,配成堵漏剂,按照上面的步骤操作钻井液堵漏装置,测量漏失量。

(3) 取 3 L 钻井液,边搅拌边加入 100 g 中橡胶粒、100 g 碎贝壳、100 g 锯末,搅拌 30 min,配成堵漏剂,按照上面的步骤操作钻井液堵漏装置,测量漏失量。

(4) 取 3 L 钻井液,边搅拌边加入 100 g 细橡胶粒、100 g 碎贝壳、100 g 锯末,搅拌 30 min,配成堵漏剂,按照上面的步骤操作钻井液堵漏装置,测量漏失量。

五、实验结果与数据处理

1. 实验记录

将实验数据记录在表 2-2-11 中。

表 2-2-11　堵漏实验数据记录表

钻井液种类	漏失体积/mL
基　浆	
基浆＋粗橡胶粒、100 g 碎贝壳、100 g 锯末	
基浆＋中橡胶粒、100 g 碎贝壳、100 g 锯末	
基浆＋细橡胶粒、100 g 碎贝壳、100 g 锯末	

2. 数据处理

比较漏失量的大小,并分析原因。

六、安全提示及注意事项

本实验涉及高温高压,要严格按操作程序操作,防止机械伤和烫伤。

七、思考题

为什么桥接堵漏剂选用不当，会出现"封门"现象？

实验八　无机电解质对钻井液的污染及调整
（以 NaCl 为例）

一、实验目的

（1）掌握钻井液盐侵的机理和盐侵后调整钻井液性能的常用方法。

（2）掌握钻井液降黏剂和降滤失剂的作用机理。

（3）熟练掌握钻井液加入 NaCl 后表观黏度、动切力和滤失量的变化规律。

（4）掌握 ζ 电位和黏土粒度的测定方法，并能利用实验数据分析盐侵对钻井液污染的机理。

二、实验原理

在钻井过程中，常有来自地层的各种污染物进入钻井液，使其性能发生不符合要求的变化，这种现象称为钻井液受侵。有的污染物严重影响钻井液的流变性和滤失性能，有的污染物能够腐蚀钻具。当发生污染时，就应及时调整配方或采用化学方法除去污染物，保证钻进的正常进行。其中最常见的是油（气）侵、黏土侵、钙侵、盐侵和盐水侵，还有 Mg^{2+}，CO_2，H_2S 和 O_2 的污染。

1. 盐侵的机理

无机盐进入钻井液后，电解质离子压缩黏土的扩散双电层，其 ζ 电位降低，水化膜变薄，黏土颗粒间出现边-边联结或边-面联结，逐渐形成网架结构，导致钻井液黏度、切力上升，流动性变差，黏土粒径变大，滤饼渗透率变大，滤失增大。当盐侵到一定程度后，黏土颗粒间出现面-面联结，黏土分散度明显降低，使黏度、切力转而下降，黏土粒径和滤饼渗透率继续变大，滤失继续增大，如图 2-2-17 所示。

2. 盐侵钻井液的调整方法

发现钻井液盐侵后，应该分析具体情况，有针对性地采取方法进行处理。若出现 Ca^{2+} 侵，则通常需要加入纯碱来消耗 Ca^{2+}，使钻井液恢复正常性能；若出现 CO_3^{2-} 和 HCO_3^- 侵，则通常加入石灰来进行处理；但是如果遇到 NaCl 侵，就需要加入具有降黏和降滤失功能的处理剂。降黏剂（也称为解絮凝剂）的相对分子质量较小，通常具有极强的吸附能力和水化能力，它能牢牢地吸附在黏土颗粒上，增加黏土颗粒间的斥力，使黏土颗粒保持适度分散状态；降滤失剂的水化能力和吸附能力也很强，它能使黏土颗粒带上厚厚的可变形的水化膜，能够形成致密的滤饼，从而使钻井液滤失性能得到改善。

3. 评价盐侵及处理后钻井液性能的常用方法

通常通过测定钻井液的流变性能、滤失性能、Zeta 电位、黏土粒度等来评价盐侵及处理

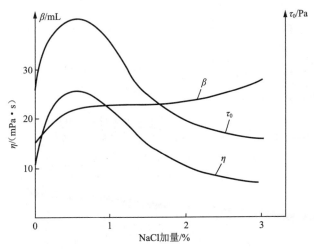

图 2-2-17　钻井液性能随氯化钠加量的变化曲线

后钻井液性能的改变。钻井液的流变性能、滤失性能测试方法见"钻井液常规性能测试"实验；Zeta 电位测试方法见"溶胶的制备及性质研究"实验；黏土粒度通常采用激光粒度仪进行测试。本实验涉及的激光粒度仪测试颗粒的粒度以 Mie 散射理论为基础。

Mie 散射理论为激光粒度测试的基本理论，描述如下。

当一束激光照射到颗粒时，有一部分光因颗粒影响而偏离了光束原来的传播方向，这种现象称为颗粒对光的散射或衍射现象。颗粒大小对光的散射角度不同，颗粒越小，产生的散射光的角度越大；颗粒越大，产生的散射光的角度越小。如图 2-2-18 所示。Mie 散射理论定量描述了颗粒直径及含量与其产生的散射光的角度和强度的关系，激光粒度分析仪就是根据这个原理来测量粉体材料粒度和粒度分布的。

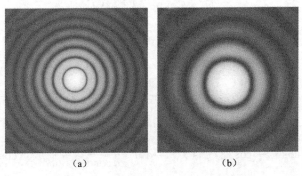

（a）　　　　　　　（b）

注：图（a）对应的颗粒直径是图（b）的 2 倍

图 2-2-18　两种球形颗粒的散射模拟图

假定颗粒是均匀、单一物质组成的球形颗粒，根据 Maxwell 电磁波方程推导出散射光在各角度上的强度分布公式——Mie 散射理论：

$$I_\theta = I_a(\theta) + I_b(\theta) \tag{2-2-30}$$

式中　I_θ——角散射光光强；

　　$I_a(\theta)$ 和 $I_b(\theta)$——θ 角垂直和水平偏振光的散射光强分布。

　　并且：

$$I_a(\theta) = \left| \sum_{l=1}^{\infty} \frac{2l+1}{l(l+1)} \{a_1 \pi_l(\cos\theta) + b_1 \tau_l(\cos\theta)\} \right|^2 \quad (2\text{-}2\text{-}31)$$

$$I_b(\theta) = \left| \sum_{l=1}^{\infty} \frac{2l+1}{l(l+1)} \{b_1 \pi_l(\cos\theta) + a_1 \tau_l(\cos\theta)\} \right|^2 \quad (2\text{-}2\text{-}32)$$

式中, a_1 和 b_1 的表达式分别如下:

$$a_1 = \frac{\hat{n}\varphi'_l(q)\,\varphi_l(\hat{n}q) - \varphi_l(q)\varphi'_l(\hat{n}q)}{\hat{n}\zeta_l^{(l)'}(q)\varphi_l(\hat{n}q) - \zeta_l^{(l)}(q)\varphi'_l(\hat{n}q)} \quad (2\text{-}2\text{-}33)$$

$$b_1 = \frac{\hat{n}\varphi'_l(q)\,\varphi_l(\hat{n}q) - \varphi_l(q)\varphi'_l(\hat{n}q)}{\hat{n}\zeta_l^{(l)'}(q)\varphi_l(\hat{n}q) - \zeta_l^{(l)}(q)\varphi'_l(\hat{n}q)} \quad (2\text{-}2\text{-}34)$$

其中:

$$\hat{n} = \sqrt{\frac{1}{\in_{\text{介}}}\left(\in + i\frac{4\pi\sigma}{\omega}\right)} \quad (2\text{-}2\text{-}35)$$

$$\omega = \frac{c}{\lambda_0} \quad (2\text{-}2\text{-}36)$$

$$q = \frac{2\pi}{\lambda_{\text{介}}} r \quad (2\text{-}2\text{-}37)$$

式中　$\in_{\text{介}}$——介质的介电常数;

　　$\in$——颗粒的介电常数;

　　σ——电导率;

　　λ_0 和 $\lambda_{\text{介}}$——真空和介质中的光波长;

　　r——颗粒的半径,而:

$$\varphi_l(q) = \sqrt{\frac{\pi q}{2}J_{l+\frac{1}{2}}(q)} \quad (2\text{-}2\text{-}38)$$

$$\zeta_l^{(l)}(q) = \varphi_l(q) + i\chi(q) \quad (2\text{-}2\text{-}39)$$

其中, $\chi_l(q) = -\sqrt{\frac{\pi q}{2}N_{l+\frac{1}{2}}(q)}$, $J_{l+\frac{1}{2}}(q)$ 和 $N_{l+\frac{1}{2}}(q)$ 分别是第一类贝赛尔函数和诺埃曼函数。

π_l 和 τ_l 的表达式则为:

$$\pi_l(\cos\theta) = \sum_{m=0}^{1/2}(-1)^m \frac{(2l-2m)(l-2m)}{2^l m(l-m)(l-2m)}(\cos\theta)^{l-2m-l} = \frac{1}{\sin\theta}p^{(1)}(\cos\theta)$$

$$(2\text{-}2\text{-}40)$$

$$\tau_l(\cos\theta) = \cos\pi_l(\cos\theta) - \sin^2\theta\frac{d\pi(\cos\theta)}{d\cos\theta} = \frac{d}{d\theta}p_l^{(1)}(\cos\theta) \quad (2\text{-}2\text{-}41)$$

式中　$p_l^{(1)}$——一次缔合勒让德多项式。

这就是 Mie 散射理论,它是描述散射光场的严格理论,适用于经典意义上任意大小的颗粒散射规律,是激光粒度测试的理论基础。

三、实验仪器与药品

1. 实验仪器

高速搅拌机、六速旋转黏度计、静滤失仪、BT-9300S 激光粒度仪、Zeta 电位仪、电子天平、秒表、吸管、药匙、量筒、pH 试纸。

2. 实验药品

蒸馏水、钻井液(500 mL)、NaCl、降滤失剂和降黏剂等钻井液处理剂。

四、实验步骤

(1) 取约 450 mL 钻井液,将其高速搅拌 5 min 后,测其六速黏度、滤失量、滤饼厚度、pH;用 BT-9300S 激光粒度仪测试钻井液粒度分布(BT-9300S 激光粒度分析仪的工作原理和操作方法见本实验步骤下面附录);用 Zeta 电位仪测钻井液 Zeta 电位(Zeta 电位仪使用方法见第二篇第一章"实验六　溶胶的制备及性质研究")。

(2) 按表 2-2-12 向步骤(1)完成后的钻井液中加入一定量的 NaCl,高速搅拌 10 min 后,测其六速黏度、滤失量、滤饼厚度、pH、钻井液粒度分布、Zeta 电位。

表 2-2-12　NaCl 分组加量表

组　别	1	2	3	…
NaCl 质量分数/%	0.5~3.0	3.0~8.0	8.0~15.0	…

附:BT-9300S 激光粒度分析仪的工作原理和操作方法

1. BT-9300S 激光粒度分析仪的结构和工作原理

BT-9300S 激光粒度分析仪由半导体激光器发出的一束激光,经滤波、扩束、准值后变成一束平行光,在该平行光束中放置测试窗(样品池),在准直透镜焦平面上放置一组接收较大颗粒产生的前向散射光的探测器,在侧向放置一组接收较小颗粒产生的侧向散射光的探测器,在后面放置一组接收亚微米颗粒产生的后向散射光探测器。将前向、侧向和后向探测器的信号传输到电脑中进行反演计算,就能得到所测样品的粒度分布了,如图 2-2-19 所示。

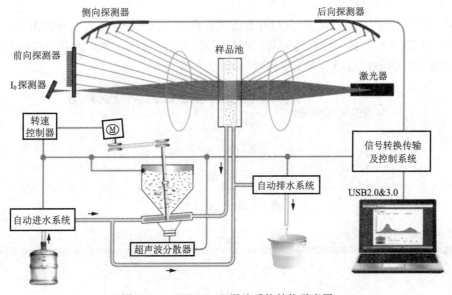

图 2-2-19　BT-9300S 湿法系统结构示意图

BT-9300S 激光粒度分析仪由主机和自动循环分散进样系统组成,如图 2-2-20 所示,适用于以水为介质的湿法粒度测试场合。

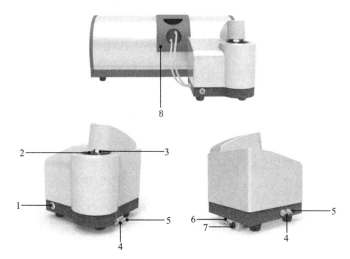

1—电源指示灯;2—循环池(600 mL);3—循环电机(300～2 500 r/min);
4—进水口;5—排水口;6—控制口;7—电源输入;8—湿法测试窗组件。

图 2-2-20 主机和自动循环分散进样系统示意图

2. BT-9300S 激光粒度分析仪的操作方法

水介质湿法粒度测试过程有以下几个步骤:开机并启动软件→新建/选择工程→建立文档→编辑/选择参数模板→粒度测试→查看结果→输出(打印或导出)报告→清洗循环系统。

1) 开启系统

按照"电脑→粒度仪→粒度分析软件(图标为   )"的顺序开启系统。

2) 新建/选择工程

如图 2-2-21 所示,在"工程页"空白处点击鼠标右键,点击"新建工程",在弹出的"新建工程"窗口中填写"工程名称"及"创建人员"信息,单击"确定"完成。如果此前已经建好了"工程",则直接在"工程页"选择已有工程即可(如图 2-2-22 所示)。

图 2-2-21 新建工程

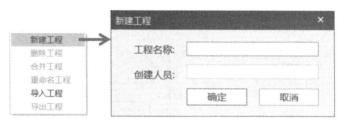

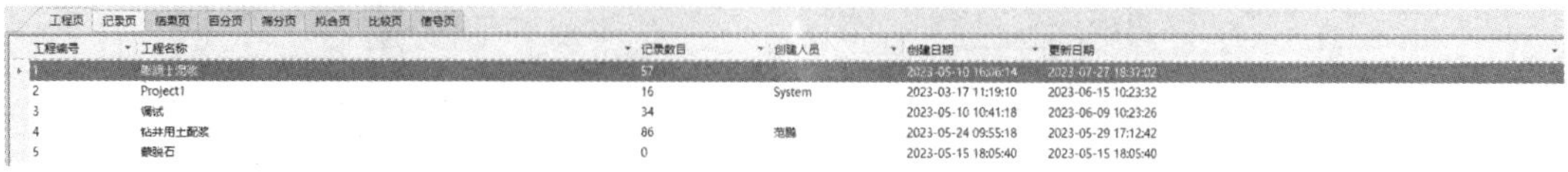

图 2-2-22 选择已有工程

3）新建文档

点击"手动测试"—"文档"，如图 2-2-23 所示。按要求填上样品名称、样品编号、测试单位、样品来源、取样方法、超声分散、循环速度等原始信息，这些信息将在测试结果报告单中打印出来。

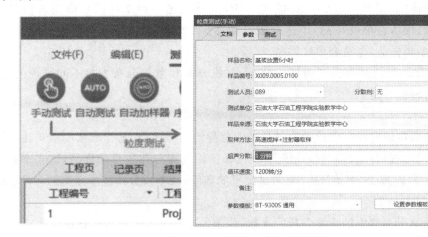

图 2-2-23　设置文档和参数模板

4）确定"参数模板"

对测试过的样品，可点击"参数模板"窗口中已经有的参数模板，或点击图 2-2-24 中"参数"标签，直接修改测试参数，确定"参数模板"。

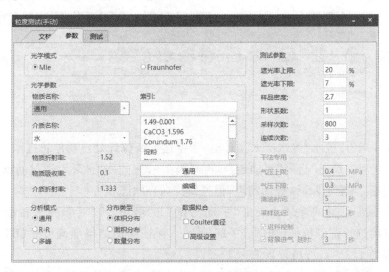

图 2-2-24　新建"参数模板"

（1）光学模式。Mie 散射理论是精确描述颗粒对激光散射规律的理论，是现代激光粒度分析仪普遍采用的理论，也是 BT-9300S 系统默认的光学模式，适合所有样品。Fraunhofer 衍射理论是早期激光粒度分析仪采用的理论，是 Mie 散射理论的简化版，一般适合粒度大于 2.5 μm 的样品，不适合细样品。

（2）光学参数。光学参数包括样品折射率、吸收率和介质折射率。一般地，颗粒的颜色越深，吸收率越大，颜色越浅，吸收率越小，透明颗粒吸收率为 0。在"物质名称"或"索引"中查询所测样品的折射率，如果所测样品在"物质名称"中找不到，那么可选择"通用"。

（3）分析模式。系统提供了"通用""R-R"和"多峰"3 种分析模式。"通用"模式是一种适用于大多数粉体的、应用广泛的分析模式。"R-R"模式是一种单峰的平滑模式（固定模型），分辨力较低，仅适合单峰样品，不适合多峰样品。"多峰"模式是分辨力较高的分析模式，适合双峰或多峰样品，也适合单峰样品。

（4）分布类型。默认分布类型为体积分布，面积分布和数量分布为与不同原理的仪器进行结果对比的转换类型。

（5）测试参数。

遮光率是被颗粒散射和吸收掉的这部分光占总量的百分比，它与样品浓度成正比，是用来衡量所加样品量是否合适的数值，范围为 0～100。较细或分布较窄的样品，遮光率较低，一般为 5％～10％，以减少"多重散射"对测试结果的影响；较粗或分布范围较宽的样品，遮光率较高，一般为 15％～20％。该实验选择 5％～20％。

采样次数是单次测试中的重复采样的次数，范围为 10～2 000，选择默认值为 800。

连续次数是重复测试次数，范围是 1～10，选择默认值为 3。

5）测试

打开电脑，按下仪器开关，启动测试软件，在图 2-2-25 中，依次点击"进水"—"排水"—"循环"—"超声"—"清洗"—"循环速度设置"—"超声功率设置"，查看各项功能是否正常。

图 2-2-25　工具栏示意图

（1）进水。点击"进水"将水吸入循环池，水位达到液位计处自动停止进水。

（2）消除气泡。点击"超声"启动超声，再间隔 1～3 s 点击"循环"，通过间歇启动 3 次循环消除水中气泡，气泡消除后，关闭超声，但是保持循环状态。

（3）背景校准和测试背景。点击"手动测试"—"测试"—"背景"—"校准"—"自动校准"，系统会自动进行背景校准（如图 2-2-26 所示），保证测试结果准确可靠（BT-9300S 正常的最佳背景值为 1.2～4，可用背景值为 1～5）。

然后点击"手动测试"—"测试"—"背景"—"确认"，完成背景测试，测试背景的目的是扣除加入样品前固定的、与样品无关的信号，以消除外界因素对测试结果的影响。如果背景测试正常，那么会显示如图 2-2-27 所示的窗口；如果显示如图 2-2-28 所示的窗口，那么需要清洗或更换测试窗的石英皿。

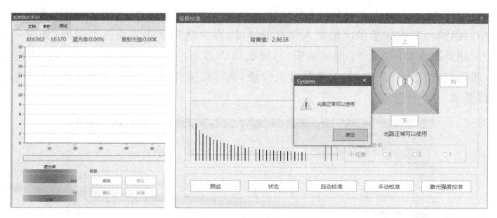

图 2-2-26　背景校准示意图

图 2-2-27　测试背景正常显示示意图

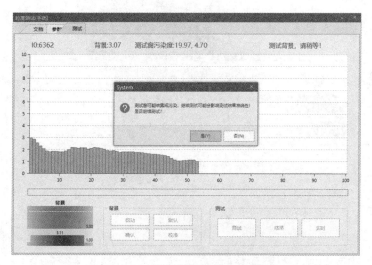

图 2-2-28　测试背景异常显示示意图

（4）加入样品。确认背景后，当系统状态处提示"遮光率过低，请加样品"（如图 2-2-29 所示）时，向循环池中少量多次地加入钻井液样品，直至遮光率达到预设范围内（如图 2-2-30 所示）。如果出现如图 2-2-31 所示的窗口，那么可以点击上部菜单的"排水"按钮，排出少量液体，然后点击"进水"按钮，加入少量分散介质，来降低液体中钻井液的浓度，使得遮光率符合测试要求。

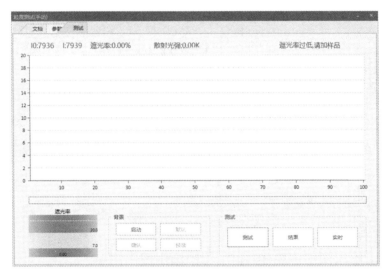

图 2-2-29　透光率低

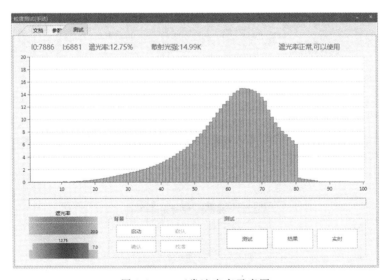

图 2-2-30　正常遮光率示意图

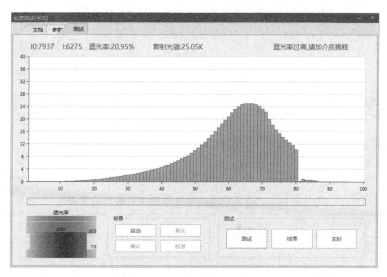

图 2-2-31　过高遮光率示意图

（5）测试、保存及查看测试结果。在测试区点击"测试"正式进行粒度测试并显示测试结果，点击"保存"按钮，将结果保存在数据库中（如图 2-2-32 所示）。在"记录页"中双击"测试结果"，可以查看详细粒度分布结果；通过选中多个结果激活"比较页"来查看多次测试的重复性或重现性。

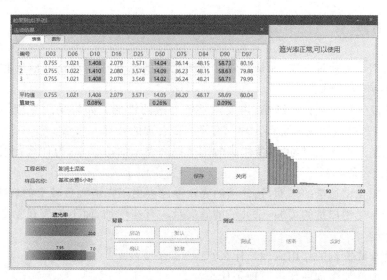

图 2-2-32　测试结果示意图

（6）清洗。关闭测试窗口，点击上部菜单中的"自动清洗"按钮，系统就会自动完成清洗过程。

五、结果与实验数据处理

（1）将所得数据及计算结果整理列表。

将实验数据记录在表 2-2-13 与表 2-2-14 中。

表 2-2-13 钻井液流变和滤失性能实验数据记录表

钻井液类型	Φ_{600}	Φ_{300}	7.5 min 滤失体积/mL	滤饼厚度/mm	滤饼质量	pH
基　浆						
基浆＋（　）％NaCl						
基浆＋（　）％NaCl＋ （　）％降黏剂＋ （　）％降滤失剂						

表 2-2-14 钻井液流变和滤失性能实验数据记录表

钻井液类型	$D25/\mu m$	$D50/\mu m$	$D95/\mu m$	ξ 电位/mV
基　浆				
基浆＋（　）％NaCl				
基浆＋（　）％NaCl＋ （　）％降黏剂＋（　）％降滤失剂				

（2）绘出钻井液黏度、动切力、滤失量以及粒径、Zeta 电位随 NaCl 加量的变化曲线，并简要解释。

六、思考题

（1）有同学在实验时发现，加量比氯化钠少得多的氯化钙会对钻井液的黏度和滤失量产生很大的影响，为什么？

（2）钻井液受到氯化钙的影响，需要调整钻井液的性能。如果采用直接加入降黏剂和降滤失剂的处理方法，你认为是否合理？有没有更合理的处理方法？

（3）现场钻井液施工时，可以使用碳酸钠来提高黏土的造浆率，为什么？碳酸钠的加量过多，会造成什么危害？

（4）随着氯化钠加量的增加，钻井液的表观黏度会出现先增大后减少的现象，为什么？

（5）随着氯化钠加量的增加，钻井液的滤失量一直在增加，而不像表观黏度那样先增大后减小，为什么？

（6）钻井液降黏剂的作用原理是什么？

（7）钻井液降滤失剂的作用原理是什么？

（8）降滤失剂分子结构与其降滤失性能有何关系？

（9）影响钻井液降滤性能的因素有哪些？

实验九 水泥浆的配制及流动度、密度的测定

一、实验目的

（1）掌握水泥浆的配制的基本程序和基本方法。

（2）掌握搅拌器、密度计的使用方法。

（3）了解水泥浆流动性能和密度的影响因素。

二、实验原理

油气田固井首先要将油井水泥、油井水泥外加剂、外掺料、水等配制成有一定流动性的浆体，然后从套管注入并用钻井液顶替到套管和地层之间的环形空间中，经过形成水泥石与地层和套管相互胶结以达到封隔地层目的。现场施工大多是利用高速水流（含部分外加剂）将水泥干灰（含部分外加剂或外掺料）混合搅拌成水泥浆，现场装置原理如图 2-2-33 所示。

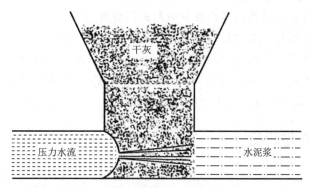

图 2-2-33 现场下灰器配制水泥浆结构示意图

在实验室则使用标准的混合装置，将水泥、水、外加剂、外掺料配制成水泥浆，实验仪器如图 2-2-34 所示，每次配制约 600 mL。混合装置的搅拌速度和搅拌时间模拟了现场施工作业中水泥浆配制过程的剪切状态和剪切时间。配制水泥浆时先以低速（4 000±200）r/min 混拌 15 s，此期间全部水泥、外加剂、外掺料加于水中；然后以（12 000±500）r/min 混拌 35 s。

水泥浆的密度是指单位体积的水泥浆的质量，通常用 g/cm^3（或 g/mL，kg/m^3）表示。水泥浆的密度是由水泥材料、外加剂、外掺的料比例和水灰比（W/C）决定的。其测定原

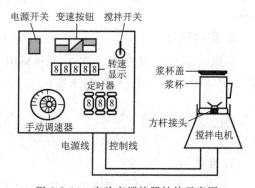

图 2-2-34 实验室搅拌器结构示意图

理是利用杠杆原理,测定固定体积水泥浆的重量。已经利用这个原理制作了一种专业的、标准的仪器,即密度计(或叫比重计),实验仪器如图 2-2-11 所示。比重称可用 27 ℃水(视其密度为 1.00 g/cm³)进行校正。实验室可以通过下列公式计算所需要水泥浆的密度和体积,但一般以测定值为准。

$$V_s = V_0 + V_w + V_a \qquad (2\text{-}2\text{-}42)$$

$$m_s = m_0 + m_w + m_a \qquad (2\text{-}2\text{-}43)$$

$$\rho_s = \frac{m_s}{V_s} \qquad (2\text{-}2\text{-}44)$$

式中　V_s——水泥浆体积,mL;

　　　V_0——水泥体积,mL;

　　　V_w——水的体积,mL;

　　　V_a——外加剂体积,mL;

　　　m_s——水泥浆质量,g;

　　　m_0——水泥质量,g;

　　　m_w——水的质量,g;

　　　m_a——外加剂质量,g;

　　　ρ_s——水泥浆密度,g/mL。

各组分的体积可根据其相应的密度和质量进行计算。

水泥浆的流动性能与固井质量和施工安全有重要关系,可以通过水灰比、外加剂来调整水泥浆的流动性。在室内实验时,水泥浆的流动性能可以用流动度进行初步判断。其原理是在固定高度和体积的圆台体中装入水泥浆,提起圆台体,让水泥浆在润湿的玻璃面上流动,以其在玻璃面上流动的直径大小判断其流动性。

三、实验仪器与药品

1. 实验仪器

符合 GB 10238 的混合装置(或类似搅拌器)、比重计,电子秤(精度 0.01 g),直尺,玻璃板。

2. 实验药品

G 级油井水泥、减阻剂 SXY(或其他减阻剂)、漂珠、钛铁矿粉、羟乙基纤维素 HEC(黏度为 10 000～15 000 mPa·s)、自来水。

四、实验步骤

1. 准备

(1) 检查搅拌器主电源开关是否处于关闭位置,变速挡是否全部处于弹起状态,搅拌开关是否处于关闭状态。

(2) 用少量水检查搅拌器的浆杯是否存在滴漏现象,若有滴漏现象,则要进行必要的处理,直至不漏为止。

（3）确认或将搅拌计时器调节到 50 s。

2. 称取水泥

用不锈钢盘在电子秤上称取水泥，称取干粉外加剂加入水泥中，混匀。

3. 称取水

用浆杯在电子秤上称取液体外加剂和水。

4. 配浆

（1）将盛有水的浆杯放置在搅拌器电机上，仔细检查浆杯与方杆头连接是否正确。

（2）将搅拌器的总电源打开，按下"低速"按钮。

（3）打开搅拌开关，同时迅速将称好的水泥倒入浆杯。

注意：不要使水或水泥浆溅出浆杯，水泥倒入要在 15 s 内完成，盖上浆杯盖。

（4）当计时器显示 15 s 时，按下"高速"按钮，直至搅拌器自动停止。

（5）将搅拌电机开关关闭，按下"转速复位"按钮，关闭搅拌器总开关，取下浆杯；浆杯内的水泥浆即为按标准配制好的水泥浆。

（6）用完水泥浆后，将剩余水泥浆倒入指定的回收桶，及时清洗浆杯。

5. 水泥浆密度、流动度的测定

（1）实验配方。

配方 1 号：800.0 g G 级油井水泥＋352.0 g 自来水（W/C＝0.44）。

配方 2 号：800.0 g G 级油井水泥＋400.0 g 自来水（W/C＝0.50）。

配方 3 号：800.0 g G 级油井水泥＋2.40 g 减阻剂 SXY＋352.0 g 自来水（W/C＝0.44）。

配方 4 号：400.0 g G 级油井水泥＋2.40 g 减阻剂 SXY＋200.0 g 减轻剂（漂珠）＋1.00 g 悬浮剂（HEC）＋360.0 g 自来水（W/C＝0.60）。

配方 5 号：500.0 g G 级油井水泥＋2.40 g 减阻剂 SXY＋300.0 g 加重剂（铁矿粉）＋1.00 g 悬浮剂（HEC）＋304.0 g 自来水（W/C＝0.38）。

（2）水泥浆密度的测定。

按（1）所列配方配制水泥浆，将水泥浆倒入干净的比重计浆杯内，盖上浆杯盖，轻轻旋转和下压浆杯盖，让多余的水泥浆从浆杯盖中间小孔流出，用拇指压住小孔，用水冲洗浆杯外部的水泥浆，用毛巾擦干比重计，测定密度。

注意：配制低密度水泥浆时，为防止漂珠破碎，在 4 000 r/min 搅拌 60 s 即可。

（3）流动度的测定。

用湿毛巾擦湿玻璃板，将水泥浆流动度试模放于玻璃板中央，倒入配制好的水泥浆，用玻璃棒刮去超过试模上平面的多余的水泥浆，提起试模，让水泥浆自由流动 5~10 s，用直尺测定展开的最大和最小的直径，以平均值表示其流动度，准确至 1 mm。

五、实验结果与数据处理

将实验数据记录在表 2-2-15 和表 2-2-16 中。

表 2-2-15　水泥浆配制配方记录表

配方编号	配方组成
1 号	
2 号	
3 号	
4 号	
5 号	

表 2-2-16　水泥浆密度、流动度数据记录表

配方编号	密度/(g·cm^{-3})	流动度		
		最大/cm	最小/cm	平均/cm
1 号				
2 号				
3 号				
4 号				
5 号				

六、安全提示及注意事项

（1）严禁恒速搅拌器电机无载荷空转。

（2）严禁硬物混入搅拌器中。

（3）在搅拌器运转中，保持浆杯稳定，避免仪器损坏。

（4）实验完成后，将水泥浆及固体废物倒入指定的废物回收桶，不得将水泥浆倒入水槽，以免堵塞下水道。

七、思考题

（1）在水泥浆配制过程中，为什么要在 4 000 r/min 搅拌 15 s，12 000 r/min 搅拌 35 s？

（2）在配制有漂珠的低密度水泥浆体系时，为什么只在 4 000 r/min 搅拌水泥浆？

（3）有哪些因素影响水泥浆的密度？

（4）有哪些因素影响水泥浆的流动性？

（5）搅拌速度、搅拌时间会对水泥浆哪些性能产生影响？

实验十　水泥浆流变性和游离液的测定

一、实验目的

（1）掌握水泥浆流变性测定的基本方法。
（2）掌握水泥浆游离液测定的基本方法。
（3）了解水泥浆流变性在固井中设计的意义和用途。
（4）了解水泥浆测定游离液的意义及对固井质量的影响。
（5）了解影响水泥浆流变性、游离液的因素。

二、实验原理

控制水泥浆的流变特性是注水泥技术的重点之一，它直接关系到固井设计、固井施工参数、固井作业安全、固井作业的质量和成本。流变性是指流体的剪切速度和剪切应力的关系。水泥浆的流变性是通过测定不同剪切速度下水泥浆的剪切应力来确定的，主要是确定水泥浆的流体类型、水泥浆的流变参数。在流变学中，根据流体不同的特性，将其分为不同的流体类型：牛顿流体、塑性流体、假塑性流体、膨塑性流体（如图 2-2-35 所示）。

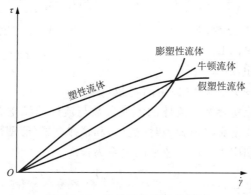

图 2-2-35　常见流体流变曲线图

流变方程是对不同流体剪切应力与剪切速率之间关系的定量描述。水泥浆是非牛顿流体，黏度是剪切速率的函数，一般来说，塑性流体用宾汉方程（Bingham）来描述，假塑性流体用幂律方程（P-L）来描述，也提出了用赫-巴和卡森等其他模型，以期更好地描述水泥浆流变性。

其测定原理是将水泥浆在指定的温度下，在稠化仪（如图 2-2-36 所示）中预制搅拌 20 min 后，用旋转黏度计进行测量，其测定仪器的结构和工作原理如图 2-2-37 所示；当温度高于 87 ℃时，应使用高温高压旋转黏度仪。

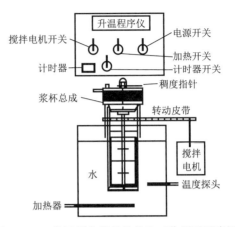

图 2-2-36　常压稠化仪　　　图 2-2-37　常压稠化仪的结构和工作原理示意图

　　水泥浆的游离液是水泥浆在一定时间内析出的无色或有色的液体,它反映了水泥浆的重力稳定性。水泥浆的游离液多,说明其重力稳定性差,这往往是造成气窜、固井质量差和事故的原因之一。其测定原理是将水泥浆在指定的温度下,在稠化仪中搅拌 20 min 后,倒入专用的游离液实验用锥形瓶(如图 2-2-38 所示),测定2 h 水泥浆析出游离液体占水泥浆的总体积分数。

$$FF=\frac{V_\mathrm{f}}{V_\mathrm{s}}\times100 \qquad (2\text{-}2\text{-}45)$$

式中　FF——游离液体积分数,%;

　　　V_f——游离液体积,mL;

　　　V_s——水泥浆体积,mL。

图 2-2-38　游离液实验用锥形瓶
（单位：mm）

　　流体的流变参数是固井设计中必用的参数,因此,实验中必须计算相应的流变参数。流体的流变参数与流体的流型有关,用于描述水泥浆流变性的最常用的流变模式是宾汉模式(塑性流体)和幂律模式(假塑性流体)。

　　宾汉模式流体的剪切应力和剪切速率的关系为:

$$\tau=\tau_0+\mu_\mathrm{p}\gamma \qquad (2\text{-}2\text{-}46)$$

式中　τ——剪切应力,Pa;

　　　τ_0——动切力,又称屈服值(YP),Pa;

　　　μ_p——塑性黏度(PV),Pa·s;

　　　γ——剪切速率,s^{-1}。

　　当 τ_0 为零时,变为牛顿流体模式。

　　幂律模式流体的剪切应力和剪切速率的关系为:

$$\tau=K\gamma^n \qquad (2\text{-}2\text{-}47)$$

式中　τ——剪切应力,Pa;

　　　K——稠度系数 Pa·s^n;

　　　γ——剪切速率,s^{-1};

　　　n——流性指数,无量纲。

K 值反映了水泥浆的稀稠程度,n 值则反映水泥浆非牛顿流体性质的强弱。在多数情况下,水泥浆 $n<1$。当水泥浆 n 接近 1 时,在一定剪切速率下的表观黏度趋于一个常数,则该水泥浆可视为牛顿流体。

1) 流变模式的选用

由于水泥浆是非牛顿液体,而且不同性能的水泥浆,宾汉流变模式和幂律流变模式对其性能描述的准确性是不同的,因此应根据实验测定的流变性能来选择最适合它的流变模式。选择原则以实验水泥浆的剪切速率与剪切应力对两个模式的吻合程度为准。流变模式的选择可以用回归法,通过比较相关系数来确定,也可以用线性比较法来确定。

线性回归法是将实验数据分别用两种模式进行线性回归处理,然后比较其相关系数,相关系数越高,符合程度越高,即可选择相关系数高的模式进行实际计算。

线性比较法(F 比值法)是判断在一定的剪切速率范围内,流变曲线与直线关系(宾汉模式的流体的流变曲线就是带一定截距的直线关系)的符合程度的。其原理是:比较一定的剪切速率范围内,当剪切速率增加一倍时,剪切应力变化了多少。显然,当剪切速率增加一倍时,剪切应力也应增加一倍。则在所选定的剪切速率范围内,流变曲线是符合直线关系,即流体的流变模式符合宾汉模式。由于非牛顿流体的复杂性,一般当剪切速率增加一倍时,剪切应力增加量接近一倍(误差在一定范围内),也认为其流变性符合宾汉模式。否则,当其误差超过一定范围时,认为其符合幂律模式(原理如图 2-2-39 所示)。

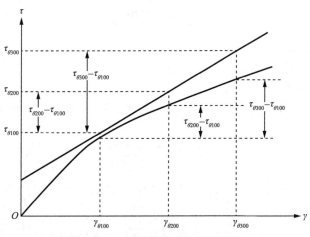

图 2-2-39　流变模式 F 比较法原理

其方法是用旋转黏度计 300 r/min,200 r/min,100 r/min 的读值计算 F,F 计算公式为:

$$F=\frac{\theta_{200}-\theta_{100}}{\theta_{300}-\theta_{100}} \tag{2-2-48}$$

式中　θ_{300},θ_{200},θ_{100}——转速为 300 r/min,200 r/min,100 r/min 时水泥浆黏度的读数,(°)。

当 $F=0.50\pm0.03$ 时,选用宾汉流变模式计算流变参数;当 $F\neq0.50\pm0.03$ 时,选用幂律流变模式计算流变参数。

2) 流变参数的计算

(1) 宾汉模式流变参数的计算。如下式:

$$\begin{cases} \mu_{p}=0.0015(\theta_{300}-\theta_{100}) \\ \tau_{o}=0.511\theta_{300}-511\mu_{p} \end{cases} \tag{2-2-49}$$

式中　μ_p——塑性黏度,Pa·s;

τ_o——动切力,Pa;

θ_{300}——旋转黏度计转速为 300 r/min 的读数,(°);

θ_{100}——旋转黏度计转速为 100 r/min 的读数,(°)。

（2）幂律模式流变参数的计算。如下式：

$$\begin{cases} n=2.0961\lg\left(\dfrac{\theta_{300}}{\theta_{100}}\right) \\ k=\dfrac{0.511\theta_{300}}{511^n} \end{cases} \tag{2-2-50}$$

式中　n——流性指数,无量纲;

k——稠度系数,Pa·s^n;

θ_{300}——旋转黏度计转速为 300 r/min 的读数,(°);

θ_{100}——旋转黏度计转速为 100 r/min 的读数,(°)。

3）流变参数的应用

流变参数可以用来计算固井时达到紊流顶替所需的临界雷诺数和临界流速。对于塑性流体,根据塑性黏度 μ_p、屈服值 τ_0、密度 ρ 来计算其临界雷诺数 Re_{Bp} 和临界流速 V:

$$Re_{BP}=\frac{K_{Re_{BP}}V_\rho(D_h-D_o)}{\mu_p} \tag{2-2-51}$$

$$V=\frac{\mu_p Re_{BP}}{K_{Re_{BP}}\rho(D_h-D_o)} \tag{2-2-52}$$

式中　D_o——环空内径;

D_h——环空外径;

ρ——水泥浆密度。

如果 $Re_{BP}\geqslant Re_{BP2}$,则在环空中该流体处于紊流状态,其中 Re_{BP2}（临界雷诺数）按下列公式计算。

$$Re_{BP2}=\frac{H_e(0.968\,774-1.362\,439\times\alpha_c+0.160\,082\,2\times\alpha_c^4)}{12\,\alpha_c} \tag{2-2-53}$$

$$H_e=\frac{K_{H_e}\tau_0\rho(D_h-D_o)}{\mu_p^2} \tag{2-2-54}$$

$$\alpha_c=\frac{3}{4}\frac{\left(\dfrac{2H_e}{24\,500}+\dfrac{3}{4}\right)-\sqrt{\left(\dfrac{2H_e}{24\,500}+\dfrac{3}{4}\right)^2-4\left(\dfrac{2H_e}{24\,500}\right)^2}}{2\left(\dfrac{H_e}{24\,500}\right)} \tag{2-2-55}$$

其中,当单位为 SI 单位时,$K_{Re_{BP}}$ 和 K_{H_e} 为 1。

对于幂律流体,根据流体的 n,K 值和密度 ρ 来计算其临界雷诺数 Re_{PL} 和临界流速 V:

$$Re_{PL}=\frac{K_{Re_{PL}}\rho V^{2-n}(D_h-D_o)^n}{8^{n-1}[(3n+D)/4n]^nK} \tag{2-2-56}$$

如果 $Re_{PL}\geqslant Re_{PL2}$,则在环空中该流体处于紊流状态,其中 Re_{PL2}（临界雷诺数）$=4\,150-1\,150\times n$,按 SI 单位计算时,常数 $K_{Re_{PL2}}=1$,V 为平均流速。

那么流体紊流的临界平均流速 V_c 按下式计算：

$$V_c=\left\{\frac{8^{n-1}[(3n+1)/2n]^nkRe_{PL2}}{K_{Re_{PL}}\rho(D_h-D_o)^n}\right\}^{\left(\frac{1}{2-n}\right)} \tag{2-2-57}$$

式中 D_o——环空内径；

D_h——环空外径；

ρ——水泥浆密度。

可以看出，n 值越大，Re_{PL2} 越小。在 D_o，D_h 和 ρ 不变时，水泥浆紊流的临界平均流速 V_c 取决于 n 值和 k 值。

三、实验仪器与药品

1. 实验仪器

电子秤（精度 0.01 g）、游离液测定用锥形瓶、常压稠化仪。

2. 实验药品

G 级油井水泥、减阻剂 SXY（或其他减阻剂）、降滤失剂 HS-2A（或其他降滤失剂）、自来水。

四、实验步骤

1. 水泥浆流变性的测定

（1）准备。安装旋转黏度计的转子，接通电源；打开常压稠化仪电源开关，设定实验温度，打开加热开关，预热到指定温度。

（2）配浆。按配方进行配浆。

（3）水泥浆预制。将配好的水泥浆倒入常压稠化仪浆杯内至刻度线，安装上搅拌桨叶和稠度读数头，将浆杯放入常压稠化仪中，打开计时器开关、电机开关，搅拌 20 min，记录初始稠度和稠度随时间的变化情况。

（4）当时间报警器报警时，表明搅拌已到 20 min，立即关闭电机开关和加热开关，用毛巾取出浆杯，拆下稠度读数头和桨叶。

（5）将搅拌后的水泥浆用搅拌棒适当搅拌均匀，将水泥浆倒入 1 000 mL 搪瓷杯中；将水泥浆倒入旋转黏度计浆杯中至浆杯内刻度线；剩余水泥浆保留待用。

（6）将装好水泥浆的浆杯放在位置调节支架板上，对好固定点并使固定足到位；调整位置支架，使水泥浆至旋转黏度计转子的刻度线。

（7）调节转速控制挡位置到转速为 3 r/min，打开搅拌电机开关，搅拌 10 s，读数。

（8）依次调节转速挡位，在 3 r/min，6 r/min，100 r/min，200 r/min，300 r/min，600 r/min 的转速下搅拌 10 s 后读取不同转速下的剪切应力值（格），再依次由高速到低速调节转速挡位读取剪切应力值，每次读数后应立即将转速调至下一挡。

（9）关闭搅拌电机开关，取下浆杯，将水泥浆倒回搪瓷杯中，搅拌均匀，用作游离液测定用。

2. 游离液的测定

（1）将 1.（9）的水泥浆搅拌均匀，倒入干燥的、已称重的游离液测定锥形瓶中，用塑料薄膜盖住量瓶口，以免水分蒸发；静置 2 h，称量（精确至 0.01 g）。

（2）用吸管吸去水泥浆上部的游离液，测定质量（精确至 0.01 g）。

（3）按上述方法和下列配方测定不同水泥浆体系的流变性和游离液。

配方 1 号:800.0 g G 级油井水泥+352.0 g 自来水。

配方 2 号:800.0 g G 级油井水泥+400.0 g 自来水。

配方 3 号:800.0 g G 级油井水泥+2.40 g 减阻剂 SXY +352.0 g 自来水。

配方 4 号:800.0 g G 级油井水泥+2.40 g 减阻剂 SXY +12.00 g 降滤失剂+352.0 g 自来水。

配方 5 号:800.0 g G 级油井水泥+ 4.00 g 减阻剂 SXY+12.00 g 降滤失剂+352.0 g 自来水。

五、实验结果与数据处理

1. 实验数据记录

将实验数据记录在表 2-2-17 和表 2-2-18 中。

表 2-2-17　水泥浆流变性、游离液测定实验配方记录表

配方编号	配方组成
1 号	
2 号	
3 号	
4 号	
5 号	

表 2-2-18　水泥浆流变性、游离液测定实验数据记录表

配方编号		流变性读数/格						水泥浆体积 /mL	游离液体积 /mL	FF /%
		θ_{600}	θ_{300}	θ_{200}	θ_{100}	θ_6	θ_3			
1 号	递增递减平均									
2 号	递增递减平均									
3 号	递增递减平均									
4 号	递增递减平均									
5 号	递增递减平均									

2. 数据处理

(1) 作出剪切应力与剪切速度关系图,根据处理的结果判断不同水泥浆体系的流变模式。

(2) 根据流变参数计算固井时达到紊流顶替所需的临界雷诺数和临界流速。

六、安全提示及注意事项

(1) 在水泥浆预制、转移过程中注意避免烫伤。

(2) 不得将水泥浆倒入水槽,以免堵塞下水道。

七、思考题

（1）什么是流变性？

（2）影响水泥浆流变性的因素有哪些？

（3）影响水泥浆重量稳定性的因素有哪些？

（4）减阻剂作用原理是什么？

（5）流变性与流变参数对固井设计和固井质量有何影响？

实验十一　水泥浆凝结时间、稠化时间和抗压强度的测定

一、实验目的

（1）掌握水泥浆凝结时间、稠化时间和抗压强度测定的基本程序和基本方法。

（2）掌握常压稠化仪、抗压强度实验机的使用方法。

（3）了解影响水泥浆稠化时间和抗压强度的因素。

二、实验原理

水泥浆在适当的时间内从浆状体转变为石状体是水泥固井的要求之一。水泥浆从浆状体转变为石状体的过程中，黏度不断增大，当黏度增大到一定程度时，水泥浆就失去了流动性，即视为不可泵送。固井中要求水泥浆在到达预定的位置前保持浆状体（即可流动或者可泵送）。水泥的可泵送时间叫稠化时间。稠化时间的测定可以用高温高压稠化仪、常温常压稠化仪、凝结时间等方法测定。高温高压稠化仪能完全模拟固井过程中水泥浆的剪切速度、压力变化、温度变化等情况，这些变化可以通过程序设定来模拟，不同的固井条件所需的设定参数可以通过标准查得，稠化时间测定的仪器和原理如图 2-2-40 所示。

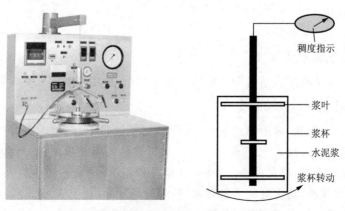

图 2-2-40　高温高压稠化仪结构及原理示意图

现场施工中,水泥浆的准确可泵送时间(稠化时间)必须用高温高压稠化仪测定。用常温常压稠化仪、凝结时间等方法也可以粗略判定水泥浆可泵送时间,在固井配方优选和外加剂性能研究中也常用常温常压稠化时间、凝结时间来初步判定水泥浆的可泵送时间。高温高压稠化仪测定的稠化时间一般比常温常压稠化仪、凝结时间测定的时间短。凝结时间是用一定重量的针在水泥浆中能扎入的深度来表示。其测量仪器叫维卡仪(如图 2-2-41 所示)。

图 2-2-41　维卡仪

水泥石在一定的时间内具有足够的抗压强度是固井对水泥浆性能的另一要求。水泥浆抗压强度的测定原理:在模拟地层温度、压力、候凝时间等条件下,将水泥浆养护成标准尺寸的正方体水泥石,在抗压强度实验机上测定使水泥石结构破坏时需要的压力,从而计算出水泥石的单位面积上能承受的破裂压力。

三、实验仪器与药品

1. 实验仪器

电子秤(精度 0.01 g)、高温高压滤失仪。

2. 实验药品

G 级油井水泥、减阻剂 SXY(或其他减阻剂)、缓凝剂(或其他缓凝剂)、自来水。

3. 实验配方

配方 1 号:800.0 g G 级油井水泥+2.40 g 减阻剂 SXY+352.0 g 自来水。

配方 2 号:800.0 g G 级油井水泥+2.40 g 减阻剂 SXY+24.00 g 促凝剂($CaCl_2$)+352.0 g 自来水。

配方 3 号:800.0 g G 级油井水泥+2.40 g 减阻剂 SXY+0.10 g 缓凝剂(SN-2)+352.0 g 自来水。

四、实验步骤

1. 按配方表配制水泥浆

配方 1~3 号用于测定凝结时间和抗压强度,配方 3 号用于测定稠化时间。

2. 凝结时间测定

在玻璃板上涂上黄油,放上锥形试模,确保紧密接触且不漏;将配制好的水泥浆倒入锥形试模中,用玻璃棒或直尺捣水泥浆 27 次,使水泥浆尽可能充满试模。用直尺刮起多余的水泥浆,盖好上玻璃盖板,将试模放入 90 ℃水浴养护箱中养护。

每半小时取出试模,将上玻璃盖板移去,抬起重锤和针,放上锥形试模,使针尖接触试模上水泥石面,让重锤和针自由落下。仪器针不能扎入到底部 1~3 mm,为初凝;仪器针只能扎入上部 1～3 mm,为终凝。

3. 强度测定

将配制好的水泥浆倒入标准强度测定试模中,用玻璃棒或直尺捣水泥浆 27 次,使水泥浆尽可能充满试模。用直尺刮起多余的水泥浆,盖好上玻璃盖板,将试模放入 90 ℃ 水浴养护箱中养护 24 h,取出试模,脱模,放入冷水中冷却至室温,在抗压强度实验机上测定强度。

4. 常压稠化时间测定

(1) 配浆。按第二篇第二章"实验九 水泥浆的配制及流动度、密度的测定"中的方法进行配浆。

(2) 稠化时间测定。测定配方 3 号的常压稠化时间,实验仪器操作见第二篇第二章"实验十 水泥浆流变性和游离液的测定",记录水泥浆稠度随时间的变化趋势。

(3) 当水泥浆稠度达到 100 BC 时,停止实验,及时倒出水泥浆,清洗仪器。

五、实验结果数据处理

1. 实验数据记录

将实验数据记录在表 2-2-19～表 2-2-21 中。

表 2-2-19 水泥浆凝结时间测定数据表

实验配方				
养护条件	温度:_____℃;压力:_____MPa;时间:_____h			
测定时间/min				
针入深度/mm				
测定时间/min				
针入深度/mm				
实验结果	初凝时间:_____min;终凝时间:_____min			

表 2-2-20 水泥浆抗压强度测定数据表

实验配方			
养护条件	温度:_____℃;压力:_____MPa;时间:_____h		
试件变化	1	2	平 均
破裂压力/kN			
试件面积/m²			
抗压强度/MPa			

表 2-2-21 水泥浆常压稠化时间测定数据表

实验配方				
实验条件	温度:_____℃;压力:_____MPa			
测定时间/min				

续表

稠度/BC					
测定时间/min					
稠度/BC					
测定时间/min					
稠度/BC					
实验结果	40 BC 时间:_____min；100 BC 时间:_____min				

2. 数据处理

用水泥浆稠度对稠化时间作图,绘制出稠化曲线。

六、安全提示及注意事项

（1）本实验为高温实验,注意防止烫伤。

（2）严格按步骤操作,严禁违章操作。

（3）将水泥浆及废物倒入指定废物回收桶。

七、思考题

（1）什么是水泥浆的稠化时间？

（2）测定稠化时间有何意义？

（3）影响水泥浆稠化时间的因素有哪些？

（4）$CaCl_2$ 的促凝机理是什么？

（5）葡萄酸钠的缓凝机理是什么？

（6）什么是抗压强度？

（7）影响抗压强度的因素有哪些？

实验十二　油井水泥降滤失剂的合成及性能评价

一、实验目的

（1）掌握共聚物类油田化学处理剂合成的基本方法。

（2）掌握水泥浆滤失测定的基本方法。

（3）了解影响水泥浆滤失的因素。

（4）了解水泥浆滤失对固井质量的影响。

二、实验原理

水泥浆自由水在压差作用下通过井壁渗入地层的现象称为水泥浆的滤失。水泥浆的滤失会造成水泥浆体系中水溶性外加剂绝对含量的变化,可能造成稠化时间缩短、桥堵、气窜等固井事故。控制水泥浆的滤失是保持水泥浆整体性能在施工过程中稳定的关键。水泥浆滤失的测定是在标准规定的条件(温度、压差和时间)下,测定水泥浆通过一定面积的滤网滤失的液相的量。仪器工作原理如图 2-2-42 和图 2-2-43 所示。

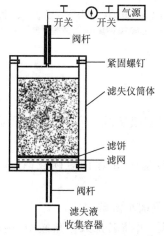
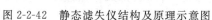

图 2-2-42 静态滤失仪结构及原理示意图

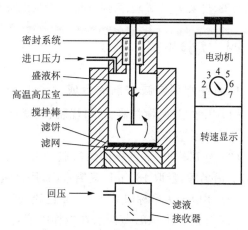

图 2-2-43 动态滤失仪结构及原理示意图

水泥浆常温低压滤失的测定是将配制好的水泥浆注入常压稠化仪中,常温(27 ℃)搅拌20 min 后倒入滤失仪容器中,在 700 kPa 压力下,测定水泥浆 1/4 min,1/2 min,1 min,4 min,7 min 以及 30 min 自由水滤失量。而高温高压滤失量则是在指定温度及 6 900 kPa 压力下测定的水泥浆滤失量。

滤失的计算与表述:如果 30 min 前未出现"气穿"现象(即气体从滤网端穿过),则记录30 min 时滤失的体积,其体积乘以 2,即为该水泥浆的滤失量。如果 30 min 前出现"气穿"现象,则记录"气穿"时间和滤失量,其 30 min 滤失量按下式计算:

$$Q_{30} = 2Q_t \frac{5.477}{\sqrt{t}} \tag{2-2-58}$$

式中 Q_{30}——滤失量,mL;

Q_t——所测定 t(min)时的滤失量,mL;

t——实测时间,min。

注 1:公式(2-2-58)中乘以 2 是因为用面积 22.6 cm^2 的滤网,如果用面积 45.2 cm^2 的滤网,则不需要乘以 2。

注 2:实验结果表述时,如果满 30 min 的滤失记为"滤失",那么实验不到 30 min 发生"气穿"现象的滤失应记录为"计算的滤失"。

三、实验仪器与药品

1. 实验仪器

电子秤(感量 0.01 g)、电子天平(感量 0.000 1 g)、常压稠化仪、高温高压滤失仪、水浴锅、搅拌器、三口烧瓶、温度计、氮气瓶、烧杯、三角瓶。

2. 实验药品

G 级油井水泥、减阻剂 SXY、降滤失剂(合成)、纤维素类降滤失剂 HS-2A、聚乙烯醇 PVA 1788、自来水、丙烯酸、丙烯酰胺、2-丙烯酰胺基-2-甲基-丙烷磺酸钠(AMPS)、蒸馏水、氮气。

四、实验步骤

1. 油井水泥降滤失剂的合成

(1)用水浴锅、搅拌器、三口烧瓶、温度计、氮气瓶等仪器组装成一套有搅拌、恒温、通气功能的聚合反应装置。

(2)分别称取 7.50 g 丙烯酰胺、10.00 g 2-丙烯酰胺基-2-甲基-丙烷磺酸钠(AMPS)、2.50 g 丙烯酸,量取 180 mL 蒸馏水(总用水量)。

(3)用电子天平称取 0.240 0 g 过硫酸铵,用 10 mL 蒸馏水溶解。

(4)分别用 40 mL 蒸馏水在烧杯中溶解上述 3 种单体,并将其加入三角瓶中,用剩下的部分蒸馏水冲洗烧杯后倒入三角瓶中。

(5)用 40%的氢氧化钠将三角瓶中溶液的 pH 调节到 6～7,低速搅拌溶液并将其加热到 55～60 ℃,向溶液中通氮气 8～10 min,在氮气保护和搅拌下加入步骤(3)所配制的引发剂溶液。

(6)仔细观察反应过程,记录引发温度、反应温度随时间的变化、反应最高温度和黏度变化等情况。溶液黏度明显增加,表明聚合反应进行,关闭氮气,停止搅拌,自然降温到 60 ℃,在 60 ℃恒温反应 2 h,产物用于降滤失剂性能评价。

2. 降滤失剂性能评价

(1)配浆和水泥浆的预制。

按配方表给出的配方进行水泥浆的配制和预制,方法见第二篇第二章"实验九 水泥浆的配制及流动度、密度的测定"。

(2)滤失仪浆筒预热。

关闭接气端连接杆,将滤失仪浆筒放到滤失仪中并预热到实验温度。

注意:如果是可拆卸的滤失仪,则应按 O 形橡胶垫、封头、气体连接杆的顺序依次装好附件,用紧固螺钉紧固,另一端敞开。

(3)滤失仪浆筒的装配。

用毛巾将滤失仪浆筒取出,放到专业支架上;取出预制好的水泥浆,将其倒入滤失仪浆筒内,其量不超过滤网口以下 2.5 cm;按滤网、O 形橡胶垫、封头的顺序依次装好附件;用紧固螺钉紧固封头(紧固时以对角的方式依次紧固);关闭滤失端阀杆,将滤失仪浆筒倒置。

（4）滤失的测定。

将装配好的滤失仪浆筒用专业工具和毛巾装入滤失仪中；连接气源头，插入挡销，检查是否连接正确和牢固；检查确认气瓶减压阀的开关处于关闭状态；开启气瓶总阀，调节减压阀开关至压力为(6 900±300)kPa；用专用工具打开上连气阀杆(180°～270°)；在滤失阀下端放好量筒，用专用工具打开下部滤失阀杆，同时记录不同时间的滤失量。

（5）滤失仪的拆卸。

滤失实验结束后，关闭滤失阀杆；关闭上端连气阀杆；关闭气瓶总阀；打开上端管路放气阀；确认上端管路气体排放完全，扒开挡销；用专用工具打开连气阀杆，慢慢放空滤失仪浆筒内的气体；用专用工具将浆筒取出，并放入水槽中冷却至室温；将滤失仪浆筒放到专用支持架上，再次检查浆筒内气体放完，在确认浆筒内气体放完的情况下，拆卸下紧固螺钉、封头、O形橡胶圈、滤网，倒出水泥浆；清洗仪器及配件。

3.实验配方

配方1号：800.0 g G级油井水泥＋352.0 g自来水。

配方2号：800.0 g G级油井水泥＋2.40 g减阻剂SXY＋352.0 g自来水。

配方3号：800.0 g G级油井水泥＋2.40 g减阻剂SXY＋40.00 g降滤失剂(HS-2A)＋352.0 g自来水。

配方4号：800.0 g G级油井水泥＋2.40 g减阻剂SXY＋4.8 g聚乙烯醇(1788)＋0.1～0.3 g消泡剂＋352.0 g自来水。

配方5号：800.0 g G级油井水泥＋2.40 g减阻剂SXY＋40.00 g降滤失剂(合成)＋352.0 g自来水。

五、实验结果与数据处理

1.合成记录

将实验数据记录在表2-2-22～表2-2-24中。

表2-2-22　油井水泥降滤失剂合成记录表

单体名称					
单体加量/g					
引发剂名称		引发剂加量/g		总水加量/g	
pH		引发温度/℃		最高温度/℃	
实验现象					
反应时间					
反应温度					
反应现象					
反应时间					
反应温度					
反应现象					

表 2-2-23　滤失实验配方记录表

配方编号	配方组成
1 号	
2 号	
3 号	
4 号	
5 号	

表 2-2-24　滤失实验数据记录表

配方编号	时间/min	1/6	1/2	1	2	5	7.5	10	15	25	30
1 号	滤失量/mL										
2 号	滤失量/mL										
3 号	滤失量/mL										
4 号	滤失量/mL										
5 号	滤失量/mL										

2. 数据处理

（1）以滤失量对时间作图，比较和分析纯水泥和有降滤失剂的水泥浆体系的滤失趋势。

（2）计算两种水泥浆体系的滤失情况。

六、安全提示及注意事项

（1）本实验为高温高压实验，应在教师指导下严格按步骤操作完成，严禁违章操作，防止烫伤和炸伤。

（2）在打开气源前，应保证各部位连接牢固、可靠。

（3）拆卸装置时，如果紧固螺钉无法打开，则一般表明浆筒内有气体，务必确认放完压力，再进行拆卸。

（4）将废物倒入指定回收桶。

七、思考题

（1）为什么要控制水泥浆的滤失？

（2）降滤失剂合成中，3 种单体分别有何特点和功能？

（3）影响水泥浆体系滤失的因素有哪些？

（4）降滤失剂的作用机理是什么？

（5）降滤失剂主要是通过什么来控制滤失的？

① 改变单体之间比例，引发剂加量和反应条件对产物分子结构有何影响？

② 降滤失剂在油井水泥浆中有什么主要作用和次要作用？其作用机理何在？

③ 通过作用机理的分析，考虑如何设计降滤失剂分子结构。

第三章

采油化学实验

采油化学是油田化学的一部分,是油田开采工程学与化学之间的边缘科学。采油化学研究的是如何用化学方法解决采油过程中遇到的问题。本章编写了化学驱提高采收率相关的实验,以及调剖、堵水、稠油降黏、酸液性能调整、压裂液性能调整、油水井防砂、油井防蜡、清蜡等内容相关的实验项目,与油田化学课程内容中的章节设置相互对应,通过实验来加深学生对理论知识的理解。

实验一　聚合物的性能测定及评价

一、实验目的

(1) 熟悉由丙烯酰胺合成聚丙烯酰胺的加聚反应。
(2) 熟悉聚丙烯酰胺在碱溶液中的水解反应。
(3) 了解聚丙烯酰胺溶液黏度的影响因素及测定方法。
(4) 熟悉稀释法测定聚丙烯酰胺的相对分子质量。

二、实验原理

聚丙烯酰胺可在过硫酸铵的引发下由丙烯酰胺合成(温度 $50\sim80$ ℃,pH 为 $6\sim7$):

$$n\mathrm{CH_2}\!\!=\!\!\mathrm{CH} \xrightarrow{\mathrm{(NH_4)_2S_2O_8}} \begin{array}{c}\text{—}\!\!\{\mathrm{CH_2}\!-\!\mathrm{CH}\}\!\!\text{—}_n\\ \quad\quad\quad\;\mid\\ \quad\quad\quad\mathrm{CONH_2}\end{array}$$

$$\begin{array}{c}\mid\\ \mathrm{CONH_2}\end{array}$$

由于反应过程中无新的低分子物质产生,高分子的化学组成与起始单体相同,因此这一合成反应属于加聚反应。

随着加聚反应的进行,分子链增长。当相对分子质量增大到一定程度时,即可通过分子间的相互纠缠形成网络结构,使溶液的黏度明显增大。

聚丙烯酰胺可以在碱溶液中水解,生成部分水解聚丙烯酰胺:

$$\begin{array}{c}
+CH_2-CH\dfrac{}{}_n+yH_2O+zNaOH\longrightarrow\\
|\\
CONH_2
\end{array}$$

$$+CH_2-CH\dfrac{}{}_x+CH_2-CH\dfrac{}{}_y+CH_2-CH\dfrac{}{}_z+(y+z)NH_3\uparrow$$
$$\quad\ |\qquad\qquad\ |\qquad\qquad\ |$$
$$\ \ CONH_2\qquad\ \ COOH\qquad\ \ COONa$$

随着水解反应的进行,有氨气放出并产生带负电的链节。带负电的链节相互排斥,使部分水解聚丙烯酰胺有较伸直的构象,因而对水的稠化能力增加。

由水解反应可知,聚丙烯酰胺在水解过程中消耗的 NaOH 与生成的—COONa 的物质的量相等。故水解是定量加入 NaOH,水解完成后测定体系中剩余的氢氧化钠,即可计算出部分水解聚丙烯酰胺的水解度:

$$D_H=\frac{71(A-2NV)}{1\,000cW}\times100\% \tag{2-3-1}$$

式中　D_H——部分水解聚丙烯酰胺的水解度,%;

　　　A——加入 NaOH 的物质的量,mol;

　　　N——硫酸标准溶液浓度,mol/L;

　　　V——硫酸标准溶液的体积用量,mL;

　　　c——溶液中相当于聚丙烯酰胺的质量分数;

　　　W——取出被滴定试液的质量,g。

对于取到的未知水解度的 HPAM 样品,其水解度测量方法见后述实验内容。

聚丙烯酰胺是石油工业上用途广泛的一种高分子化合物,在钻井液中用作降滤失剂、防塌剂、絮凝剂,在采油中用作增黏剂、驱油剂,在压裂中用作悬砂剂、选择性堵水剂,在水处理中用作絮凝剂等。

在石油开采中,聚丙烯酰胺主要用于钻井液材料以及提高采油率等方面,广泛应用于钻井、完井、固井、压裂、强化采油等油田开采作业中,具有增黏、降滤失、流变调节、胶凝、分流、剖面调整等功能。

影响聚丙烯酰胺溶液黏度的几个因素如下。

(1)溶液中聚丙烯酰胺的质量分数。

聚丙烯酰胺溶液黏度随其在溶液中的质量分数变化很大。这是由两个因素决定的。一是聚丙烯酰胺在溶液中主要采取蜷曲的构象,所以当其质量分数超过一定数值后,聚丙烯酰胺分子彼此靠近而发生相互缠绕,形成网络结构,从而使黏度增大;二是聚丙烯酰胺分子间有较强的分子间力,所以当其质量分数超过一定数值后,也即当分子间的距离缩短到一定数值后,分子间力使聚丙烯酰胺分子在溶液中形成网络结构,从而使溶液黏度增大。

(2)温度。

聚丙烯酰胺溶液黏度随温度变化也是很大的。温度升高,分子间力减小,不利于网络结构的形成;同时,温度升高,使分子的溶剂化程度减小,而克服原子内旋转阻力的能力增加,这些都可使分子更加蜷曲,而使黏度减小。

(3)剪切速率。

聚丙烯酰胺溶液的黏度随剪切速率的变化同样是很大的。随着剪切速率的增加(例如在管中流动速度增加或在搅拌器中搅拌速度加快),高分子溶液的黏度先是迅速减小,然后减小的趋势减小,最后接近一个稳定的数值。溶液黏度随剪切速率的变化关系是由溶液中的网络结构在不同剪切速率下产生不同程度的破坏所引起的。随着剪切速率的增大,网络结构的破坏程度增加,黏度就随着减小。

相对分子质量的测定采用 GB/T 12005.10—1992《聚丙烯酰胺分子量测定　粘度法》和 GB 12005.1—1989《聚丙烯酰胺特性粘数测定方法》。

由于聚合物具有多分散性,所以聚合物的相对分子质量是一个平均值。有许多测定相对分子质量的方法(如光散射法、渗透压法、超速离心法、端基分析法等),但最简单且使用范围广的是黏度法。由黏度法测得的聚合物的相对分子质量叫黏均相对分子质量,以"$\overline{M}_v$"表示。黏度法又分多点法和单点法。

(1) 多点法。

多点法测定聚合物黏均相对分子质量的计算依据是:

$$[\eta] = k\overline{M}_v{}^\alpha \tag{2-3-2}$$

式中　$[\eta]$——特性黏数;

　　　k,α——与温度和溶剂有关的常数;

　　　$\overline{M}_v$——聚合物的黏均相对分子质量。

若设溶剂的黏度为 η_0,聚合物溶液浓度为 c(用 100 mL 溶液所含聚合物的克数表示)时的黏度为 η,则聚合物溶液的黏度与浓度间有如下关系:

$$\frac{\eta_{SP}}{c} = \frac{\eta - \eta_0}{c\eta_0} = [\eta] + k[\eta]^2 c \tag{2-3-3}$$

$$\frac{\ln \eta_r}{c} = \frac{\ln(\eta/\eta_0)}{c} = [\eta] - \beta[\eta]^2 c \tag{2-3-4}$$

以 η_{SP}/c, $\ln \eta_r/c$ 对 c 作图,外推直线至 c 为 0(参考图 2-3-1)求 $[\eta]$,即

$$[\eta] = \lim_{c \to 0} \frac{\eta_{SP}}{c} = \lim_{c \to 0} \frac{\ln \eta_r}{c} \tag{2-3-5}$$

由于 k,α 是与温度、溶剂有关的常数,所以对一定温度和特定的溶剂,k,α 有确定的数值。例如,30 ℃时,以 1 mol/L 硝酸钠溶液做溶剂,用黏度法测定聚丙烯酰胺黏均相对分子质量的经验式可表示如下:

$$[\eta] = 3.73 \times 10^{-4} \overline{M}^{2/3} \tag{2-3-6}$$

即

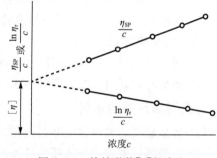

图 2-3-1　特性黏数 $[\eta]$ 的求法

$$\overline{M}_v = 1.40 \times 10^5 [\eta]^{3/2} \tag{2-3-7}$$

因此,只要测定不同浓度下聚合物溶液的黏度,即可通过上述的数据处理,求出聚合物的黏均相对分子质量 $\overline{M}_v$。

(2) 单点法。

对低浓度的聚合物溶液,其特性黏数可由下式计算:

$$[\eta] = \frac{1}{2c}(\eta_{SP} + \ln \eta_r) \tag{2-3-8}$$

实验时,只要测定一个低浓度的聚合物溶液的相对黏度,即可由式(2-3-8)求得所测试样的特性黏数。

本实验采用如图 2-3-2 所示的乌氏黏度计测定聚合物溶液在不同浓度下的黏度。这种黏度计的具体用法参考后述步骤。

三、实验仪器与药品

1. 实验仪器

电子天平、乌氏黏度计、恒温水浴锅、量筒、烧杯、搅拌棒、药匙、Brookfield 黏度计、秒表、容量瓶(100 mL)、移液管(3 支,规格分别为 5 mL,10 mL,50 mL)、具塞锥形瓶(250 mL)、吸耳球、移液管、三角瓶、滴定管、滴定架等。

2. 实验药品

丙烯酰胺(化学纯)、NaOH 溶液(10%)、过硫酸铵溶液(10%)、聚丙烯酰胺(粉末状工业品)、蒸馏水、聚丙烯酰胺溶液(0.01 g/100 mL)、硝酸钠溶液(1 mol/L)、酚酞指示剂、甲基橙指示剂、标准盐酸溶液等。

四、实验步骤

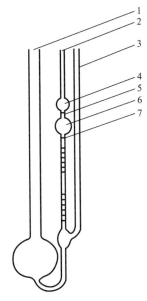

1—注液管;2—测量毛细管;3—气悬管;
4—缓冲球;5—上刻线;6—定量球;
7—下刻线。

图 2-3-2　乌氏黏度计

1. 丙烯酰胺的加聚反应

(1) 用电子天平称取烧杯和搅拌棒的质量(在后面计算中会用到这一质量),然后在烧杯中加入 4.0 g 丙烯酰胺和 36 mL 水,配成 10%丙烯酰胺溶液。

(2) 在恒温水浴中,将 10%丙烯酰胺溶液加热到 80 ℃,然后加入 30 滴 10%过硫酸铵溶液,引发丙烯酰胺加聚。

(3) 在加聚过程中,慢慢搅拌,注意观察溶液黏度的变化。

(4) 半小时后,停止加热,产物为聚丙烯酰胺。

2. 聚丙烯酰胺的水解

(1) 称量制得的聚丙烯酰胺,计算要补加多少水才可配成 5%聚丙烯酰胺溶液。

(2) 在聚丙烯酰胺中加入所需补加的水,用搅拌棒搅拌,观察高分子的溶解情况。

(3) 称取 20 g 5%聚丙烯酰胺溶液(剩下的留作比较用)并加入 4 mL 10%氢氧化钠溶液,放入沸水浴中,升温至 90 ℃以上进行水解。

(4) 在水解过程中,慢慢搅拌,观察黏度变化,并检查氨气的放出(用湿的广范 pH 试纸)。

(5) 半小时后,将烧杯从水浴中取出,产物为部分水解聚丙烯酰胺。

(6) 称取产物质量,补加蒸发损失的水量,制得 5%的部分水解聚丙烯酰胺。用旋转黏度计测量水解前后 5%溶液的黏度。

(7) 将制得的聚丙烯酰胺倒入回收瓶中。

3.聚丙烯酰胺溶液黏度的测定

（1）聚丙烯酰胺溶液黏度随质量分数的变化。

用蒸馏水配制质量分数为 0.1％,0.3％,0.5％和 0.7％的聚丙烯酰胺溶液各 15 mL。配制过程中,要使聚丙烯酰胺在蒸馏水中充分溶解,溶液呈均一相。然后在室温 25 ℃下使用 Brookfield 黏度计 L-18 转子在 6 r/min 速率下测定不同质量分数溶液的黏度,待数值稳定后将测得的黏度记录在表 2-3-1 中。

表 2-3-1　聚丙烯酰胺溶液黏度随质量分数的变化

聚丙烯酰胺溶液质量分数/％	0.1	0.3	0.5	0.7
黏度/(mPa·s)				

（2）聚丙烯酰胺溶液黏度随温度的变化。

用蒸馏水配制质量分数为 0.3％的聚丙烯酰胺溶液 60 mL,将其平均分成 4 份,用 Brookfield 黏度计 L-18 转子在 6 r/min 速率下分别测定在 25 ℃,40 ℃,55 ℃和 70 ℃时聚丙烯酰胺溶液的黏度。测定过程中打开恒温循环水浴,待温度达到测定温度时方可测量。待数值稳定后将测得的黏度记录在表 2-3-2 中。

表 2-3-2　聚丙烯酰胺溶液黏度随温度的变化

温度/℃	25	40	55	70
黏度/(mPa·s)				

（3）聚丙烯酰胺溶液黏度随剪切速率的变化。

用蒸馏水配制质量分数为 0.3％的聚丙烯酰胺溶液 60 mL,将其平均分成 4 份,在室温 25 ℃条件下用 Brookfield 黏度计 L-18 转子在 6 r/min,30 r/min,60 r/min 和 100 r/min 速率下分别测定聚丙烯酰胺溶液的黏度。不同转速对应不同的剪切速率,则可以得出聚丙烯酰胺溶液随剪切速率的变化情况。待数值稳定后将测得的黏度记录在表 2-3-3 中。

表 2-3-3　聚丙烯酰胺溶液黏度随转速的变化

转速/(r·min^{-1})	6	30	60	100
黏度/(mPa·s)				

4.聚丙烯酰胺相对分子质量的测定

（1）打开温度控制仪电源,将温度设为 30 ℃。调节电动搅拌机调速开关,使搅拌机以适当的速度匀速转动,使玻璃缸中各处的水温均匀。

（2）玻璃缸中水的温度升至 30 ℃后,将乌氏黏度计固定在铁架台夹子上,使黏度计上端玻璃球浸没在水中。调整乌氏黏度计,使其在水中竖直。

注意:在调整的过程中,不要使乌氏黏度计碰到搅拌棒或者玻璃缸壁,以免破碎。

（3）用量筒量取 15 mL 1 mol/L 硝酸钠溶液,由支管 1(本实验中所提到的乌氏黏度计的标号均见图 2-3-2)加到已洗净、烘干的黏度计的球中,然后将黏度计在已调至 30 ℃的玻璃缸中恒温约 15 min,即可按下述方法测定:先用左手的拇指和中指将黏度计的支管 3 捏住,用食指将支管1的管口堵住,然后用吸耳球从支管2的管口将溶液吸至刻线5以上的粗直径部分,在将食指松开的同时将吸耳球从管口移开,这时支管2中的刻线5以上的溶液则通过毛细管慢慢流下,用秒表测定溶液液面经过刻线5与刻线7所需要的时间。重复3～5次,取平均值,作为1 mol/L硝酸钠溶液的液面流经黏度计刻线5与刻线7的时间 t_0。测定后,将黏度计的溶液倒出回收,先后用自来水、蒸馏水洗净,然后烘干、备用。

（4）用量筒量取10 mL左右0.01 g/100 mL聚丙烯酰胺溶液,经支管1加入已洗净、烘干的黏度计的球中。用吸耳球将溶液吸至刻线5以上,然后松开胶皮管,用吸耳球将溶液吹下,重复此操作3次,对乌氏黏度计进行清洗。清洗结束后,将溶液倒入废液回收瓶中进行回收。

（5）用量筒量取15 mL 0.01 g/100 mL聚丙烯酰胺溶液,经支管1加入经聚合物溶液润洗的乌氏黏度计的球中,然后将黏度计固定在30 ℃的恒温槽中恒温约15 min后,用上述方法测定聚丙烯酰胺溶液的液面流经5与7两刻线间的时间 t_1,重复3～5次,取平均值 $\bar{t}$。

（6）全部测定结束后,将球内的溶液倒出,先后用自来水、蒸馏水洗净,然后烘干,备下次使用。

附注:乌氏黏度计测定流经时间的方法

（1）在稀释型乌氏黏度计的支管2和支管3的管口接上乳胶管。将黏度计竖直固定在恒温水浴中,水面应高过缓冲球2 cm。

（2）用移液管吸取10 mL试样溶液,由支管1加入黏度计,应使移液管口对准支管1的中心,避免溶液挂在管壁上。待溶液自然流下后,静止10 s,用吸耳球将最后一滴吹入黏度计。恒温10 min。

（3）紧闭支管3上的乳胶管,慢慢用吸耳球将溶液吸入球6,待液面升至球4一半时,取下吸耳球,放开支管3的乳胶管,让溶液自由落下。

（4）当液面下降至刻线5时,启动秒表,至刻线7时,停止秒表,记录时间。启动和停止秒表的时刻,应是溶液弯液面的最低点与刻线相切的瞬间,观察应平视。

（5）每次测定流经时间需重复3次,各流经时间差值不应超过0.2 s。取3次测定结果的算术平均值为该溶液的流经时间 t。

5.部分水解聚丙烯酰胺(HPAM)水解度的测定

（1）用移液管吸取5 mL HPAM溶液置于三角瓶中,加少量的蒸馏水。
（2）加1滴酚酞指示剂,若出现粉红色,则用标准盐酸滴定至无色,此量不记。
（3）再加1滴甲基橙指示剂,用标准盐酸滴定至溶液由黄色变为橙红色,记录用量。
（4）测2～3次取平均值,HPAM实验数据记录见表2-3-4。

表2-3-4　HPAM水解度测定数据

测定次数	1	2	3	平　均
标准盐酸用量/mL				

（5）计算水解度:

$$H=\frac{N\times V_A\times 70}{C\times V_P\times 1\,000}\times 100\%$$ (2-3-9)

式中　　N——标准盐酸的浓度,mol/L;

　　　　V_A——甲基橙终点消耗标准盐酸的用量,mL;

　　　　C——HPAM 溶液的质量分数;

　　　　V_P——HPAM 溶液的用量,mL。

五、实验结果与数据处理

(1) 解释实验中观察到的各种现象。

(2) 计算各溶液的浓度 c 及 $\dfrac{n_{SP}}{c}\left(即\ \dfrac{t-t_0}{ct_0}\right)$ 及 $\dfrac{\ln\eta_r}{c}\left(即\ \dfrac{\ln(t/t_0)}{c}\right)$ 的数值。

① 以 $\dfrac{\eta_{SP}}{c}$,$\dfrac{\ln\eta_r}{c}$ 对 c 作图,将直线外推至浓度为 0 处,从两直线的交点求得 $[\eta]$。

② 由 $[\eta]$ 计算聚丙烯酰胺的黏均相对分子质量 $\overline{M}_v$。

③ 用最后一点(溶液浓度最稀的点)的黏度,用一点法求出特性黏数,并与外推求得的特性黏数做比较,说明一点法是否适用。

(3) 计算水解度。

六、思考题

(1) 过硫酸铵用量对合成聚丙烯酰胺的相对分子质量有何影响?

(2) 为什么聚丙烯酰胺合成时,要将温度升到 80 ℃?

(3) 试分析影响部分聚丙烯酰胺相对分子质量的因素有哪些。

(4) 为什么随着剪切速率的增大,聚丙烯酰胺溶液黏度减小,但当速率增大到一定值时,黏度不再减小而接近某一个定值呢?

(5) 测定聚丙烯酰胺相对分子质量的方法还有哪些?

实验二　聚丙烯酰胺溶液浓度的测定

一、实验目的

(1) 掌握碘-淀粉法测定聚丙烯酰胺溶液浓度的方法。

(2) 了解测定聚丙烯酰胺溶液浓度在采油中的应用意义。

二、实验原理

在注入流体中加入一定量的水溶性聚合物以显著增大驱替流体的黏度,提高波及系数,最终达到提高采收率的目的。部分水解聚丙烯酰胺(HPAM)是三次采油中最为常用的水溶性聚合物。不论是在注入液的设计还是采出液的分析中,都需要准确知道 HPAM 的浓度。碘-淀粉法是较为方便、准确的测定方法。

碘-淀粉法是含酰胺基的聚合物浓度分析的简洁、实用、灵敏、可靠的方法。它是利用 Hofmann 重排的第一步反应,在 pH＝4.0 左右条件下,溴与聚丙烯酰胺的酰胺基团发生反应生成 N-溴化酰胺,多余的溴用还原剂甲酸除去;N-溴化酰胺定量水解生成 HBrO,次步反应是一个可逆平衡;用碘离子定量还原次溴酸生成碘,并使水解平衡正向移动,直至酰胺基的取代溴完全水解。生成的 I_2 和 I^- 可结合为络合离子 I_3^-,并与淀粉生成淀粉-三碘化物(呈蓝色),然后用分光光度计测定其吸光度以确定生成 I_2 的量,从而确定聚丙烯酰胺溶液的浓度。主要反应式为:

$$HBrO+2I^-+H^+\longrightarrow I_2+Br^-+H_2O$$
$$I_2+I^-+淀粉\longrightarrow I_3^-+淀粉(蓝色)$$
$$Br_2+HCOO^-\longrightarrow 2Br^-+H^++CO_2\uparrow$$

三、实验仪器与药品

1. 实验仪器

722 分光光度计或同类型分光光度计、电子天平(感量 0.01 g)、秒表或计时器(分度值 0.1 s)、电炉或类似加热器。

2. 实验药品

HPAM、可溶性淀粉、溴水、碘化镉、甲酸钠。

3. 药品的配制

(1) 淀粉-碘化镉试剂的配制。将 11.0 g 碘化镉溶于 400 mL 水中,加热煮沸 10 min,稀释至 800 mL。加入 2.5 g 可溶性淀粉,搅拌,煮沸 5 min,溶解后用 3 层慢速滤纸在布氏漏斗中过滤(水压抽滤),最后稀释至 1 000 mL。

(2) 缓冲溶液的配制。称取 25.0 g 三水合乙酸钠溶解在 800 mL 蒸馏水中,加入 0.5 g 水合硫酸铝,再用乙酸调节 pH 至 4.0,最后稀释到 1 000 mL,备用。

(3) 饱和溴水的配制。用移液管移取 50 mL 溴至装有 100 mL 蒸馏水的棕色瓶中,在 2 h 内不断摇动棕色瓶,并微开瓶塞放出蒸气。

(4) 甲酸钠还原液的配制。称取 11.0 g 甲酸钠,用蒸馏水稀释至 500 mL。

四、实验内容和步骤

1. 工作曲线的绘制

(1) 打开 722 分光光度计的电源开关,预热 20 min。

（2）用波长选择旋钮将单色光波长选为 580 nm，打开比色器盖，将空白液（可用蒸馏水）放入比色器皿。调"0"位时，细调到电表"0"刻线。将仪器比色器盖合上，使光电管受光，然后调节仪器面板上光量粗调和细调电位器到电表满刻度 100%。将以上过程反复几次，调整"0"位及满度。

（3）分别取 pH＝4.0 的乙酸-乙酸钠缓冲溶液 5 mL 到 6 个 50 mL 容量瓶中。

（4）分别取浓度为 10 mg/L 的聚丙烯酰胺标准溶液 5 mL，10 mL，15 mL，20 mL，25 mL，30 mL 放于 50 mL 容量瓶中，用蒸馏水稀释至 35 mL 左右，混合均匀后加入 1 mL 饱和溴水，反应 15 min 后加入 3 mL 甲酸钠还原溶液，准确反应 4 min，立即加入 5 mL 淀粉-碘化镉试剂。用蒸馏水稀释至刻度后反应 20 min，用分光光度计测定溶液在不同浓度下的吸光度值，用吸光度值对聚丙烯酰胺标准浓度作出工作曲线。

2.未知聚丙烯酰胺溶液浓度的测定

在 50 mL 容量瓶中加入一定量未知质量浓度样品（聚合物浓度为 50～300 μg/50 mL），重复上述操作步骤，测定其吸光度值。根据标准曲线利用插值法求出未知样品的聚丙烯酰胺浓度，并取 3 次实验的平均值作为测定结果。

五、实验结果与数据处理

1.实验数据记录

将实验数据记录在表 2-3-4 中。

表 2-3-4　丙烯酰胺质量浓度和吸光度值数据记录表

样品编号	1	2	3	4	5	6	未知样品
样品质量浓度/(mg·L^{-1})							
吸光度值							

2.数据处理

（1）绘制标准聚合物溶液浓度（c）-吸光度（A）关系曲线。

（2）由未知样实测吸光度值和标准曲线求出聚丙烯酰胺溶液的浓度，取其平均值作为测定结果。

六、安全提示和注意事项

（1）温度范围以 16～26 ℃为宜。

（2）将聚合物废液倒入指定回收容器，不得倒入水槽，以免堵塞水下水道。

七、思考题

（1）当溶液中存在其他离子时，是否需对其干扰浓度范围进行确定？

（2）配制聚合物溶液标准样的浓度是大好还是小好？为什么？

（3）哪些因素会影响实验的准确性？

（4）测量聚丙烯酰胺溶液浓度的方法还有哪些？原理有何不同？调研一下。

实验三　聚合物溶液的配制与流变曲线的测定

一、实验目的

（1）掌握聚合物溶液的配制方法。

（2）学会使用 Brookfield DV-Ⅲ 流变仪。

（3）掌握聚合物溶液流变曲线测定的基本原理、操作和数据处理方法。

二、实验原理

流变特性是物体在外力作用下发生的应变与其应力之间的定量关系。这种应变（流动或变形）与物体的性质和内部结构有关，也与物体内部质点之间的相对运动状态有关。胶体体系的流变特性不但是单个粒子性质的反映，而且是粒子与粒子之间以及粒子与溶剂之间相互作用的结果。因此不同的物质具有不同的流变特性。

按照流体力学的观点，流体可分为理想流体和实际流体两大类。理想流体在流动时无阻力，故称为非黏性流体。实际流体流动时有阻力，即内摩擦力（或剪切应力），故又称为黏性流体。根据作用于流体上的剪切应力与产生的剪切速率之间的关系，黏性流体又分为牛顿流体和非牛顿流体。研究流体的流动特性，对聚合物的加工工艺具有很强的指导意义。

液体流动时，不同流速的层面之间存在剪切力和剪切形变。这种剪切属于内摩擦，消耗能量，表现为液体具有黏性。单位层面上的剪切力称为剪切应力 σ，单位为 Pa；单位时间内发生的剪切形变（记为 γ）称为剪切速率 $\dot{\gamma}$，$\dot{\gamma} = \mathrm{d}\gamma/\mathrm{d}t$，单位为 s^{-1}。

取相距为 $\mathrm{d}y$ 的两薄层流体，下层静止，上层有一剪切力 F，使其产生速度 $\mathrm{d}v$。流体间的内摩擦力影响，使下层流体的流速比紧贴的上一层流体的流速稍慢一些，至静止面处流体的速度为零，其流速变化呈线性。这样，在运动和静止面之间形成速度梯度 $\mathrm{d}v/\mathrm{d}y$，也称为剪切速率。剪切速率 $\dot{\gamma}$ 与不同层面流体的速度梯度有关，可以证明：

$$\dot{\gamma} = \frac{\mathrm{d}\gamma}{\mathrm{d}t} = \frac{\mathrm{d}v}{\mathrm{d}y} \qquad (2\text{-}3\text{-}10)$$

在稳态下，施于运动面上的力 F 必然与流体内因黏性而产生的内摩擦力相平衡，据牛顿黏性定律，施于运动面上的剪切应力 σ 与速度梯度 $\mathrm{d}v/\mathrm{d}y$ 成正比：

$$\sigma = \frac{F}{A} = \frac{\eta \mathrm{d}v}{\mathrm{d}y} = \eta \dot{\gamma} \qquad (2\text{-}3\text{-}11)$$

式中　η——黏度系数，又称为黏度；

$\dfrac{\mathrm{d}v}{\mathrm{d}y}$——剪切速率，用 $\dot{\gamma}$ 表示。

以剪切应力对剪切速率作图，所得的图形称为流变曲线。

（1）牛顿流体的流变曲线是通过坐标原点的一条直线，其斜率即黏度 η_0 又称牛顿黏度，是与剪切速率无关的材料常数，单位为 Pa·s 或 mPa·s。牛顿流体的剪切应力与剪切速率之间的关系完全服从牛顿黏性定律 $\eta_0=\sigma/\dot{\gamma}$。水、酒精、醇类、酯类、油类等均属于牛顿流体。

（2）凡是流变曲线不是直线或虽为直线但不通过坐标轴原点的流体，都称为非牛顿流体，其黏度随剪切速率的改变而改变。非牛顿流体的黏度称为表观黏度，用 η_a 表示。聚合物浓溶液、熔融体、悬浮体、浆状液等大多属于此类。聚合物流体多数属于非牛顿流体，它们与牛顿流体的确有不同的流动特性，两者的动量传递特性也有所差别，进而影响到热量传递、质量传递及反应结果。对于某些聚合物的浓溶液，通常用幂律定律来描述其黏弹性：

$$\sigma=K\cdot\dot{\gamma}^n \tag{2-3-12}$$

式中　n——流动幂律指数；

　　　K——稠变系数（常数）。

表观黏度又可表示为

$$\eta_a=\frac{\sigma}{\dot{\gamma}}=K\cdot\dot{\gamma}^{n-1} \tag{2-3-13}$$

式（2-3-12）称为幂律方程。K 和 n 为材料参数，$n=\dfrac{\mathrm{d}\ln\sigma}{\mathrm{d}\ln\dot{\gamma}}$，称为材料的流动指数或非牛顿指数，等于在 $\ln\sigma$-$\ln\dot{\gamma}$ 双对数坐标图中曲线的斜率。K 是与温度有关的黏性参数。

幂律定律在表征流体的黏弹性上的优点是通过 n 值的大小来判定流体的性质。当 $n>1$ 时，流体为膨塑性流体；当 $n<1$ 时，流体为假塑性流体；当 $n=1$ 时，流体为牛顿流体，$K=\eta_0$。几种流体可以用图 2-3-3 表示。n 偏离 1 的程度越大，表明材料的假塑性（非牛顿性）越强；n 与 1 之差反映了材料非线性性质的强弱。一般橡胶材料的 n 值比塑料更小。同一种材料，在不同的剪切速率范围内，n 值也不是常数。通常剪切速率越大，材料的非牛顿性越显著，n 值越小。此外，所有影响材料非线性性质的因素必对 n 值有影响。例

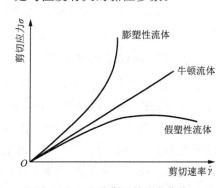

图 2-3-3　几种典型的流变曲线

如温度下降、相对分子质量增大、填料量增多等，都会使材料非线性性质增强，从而使 n 值下降。填入软化剂、增塑剂，则使 n 值上升。

对于高分子溶液（如某些聚合物溶液），在剪切速率范围内（$\dot{\gamma}=1\sim1\,000\ \mathrm{s}^{-1}$），剪切应力与剪切速率满足幂律方程。

幂律方程公式简单，在工程上有较大的实用价值。许多描述材料假塑性行为的软件设计程序采用幂律方程作为材料的本构方程。幂律方程的缺陷在于它是一个纯粹经验方程，物理意义不够明确，而且不能描述材料弹性行为。另外，由于 n 值的多变性，幂律方程适用的剪切速率范围较小，在使用时应注意。

三、实验仪器与药品

1. 实验仪器

Brookfield DV-Ⅲ 流变仪、循环恒温水浴、烧杯、玻璃棒。

2. 实验药品

聚乙烯醇浓溶液、HPAM 溶液、甲基硅油。

四、实验步骤

1. 聚合物溶液的配制

流变性研究中所用的溶液体积较小,为了取得准确的测量数据,避免容积法配制溶液时由温度变化引起的误差,溶液的配制采用称重法。具体操作步骤如下。

(1) 配好所需的地层水,用电子天平称取所需种类和数量的聚合物。

(2) 用磁力搅拌器将烧杯中的溶剂搅起打成漩涡状,把称好的聚合物在 1 min 内均匀分散在充分搅起的漩涡中,投放位置应在漩涡中心到器壁的 2/3 处。

(3) 将转速降至 80~100 r/min,避免因过高转速造成聚合物降解。

(4) 搅拌 1 h 以上,待聚合物充分分散后,关闭搅拌器,将聚合物溶液静置 10 h 以上,以使其充分溶胀(也叫聚合物的熟化)。

2. 流变仪仪器操作说明

(1) 安装并放平流变仪。将流变仪各部件按要求连接好,流变仪必须平放,用底座的 3 个水平螺钉调整水平,调节到 DV-Ⅲ气泡位于圆圈中间。

(2) 自动回零。放置平稳后接通电源,空载调零。读数之前,流变仪必须自动回零,每次开机都要做,操作程序如下:打开电源,屏幕上显示出 DV-Ⅲ处于可独立应用状态(未与计算机连接),给出运行程序的版本(内置于控制仪器的程序)。不要按任何键,短暂停顿之后,屏幕闪 15 s,然后 DV-Ⅲ自动回零。15 s 后,显示"自动回零结束",换上转子,按任何键。主屏幕显示,DV-Ⅲ可以使用。

(3) 输入转子号数。按"SELECT SPDL"键,然后按数字键可输入 0~99 有效的转子数。选择错误时,可以通过按数字键来解决,那时使用者再按"SELECT SPDL"键。

(4) 装上转子。将转子斜插入样品(防止出现气泡),并连接上主机电机杆,调节主机高低使溶液液面到达转子凹槽部分,并插入温度探测器。

(5) 输入转速。用数字键和执行键输入转速。本机提供了 0~2 600 间的任一速度值。

(6) 开始测量。按下"MOTOR ON/OFF""ESCAPE"键,开始测量流体的黏度值等。测量开始,等读数稳定下来,才可以记录扭矩、黏度值、剪切应力或剪切率,一般要转动 5 圈以上。按下"SELECT DISPLAY"键可切换显示力矩、黏度、剪应力 SS 及剪切率 SR(s^{-1})。记录 4 个指标,并附带单位。可通过改变转速或转子尽可能使力矩在 10% ~100% 内,所测结果较为准确。只有输入合适的转子号数,才能显示剪应力及剪切率值,否则显示为"0",此时应重新输入转子号数。

3.流变性测量

(1)按照要求,安装仪器,启动机器,选定系统和转子,清洗并干燥系统各部分。

(2)装样。把预先洗净并吹干的套筒安装在托架上,取适量的被测液体缓慢倒入筒内,液面高度应在转筒的工作高度范围内。

(3)准备工作。通入恒温水,将测量头上旋钮扳向"工作",接通电器箱上的电源开关,选择适当的转速并接通电动机电源。

(4)测量。通过套筒上的温度计确认体系已恒定至所需温度,设定需测定的不同转速或剪切速率,系统自动测量并读取数据。

① 甲基硅油流变曲线测试。用 500 mL 烧杯转入适量的甲基硅油测试,固定转子及转子号输入值,测试并记录 5 个不同转速下甲基硅油的力矩、黏度、剪应力 SS 及剪切率 SR。

② 一定浓度的聚乙烯醇溶液流变曲线测试。方法与测试甲基硅油溶液相同。

③ 一定浓度的 HPAM 溶液流变曲线测试。方法与测试甲基硅油溶液相同。

(5)测试完毕关机,洗净转子并用吸水纸吸干水分,晾干。

五、实验结果与数据处理

(1)准确完整记录实验数据并将其填入表 2-3-5、表 2-3-6 中。

表 2-3-5 甲基硅油测试记录

测试项目:甲基硅油		转筒编号:		转子号输入值:		
转速 /(r·min^{-1})	力矩 /%	黏度 /cP	剪应力 SS /(dyn·cm^{-2})	剪切率 SR /s^{-1}	lg $\dot{\gamma}$	lg σ

表 2-3-6 聚乙烯醇溶液测试记录

测试项目:聚乙烯醇溶液		转筒编号:		转子号输入值:		
转速 /(r·min^{-1})	力矩 /%	黏度 /cP	剪应力 SS /(dyn·cm^{-2})	剪切率 SR /s^{-1}	lg $\dot{\gamma}$	lg σ

（2）画出 $\lg \sigma$-$\lg \dot{\gamma}$ 的流变曲线。

（3）求出 n 和 k 值，具体方法如下。

将所测聚合物黏度与剪切速率在对数坐标下拟合直线段流变参数。拟合采用最小二乘法。首先将幂律模式转换为线性方程式：

$$y = a + bx \tag{2-3-14}$$

$$y = \ln \mu \tag{2-3-15}$$

$$a = \ln K \tag{2-3-16}$$

$$b = \ln(n-1) \tag{2-3-17}$$

$$x = \ln \dot{\gamma} \tag{2-3-18}$$

按照最小二乘法原理，有 n 组实验数据 $(x_1, y_1), (x_2, y_2), \cdots, (x_n, y_n)$，对于数学模型 $y = a + bx$，并使 Q 值最小：

$$Q = \sum_{i=1}^{n} \left[y_i - (a + b x_i) \right]^2 \tag{2-3-19}$$

由微分求值方法可知，Q 最小值应满足

$$\frac{\partial Q}{\partial a} = 0, \quad \frac{\partial Q}{\partial b} = 0 \tag{2-3-20}$$

从而得到

$$a = \overline{y} - b \overline{x} \tag{2-3-21}$$

$$b = \frac{\sum_{i=1}^{n} (x_i - \overline{x})(y_i - \overline{y})}{\sum_{i=1}^{n} (x_i - \overline{x})^2} \tag{2-3-22}$$

其中

$$\overline{x} = \frac{1}{n} \sum_{i=1}^{n} x_i, \quad \overline{y} = \frac{1}{n} \sum_{i=1}^{n} y_i \tag{2-3-23}$$

求得 a, b 值后，即可确定反映实验点分布状况的一元线性回归方程。

计算实验数据的相关系数：

$$\beta = \frac{\sum_{i=1}^{n} (x_i - \overline{x})(y_i - \overline{y})}{\sqrt{\sum_{i=1}^{n} (x_i - \overline{x})^2 \sum_{i=1}^{n} (y_i - \overline{y})^2}} \tag{2-3-24}$$

通过计算回归方程的方差分析量 F，对回归方程进行检验：

$$F = \frac{\sum_{i=1}^{n} (y_i - \overline{y}) f_1}{\sum_{i=1}^{n} (y_i - a - b x_i)^2 f_2} \tag{2-3-25}$$

$$\overline{y} = \frac{1}{n} \sum_{i=1}^{n} y_i \tag{2-3-26}$$

$$f_1 = n - 2 \tag{2-3-27}$$

$$f_2 = 1 \tag{2-3-28}$$

利用上述方法可以对实验数据进行拟合,求得聚合物流变参数 k 和 n。

（4）讨论试样属于何种流体。

六、实验安全与注意事项

（1）实验过程中注意对转子的保护。

（2）实验结束后,要及时清洗转子及相关部件。

（3）对未知流体选择转子及速度的过程,要通过尝试完成。合适的选择是力矩处于 $10\%\sim100\%$。

（4）当转子或速度改变时,非牛顿流体的行为可导致黏度变化。当黏度数据一定要进行比较时,一定使用同样的转子、速度、容器和温度。

（5）剪切力:$1\ N/m^2 = 10\ dyn/cm^2$。黏度:$1\ mPa \cdot s = 1\ cP$。

七、思考题

（1）牛顿流体与非牛顿流体的定义是什么? 主要区别是什么?

（2）浓溶液的浓度对测量结果有什么影响?

（3）影响聚合物流变参数 k 和 n 的大小因素有哪些?

（4）聚合物的流变学性质与聚合物的浓度和溶解度有什么关系?

实验四　油田用表面活性剂的性能测定与评价

一、实验目的

（1）了解用指示剂和染料通过显色反应鉴别表面活性剂类型的原理和方法。

（2）了解离子型表面活性剂克拉夫特点和非离子表面活性剂浊点的测定方法及不同类型表面活性剂的使用性质。

（3）学会一种表面活性剂的表面张力的测定原理和方法,并掌握由表面张力计算临界胶束浓度（CMC）的原理和方法,学习 Gibbs 公式及其应用。

（4）学会表面活性剂溶液与原油的油水界面张力的测定原理和方法,并掌握超低界面张力在三次采油中的作用原理。

（5）学会观察表面活性剂溶液与原油混合后的乳化现象,并掌握用不稳定系数法评价表面活性剂的乳化能力。

二、实验原理

表面活性剂是指少量加入即能使溶液体系的界面状态发生明显变化的物质,是一类具有特殊化学性质的专用精细化学品,品种繁多,性质差异明显。表面活性剂的分子结构具有两亲性：一端为亲水基团，另一端为疏水基团。亲水基团常为极性基团，如羧酸、磺酸、硫酸、氨基或胺基及其盐，羟基、酰胺基、醚键等也可作为极性亲水基团；而疏水基团常为非极性烃链，如 C8 以上烃链。

表面活性剂具有固定的亲水亲油基团，当它们以低浓度存在于某一体系中时，可被吸附在该体系的表面上，采取极性基团向着水，非极性基团脱离水的表面定向排列，从而使表面自由能明显降低。表面活性剂广泛用于石油、纺织、农药、采矿、食品、民用洗涤等各个领域，具有润湿、乳化、洗涤、发泡等重要作用。

1. 表面活性剂类型的鉴别

不同类型表面活性剂具有不同的性质，因此可以采用不同的方法将它们鉴别出来。离子表面活性剂可利用它们的离子反应来鉴别，非离子表面活性剂则利用其与金属离子形成络合物的颜色来鉴别。

亚甲基蓝属阳离子型有色物，在容量分析中可用作指示剂，当它遇到阴离子表面活性剂时，生成不溶于水而溶于氯仿的产物，使氯仿层色泽变深；如果实验液中含有阳离子表面活性剂，那么阴、阳离子表面活性剂的结合，使亚甲基蓝脱离阴离子表面活性剂而从氯仿中回到水中，使氯仿层色泽变浅。

2. 表面活性剂克拉夫特(Krafft)点和浊点

离子表面活性剂在温度较低时溶解度很小，但随温度升高而逐渐增大，当到达某特定温度时，溶解度急剧增大，把该温度称为临界溶解温度（又称克拉夫特点，Krafft Point）。

浊点是非离子表面活性剂的一个特性常数，其受表面活性剂的分子结构和共存物质的影响。表面活性剂在水溶液中，当温度升到一定值时，溶液出现浑浊而不完全溶解的现象，此时该温度称为浊点温度(Cloud Point)。

3. 表面活性剂的表面张力及临界胶束浓度(CMC)的测定

由于净吸引力的作用，处于液体表面的分子倾向于到液体内部来，因此液体表面倾向于收缩。要扩大面积，就要把内部分子移到表面来，这就要克服净吸引力做功，所做的功转变为表面分子的位能。单位表面具有的表面能叫表面张力。

在一定温度、压力下纯液体的表面张力是定值。但在纯液体中加入溶质，表面张力就会发生变化。若溶质使液体的表面张力增大，则溶质在溶液相表面层的浓度小于在溶液相内部的浓度；若溶质使液体的表面张力减小，则溶质在溶液相表面层的浓度大于在溶液相内部的浓度。这种溶质在溶液相表面的浓度和相内部的浓度不同的现象叫吸附。

在一定的温度、压力下，溶质的表面吸附量与溶液的浓度、溶液的表面张力之间的关系，可用吉布斯(Gibbs)吸附等温式表示：

$$\Gamma = -\frac{c}{RT}\frac{\mathrm{d}\sigma}{\mathrm{d}c} \tag{2-3-29}$$

式中　　Γ——吸附量，mol/L；

　　　　c——吸附质在溶液内部的物质的量浓度，mol/L；

　　　　σ——表面张力，N/m；

　　　　R——通用气体常数，N·m/(K·mol)；

T——绝对温度，K。

若 $d\sigma/dc<0$，则溶质为正吸附；若 $d\sigma/dc>0$，则溶质为负吸附。若能通过实验测出表面张力与溶质浓度的关系，则可作出 $\sigma\text{-}c$ 曲线，并在此曲线上任取若干个点作曲线的切线，这些曲线的斜率即浓度对应的 $d\sigma/dc$，将此值代入公式(2-3-29)，即可求出在此浓度时的溶质吸附量。

表面活性剂的临界胶束浓度(CMC)是表面活性剂溶液非常重要的性质。要使液体的表面扩大，就需对体系做功，增加单位表面积时，对体系做的可逆功称为表面张力或表面自由能。它们的单位分别是 N·m^{-1} 和 J·m^{-2}，在因次上是相同的。

表面活性剂在溶液中能够形成胶束时的最小浓度称为临界胶束浓度。在形成胶束时，溶液的一系列性质都发生突变，原则上，可以用任何一个突变的性质测定值，但最常用的是表面张力－浓度对数图法。该法适合各种类型的表面活性剂，准确性好，不受无机盐的影响，只是当表面活性剂中混有高表面活性的极性有机物时，曲线中出现最低点。

表面张力的测定方法有多种，较为常用的有最大压差法、滴体积(滴重)法和拉起液膜法(吊环法及吊片法)。

1）最大压差法

详见第二篇第一章"实验三　最大压差法测表面张力"。

2）滴体积(滴重)法

滴体积法的特点是简便而准确。当自一毛细管滴头滴下液体时，可以发现液滴的大小(用体积或质量表示)与液体表面张力有关：表面张力大，则液滴亦大。早在 1864 年，Tate 就提出了表示液滴质量(m)的简单公式：

$$mg=2\pi r\gamma \tag{2-3-30}$$

式中　m——液滴的质量，g；

　　　g——重力加速度，m/s^2；

　　　r——管端半径，cm；

　　　γ——表面张力，mN/m。

式(2-3-30)表示支持液滴质量的力为沿滴尖周边(垂直)的表面张力，但是此式实际是错误的，实际值比计算值低得多。对液滴形成的仔细观察揭示出其中的奥秘，图 2-3-4 为液滴形成过程的高速摄影示意图。

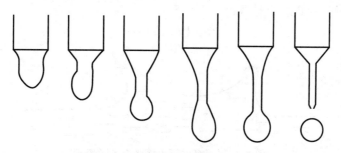

图 2-3-4　液滴形成的高速摄影示意图

由于发展出的细颈是不稳定的,故总是从此处断开,只有一部分液滴落下,甚至可有40%的部分仍然留在管端而未落下。此时,由于形成细颈,表面张力作用的方向和重力作用的方向不一致,而成一定角度,这也是表面张力所能支持的液滴质量。即最大液滴是$\left(\dfrac{r}{V^3}\right)$的函数,这里的$V$是液滴体积。因此,对式(2-3-30)加以校正,滴下的液滴实际重量是:

$$mg = 2\pi r\gamma f\left(\frac{r}{V^3}\right) \tag{2-3-31}$$

因此

$$\gamma = \frac{1}{2\pi f\left(\dfrac{r}{V^3}\right)} \cdot \frac{mg}{r} = F \cdot \frac{mg}{r} \tag{2-3-32}$$

式中　$F = \dfrac{1}{2\pi f\left(\dfrac{r}{V^3}\right)}$,数值可以从手册中查到。

滴体积(滴重)法对于一般液体或溶液的表(界)面张力测定都很适用,但此法非完全平衡方法,故对于表面张力平衡很慢的体系不太适用。

3)拉起液膜法(吊环法)

把一个圆环平置于液面,测量将环拉离液面所需最大的力,由此可计算出液体的表面张力。假设当环被拉向上时,环就带起一些液体。当提起液体的重量mg与沿环液体交界处的表面张力相等时,液体质量最大。再提升则液环断开,环脱离液面。设环拉起的液体呈圆筒形(如图2-3-5所示),对环的附加拉力(即除去抵消环本身的重力部分)P为:

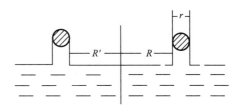

图2-3-5　吊环法测表面张力理想情况

$$P = mg = 2\pi R\gamma + 2\pi(R+2r)\gamma = 4\pi(R+r)\gamma + 4\pi R\gamma \tag{2-3-33}$$

式中　m——拉起来的液体质量,g;

R——环的内半径,cm;

r——环丝半径,cm。

实际上,式(2-3-33)是不完善的,因为实际情况并非如此,而是如图2-3-6所示。因此对式(2-3-33)还需加以校正。于是得:

$$\gamma = (P/2\pi R) \times F \tag{2-3-34}$$

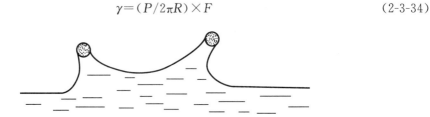

图2-3-6　吊环法测表面张力实际情况

从大量的实验分析与总结,得出校正因子F的计算公式为:

$$F=0.725\,0+\sqrt{\frac{0.014\,52P}{C^2(D-d)}+0.045\,34-\frac{1.679}{R/r}}$$ (2-3-35)

式中　P——显示的读数值,mN/m;

　　　C——环的周长,cm;

　　　R——环的内半径,cm;

　　　D——下相密度(30 ℃),g/mL;

　　　d——上相密度(30 ℃),g/mL;

　　　r——环丝半径,cm。

4. 表面活性剂的油水界面张力的测定

在地层温度下,表面活性剂溶液与原油的界面张力在 $10^0 \sim 10^{-6}$ mN·m^{-1} 内,可用旋滴法测定该体系的油水界面张力,为选择各种与原油形成低或超低界面张力的驱油剂溶液提供基础依据。

该方法是将油珠悬浮在水(或水溶液)中,在高速绕水平轴旋转下将油珠拉成柱形,柱体的直径与界面张力有关。在相同条件(转速、油水相密度差)下,油柱直径越小,界面张力越小,如图 2-3-7 所示。

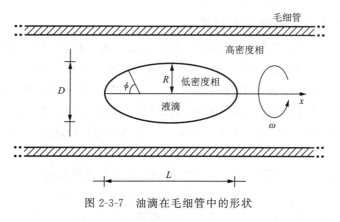

图 2-3-7　油滴在毛细管中的形状

旋滴法测定界面张力时,油滴在样品管中高速旋转,呈椭球形,椭球的长轴直径为 L,短轴直径为 D。当 $L/D \geqslant 4$ 时,界面张力按下式计算:

$$\text{IFT}=\frac{\Delta\rho\omega^2 r^3}{4}$$ (2-3-36)

式中　$\Delta\rho$——油水密度差,kg/m;

　　　ω——样品管转动的角速度,rad/s;

　　　r——油滴短轴半径,m。

又可写为:

$$\text{IFT}=1.233\,6\Delta\rho\left(\frac{d}{n}\right)^3\frac{1}{p^2}$$ (2-3-37)

式中　IFT——界面张力,N/m;

　　　$\Delta\rho$——油水密度差,kg/m^3;

　　　d——油滴表观直径,0.1 mm;

p——转速倒数，ms/rev；

n——溶液折光率，用 WZS-1 型阿贝折光仪测定。

当 $L/D<4$ 时，需要对式(2-3-37)进行修正：

$$IFT=1.233\ 6\Delta\rho\left(\frac{d}{n}\right)^3\frac{1}{p^2}\cdot f(L/D)\qquad(2\text{-}3\text{-}38)$$

式中　$f(L/D)$——修正系数，与 L/D 有关，可以通过查表获得。

5. 表面活性剂接触角的测定

液体对固体表面的润湿情况可以通过直接测定接触角来确定。将欲测矿物磨成光面，浸入油(或水)中，在矿物表面上滴一滴水(或油)，直径为 $1\sim2\ mm$，然后通过光学系统将一组光线投射到液滴上，将液滴放大并投影到屏幕上，拍照后便可在照片上直接测量出润湿角(或称接触角)，或测量液滴的高度 h 和它与岩石接触处的长度 D，计算润湿角 θ：

$$\tan\frac{\theta}{2}=\frac{2h}{D}\qquad(2\text{-}3\text{-}39)$$

式中　θ——润湿角，$(°)$；

h——液滴高度，mm；

D——液滴和固体表面接触的弦长，mm。

6. 表面活性剂的乳化张力的测定

表面活性剂分子具有亲水基和亲油基，可分布在油水界面上，这些表面活性物质可使原油乳化形成水包油(O/W)乳状液。水包油乳状液的形成与稳定性对于化学驱和稠油乳化降黏具有重要作用，例如化学驱中乳化－携带、乳化－捕集、自发乳化等机理的发生，稠油乳化降黏中原油乳化分散机理的发生都是以水包油乳状液的形成为前提条件的。因此表面活性剂是提高石油采收率和原油集输中十分重要的一类添加剂。表面活性剂的乳化能力可用不稳定系数法进行评价。

乳状液的稳定性可用不稳定系数(USI)表示。不稳定系数按式(2-3-40)定义：

$$USI=\frac{\int_0^T V(t)\mathrm{d}t}{t}\qquad(2\text{-}3\text{-}40)$$

式中　USI——不稳定系数，mL；

$V(t)$——乳化体系分出水体积与时间的变化函数；

t——乳化体系静止分离的时间。

从定义式可以看出，不稳定系数越小，乳状液的稳定性越好。

三、实验仪器与药品

1. 实验仪器

JK99C 全自动表面张力仪(或其他同类表面张力仪)、Texas-500 型旋转液滴界面张力仪、WZS-1 型阿贝折光仪、密度瓶、温度计、具塞刻度试管(25 mL)、大试管、搅拌器、烧杯(3个，规格分别为 50 mL，150 mL，500 mL)、移液管(15 mL)、容量瓶(50 mL)、量筒(100 mL)、滴管、试管架、秒表、电炉、电子天平。

2. 实验药品

十二烷基硫酸钠(SDS)/十二烷基苯磺酸钠(SDBS)、聚氧乙烯辛基苯酚醚-10(OP-10)、脱水原油/煤油、蒸馏水。

浓硫酸(AR)、无水硫酸钠(AR)、氯仿(CP)、渗透剂(磺酸盐或硫酸酯盐型阴离子表面活性剂)。

亚甲基蓝溶液(称取 0.03 g 亚甲基蓝,用水调匀,加入 12 g 浓硫酸和 50 g 无水硫酸钠,用蒸馏水溶解并稀释至 1 000 mL)。

0.05%阴离子表面活性剂溶液(渗透剂 OT)。若无渗透剂 OT,则可用其他磺酸盐或硫酸酯盐型阴离子表面活性剂代替,但需水溶性的。

四、实验步骤

1. 表面活性剂克拉夫特(Krafft)点和浊点的测定

1) 克拉夫特点的测定

称取一定量的 SDS,配制成 1%水溶液,倒入大试管内,于水浴上加热并搅拌,到溶液呈透明澄清后,冷水浴搅拌下降温至溶液中有晶体析出为止,重复数次,记录温度,并将数据填入表 2-3-7 中。

表 2-3-7 克拉夫特点实验记录表

温 度	实验次数			现象描述
	1	2	3	
由浊变清时温度/℃				
有晶体析出时温度/℃				

2) 浊点的测定方法

称取一定量的 OP-10,溶解后配成 1%水溶液,倒入大试管内,将大试管在水浴中缓缓升温,仔细观察透明度的变化,边加热边用搅拌器上下搅动,当试液由澄清变浑浊时,将温度计读数记录在表 2-3-8 中;然后将大试管取出冷水浴降温,并记下由浑浊变成完全澄清时的温度,比较前后温度。

表 2-3-8 浊点实验记录表

温 度	实验次数			现象描述
	1	2	3	
由清变浊时温度/℃				
由浊变清时温度/℃				

2. 表面活性剂表面张力及 CMC 的测定

取 1.44 g SDS,用少量蒸馏水溶解,然后在 50 mL 容量瓶中定容(浓度为 1.0×10^{-1}

mol/L）。从 1.0×10^{-1} mol/L 的 SDS 溶液中移取 5 mL，放入 50 mL 的容量瓶中定容（浓度为 1.0×10^{-2} mol/L）。然后依次从上一浓度的溶液中移取 5 mL 稀释 10 倍，配制 $1.0 \times 10^{-1} \sim 1.0 \times 10^{-5}$ mol/L 5 种浓度的溶液。

1）拉起液膜法（吊片法）

用吊片法首先测定蒸馏水的表面张力，对仪器进行校正。然后从低至高浓度依次测定 SDBS 溶液，记录表面张力值，作出表面张力—浓度对数曲线，拐点处即为 CMC 值。若希望准确测定值，则在拐点处增加几个测定值即可实现。

吊片法测定表面活性剂溶液的表面张力的步骤如下。

（1）将仪器放在不受振动和平稳的地方，调节仪器下面的螺丝，把仪器调到水平状态。用热洗液浸泡铂金片和测试时装测试液的试样杯，然后用蒸馏水洗净，烘干。铂金片应十分平整、水平，洗净后不能用手触摸。

（2）开机，预热 15 min。

（3）配制表面活性剂溶液（一般情况下，配制的表面活性剂溶液浓度范围为 $1 \times 10^{-6} \sim 1 \times 10^{-3}$ mol/L）。

（4）将全自动表面张力仪与超级恒温水浴相连（若测室温下的表面张力，则该步骤可省略）。

（5）用配制好的待测表面活性剂溶液润洗玻璃试样杯 2～3 次，然后将表面活性剂水溶液倒入玻璃试样杯中至 1/2～3/4 高度，将试样杯放入全自动表面张力仪试样槽中。

（6）用镊子将铂金片轻轻挂到全自动表面张力仪测试挂钩上，调整试样槽的高度，使铂金片下端在待测溶液液面以上。

（7）观察全自动表面张力仪液晶面板参数是否正确，若参数不正确，则需先调整仪器设备参数。

表面张力仪液晶屏上从左至右、从上至下分别如下。

T：温度；

W：传感器即时读数；

TF：即时张力；

ATF：最终张力，即修正张力；

P：密度差，测试的两相密度差，本实验为气液两相密度差；

M：模式，配合上下键调节，选择为1～2，模式1为吊片法，模式2为吊环法，本实验选择模式1；

S：速度，配合上下键调节，选择为1～2；

TW：触发张力（只在模式1中起作用），配合上下键调节，选择为0～7；

O：中点偏移，配合上下键调节；

X：在模式1中为吊片宽度，在模式2中为吊环外径平均值，配合上下键调节，选择为1～99.99（单位为 mm）。

屏幕中的箭头是指向当前的选择项目，当屏幕中没有箭头显示时，上下键才能直接控制平台升降。

仪器右侧键盘各个按键与操作说明如下。

"测试"键。在设置好参数后,按"测试"键,仪器会自动运行至结束,按"测试"键后立即按"停止"键,可以在非测试的情况下半自动调节中点偏移。

"停止"键。按"停止"键,可在任何情况下使仪器停止运动。

"菜单"键。每按一下"菜单"键,在液晶屏的5～9项参数后面就会有一个箭头指示,此时可用上下键修改此参数,箭头指示在各参数间顺序循环,并加入了一个间隔,即没有箭头显示的状态,在没有箭头指示的状态中,可以使用上下键和"停止"键单独升降平台。

"↑↓"键。配合"设置"键修改各项参数使用,在非测试状态时上下键可使平台上下运动。按"停止"键停止运动。

"打印"键。在测试结束后按"打印"键,即可打印测试结果。

"退出"键。如果参数设置有误,那么在按"测试"键前都可以挽回,可按"退出"键,所有参数恢复至上一次的设定。

仪器参数调整好后,测试表面活性剂溶液的表面张力。基本步骤为:按"菜单"键至模式,用上下键选择模式1(吊片法)。按"菜单"键跳至速度选择,用上下键选择速度,通常使用2(慢速)。按"菜单"键跳至触发张力,用上下键选择,通常使用5(即5 mN/m)。在模式2中,我们跳过此选择。按"菜单"键跳至吊片宽度,使用上下键调节数据。最后按"测试"键,仪器即按吊片法原理自动工作。最后记录ATF数值,填在表2-3-9中。

表 2-3-9 吊片法测表面张力实验记录表

室内温度:_____

	不同浓度溶液的最大拉力值/(mN·m⁻¹)					
	0 mol/L	1.0×10^{-1} mol/L	1.0×10^{-2} mol/L	1.0×10^{-3} mol/L	1.0×10^{-4} mol/L	1.0×10^{-5} mol/L
1						
2						
3						
平均值						

(8) 根据测定的表面活性剂不同浓度 C 时溶液的表面张力 γ,绘制 γ-lg C 曲线。

特别注意:在使用铂金板(吊片)时,要轻拿轻放,防止变形;取放试样杯前,应将铂金板取下,然后降低试样槽高度,防止取放试样杯时磕碰仪器铂金板挂钩。

2) 最大压差法

(1) 用洗液洗表面张力测定仪的外套管和毛细管。在外套管中放入少量洗液,倾斜转动外套管,使洗液与外套管接触(注意不要让洗液从侧管流出)。再将毛细管插入,这时保持外套管倾斜不动,转动毛细管,使洗液与毛细管接触,再用吸耳球吸液至毛细管内,洗毛细管内壁。将用完的洗液倒回原来瓶中,然后用自来水充分冲洗外套管和毛细管,最后用蒸馏水冲洗外套管和毛细管各3次,即可进行下面实验。

(2) 在外套管中放入蒸馏水(作为已知表面张力的液体,其表面张力见附录二中的4),将毛细管插入外套管,塞紧塞子,并使毛细管尖端刚碰到液面。如果外套管中液体稍过量,则可用吸耳球将液体吸到毛细管中，将液体移出。通过调节，使毛细管尖端刚碰到液面。

（3）关闭滴液漏斗下活塞，在滴液漏斗中加入自来水。将表面张力测定装置管线流程接上。

（4）打开精密数字压力计电源，然后打开漏斗上活塞，将管线内压力放空。按精密数字压力计的采零键，将精密数字压力计的示数置零。

（5）关闭滴液漏斗上活塞，缓缓打开滴液漏斗下活塞，使漏斗中的水缓慢滴下，这时毛细管处有气泡匀速冒出。从精密数字压力计读出最大压差值，重复读取最大压差值 3 次，将数据记录在实验记录纸上，取平均值。

（6）测完蒸馏水的最大压差后，倒掉蒸馏水，用 1.0×10^{-5} mol/L 的 SDBS 溶液洗外套管和毛细管两次，然后加入该溶液，按照测定蒸馏水最大压差的方法，测定该溶液的最大压差值。依次测得 1.0×10^{-4} mol/L，1.0×10^{-3} mol/L，1.0×10^{-2} mol/L，1.0×10^{-1} mol/L 及 0 mol/L 的 SDBS 溶液的最大压差值，将其填写在表 2-3-10 中。

注意： 每更换一次溶液，都应用待测液洗外管套管和毛细管。

表 2-3-10　最大压差法测表面张力实验记录表

室内温度：_____

	不同浓度溶液的最大压差值/kPa					
	0 mol/L	1.0×10^{-1} mol/L	1.0×10^{-2} mol/L	1.0×10^{-3} mol/L	1.0×10^{-4} mol/L	1.0×10^{-5} mol/L
1						
2						
3						
平均值						

（7）记录实验温度。

3. 表面活性剂油水界面张力的测定

（1）用 0.5％NaCl 模拟盐水配制 0.1％ SDS 水溶液（或者测试需要的表面活性剂溶液）。

（2）用密度计测量原油与表面活性剂溶液的密度。

（3）用 WZS-1 型阿贝折光仪测量化学剂溶液的折光率。

（4）通过 Texas-500 型界面张力仪测量油珠在溶液中的拉伸长度及直径，并用软件进行图像采集和分析，计算油水动态界面张力。界面张力仪使用方法如下。

① 清洗。

A. 旋转管的清洗。a. 取下旋转管液滴注入端的聚四氟乙烯密封盖；b. 用 5 mL 注射器吸取蒸馏水注入旋转管中清洗；c. 用 1～3 mL 丙酮冲洗；d. 用 1～3 mL 石油醚冲洗；e. 用 1～3 mL 丙酮冲洗；f. 用蒸馏水清洗；g. 低于 70 ℃烘干备用或直接用待测样品的高密度相润洗 2～3 次。

B. 聚四氟乙烯 T 形密封盖及玻璃 T 形密封盖的清洗。依次用蒸馏水、丙酮、石油醚、蒸馏水冲洗后晾干备用。

C.注射器及微量注射器的清洗。用于注射水溶液的,清洗方法同旋转管的清洗;用于注射油的,需依次用石油醚、丙酮、蒸馏水冲洗后晾干备用。

② 装样。

A.首先将旋转管左端用放大因子测量用 T 形头或测量接触角用 T 形头封闭。

B.将高密度相(一般为水溶液)用 5 mL 注射器注入洁净干燥(或用该相液体润湿过)的测量用毛细管内。注入的液体量以离管口 1～2 mm 为好。最后用擦镜头纸的角沾去液面小气泡。

C.在测量用毛细管右端插入聚四氟乙烯密封盖。

D.注入低密度相。a.用微量注射器慢慢吸取一定量的低密度液体(一般为油,该量要略大于根据界面张力大小所需注入的量),应保持无气泡吸入。b.将微量注射器针头向上,轻压活塞,使可能有的气泡排出,直至从针头滚出油为止。若低密度相为气体,则直接用干燥后的注射器注入气体。c.将已注好高密度相的测量用毛细管管口向下倾斜 10°～20°,用经过 A,B 步吸好油的微量注射器经聚四氟乙烯密封盖的导向孔,轻轻插入,挤出适量的油滴,迅速撤出针头,并使测量用毛细管保持水平,以防油滴向测量用毛细管底部或管口。d.在测量用毛细管管口,用注射器补满高密度液体。e.用硅橡胶垫片封闭测量用毛细管右端,并防止气泡产生。f.用擦镜头纸擦尽测量用毛细管外壁的液体,然后将测量用毛细管装到旋转轴内,旋紧压紧帽。

③ 启动。

运行 TX500C.exe 即可启动接触角测量仪应用程序。接触角测量仪应用程序主界面如图 2-3-8 所示。

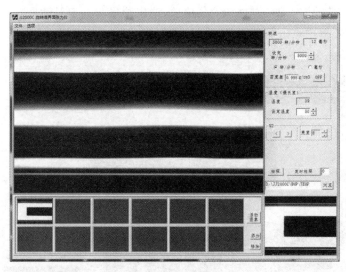

图 2-3-8　主界面

④ 视频采集模块的安装和调整。

A.首先把标尺插入注有纯水的样品管中,再把样品管置入腔体中。

B.打开 TX500C 程序,点击"活动图像"按钮,采集图像,再次点击"活动图像"按钮时,大小窗口图像会互换。

C. 点击"文件菜单"—"连接设备"选项,进行仪器和电脑的沟通。

D. 设置 5 000 r/min 的转速,调整 M2 框内的左右按钮移动镜头位置,使得标尺显示在采集框中央。

E. 松开镜头上的变焦的缩紧旋钮,调整合适的变倍镜头的放大倍数。

F. 如果图像不清晰,那么可以松紧固定镜头的旋钮。前后调节镜头位置,使得标尺清晰为止。

G. 如果图像不水平,那么可以松紧固定镜头的旋钮。旋转调节镜头位置,使得标尺水平为止。

⑤ 校准标定 TX500C。

为了得到准确的值,第一次使用或者环境发生变化的时候(如温度变化、液体变化等),需要校准标定。

预备工作:

A. 在温度选项框中设置所需要的温度。

B. 把标尺插入注有纯水的样品管中,再把样品管套上聚四氟乙烯密封盖,置入腔体中。拧上旋盖。

C. 调整适当的镜头放大倍数。

D. 设置 5 000 r/min 的转数。

校准步骤:

A. 点击转速选项框中的"ON"按钮,使转速达到预定值。温度达到设定值之后,点击"拍照"按钮获取图像。

B. 点击"菜单选项"—"测量与标定"菜单项,调出测量与标定对话框。

C. 在图像列表框中点击需要测量的标尺图像,如图 2-3-9 所示。

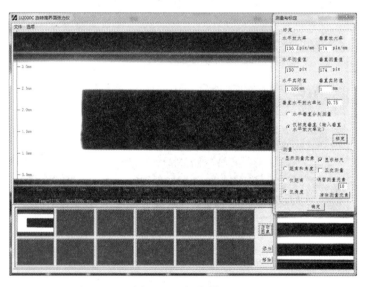

图 2-3-9　标定界面

D. 用鼠标在标尺的图像上分别点击标尺的上端和下端,如图 2-3-10 所示。

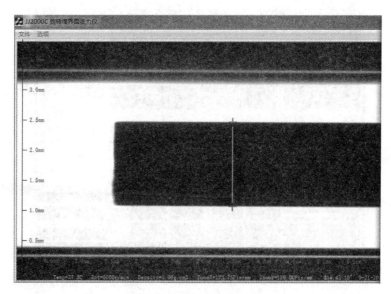

图 2-3-10　标定操作界面

E. 在测量与标定对话框中"垂直实际值"处填入标尺的宽度值（如图 2-3-11 所示）。

F. 点击"标定"按钮进行校准。

⑥ 界面张力测量。

A. 在"温度"选项框中设置所需要的温度。

B. 把试样装入样品管中，再把样品管套上聚四氟乙烯密封盖，置入腔体中。拧上旋盖。

C. 设置适当的转数。

D. 点击"转速"选项框中的"ON"按钮，使转速达到预定值。温度达到设定值之后，点击"拍照"按钮获取图像。

E. 选中要测量的图像。

F. 点击"菜单选项"—"显示计算窗口"菜单项，调出测量对话框。

图 2-3-11　标定操作界面

G. 用鼠标在图像上分别点击上端和下端（如图 2-3-12 所示）。

H. 在测量对话框中输入密度差的值，点击"计算界面张力"按钮。得出测量值，如图 2-3-13 所示。

I. 点击"保存数据"按钮，弹出"保存数据"对话框（如图 2-3-14 所示）。

J. 填入相应的内容，点击"保存"按钮，存储数据。

⑦ 数据管理。

点击"文件菜单"—"数据管理"菜单项，调出数据管理框查看数据，并可以通过相关按钮进行数据的筛选和查询。如图 2-3-15 所示。

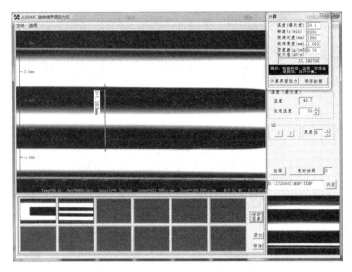

图 2-3-12　界面张力操作界面

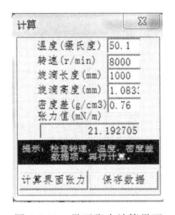

图 2-3-13　界面张力计算界面

图 2-3-14　界面张力计算界面

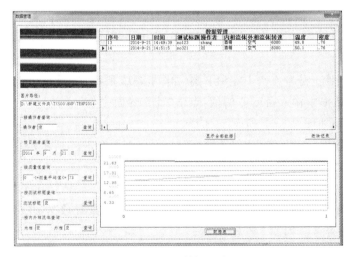

图 2-3-15　测量数据查询界面

4. 表面活性剂乳化能力的测定

(1) 取 25 mL 具塞刻度试管 10 支,分别加入浓度为 0 mol/L,1.0×10^{-1} mol/L,1.0×10^{-2} mol/L,1.0×10^{-3} mol/L,1.0×10^{-4} mol/L,1.0×10^{-5} mol/L 的 SDBS 溶液各 10 mL,分别用滴管准确加入原油(或者煤油)10 mL,盖上试管塞子,每支试管各上下震荡 30 次。

(2) 将震荡后的试管立即竖直放在试管架上,同时开始计时,并每隔 3 min 记录一次试管中分出水的体积(若分出水的速度较快,则可每隔 1 min 记录一次),共记录 30 min。将数据记录在表 2-3-11 中。

(3) 取乳化最稳定的试管重新振荡 30 次,用分散法判别乳状液类型。

表 2-3-11　乳化能力测定实验记录表

室内温度:_____

时间 /min	不同浓度的析出量/mL					
	0 mol/L	1.0×10^{-1} mol/L	1.0×10^{-2} mol/L	1.0×10^{-3} mol/L	1.0×10^{-4} mol/L	1.0×10^{-5} mol/L
0						
1						
2						
3						
6						
9						
12						
15						
18						
21						
24						
27						
30						

5. 接触角测定

(1) 在玻璃槽中盛入一种液体(如煤油),将岩石切片后放入其中,岩石表面应严格保持水平,然后用滴管(或微量进样器)将要测的另一种液体(如水)滴在岩石表面上,液滴直径为 1～2 mm。

(2) 打开仪器光源。

(3) 调节聚光镜(凸透镜)的位置,使液滴影像清晰,放大后投射到屏幕上(如果使用摄像机将信号输入电脑屏幕中,则只需要调节镜头焦距,使图像清晰即可)。

(4) 用量角器测出接触角 θ,再用细刻度尺量出液滴高度 h 和液滴与岩石表面接触的弦长 D(如果有图像处理软件,则直接用图像处理软件计算接触角即可)。

注意:测定过程中,滴入液滴的直径应控制在 1～2 mm,否则液滴自重会影响润湿角的大小。

6. 实验整理

实验结束后,将用过的量筒、烧杯、带塞具塞量筒等玻璃仪器清洗干净,晾干,摆放整齐,待老师检查完毕后方可离开。

五、实验结果与数据处理

(1) 整理所测得的表面张力数据,绘制 γ-lg C 曲线,根据曲线求出 CMC 值。

(2) 整理所测得的界面张力数据,绘制界面张力随时间的变化曲线 γ-t 曲线,根据曲线指出超低界面张力区域。

(3) 求出表面活性剂在不同质量分数下乳化原油的不稳定系数。

① 在坐标纸上绘制分出水的体积与时间的关系(V-t)曲线,注意每个表面活性剂的质量分数下的 V-t 曲线都应在同一规格坐标中绘出。

② 将 V-t 曲线与时间轴所包面积剪下,在电子天平上称其质量 W_1。

③ 在坐标纸上剪下已知面积(A_0,单位为 mL·min)的方框称取其质量 W_0。

④ 不稳定系数按下式求出:

$$\text{USI} = \frac{\int_0^T V(t)\,\mathrm{d}t}{T} = \frac{W_1 \cdot A_0}{W_0 \cdot t} \tag{2-3-41}$$

(4) 绘制 USI-ω(SDS)的关系曲线,找出使原油乳化的最佳表面活性剂质量分数范围,并解释曲线的变化规律。

(5) 将实验记录、数据处理结果以表格或图的形式表达,写出实验报告。

六、思考题

(1) 为什么离子表面活性剂存在克拉夫特点,非离子表面活性剂存在浊点? 在实际应用中应该如何考虑这些特点?

(2) 表面活性剂和原油的超低油水界面张力范围是多少? 界面张力的减小是通过什么原理提高地层原油采收率的?

(3) 表面活性剂乳化原油的基本条件是什么? 乳化作用是通过什么原理提高地层原油采收率的?

实验五　表面活性剂类型的鉴别

一、实验目的

(1) 学习用指示剂和染料通过显色反应鉴别表面活性剂类型的原理与方法。

(2) 学习用浊点法鉴别聚氧乙烯型非离子表面活性剂浊点的原理与方法。

（3）学习用电导法鉴定表面活性剂类型的方法。

二、实验原理

表面活性剂的分类方法有很多,最常用的是按其在水中的离子形态,将其分为离子表面活性剂和非离子表面活性剂两大类。前者又可以分为阴离子表面活性剂、阳离子表面活性剂和两性离子表面活性剂3种。不同类型的活性剂有不同的性质,因而可用不同的方法把它们鉴别出来。

1.表面活性剂混合物的萃取分离

洗涤用表面活性剂(如洗衣粉)除了以表面活性剂为主要成分外,还配有三聚磷酸钠、纯碱、羧甲基纤维素等无机和有机助剂以增强去污能力,防止织物的再污染等,需要将表面活性剂与洗衣粉中的其他成分分离开来。通常采用的方法是液-固萃取法,可用索氏萃取器连续萃取,也可用回流方法萃取。萃取剂可视具体情况选用95%的乙醇、异丙醇、丙酮、氯仿或石油醚等。

2.表面活性剂的离子类型鉴定

利用表面活性剂的离子类型鉴别方法快速、简便地确定试样的离子类型,有利于限定范围,指示分离、分析方向。表面活性剂离子类型的鉴别方法很多,在此介绍最常用的酸性亚甲基蓝实验。染料亚甲基蓝溶于水而不溶于氯仿,它能与阴离子表面活性剂反应生成可溶于氯仿的蓝色络合物,从而使蓝色从水相转移到氯仿相。本方法可以鉴定除皂类之外的其他广谱阴离子表面活性剂。非离子表面活性剂不能使蓝色转移,但会使水相发生乳化;阳离子表面活性剂虽然也不能使蓝色从水相转移到氯仿相,但利用阴、阳离子表面活性剂的相互作用,可以用间接法鉴定。

3.表面活性剂疏水基的结构表征

红外光谱、紫外光谱、核磁共振谱和质谱是有机化合物结构分析的主要分析工具。在表面活性剂的鉴定中,红外吸收光谱的作用尤为重要,这是因为表面活性剂中的主要官能团均在红外光谱中产生特征吸收,据此可以确定其类型,进一步借助红外标准谱图可以确定其结构。表面活性剂的疏水基团通常有一个长链的烷基,该烷基不是碳数单一的,而是具有一定分布的同系物。该烷基的碳数多少和分布状况影响表面活性剂的性能。用红外光谱很难获得这方面的信息,而核磁共振谱测定比较有效。因为核磁共振氢谱中积分曲线高度比代表了分子中不同类型的氢原子数目之比,所以可用来测定表面活性剂疏水基团中碳链的平均长度。

4.指示剂法鉴别表面活性剂离子类型

（1）表面活性剂与某些染料作用时,生成不溶于溶剂的带色的盐配合物。

（2）表面活性剂胶束有吸附于指示剂上以降低胶束表面能的强烈趋势,而吸附的结果将引起指示剂染料平衡的变化,因此,由这种变化产生的"表现 pH 变化"使指示剂染料的颜色发生变化。通过溶液颜色的变化情况,可以鉴别出表面活性剂的类型。

三、实验仪器与药品

1. 实验仪器

生物显微镜、直流电源、恒温水浴、温度计、玛瑙研钵。

2. 实验药品

亚甲基蓝、硫酸、无水硫酸钠、氯仿、百里酚蓝、氢氧化钠、石油醚、焦性儿茶酚磺基萘、硫氰酸铵、硝酸钴、溴酚蓝。

四、实验步骤

1. 阴离子表面活性剂的鉴定

1）酸性亚甲基蓝实验

亚甲基蓝染料不溶于氯仿而溶于水，它能与阴离子表面活性剂反应生成可溶于氯仿的蓝色络合物，从而使蓝色从水相转移到氯仿相。本法可鉴定除皂类以外的烷基硫酸盐和烷基苯磺酸盐等广谱阴离子表面活性剂。

2）酸性亚甲基蓝溶液的配制

将 12 g 硫酸缓慢地注入约 50 mL 水中，待冷却后加 0.03 g 亚甲基蓝和 50 g 无水硫酸钠，溶解后加水稀释至 1 L。

3）鉴定方法

将 1 mL 1% 试样水溶液置于试管中，加入 2 mL 亚甲基蓝溶液和 1 mL 氯仿，将混合物剧烈振荡 2~3 s 后，静置分层，观察两层颜色。若存在阴离子表面活性剂，则氯仿层显蓝色。再将试样液加入，进行同样操作，则氯仿层呈现深蓝色。

4）指示剂的配制

（1）0.1% 百里酚蓝。将 0.1 g 染料分散于 2.15 mL 0.1 mol·L^{-1} NaOH 溶液中，用蒸馏水稀释至 100 mL。

（2）0.1% 溴酚蓝。将 0.1 g 溴酚蓝分散于 0.5 mL 0.1 mol·L^{-1} NaOH 溶液中，用蒸馏水稀释至 100 mL。

（3）指示剂。将亚甲基蓝、焦性儿茶酚磺基萘分别置于石油醚中煮沸，在乙酸乙酯中除去杂质，过滤。将滤出物干燥，再将两染料等物质的量混合，在玛瑙研钵中研细，将其溶于二次蒸馏水中，配成 0.05% 溶液。颜色为翡翠色，保存于棕色瓶中，2~3 周内有效。

2. 非离子表面活性剂的鉴定

1）酸性亚甲基蓝实验

酸性亚甲基蓝不仅能明确检出阴离子表面活性剂的存在与否，还能提供有无阳离子表面活性剂和非离子表面活性剂的信息。因为阴、阳离子表面活性剂在大多数场合不会共存于同一助剂制品中，故对于复杂配方的助剂可用此法直接鉴定。

采用与阴离子表面活性剂相同的亚甲基蓝法操作，如果水溶液层呈乳状，或两层基本为同一颜色,则表明有非离子表面活性剂存在。若有疑虑,则可用 2 mL 水代替试样做对比实验。本实验不受硅酸盐、磷酸盐等无机盐干扰。

2) 硫氰酸钴实验

本法可用于混合物中聚氧乙烯(POE)非离子表面活性剂的鉴定实验。

硫氰酸钴试剂:将 174 g 硫氰酸铵与 28 g 硝酸钴共溶于 1 L 水中。

鉴定方法:将 5 mL 1‰试样水溶液置于试管中,加 5 mL 试剂,振荡混匀,静置 2 h 后观察颜色,若溶液呈红紫或紫色,则为阴性。聚氧乙烯型非离子表面活性剂的存在会使溶液呈蓝色。如果生成蓝紫色沉淀,而溶液为红紫色,那么表示有阳离子表面活性剂存在。

3) 浊点实验

浊点实验适用于聚氧乙烯型非离子表面活性剂的粗略鉴定,但不一定灵敏,有其他物质存在时会受到影响。当存在少量阴离子表面活性剂时,浊点会上升或受抑制,有无机盐共存时,浊点会下降。

制备 1‰试样水溶液时,将试液加入试管中,边搅拌边加热,在试管内插入 1 支 0～100 ℃ 温度计。如果出现浑浊,则慢慢冷却到溶液刚变透明时,记下温度即为浊点。若试样呈阳性,则可推定含有聚氧乙烯型(中等 EO 数,EO 数为环氧乙烷基数目或聚氧乙烯聚合度)非离子表面活性剂。若加热至沸腾仍无浑浊出现,则可加 10% 的食盐溶液,若再加热后出现白色浑浊,则表面活性剂为具有高 EO 数的聚氧乙烯型非离子表面活性剂。如果试样不溶于水,且常温下就出现白色浑浊,那么在试样的醇溶液中再加入水,如果仍出现白色浑浊,那么可推断表面活性剂为低 EO 数的聚氧乙烯类表面活性剂。

3. 阳离子表面活性剂的鉴定

1) 碱性溴酚蓝法

在试管中加入 2 mL 0.1% 试样溶液,再加入 0.2 mL 0.05% 溴酚蓝溶液和 0.5 mL 1 mol·L^{-1} 氢氧化钠溶液,溶液呈蓝色。再加入 5 mL 氯仿,激烈振荡混合后,蓝色移至氯仿层,分取氯仿层于其他试管中,边振荡边滴加 0.1% 十二烷基硫酸钠标准溶液,氯仿层逐渐变成无色。这一结果表明有季铵盐存在。实验对脂肪胺呈阴性,这一方法可作为季铵盐和脂肪胺的鉴别反应。

2) 铁氰化钾实验

将 2 mL 0.3% 铁氰化钾溶液置于一支试管中,加入 2 mL 0.2% 试样水溶液,若产生黄色沉淀,则表明有季铵盐存在。该法对各类季铵盐都适用。该实验反应式为:

$$\left[\begin{array}{c} CH_3 \\ | \\ R-\overset{+}{N}-CH_3 \\ | \\ CH_3 \end{array}\right]Cl^- + K_3Fe(CN)_6 \longrightarrow \left[\begin{array}{c} CH_3 \\ | \\ R-\overset{+}{N}-CH_3 \\ | \\ CH_3 \end{array}\right]_3[Fe(CN)_6]^{3-} + 3KCl$$

黄色沉淀

3) 酸性亚甲基蓝实验

将亚甲基蓝溶液及氯仿各 2 mL 置于一支试管中,加 1～2 滴阴离子表面活性剂标准液,振荡,氯仿层显蓝色,再加试液(约 1%,数滴),激烈振荡,观察氯仿层的变色情况。随着试液增加,如果氯仿层的蓝色变淡直至无色,那么表示有阳离子表面活性剂存在。

注意:此法不能确定两性表面活性剂的存在。

4. 两性表面活性剂的鉴定

1)溴水实验

配制5%试样溶液(按纯组分换算),取 1 mL 此溶液置于一支试管中,加 4 mL 水,再加 1.5~5.0 mL 溴的饱和水溶液,产生黄色沉淀。弱加温,沉淀溶解,变成黄色溶液。这是咪唑啉型、丙氨酸等两性表面活性剂的鉴定方法。加热检验对这种鉴定方法很重要,两者的溴化物所形成的黄色-黄橙色沉淀加热可溶,而其他物质产生的白-黄色沉淀加热并不溶解。

2)烷基甜菜碱的鉴定

这一类化合物含有阳离子和羧酸根离子,因而它的检验与单个阴离子(或阳离子)表面活性剂有所区别。

(1)酸性溴酚蓝实验(检验阳离子表面活性剂的存在)。配制5%试样水溶液,将 1 滴溶液置于试管中,加入 5 mL 氯仿、5 mL 0.1%溴酚蓝-稀乙醇溶液和 1 mL 6 mol·L⁻¹盐酸激烈振荡,混合,氯仿层呈现黄色。这一方法是阳离子表面活性剂的定性检验法,两性表面活性剂在酸性气氛中具有阳离子表面活性剂性质,因此与溴酚蓝结合而转移到氯仿层,从而呈现黄色。

(2)碱性亚甲基蓝实验(检验阴离子表面活性剂存在)。取 1 滴酸性溴酚蓝实验中试样,加入 5 mL 0.1%亚甲基蓝溶液、1 mL 1 mol·L⁻¹氢氧化钠水溶液及 5 mL 氯仿,激烈振荡,混合,氯仿层呈现蓝紫色。这是阴离子表面活性剂官能团的定性实验,两性表面活性剂在碱性条件下与亚甲基蓝络合移至氯仿层,从而显示蓝紫色。

具有上述两种实验均显阳性的物质,才能被认为是两性表面活性剂。

5. 未知类型表面活性剂的鉴别

取 3 支分别标有 1,2,3 的装有 1%表面活性剂溶液的试管。已知 3 支试管中分别装有非离子表面活性剂、阳离子表面活性剂和阴离子表面活性剂溶液。请自行设计一种简单可行的方法,鉴别出 3 支试管中各装有何种类型的表面活性剂,并写出实验方案。

五、实验结果与数据处理

将表面活性剂类型鉴别实验现象填在表 2-3-12 中,将未知类型表面活性剂样品鉴定结果填在表 2-3-13 中。

表 2-3-12 表面活性剂类型鉴别实验现象

阶 段	实验现象		
	非离子表面活性剂	阳离子表面活性剂	阴离子表面活性剂
振荡前			
振荡后			
浊 点			

表 2-3-13　未知类型表面活性剂样品鉴定结果

实验内容	未知类型表面活性剂样品实验结果		
	1	2	3
实验方案			
实验现象			
检测结果			

六、思考题

（1）表面活性剂类型鉴别对于实际生产生活有什么指导意义？

（2）浊度实验能鉴别所有非离子表面活性剂吗？

（3）阴、阳离子表面活性剂能一起使用吗？

实验六　碱在原油乳化中的作用

一、实验目的

（1）观察碱与原油混合后的乳化现象。

（2）学会用不稳定系数法确定使原油乳化的最佳碱浓度范围。

二、实验原理

碱（例如 NaOH）可与原油中的酸性成分（例如环烷酸）反应，生成表面活性物质：

$$CH_3 \underset{}{\bigvee}(CH_2)_n - COOH + NaOH \longrightarrow CH_3 \underset{}{\bigvee}(CH_2)_n - COONa + H_2O$$

这些表面活性物质可使原油乳化形成水包油（O/W）乳状液。水包油乳状液的形成与稳定性对于碱驱和稠油乳化降黏是重要的，例如碱驱中乳化-携带、乳化-捕集、自发乳化等机理的发生，稠油乳化降黏中原油乳化分散机理的发生，都是以水包油乳状液的形成为前提条件的。

碱浓度是影响碱对原油乳化作用的重要因素。碱浓度小时，碱与原油反应生成的活性物质少，不利于乳状液的稳定。若碱浓度过大，则一方面，碱可使原油中碳链较长的弱酸反应生成亲油的活性物质，这些亲油的活性物质可抵消亲水活性物质的作用，不利于水包油乳状液的稳定；另一方面，过量的碱具有盐的作用，不利于水包油乳状液的稳定。因此，碱只有处于合适的浓度范围，才能与原油作用形成稳定的水包油乳状液。

乳状液的稳定性可用不稳定系数（USI）表示。不稳定系数按式（2-3-42）定义：

$$\mathrm{USI} = \frac{\int_0^t V(t)\,\mathrm{d}t}{t} \tag{2-3-42}$$

式中　USI——不稳定系数,mL;

　　　$V(t)$——乳化体系分出水体积与时间的变化函数;

　　　t——乳化体系静止分离的时间,min。

从定义式可以看出,不稳定系数越小,乳状液的稳定性越好。

三、实验仪器与药品

1. 实验仪器

电子天平(感量 0.001 g)、具塞刻度试管(10 mL)、秒表、滴管、试管架。

2. 实验药品

氢氧化钠、原油、蒸馏水。

四、实验步骤

(1) 取 10 mL 具塞刻度试管 10 支,分别加入质量分数为 $0.0, 1.0 \times 10^{-4}, 2.5 \times 10^{-4}, 5 \times 10^{-4}, 1.0 \times 10^{-3}, 4.0 \times 10^{-3}, 5.0 \times 10^{-3}, 8.0 \times 10^{-3}, 1.0 \times 10^{-2}, 2.0 \times 10^{-2}$ 的氢氧化钠溶液各 5 mL,分别用滴管准确加入 5 mL 原油,盖上试管塞子,每支试管上下震荡 30 次。

(2) 将震荡后的试管立即竖直放在试管架上,同时开始计时,并每隔 3 min 记录一次试管中分出水的体积(若分出水的速度较快,则可每隔 1 min 记录一次),共记录 30 min。

(3) 取乳化最稳定的试管重新振荡 30 次,用分散法判断乳状液类型。

五、实验结果与数据处理

(1) 求出碱在不同质量分数下乳化原油的不稳定系数。

① 在坐标纸上绘制分出水的体积与时间的关系(V-t)曲线,注意每个碱的质量分数下的 V-t 曲线都应在同一规格坐标中绘出。

② 将 V-t 曲线与时间轴所包面积剪下,在电子天平上称其质量 W_1。

③ 在坐标纸上剪下已知面积(A_0,单位为 mL·min)的方框称取其质量 W_0。

④ 不稳定系数按式(2-3-43)求出:

$$\mathrm{USI} = \frac{\int_0^t V(t)\,\mathrm{d}t}{t} = \frac{W_1 \cdot A_0}{W_0 \cdot t} \tag{2-3-43}$$

(2) 绘制 USI-w(NaOH)的关系曲线,找出使原油乳化的最佳碱质量分数范围,并解释曲线的变化规律。

(3) 将实验记录、数据处理结果以表格或图的形式表达,写出实验报告。

六、思考题

（1）为什么碱质量分数过高或过低都不能形成稳定的水包油乳状液？
（2）原油酸值的高低对碱与原油的乳化作用有何影响？
（3）综述水包油乳状液的形成与稳定性在碱驱中的作用。

实验七　ASP 体系的驱油性能与 EOR 机理

一、实验目的

（1）掌握聚合物溶液或复合体系黏度的测定方法及油水界面张力测定方法。
（2）掌握 ASP 体系驱油效果的评价方法及分析方法。
（3）掌握 ASP 体系 EOR 机理。
（4）掌握 ASP 体系的设计的基本原则。

二、实验原理及流程

化学驱提高原油采收率技术是我国油田进一步提高采收率的主要措施之一。大庆油田聚合物驱可在水驱基础上提高原油采收率 10％以上，已经由先导性矿场实验迈入大规模工业性商业阶段，年增油量达到 1 200 万吨以上。三元复合驱技术综合发挥了聚合物、表面活性剂和碱的协同效应，通过聚合物增大水相黏度以改善水油流度比，通过表面活性剂和碱减小油水界面张力以减小毛细管阻力效应，从而提高驱油体系的波及系数和洗油效率，可在水驱基础上提高原油采收率 20％以上。

油水界面张力和黏度是化学驱油体系及配方研究必需的重要参数。在提高洗油效率方面，大量的研究发现，毛管数对剩余油饱和度有明显的影响。随着毛管数增大，孔隙介质中的剩余油饱和度逐渐降低。当毛管数增大到 10^{-4} 时，剩余油饱和度明显开始大幅度降低。因此，要想最大程度地提高采收率，必须尽量提高驱油体系的毛管数。其中，一种简便可行的提高毛管数的方法是减小油水界面张力。在提高波及系数方面，水油流度比既影响平面波及效率，又影响纵向波及效率。随着水油流度比的降低，波及效率将增加，采收率提高得越大。因此，增加化学驱油体系的黏度，可以有效地降低水油流度比。

在选择化学驱油体系时，为确定化学剂使用浓度、驱油体系段塞尺寸等，均需要对体系的驱油效果进行岩芯评价。驱油效果评价是使用岩芯在驱油设备中进行的。将岩芯模型置于已调至地层温度的恒温箱中，将化学驱油体系从岩芯夹持器上端注入，最后流入容器中，通过记录驱替过程中的出油量计算采收率。

驱油效果评价工艺流程如图 2-3-16 所示。

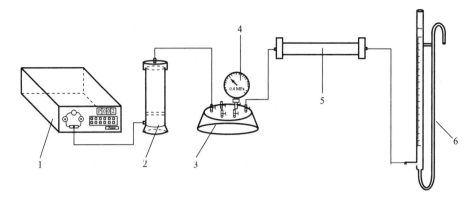

1—平流泵;2—中间容器;3—六通阀;4—精密压力表;5—填砂管;6—油水分离管。

图 2-3-16　驱替效果评价流程

三、实验仪器与药品

1. 实验仪器

电子天平(感量分别为 0.01 g 和 0.000 1 g)、旋转黏度计、界面张力仪、电动搅拌器、恒速泵、塑料填砂管、刻度试管、烧杯、注射器、针头。

2. 实验药品

部分水解聚丙烯酰胺(相对分子质量 800 万～2 500 万)、表面活性剂(大庆用三元活性剂)、碱(NaOH)、地层水(模拟油田水,6 778 mg/L)、模拟原油(黏度 10 mPa · s 左右,渗透率 1 000 md 左右)、不同粒径石英砂(20 目、40 目、60 目、100 目、120 目、200 目)。

四、实验内容

1. 溶液配制

配制一定浓度的部分水解聚丙烯酰胺/表面活性剂/碱溶液的 ASP 体系(聚合物 1 000 mg/L,活性剂 0.6%,碱 1.2%)。

2. ASP 体系的界面张力测定

(1)启动恒温系统,设定实验温度。

(2)设定内外相密度差。

(3)用注射器将待测溶液注入玻璃管中,缓慢盖上盖子,并防止气泡产生。

(4)用针头或者微量进样器将原油小心地注入玻璃管中,并保证玻璃管中无气泡产生。

(5)将玻璃管小心转入转动轴中,盖上转动轴盖子。待温度稳定后,启动电机,调节转速,使测量管中的油滴长度与宽度之比尽量大于 2。

(6)记录不同时间下的界面张力值,绘制动态界面张力曲线。待界面张力值变化不大时,视为达到平衡值,停止实验。

3. ASP 体系的黏度测定

启动恒温系统,设定实验温度。待温度稳定后,将样品放入旋转黏度计测量杯中,并装好转子,测量体系在 $10 \ s^{-1}$ 的黏度。

4. ASP 体系的驱油效果评价

(1)制作填砂管模型,并控制渗透率小于 $3 \ \mu m^2$。

(2)饱和水并水测渗透率。饱和水测定孔隙体积。之后水测渗透率,以一定速度注入水,等到注入压力稳定后,记录稳定时刻压力,通过流量和压力根据达西公式计算得到填砂管水测渗透率,读 3 次取平均值。

(3)饱和油。油驱水,将模拟原油以恒定速度注入填砂管中,直至出口端不见水为止;记录饱和油量和出水量,计算原始含油饱和度和束缚水饱和度。

(4)水驱油。以一定流速(1 mL/min)注入水,用刻度试管记录出油量、出水量和注入压力随注入时间的变化,驱替至流出液中含水率达到 98%~100% 时停止,计算水驱采收率。

(5)ASP 驱油。以一定流速(1 mL/min)将一定浓度、一定量段塞的 ASP 体系(0.3 PV)注入填砂管中,记录注入过程中出油量、出水量和压力数据,计算 ASP 驱采收率。

(6)后续水驱。以一定流速(1 mL/min)注入水,驱替至流出液中含水率达到 98%~100% 时停止,计算后续水驱采收率和 ASP 最终采收率。

(7)结束实验。停泵,打开六通阀门,关闭泵电源;清洗管线和刻度试管,将填砂管清洗干净,将所用药品和仪器放回原处。

五、实验结果与数据处理

(1)查阅相关资料,设计实验方案。

(2)以表格形式记录实验现象和数据,对结果进行讨论。

(3)写出实验报告,对实验现象进行讨论。

六、思考题

(1)驱油体系黏度选取依据是什么?

(2)ASP 体系驱油的 EOR 机理有哪些?在本实验中可观察到哪些现象?

实验八　堵水剂的制备与性能评价

一、实验目的

(1)学会冻胶型堵水剂的制备方法,并掌握堵水剂的形成机理及其使用性质。

(2)了解影响堵水剂交联性能的因素。

(3)掌握测定堵水剂交联强度的方法。

(4)掌握堵水剂堵水效果的评价方法。

(5)了解堵水剂堵水效果评价参数的应用意义。

二、实验原理

1. 常用堵水剂

堵水剂是指从油、水井注入地层,能减少地层产出水的物质。从油井注入地层的堵水剂称油井堵水剂(或简称堵水剂),从水井注入地层的堵水剂称为调剖剂。

常用的堵水剂有冻胶型堵水剂、凝胶型堵水剂、沉淀型堵水剂和分散体型堵水剂,这些堵水剂的形成机理和使用性质各不相同。

(1) 冻胶型堵水剂。

冻胶(如铬冻胶)是由高分子(如 HPAM)溶液转变而来的,交联剂(如铬的多核羟桥络离子)可以使高分子间发生交联,形成网络结构,将液体(如水)包在其中,从而使高分子溶液失去流动性,即转变为冻胶。

以亚硫酸钠和重铬酸钾作为交联剂为例。

亚硫酸钠将重铬酸钾中的 Cr^{6+} 还原成 Cr^{3+},反应方程式为:

$$Cr_2O_7^{2-} + 3SO_3^{2-} + 8H^+ \longrightarrow 2Cr^{3+} + 3SO_4^{2-} + 4H_2O$$

Cr^{3+} 的释放,并通过络合、水解、羟桥作用以及进一步水解羟桥作用形成 Cr^{3+} 的多核羟桥络离子,反应结构式如下。

水合作用:

$$Cr^{3+} + 6H_2O \Longrightarrow [Cr(H_2O)_6]^{3+}$$

水解作用:

$$[Cr(H_2O)_6]^{3+} \Longrightarrow [Cr(H_2O)_5OH]^{2+} + H^+$$

羟桥作用:

$$2[Cr(H_2O)_5(OH)]^{2+} \Longrightarrow [(H_2O)_4Cr \overset{HO}{\underset{HO}{\diamond}} Cr(H_2O)_4]^{4+} + 2H_2O$$

Cr^{3+} 的多核羟桥络离子可与 HPAM 中的 —COO$^-$ 配位,形成网络结构的冻胶,其结构如下:

(2) 凝胶型堵水剂。

凝胶是由溶胶转变而来的。当溶胶由于种种原因(如加入电解质引起溶胶粒子部分失去稳定性而产生有限度聚结)形成网络结构,将液体包在其中,从而使整个体系失去流动性时,溶胶即转变为凝胶。油田堵水中常用的是硅酸凝胶。硅酸凝胶由硅酸溶胶转化而来,硅酸溶胶由水玻璃(又名硅酸钠,分子式为 $Na_2O \cdot mSO_2$)与活化剂反应生成。活化剂是指可使水玻璃先变成溶胶随后又变成凝胶的物质。盐酸是常用的活化剂,它与水玻璃的反应为:

$$Na_2O \cdot mSiO_2 + 2HCl \longrightarrow H_2O \cdot mSiO_2 + 2NaCl$$

由于制备方法不同,可得两种硅酸溶胶,即酸性硅酸溶胶和碱性硅酸溶胶。这两种硅酸溶胶都可在一定条件(如温度、pH 和硅酸含量)下、在一定时间内胶凝。

评价硅酸凝胶堵水剂常用两个指标,即胶凝时间和凝胶强度。胶凝时间是指硅酸体系自生成至失去流动性的时间,凝胶强度是指凝胶单位表面积上所能承受的压力。

(3) 沉淀型堵水剂。

沉淀型堵水剂由两种可反应产生沉淀的物质组成。水玻璃-氯化钙是油田最常用的沉淀型堵水剂,它通过如下反应产生沉淀:

$$Na_2O \cdot mSiO_2 + CaCl_2 \longrightarrow CaO \cdot mSiO_2 + 2NaCl$$

(4) 分散体型堵水剂。

分散体系中的固体颗粒可以在多孔介质的喉道处产生堵塞作用。油田中常用的分散体型堵水剂是黏土悬浮体型堵水剂。悬浮体是指溶解度极小但颗粒直径较大(大于 10^{-5} cm)的固体颗粒分散在溶液中所形成的粗分散体系。黏土悬浮体中的黏土颗粒可用聚合物(如HPAM)絮凝产生颗粒更大、堵塞作用更好的絮凝体堵水剂。絮凝是聚合物(HPAM)在黏土颗粒间通过桥接吸附形成的。

2. 影响堵水剂交联的因素

(1) pH。

pH 的降低或升高都可影响堵水剂体系的交联时间。以锆冻胶为例,pH 降低或升高,都可延迟锆冻胶的交联时间,但是酸性条件下形成的锆冻胶比碱性条件下形成的锆冻胶稳定(氧氯化锆在碱性条件下出现沉淀)。

酸浓度增加使锆冻胶成冻时间延长,其原因是酸使下面的反应右移,减小了交联聚丙烯酰胺的锆的多核羟桥络离子的浓度。

(锆的多核羟桥络离子)

$$\rightleftharpoons [(H_2O)_6Zr \overset{OH}{\underset{OH}{\diagdown}} Zr(H_2O)_6]^{6+} + n[(H_2O)_7Zr(OH)]^{3+}$$

(2) 温度。

温度会对堵水剂体系的交联时间产生较大的影响。一般情况下,随着温度的升高,堵水剂体系的交联时间会大大缩短。在低温下,堵水剂体系的交联较慢,甚至由于温度过低,堵水剂体系根本不会交联。但是高温会使堵水剂体系中的成胶液(聚丙烯酰胺溶液)热降解(聚丙烯酰胺的热降解温度为 93 ℃),因此在使用时应限制一定的温度。

(3) 成胶液与交联液的配比。

成胶液(如聚丙烯酰胺溶液)与交联液的配比是影响堵水剂体系交联时间的重要因素之一。实验证明,交联液(如氧氯化锆溶液)在配比中的比例越小,堵水剂体系的交联时间越长。

（4）成胶液浓度。

目前油田常用的凝胶型或冻胶型堵水剂体系的成胶液主要是部分水解聚丙烯酰胺溶液。随着成胶液浓度的增大,堵水剂体系的成胶时间会缩短,成胶强度会增加。

（5）地层盐含量。

地层中的金属离子会对堵水剂体系的交联性能产生很大的影响。其改变交联性能的原因主要有两方面:一是 HPAM 的盐敏效应,金属离子对扩散双电层的压缩作用,降低了聚合物分子间静电斥力,抑制了 HPAM 的分散,从而使得成胶时间缩短,交联强度增加;同时当金属离子浓度过大时,聚合物分子的过度蜷曲,影响了分子间的交联,使得交联体系的强度降低。二是地层中高价离子的存在(如 Ca^{2+} 的存在),与重金属交联剂离子(如 Cr^{3+})形成竞争交联,其可以与 HAPM 中的—COO^- 在一定程度发生反应,使得重金属交联剂离子与—COO^- 的交联受到排挤,最终导致体系强度下降,成胶时间缩短。二价金属离子比一价金属离子对扩散双电层的压缩作用要大得多,其对交联体系的影响更大。因此在高矿化度地层中,特别是含高价盐离子地层中,实际作业时一般采用清水预冲洗地层的方式减轻地层高矿化度对堵水剂体系的影响。

3. 堵水剂强度测定方法

针对凝胶型、冻胶型堵水剂体系,常用的测定其强度的方法有目测代码法、落球黏度法、真空突破度法及表观黏度法。

（1）目测代码法。

目测代码法是通过观测堵水剂的成胶状态来确定成胶时间及成胶强度,成胶强度分为 A～I 共九级,强度划分标准见表 2-3-14。本实验中采用目测代码法确定的成胶时间是指堵水剂的成胶强度由 A 级到达 G 级所需的时间。这种观测方法比较方便、直观,而且去除了所有可能影响凝胶强度、成胶时间的影响,对成胶时间长短的情况都合适,但是测量精度不够高。

表 2-3-14　堵水剂成胶强度代码标准

强度等级	强度划分标准
A	检测不出连续冻胶形成:成胶体系黏度与不加交联剂的相同浓度聚合物溶液的黏度相同,但体系中有时可能出现一些相互不连接的黏性很大的冻胶团块
B	高度流动冻胶:冻胶黏度比不加交联剂的相同浓度聚合物溶液的黏度稍有增加
C	流动冻胶:将试样瓶倒置时,大部分冻胶流至瓶盖
D	中等流动冻胶:将试样瓶竖直倒置时,只有少部分(10%～15%)冻胶不容易流至瓶盖(通常描述为带舌长型冻胶)
E	难流动冻胶:将试样瓶竖直倒置时,冻胶很缓慢地流至瓶盖或很大一部分(>15%)不流至瓶盖
F	高度变形不流动冻胶:将试样瓶竖直倒置时,冻胶不能流至瓶盖
G	中等变形不流动冻胶:将试样瓶竖直倒置时,冻胶向下变形至约一半的位置
H	轻微变形不流动冻胶:将试样瓶竖直倒置时,只有冻胶表面轻微发生变形
I	刚性冻胶:将试样瓶竖直倒置时,冻胶表面不发生变形

（2）落球黏度法。

在地层条件下，钢球在光滑的盛有冻胶的标准管中自由下落，记录钢球的下落时间，由式（2-3-44）计算冻胶的黏度：

$$\mu = k(\rho_1 - \rho_2)t \tag{2-3-44}$$

式中　μ——冻胶动力黏度，mPa·s；

　　　t——钢球下落时间，s；

　　　$\rho_1，\rho_2$——钢球、冻胶的密度，g/cm³；

　　　k——黏度计常数，与标准管的倾角、钢球的尺寸及密度有关。

实验操作方法与步骤：① 将堵水剂体系转到落球黏度计（如图 2-3-17 所示）的标准管中，加热至预定的温度。② 转动落球黏度计使带有阀门的一端（上部）朝下，按下"吸球"开关，使钢球吸到上部的磁铁上。③ 转动落球黏度计使其上部朝上，固定在某一角度。按下"落球开关"，钢球开始下落，同时计时开始。当钢球落到底部时自动停止计时，记录钢球下落时间。每 30 min 测 1 次，每次重复测量 3 次。直至前 30 min 与后 30 min 测得的落球时间差别不大时，停止实验。

图 2-3-17　落球黏度计

（3）真空突破度法。

真空突破度法测量冻胶强度的装置由带刻度的比色管、U 形管、橡胶管、负压压力表、抽滤瓶及真空泵组成，装置如图 2-3-18 所示。

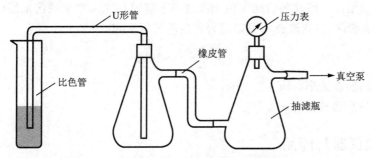

图 2-3-18　真空突破度法测量冻胶强度装置

实验操作方法与步骤：① 将装有已成冻冻胶的比色管按图 2-3-18 顺序连接。② 开动真空泵。③ 测定空气突破冻胶时真空表上真空度增至最大的读数，即突破真空度（BV）。使用前用水和甘油校正,水的 BV 值为 -0.007 MPa,甘油的 BV 值为 -0.018 MPa。每个样品(或条件)均平行做 3 次测定,然后取其平均值(测定时大气压为 0.1 MPa)。BV 值越小,强度越高。

(4) 表观黏度法。

取一定量的配制的堵水剂溶液分装入 20 个容量为 50 mL 的洁净磨口瓶中,将磨口瓶密封后放入规定温度的恒温水浴或电热干燥箱中,恒温 30 min 后,开始用 RV-2 或 RV-20 型黏度计测定剪切速率为 7 s^{-1} 下的表观黏度(mPa·s),每隔 30 min,取出 1 个磨口瓶,用同一剪切速率测 1 次,直至黏度基本不再变化时停止。画出表观黏度随时间变化的曲线,曲线上黏度出现明显转变的点所对应的时间即为堵剂的成胶时间,黏度不再变化时的最大黏度为成胶强度。

4. 堵水剂效果评价——岩芯流动实验

堵水剂岩芯流动实验是评价堵水剂性能和堵水效果的重要手段。通过岩芯流动实验,可以测定出岩芯的渗透率、堵水剂的注入压力、堵水剂的突破压力、堵水剂的堵水率、堵水剂的堵油率等参数,为堵水工艺的设计和现场施工提供必要的参考。

岩芯渗透率利用式(2-3-45)进行测定:

$$K = \frac{Q\mu L}{A \Delta p} \tag{2-3-45}$$

式中　Δp——岩芯两端的压差,可以通过压力表显示测定,10^5 Pa;

　　　μ——流体的黏度,可以用黏度计测定,mPa·s;

　　　Q——在一定压差下,流体流过岩芯的流量,cm^3/s;

　　　L——岩芯长度,cm;

　　　A——岩芯截面积,cm^2;

　　　K——岩芯的渗透率,μm^2。

堵水率($\eta_{水}$)是注入堵水剂后地层水相渗透率下降值与注入堵水剂前地层水相渗透率的比值。注入堵水剂前、后的渗透率可以用岩芯流动装置测定。

$$\eta_{水} = \frac{K_w - K_w'}{K_w} \times 100\% \tag{2-3-46}$$

式中　K_w——堵前渗透率,μm^2;

　　　K_w'——堵后渗透率,μm^2。

堵油率($\eta_{油}$)是注入堵水剂后地层油相渗透率下降值与注入堵水剂前地层油相渗透率的比值。注入堵水剂前、后的渗透率可以用岩芯流动装置测定。

$$\eta_{油} = \frac{K_o - K_o'}{K_o} \times 100\% \tag{2-3-47}$$

式中　K_o——堵前渗透率,μm^2;

　　　K_o'——堵后渗透率,μm^2。

三、实验仪器与药品

1. 实验仪器

真空突破度法测量冻胶强度装置、恒温水浴锅、电子天平、烧杯(100 mL 2 只,500 mL 1

只)、具塞刻度试管(13 支,50 mL)、量筒(2 个,规格分别为 50 mL,500 mL)、玻璃棒等。

2.实验药品

聚丙烯酰胺、重铬酸钾、亚硫酸钠。

四、实验步骤

1.堵水剂的制备

(1) 分别称取 1.60 g 无水亚硫酸钠、1.24 g 重铬酸钾于 2 只 100 mL 烧杯中,用量筒各加入 50 mL 蒸馏水,用玻璃棒搅拌使之完全溶解,备用。

(2) 用量筒量取 300 mL 质量分数为 0.4% 的 HPAM 溶液于 1 个 500 mL 烧杯中,再缓慢加入步骤(1)已溶解的 50 mL 亚硫酸钠溶液,充分搅拌均匀。

(3) 将步骤(1)已溶解的 50 mL 重铬酸钾溶液缓慢加入步骤(2)烧杯中,继续搅拌至混合均匀,堵水剂制备完成,备用。

2.堵水剂强度的测定

(1) 取 13 支 50 mL 具塞试管,分别加入 30 mL 上述制备好的堵水剂。

(2) 将加入堵水剂的具塞试管 6 支为一组,分别于 40 ℃,70 ℃的水浴中恒温放置。剩余 1 支作为参比样,备用。

(3) 利用目测代码法和真空突破度法首先测定参比样的强度(0 min),然后每隔 15 min 分别测定 40 ℃,70 ℃条件下堵水剂的强度,以表格形式记录实验数据。

(4) 实验结束,将所用玻璃仪器仔细清洗干净放回原处,整理实验台。

3.堵水剂封堵效果评价

采用本章"实验七　ASP 体系的驱油性能与 EOR 机理"实验中的驱替装置进行实验。

(1) 填制填砂管,称量填砂管干重。向填砂管(也可采用岩芯。采用岩芯时,将填砂管换成岩芯夹持器)中注入地层水,当压力稳定后,测定水流过填砂管时两端的压力;称量填砂管湿重。计算填砂管孔隙体积与孔隙度,计算封堵前填砂管水相渗透率 K_w。

(2) 以 1 mL/min 的注入速度向填砂管中注入 2 倍孔隙体积的冻胶体系,记录岩芯两端的压差。

(3) 将填砂管两端用丝堵封堵,放入胶凝所需温度的恒温水浴或烘箱中,按需要的温度和时间待凝;胶凝后,按照 1 mL/min 的注入速度用水驱替,记录驱替过程中的最大压力,该压力值为冻胶体系突破压力,计算突破压力梯度(以 MPa/m 计,单位长度的最大突破压力值)。

(4) 堵水剂突破后,将驱替速度控制在一定的流速下,继续注入 2 倍孔隙体积水,压力稳定后测水相渗透率 K'_w,计算水相封堵率。

(5) 以油代替水,重复上述实验步骤,测定堵水剂对油层的影响。

如果模拟储层非均质情况下的调剖封堵能力,可将单一填砂管更换为并联的填制不同渗透率的填砂管进行,实验方法与步骤同上。

五、实验结果与数据处理

将实验数据填入表 2-3-15、表 2-3-16 中。绘制不同温度下冻胶强度随时间的变化曲线，并对比、分析温度改变对冻胶交联性质的影响。

写出实验报告，对实验现象进行解释。

表 2-3-15　堵水剂的制备与性能评价实验原始记录

方　法		目测代码法，强度等级		真空突破度法/MPa	
		40 ℃	70 ℃	40 ℃	70 ℃
不同交联时间的冻胶强度	0 min(参比样)				
	15 min				
	30 min				
	45 min				
	60 min				
	75 min				
	90 min				

表 2-3-16　堵水剂封堵效果评价实验数据记录

岩芯参数	长度 L /cm		直径 ϕ /cm		填砂管干重 /g		填砂管湿重 /g	
堵水剂配方								
堵水剂成胶时间/min			堵水剂成胶强度/(mPa·s)					
注水参数	驱替压力 p/MPa			注入流量 Q/(mL·min⁻¹)				
注堵剂参数								
水驱堵剂参数								
注油参数								
注堵剂参数								
油驱堵剂参数								

六、思考题

（1）温度为什么会影响堵水剂体系的交联过程？

（2）实验中制备的冻胶体系在油田调剖堵水中的作用是什么？通过什么原理提高地层原油采收率？

（3）测定突破压力有何意义？它代表了堵水剂的什么性能？

实验九　稠油乳化降黏实验

一、实验目的

（1）建立对稠油、乳状液、乳化的概念和感性认识。
（2）加深对稠油乳化降黏机理的理解。
（3）学会正确选择乳化剂降黏的实验方法和仪器使用。

二、实验原理

一般来说，稠油中轻组分含量较小，沥青质和胶质含量较大，直链烃含量小，从而导致大部分稠油具有高黏度和高密度的特性，开采和运输相当困难。由于稠油具有黏度高、密度大、流动性差的特点，降低稠油黏度、改善稠油流动性是解决稠油开采、集输及处理的关键。我国稠油分类标准见表 2-3-17。

表 2-3-17　我国稠油分类标准

稠油分类		主要指标		辅助指标	开采方式
名　称	类　别	黏度/(mPa·s)		相对密度(20 ℃)	
普通稠油	Ⅰ-1	50[①]（或100）—10 000	50[①]～150[①]	>0.920 0	可以先注水
	Ⅰ-2		150[①]～1 000	>0.920 0	热　采
特稠油	Ⅱ	10 000～50 000		>0.950 0	热　采
超稠油	Ⅲ	50 000～100 000		>0.980 0	热　采
特超稠油		>100 000		>1.000 0	热　采

注：① 指油层条件下黏度；其他指油层温度下脱气油黏度。

稠油降黏方法有许多种，包括升温降黏法、稀释降黏法、乳化降黏法、氧化降黏法、催化水热裂解降黏法等。

乳化降黏是指在一定油水比的条件下，用水溶性表面活性剂溶液将稠油乳化成水包稠油乳状液。因为水为外相，所以这种乳状液的黏度接近水的黏度，远低于稠油的黏度，并与稠油的黏度无关。

水包稠油乳状液的黏度可用 Richardson 公式表示：

$$\mu = \mu_0 e^{k\varphi} \tag{2-3-48}$$

式中　μ——水包稠油乳状液的黏度；

μ_0——水的黏度；

φ——油在乳状液中的体积分数；

k——常数。

常数 k 取决于 φ。当 $\varphi \leqslant 74\%$ 时，k 为 7.0；当 $\varphi > 74\%$ 时，k 为 8.0。

稠油乳化降黏剂可使用 HLB 值在 7~18 内的水溶性表面活性剂,如烷基磺酸钠、烷基苯磺酸钠、聚氧乙烯烷基醇醚、聚氧乙烯烷基苯酚醚、聚氧乙烯聚氧丙烯丙二醇醚、聚氧乙烯烷基醇醚硫酸酯钠盐、聚氧乙烯烷基醇醚羧酸钠盐、聚氧乙烯烷基苯酚醚羧酸钠盐等。

乳化剂不一定外加,例如氢氧化钠与石油酸反应后所生成的表面活性剂就可作为水包油型乳化剂。表面活性剂在水溶液中的质量分数在 0.02%~0.5% 内。稠油与水的体积比一般为 (7:3)~(8:2)。

三、实验仪器与药品

1. 实验仪器

Brookfield DV-Ⅲ布氏黏度计、超级恒温水浴、具塞比色管、温度计、分析天平、电动搅拌机、水浴锅。

2. 实验药品

乳化降黏剂。

四、实验步骤

(1) 打开超级恒温水浴,设定 60 ℃,并开启超级恒温水浴循环。

(2) 取一定量稠油置于 Brookfield DV-Ⅲ布氏黏度计试样槽中,选择合适的转子型号(量程覆盖稠油黏度,若不确定稠油黏度范围,则可先选用最大标号的转子),调整黏度计,使稠油液面在转子对应的测量刻度线范围内(转子上有对应的刻度凹槽)。

(3) 超级恒温水浴循环预热 10 min 稠油油样后,设置合适的转速(一般采用 6 r/min),启动 Brookfield DV-Ⅲ布氏黏度计,测试稠油黏度。等黏度计数值稳定后,记录稠油黏度值 μ_1。

(4) 分别称取实验所用的降黏剂,与不同类型辅剂按一定比例进行复配,并搅拌均匀,配制成降黏剂活性水样。

(5) 按照 7:3 的油水比分别称取油样和水样,分别将油样和水样放在 60 ℃ 的水浴中预热 10 min。

(6) 将活性水分 3 次加入油样中,同时开始搅拌,搅拌速度控制在 200 r/min 左右,搅拌 3 min,使油水混合,其间观察其乳化速度和乳化效果。

(7) 将油水混合后的乳化稠油倒入黏度计试样槽中,按照上述测试黏度的方法,测试乳化稠油黏度值 μ_2。(注意:测试乳化稠油黏度时的温度与转速应当与测稠油黏度时保持一致)根据测试结果,计算稠油乳化后的降黏率 η:

$$\eta = \frac{\mu_1 - \mu_2}{\mu_1} \times 100\% \tag{2-3-49}$$

式中 μ_1——稠油黏度,mPa·s;

μ_2——乳化稠油黏度,mPa·s。

(8) 将乳化油分别倒入 2 个 50 mL 的比色管中,将其分别放入 60 ℃ 和 80 ℃ 的恒温水浴,预热 10 min 后,用手按紧塞子上下振荡 100 次后置于水浴中,同时开始计时(5 min,15 min,30 min,60 min,180 min,300 min,960 min),并记录下不同时间的脱水量。绘制脱水速率曲线。

五、实验结果与数据处理

(1) 计算加入表面活性剂前后稠油的黏度,并绘制不同温度下的流变曲线,加以解释。

(2) 解释实验中所观察到的现象,并说明各种实验条件对实验结果的影响。

六、思考题

(1) 稠油乳化降黏的机理是什么?

(2) 除了乳化降黏,还有其他什么方法可对稠油进行降黏?

(3) 为什么不同的稠油需要选择不同性质的乳化剂进行降黏实验?

实验十　储层酸化酸液的配制及缓蚀剂性能评价

一、实验目的

(1) 掌握不同浓度盐酸及土酸酸液配制的基本方法。

(2) 掌握测试盐酸及土酸酸化用缓蚀剂性能的实验方法及评价指标。

(3) 掌握腐蚀速率与缓蚀率的计算方法。

(4) 了解酸液腐蚀的影响因素。

二、实验原理

油井酸化工艺是油井增产或注水井增注的有效措施之一。它是通过井眼向地层注入一种酸液或几种酸的混合液,来提高油水井近井地带的渗透率。现场应用最多的酸液体系是盐酸体系和土酸体系。盐酸体系主要用于碳酸岩地层,土酸体系主要用于砂岩地层。根据酸液现场应用实际情况,不同的油井或地层需配制不同浓度的盐酸或土酸酸液。

酸液的注入会给地面钢铁设备和井下油管造成腐蚀,为了防止或减缓这种腐蚀,可以在酸液中加入缓蚀剂。不同缓蚀剂的缓蚀性能各异,在酸液配方确定过程中,必须对不同缓蚀剂的性能进行评价,从而选出性能优良且价格合理的缓蚀剂。

1. 盐酸酸液的配制原理

按式(2-3-50)和式(2-3-51)可计算出配制一定体积、浓度的酸液所需的浓酸和水的用量。浓盐酸用量按式(2-3-50)计算:

$$V_0 = \frac{V\rho W}{\rho_0 W_0} \tag{2-3-50}$$

式中　V_0——浓盐酸用量,mL;

ρ_0——浓盐酸密度,g/mL;

W_0——浓盐酸体积分数,%;

V——所配制的盐酸体积,mL;

ρ——所配制的盐酸密度,g/mL;

W——所配制的盐酸体积分数,%。

蒸馏水用量按式(2-3-51)计算:

$$V_水 = (V\rho - V_0\rho_0)/\rho_水 \tag{2-3-51}$$

式中　$V_水$——蒸馏水用量,mL;

　　　$\rho_水$——室温下水的密度,g/mL。

2. 土酸的配制原理

按式(2-3-52)~式(2-3-54)计算配制一定体积、一定浓度的土酸所需的浓盐酸、浓氢氟酸及水的用量。

浓盐酸用量按式(2-3-52)计算:

$$V_1 = \frac{V'\rho'W'}{\rho_1 W_1} \tag{2-3-52}$$

式中　V_1——所配土酸中浓盐酸的用量,mL;

　　　ρ_1——浓盐酸的密度,g/mL;

　　　W_1——浓盐酸的体积分数,%;

　　　V'——所配土酸的体积,mL;

　　　ρ'——所配土酸的密度,g/mL;

　　　W'——所配土酸中盐酸的体积分数,%。

浓氢氟酸用量按式(2-3-53)计算:

$$V_2 = \frac{V'\rho'W'}{\rho_2 W_2} \tag{2-3-53}$$

式中　V_2——所配土酸中浓氢氟酸的用量,mL;

　　　ρ_2——浓氢氟酸的密度,g/mL;

　　　W_2——浓氢氟酸的体积分数,%。

蒸馏水用量按式(2-3-54)计算:

$$V'_水 = (V'\rho' - V_1\rho_1 - V_2\rho_2)/\rho_水 \tag{2-3-54}$$

式中　$V'_水$——所配土酸中蒸馏水的用量,mL。

3. 缓蚀剂性能评价原理

酸液对金属铁的腐蚀属于电化学腐蚀,其反应如下。

阳极反应(氧化):

$$Fe \longrightarrow Fe^{2+} + 2e^-$$

阴极反应(还原):

$$2H^+ + 2e^- \longrightarrow H_2 \uparrow$$

总反应:

$$Fe + 2H^+ \longrightarrow Fe^{2+} + H_2 \uparrow$$

从反应式可以看出,在酸液存在情况下,金属铁与之反应,并以亚铁离子的形式溶于酸液中,从而金属铁的质量得以损失。所以,本实验中采用挂片失量法来评价酸液对材料的腐蚀程度或缓蚀剂的缓蚀性能。具体方法是:在常压、温度不高于 90 ℃条件下,将已称量的试片分别放入恒温的未加和加有缓蚀剂的酸液中,浸泡到预定时间后,取出试片,清洗、干燥处理后称量,计算失量、平均腐蚀速率及缓蚀率。实验装置如图 2-3-19、图 2-3-20 所示。

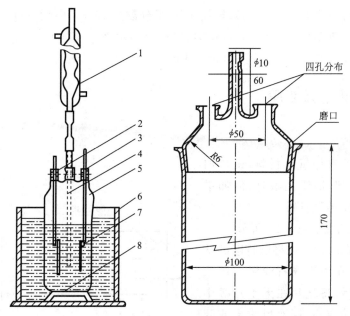

1—回流冷凝器;2—胶塞;3—挂钩;4—温度计;5—反应容器;6—恒温水浴;7—试片;8—反应器支架。

图 2-3-19　盐酸酸化用常压静态腐蚀实验装置

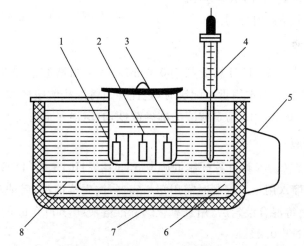

1—塑料杯;2—试片及试片架(聚四氟乙烯);3—酸液;4—水银接触温度计;

5—电源;6—电加热器;7—保温套;8—水浴。

图 2-3-20　土酸酸化用静态腐蚀实验装置

三、实验仪器与药品

1. 实验仪器

常压静态腐蚀实验装置、分析天平(感量 0.000 1 g)、恒温水浴、游标卡尺、反应容器(玻璃瓶、塑料瓶)、干燥器、烧杯、玻璃棒等。

2. 实验药品

盐酸(质量分数为36%~38%)、氢氟酸(质量分数为40%)、丙酮、石油醚、无水乙醇、缓蚀剂、氢氧化钠标准溶液(0.500 0 mol/L)、甲基橙指示液(1 g/L)、酚酞指示液(10 g/L)、N80钢片(长×宽×高=50 mm×10 mm×3 mm)。

四、实验内容及步骤

1.试片制备

选用N80油管做试片材料,试片加工时,严禁热处理、锻压及敲打,但如果有锈迹,则可用细砂纸打磨。

(1)试片尺寸如图2-3-21所示。

(2)试片清洗、称量。将已打磨的试片用镊子夹持,在丙酮或石油醚中用软刷清洗除去油污;将试片在无水乙醇中浸泡约5 min后取出,用冷风吹干或晾干;将试片放入干燥器20 min后称量(精确至0.000 1 g),测量其尺寸,并对其编号和做记录,储存于干燥器内待用。

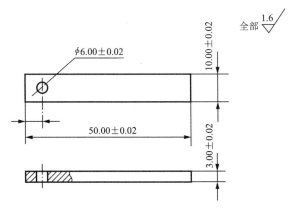

图2-3-21　室内测定试片(单位:mm)

2. 配制盐酸酸液

按式(2-3-50)和式(2-3-51)计算配制500.0 mL 5.0%盐酸酸液和500.0 mL 15.0%盐酸酸液所需的浓盐酸和蒸馏水用量。配制时,边搅拌边将浓盐酸缓慢加入蒸馏水中,用氢氧化钠标准溶液(0.500 0 mol/L)滴定酸液的准确浓度,测定误差不超过±0.2%。

3. 配制土酸酸液

按式(2-3-52)~式(2-3-54)计算配制500.0 mL(12%HCl+3%HF)土酸酸液所需的浓盐酸、浓氢氟酸及蒸馏水用量。配制时需用塑料容器,按先蒸馏水,后浓盐酸,再浓氢氟酸的顺序缓慢搅拌加入。待混合混匀后,用氢氧化钠标准溶液(0.500 0 mol/L)滴定酸液的准确浓度,测定误差不超过±0.2%。

4.常压静态腐蚀速率及缓蚀率测定

1)酸液的类型对腐蚀速率的影响(室温)

(1)取4片已制备好的N80钢试片(盐酸和土酸各用2片),按每平方厘米试片表面积酸液用量20 mL,将配制好的15%的盐酸酸液和土酸酸液倒入反应器中。按图2-3-19或图2-3-20所示连接好装置,将反应器放入恒温水浴,升温至所需测定温度。

(2)将试片分开单片吊挂,分别浸没于盐酸酸液和土酸酸液中,保证试片表面全部与酸液接触并悬于酸中,开始计时。

（3）反应 1.5 h 后，断开电源，取出试片，立即用水冲洗，放在干净的滤纸上，最后用丙酮、无水乙醇逐片洗净，冷风吹干，放在干燥器内干燥 20 min。

（4）在分析天平上称量，将数据填写在表 2-3-18 中。

2）酸液的浓度对腐蚀速率的影响

按照 1）的实验方法，将试片分别置于 15.0%，20.0% 的盐酸酸溶液中，在室温下测定酸液的腐蚀速率。将数据填写在表 2-3-19 中。

3）温度对腐蚀速率的影响

在 60 ℃条件下，测定钢片在 15% 盐酸酸液中的腐蚀速率，并与室温下的情况做对比。将数据填写在表 2-3-20 中。

4）缓蚀剂的评价

往 15% 盐酸酸液中分别加入 3%，5% 的甲醛，在 60 ℃下，测定酸液的腐蚀速率。将数据填写在表 2-3-21 中。

五、实验结果与数据处理

1. 数据记录

见表 2-3-18～表 2-3-21。

表 2-3-18 不同酸液类型下试片腐蚀速率表（室温）

编 号	酸液类型	试片表面积 A /mm²	试片反应前质量 m_1/g	试片反应后质量 m_2/g	反应时间 Δt/h	试片腐蚀量 Δm/g	腐蚀速率 V_i/(g·m⁻²·h⁻¹)	平均腐蚀速率 $\overline{V}$/g·m⁻²·h⁻¹)
1	HCl(15%)							
2								
3	HCl(12%)+HF(3%)							
4								

表 2-3-19 不同盐酸浓度下试片腐蚀速率表（室温）

编 号	盐酸体积分数 W /%	试片表面积 A/mm²	试片反应前质量 m_1/g	试片反应后质量 m_2/g	反应时间 Δt/h	试片腐蚀量 Δm/g	腐蚀速率 V_i/(g·m⁻²·h⁻¹)	平均腐蚀速率 $\overline{V}$/(g·m⁻²·h⁻¹)
1	15							
2								
3	20							
4								

表 2-3-20　不同反应温度下试片的腐蚀速率表

编　号	反应温度 $t/℃$	试片表面积 A/mm^2	试片反应前质量 m_1/g	试片反应后质量 m_2/g	反应时间 $\Delta t/h$	试片腐蚀量 $\Delta m/g$	腐蚀速率 $V_i/(g \cdot m^{-2} \cdot h^{-1})$	平均腐蚀速率 $\overline{V}/(g \cdot m^{-2} \cdot h^{-1})$
1	20							
2								
3	60							
4								

表 2-3-21　不同甲醛加量下试片的腐蚀速率表(室温)

编　号	甲醛加量 $/\%$	试片表面积 A_1/mm^2	试片反应前质量 m_1/g	试片反应后质量 m_2/g	反应时间 $\Delta t/h$	试片腐蚀量 $\Delta m/g$	腐蚀速率 $V_i/(g \cdot m^{-2} \cdot h^{-1})$	平均腐蚀速率 $\overline{V}/(g \cdot m^{-2} \cdot h^{-1})$
1	3							
2								
3	5							
4								

2. 数据处理

（1）腐蚀速率计算如下：

$$V_i = \frac{10^6 \Delta m_i}{A_i \Delta t} \tag{2-3-55}$$

式中　V_i——单片腐蚀速率，$g/(m^2 \cdot h)$；

　　　Δt——反应时间，h；

　　　Δm_i——试片腐蚀失量，g；

　　　A_i——试片表面积，mm^2。

（2）缓蚀率计算如下：

$$\eta = \frac{V_0 - V}{V_0} \times 100\% \tag{2-3-56}$$

式中　η——缓蚀率，%；

　　　V_0——未加缓蚀剂的腐蚀速率，$g/(m^2 \cdot h)$；

　　　V——加有缓蚀剂的腐蚀速率，$g/(m^2 \cdot h)$。

（3）平均腐蚀速率如下：

$$\overline{V} = \frac{V_1 + V_2}{2} \tag{2-3-57}$$

式中　$\overline{V}$——同组平行样平均单片腐蚀速率，$g/(m^2 \cdot h)$；

　　　V_1, V_2——同组的 2 块试片的腐蚀速率，$g/(m^2 \cdot h)$。

六、安全提示及注意事项

（1）实验过程中所使用的浓酸具有强腐蚀性，实验时务必小心谨慎，做好预防措施。

（2）在浓酸稀释过程中，必须将浓酸缓慢加入蒸馏水中稀释，禁止将蒸馏水加入浓酸中。

（3）实验完成后，对酸液进行集中收集处理，严禁将其直接倒入下水道。

（4）在实验过程中，须等到反应容器内部酸液达到实验温度时，才能放入试片并计时。

七、思考题

（1）酸化增产原理是什么？

（2）酸液的类型及添加剂有哪些？

（3）酸化用缓蚀剂的种类有哪些？作用原理分别是什么？

（4）酸化用缓蚀剂的缓蚀性能评价方法除失量法外，还有哪些？

实验十一　酸化用铁离子稳定剂性能评价

一、实验目的

（1）掌握酸化用铁离子稳定剂性能的评价方法。

（2）掌握 pH 对铁离子稳定性的影响。

（3）了解常用铁离子稳定剂的几种类型及作用原理。

二、实验原理

1. 铁离子来源及铁离子稳定剂

在油气层酸化作业处理中，高浓度的酸溶液在搅拌和泵注过程中，对施工设备、井下管柱的腐蚀以及对地层岩石中含铁矿物的溶蚀都会产生大量 Fe^{3+} 和 Fe^{2+}，而 Fe^{3+} 和 Fe^{2+} 在酸液中能否沉淀，取决于酸液的 pH 与铁盐 $FeCl_2$、$FeCl_3$ 的含量。当 $FeCl_3$ 的含量大于 0.6%以及 pH 大于 1.86 时，Fe^{3+} 会水解生成凝胶状的 $Fe(OH)_3$ 沉淀，当 $FeCl_2$ 的含量大于 0.6%以及 pH 大于 6.84 时，Fe^{2+} 会水解生成凝胶状的 $Fe(OH)_2$ 沉淀，从而造成储层伤害。

由于残酸的 pH 一般不会超过 6，所以，可以不考虑二价铁的沉淀问题。相反，残酸的 pH 一般超过 1.86，所以，必须考虑三价铁的沉淀问题。因此，必须对铁离子量进行测量，而加入铁离子稳定剂的目的就是防止 Fe^{3+} 产生沉淀。

2. 酸液中铁离子浓度测定——邻二氮菲分光光度法

邻二氮菲分光光度法是测定铁的经典方法，该方法准确性高、灵敏度高、方法简单。在 pH 为 2～9 时，邻二氮菲与二价铁生成稳定的红色配合物。用盐酸羟胺将体系中的三价铁离子还原成亚铁离子，用邻二氮菲做显色剂，可测定试样中总铁含量。

可见光分光光度法进行定量分析的依据是朗伯-比尔定律，其数学表达式为：

$$A = \lg \frac{I_0}{I} = \varepsilon b c \tag{2-3-58}$$

式中　A——吸光度；

　　　I_0——入射光强度；

　　　I——透射光强度；

　　　ε——摩尔吸光系数；

　　　b——物质吸收层的厚度；

　　　c——物质的浓度。

根据朗伯-比尔定律,物质的浓度可通过测量吸光度的方法测定。光度分析时,分别将空白溶液和待测溶液装入厚度为 b 的两个吸收池中,让一束一定波长的平行光分别照射空白溶液和待测溶液,通过空白溶液的透过光强为 I_0,通过待测溶液的透过光强为 I。根据吸光度公式,仪器直接给出吸光度。当吸收池及入射光的波长和强度一定时,吸光度正比于被测物的浓度。因此,可根据测得的吸光度值求出待测溶液的浓度。为了使测定有较高的灵敏度和准确度,必须选择适宜的显色反应条件和仪器测量条件。

三、实验仪器与药品

1. 实验仪器

恒温水浴、反应瓶、容量瓶、可见光分光光度计、分样筛（100 目）、pH 精密试纸、分析天平（感量 0.1 mg）。

2. 实验药品

盐酸（质量分数为 25.0%）、$FeCl_3$ 标准溶液（100 mg/L）、Na_2SO_3 溶液（1 mol/L）（铁稳定剂）、邻二氮菲水溶液（质量分数为 0.15%）、盐酸羟胺溶液（质量分数为 10%）（新鲜配制）、乙酸钠溶液、氢氧化钠溶液（1 mol/L）、岩样粉（过 20～400 目筛）。

四、实验步骤

1. 吸收曲线的绘制和测量波长的选择

用移液管取 2.00 mL 100 mg/L 铁标准溶液,加入 50 mL 容量瓶中,并加入 1.00 mL 10% 盐酸羟胺溶液,摇匀。加入 2.00 mL 0.15% 邻二氮菲水溶液、5.00 mL 1 mol/L 乙酸钠溶液,用水稀释至刻线。在分光光度计上用 1 cm 比色皿,以不加显色剂邻二氮菲的试剂溶液为参比溶液,波长区间为 440～560 nm,每隔 10 nm 测定一次吸光度,将实验数据记录在表 2-3-22 中,并以波长为横坐标,以吸光度为纵坐标,绘制吸收曲线。以吸光值大为选择标准,选择出测量的最适宜波长。

2. 显色剂用量选择

在 6 个 50 mL 容量瓶中,各加入 2.00 mL 100 mg/L 铁标准溶液和 1.00mL 10% 盐酸羟胺溶液,摇匀。分别加入 0.10 mL,0.50 mL,1.00 mL,2.00 mL,3.00 mL,4.00 mL 0.15% 邻二氮菲水溶液,然后加入 5.0 mL 乙酸钠溶液,用水稀释至刻线,摇匀。在光度计上用 1 cm 比色皿,在选定的波长下,以不加显色剂邻二氮菲的试剂溶液为参比溶液,测定吸光度,将实验数据记录在表 2-3-23 中。以邻二氮菲体积为横坐标,以吸光度为纵坐标,绘制吸光度-邻二氮菲试剂用量曲线。以吸光值大为选择标准,选择出测量的最适宜的邻二氮菲用量。

3. 标准曲线的制作

在 6 支 50 mL 容量瓶中,分别加入 0 mL,0.20 mL,0.40 mL,0.60 mL,0.80 mL,1.00 mL 100 mg/L 铁标准溶液,再加入 1.00 mL 10％盐酸羟胺溶液,加入 2.中选择的最佳加量的 0.15％ 邻二氮菲水溶液和 5.0 mL 乙酸钠溶液,用水稀释至刻线,摇匀。在选择的最佳波长处,用 1 cm 比色皿,以空白试剂为参比,测定吸光度,将实验数据记录在表 2-3-24 中,以铁离子浓度为横坐标,以吸光度为纵坐标,绘制标准曲线。

4. 残酸液制备

(1) 取 200 mL 10％ 盐酸,将其少量多次、缓慢加入盛有足量过 20～400 目筛的岩样粉的反应器中。

(2) 将反应瓶置于 70 ℃的恒温水浴中,反应,直至 pH≥3。

(3) 将未反应的岩屑用 100 目筛过滤,得滤液为残酸溶液。

5. 铁离子稳定性及铁稳定剂的评价

(1) 在 2 支具塞刻度管中,各加入 50 mL 残酸液,在一支管中加入 1.0 g $FeCl_3$,在另一支管中先加入 1.0 g Na_2SO_3,再加入 1.0 g $FeCl_3$,混匀后将 2 支管同时置于 70 ℃恒温水浴中,观察并记录开始产生沉淀的时间。

(2) 反应 1.5 h 后,将沉淀过滤,称重,并记录各自的质量。

(3) 过滤后滤液,用分光光度计测其滤液中的铁离子含量。如果所测溶液的吸光度太大,则可将滤液用去离子水稀释后测量。实验结果为"实测吸光度×稀释倍数"。

五、实验结果与数据处理

1. 数据记录

(1) 将吸收曲线绘制和测量波长选择的实验数据记录在表 2-3-22 中。

表 2-3-22 入射光波长对吸光度关系数据表

波长/nm	吸光度 A	透光率
440		
450		
460		
470		
480		
490		
500		
510		
520		
530		

续表

波长/nm	吸光度 A	透光率
540		
550		
560		

（2）将显色剂用量确定记录在表 2 3-23 中。

表 2-3-23　显色剂用量对吸光度关系数据表

体积/mL	吸光度 A	透光率
0.1		
0.5		
1		
2		
3		
4		

（3）将标准曲线绘制数据记录在表 2-3-24 中。

表 2-3-24　铁离子浓度对吸光度数据表

铁标准溶液浓度/$(mg \cdot L^{-1})$	吸光度 A	透光率
0.4		
0.8		
1.2		
1.6		
2.0		

（4）将实测实验数据记录在表 2-3-25 中。

表 2-3-25　实测实验数据记录表

编　号	Na_2SO_3 加量 m/g	沉淀质量 m/g	残酸液中铁离子浓度 C_F/$(mg \cdot L^{-1})$	滤液中铁离子浓度 C_L/$(mg \cdot L^{-1})$	铁离子稳定度 F_i/%	铁离子稳定度平均值 $\overline{F}$/%
1	0					
2						
3	1					
4						

2. 数据处理

（1）对比添加与未添加还原剂 Na_2SO_3 的沉淀量。

（2）计算铁离子稳定度。

$$F_i = \frac{c_L}{c_F} \times 100\%$$ (2-3-59)

式中　F_i——铁离子稳定度，%；

　　　C_F——残酸液中铁离子浓度，mg/L；

　　　C_L——滤液中铁离子浓度，mg/L。

$$\overline{F} = \frac{F_1 + F_2}{2} \times 100\%$$ (2-3-60)

式中　$\overline{F}$——铁离子稳定度平均值，%；

　　　F_1, F_2——两次测得的铁离子的稳定度。

六、安全提示及注意事项

(1) 各种试剂必须按实验要求的顺序加入。

(2) 最佳波长选择好后不要再改变。

(3) 在使用比色皿时，手指接触比色皿的毛面，不能接触光面，否则影响实验精度。每次测试前需用蒸馏水清洗比色皿，并用滤纸擦拭干净。

七、思考题

(1) 用邻二氮菲法测定铁离子浓度时，为什么在测定前需要加入还原剂盐酸羟胺？

(2) 影响显色反应的因素有哪些？如何选择合适的显色条件？

(3) 参比溶液的作用是什么？在本实验中可否用蒸馏水做参比？

(4) 吸收曲线与标准曲线有何区别？在实际应用中有何意义？

实验十二　砂岩缓速酸性能评价

一、实验目的

(1) 掌握缓速酸性能的评价方法。

(2) 了解缓速酸酸化技术。

二、实验原理

在常规酸化施工中，由于酸岩反应速率大，酸的穿透距离短，故只能消除近井地带的伤害。而提高酸的浓度虽可增加酸的穿透距离，但会产生严重的泥沙及乳化液堵塞，给防腐蚀带来困难，尤其是高温深井。常规酸化的增产有效期通常较短，砂岩经土酸处理之后，黏土及其他微粒的运移易堵塞油流通道，造成酸化初期增产而后期产量迅速递减的普遍性问题。酸化压裂也会因酸液与碳酸盐作用太快，使离井底较远的裂缝不容易受到新鲜酸液的溶蚀。因此，必须运用缓速酸技术对地层进行深部酸化以改善酸处理效果。

在砂岩缓速酸性能评价实验中(常压、温度不高于 90 ℃),比较岩样在缓速酸与土酸中的失重率,来评价缓速酸的静态缓速性能及最终溶蚀能力。为了更精确地评价砂岩缓速酸的性能,可以做若干平行样,绘制出缓速酸与土酸在不同时间下的失重率变化曲线。根据曲线趋势,可以更加直观地看出两种酸液反应速率的区别,从而评价缓速酸的性能。

三、实验仪器与药品

1. 实验仪器

塑料量筒(4 个,规格分别为 50 mL,100 mL,500 mL,1 000 mL)、塑料烧杯(2 个,规格分别为 100 mL,250 mL)、恒温水浴、干燥箱、120 目标准筛、分析天平(感量 0.000 1 g)。

2. 实验药品

盐酸、氢氟酸、$AlCl_3 \cdot 6H_2O$、岩屑、蒸馏水、天然砂岩岩芯。

四、实验步骤

1. 缓速土酸的配制

用 15％盐酸、1.5％氢氟酸加上 15％ $AlCl_3 \cdot 6H_2O$,即可配成缓速土酸。

2. 岩样准备

取一定量的干燥岩屑,粉碎后过实验筛,直至通过 120 目标准筛的岩芯量大于所取量的 80％,将过筛的岩样混匀,待用。

3. 岩样失重的测定

(1) 分别称取两份 3.0 g 岩样(称准至 0.000 1 g)。按 1.0 g 岩样对 20 mL 酸液,用塑料量筒准确量取 60 mL 土酸和 60 mL 缓速酸,倒入塑料烧杯中。

(2) 将塑料烧杯放入 70 ℃水浴中,恒温 10～15 min。

(3) 将岩样放入酸液中,开始计时。快速搅拌至岩样全部被酸液润湿,静置。

(4) 反应 2 h 后,取出烧杯,用已称重的滤纸过滤烧杯中混合物,用蒸馏水冲洗滤出物,直至滤液呈中性。

(5) 把残样连同滤纸放入干燥箱于(105±1)℃干燥,称重,记录。

五、实验结果与数据处理

1. 实验数据记录

将实验数据记录在表 2-3-26 中。

表 2-3-26　不同酸液体系缓蚀记录表

编号	酸液体系	实验前岩样质量 m_1 /g	实验后岩样质量 m_2 /g	酸液体积 V /mL	时间 t /h	温度 T /℃	失重率 η /％
1							

编号	酸液体系	实验前岩样质量 m_1 /g	实验后岩样质量 m_2 /g	酸液体积 V /mL	时间 t /h	温度 T /℃	失重率 η /%
2							
3							
4							

2. 实验数据处理

失重率的计算：

$$\eta = \frac{m_1 - m_2}{m_1} \times 100\% \qquad (2\text{-}3\text{-}61)$$

式中　η——岩样失重率,%;

m_1——实验前岩样质量,g;

m_2——实验后岩样质量,g。

六、安全提示及注意事项

(1) 在实验过程中所使用的浓酸具有强腐蚀性,实验时务必小心谨慎,做好预防措施。

(2) 实验完成后对酸液进行集中收集处理,严禁将其直接倒入下水道。

七、思考题

(1) 缓速酸的类型有哪些？各自的作用原理是什么？

(2) 缓速酸性能除了用失重率来评价,还有什么方法？

实验十三　稠化酸的配制及性能评价

一、实验目的

(1) 掌握缓速酸溶蚀率的测定。

(2) 了解聚合物缓速剂的工作原理。

二、实验原理

酸化是提高油田增产增注的一种主要方法,主要利用工作液中的酸性物质和地层矿物或堵塞物反应,使地层渗透率恢复或提高。溶蚀率是酸化工作液的主要性能之一,溶蚀率的高低决定酸化措施效果,但控制不恰当会对油层造成伤害,因此酸化工作液溶蚀率的控制显得尤其重要。

土酸是盐酸和氢氟酸的混合酸,它可以用于砂岩地层的酸化,此时土酸中的氢氟酸和砂岩反应生成可溶于残酸的物质,从而使地层渗透率提高。它还可以和堵塞地层的黏土发生反应,恢复地层渗透率。在酸化过程中,有时通过添加化学剂来改变酸液的反应速率,使酸化距离增大,提高酸化效果,常用的缓速酸有聚合物和表面活性剂。本实验选用聚合物羧甲基纤维素钠(CMC)作为缓速剂。

溶蚀率是利用反应前后砂岩的质量变化来进行计算的,计算公式如下:

$$\eta = \frac{m_1 - m_2}{m_1} \times 100\% \tag{2-3-62}$$

式中　η——岩样溶蚀率,%;

　　　m_1——实验前岩样质量,g;

　　　m_2——实验后岩样质量,g。

聚合物能减小酸性物质与地层矿物或堵塞物的反应速率,表现为溶蚀率变小,利于造长缝。

三、实验仪器与药品

1. 实验仪器

量筒、塑料烧杯、恒温水浴、恒温鼓风干燥箱、电子分析天平(感量 0.001 g)、漏斗及滤纸、分样筛(40 目)。

2. 实验药品

盐酸(分析纯)、氢氟酸(分析纯)、岩屑、羧甲基纤维素钠(分析纯)。

四、实验步骤

1. 岩样准备

取一定量的干燥岩屑,粉碎后过分样筛(40 目),直至通过筛的岩芯量大于所取量的80%,将过筛的岩样混匀,并用 10%盐酸进行反应直至无气泡产生,过滤后反复用蒸馏水冲洗(确保无 HCl 残留),烘箱烘干至恒重,取出放入干燥器中冷却,待用。

2. 常规土酸的配制

根据常规土酸的组成,配制 500 mL 常规土酸,并将其平均分成 5 份,放在 5 个塑料烧杯中。

土酸一般为浓度为 10%～15%的盐酸和浓度为 3%～8%的氢氟酸所组成的混合酸液。

3. 缓速酸的配制

在上述 5 份土酸中分别加入 0 g,0.1 g,0.2 g,0.3 g,0.4 g CMC,充分搅拌溶解,放置 4 h。

4. 岩样溶蚀率的测定

(1) 分别称取 5 份 0.5 g(称准至 0.001 g)岩样,编号并记录在表 2-3-27 中。

(2) 依次将岩样放入对应酸液杯中,记录放入时间。快速搅拌至岩样全部被酸液润湿。将塑料烧杯放入 70 ℃恒温水浴中。

（3）反应 1 h 后，取出塑料烧杯，过滤烧杯中的混合物，用自来水冲洗滤出物，直至滤液呈中性（滤纸经干燥、恒重、编号、称量质量）。

（4）把残样连同滤纸放入干燥箱中于（105±1）℃干燥，称重，记录并计算岩样溶蚀率。

五、实验结果与数据处理

1. 数据记录

将实验数据记录在表 2-3-27 中。

表 2-3-27　数据记录

缓速剂加量/g		0	0.1	0.2	0.3	0.4
岩样质量 /g	反应前					
	反应后					
溶蚀率/%						

2. 数据处理

作图分析缓速剂加量对酸液溶蚀率的影响。

六、思考题

（1）岩样为什么要用盐酸进行预处理？

（2）通过数据分析可知，稠化剂在稠化酸中起什么作用？其加量与溶蚀率有什么关系？试分析原因。

实验十四　压裂用羟丙基瓜尔胶基本性能测定

一、实验目的

（1）掌握压裂用羟丙基瓜尔胶等高分子聚合物含水率、筛余量与水中不溶物的测定方法。

（2）掌握瓜尔胶压裂液表观黏度的测定方法。

二、实验原理

压裂是指利用地面高压泵组，将高黏液体以大大超过地层吸收能力的排量注入井中，在井底憋起高压，当此压力大于井壁附近的地应力和地层岩石抗张强度时，就会在井底附近地层产生裂缝。继续注入带有支撑剂的携砂液，裂缝向前延伸并填以支撑剂，关井后裂缝闭合在支撑剂上，从而在井底附近地层内形成具有一定几何尺寸和高导流能力的填砂裂缝，减小流体的流动阻力,达到增产、增注的目的。

压裂液是压裂过程中所用的液体。一种好的压裂液应满足黏度高、摩阻低、滤失量少、对地层伤害低、配制简便、材料来源广、成本低等条件。目前使用的压裂液主要有两大类,即水基压裂液和油基压裂液。目前水基压裂液仍是压裂液的主体,占使用量的80%以上,在其生产工艺、价格、适用性方面,仍然具有很大的优势。稠化水压裂液是目前应用最多的水基压裂液,是由稠化剂溶于水中配成的。可用的稠化剂很多,表 2-3-28 列出了一些重要的稠化剂。稠化剂的用量是由压裂液所需的黏度决定的,它的质量分数通常为 0.5%~5%。

表 2-3-28　一些重要的稠化剂

合成聚合物	天然聚合物及其改性产物		生物聚合物
	来自纤维素(C)	来自半乳甘露聚糖(GM),如瓜尔胶(GG)	
聚氧乙烯(PEO)	甲基纤维素(MC)	甲基半乳甘露聚糖(MGM)	黄胞胶(XC)
聚乙烯醇(PVA)	羧甲基纤维素(CMC)	羧甲基半乳甘露聚糖(CMGM)	硬葡聚糖(SG)
聚丙烯酰胺(PAM)	羟乙基纤维素(HEC)	羟乙基半乳甘露聚糖(HEGM)	网状细菌纤维素(RBC)
部分水解聚丙烯酰胺(HPAM)	羧甲基羟乙基纤维素(CMHEC)	羧甲基羟乙基半乳甘露聚糖(CMHEGM)	
丙烯酰胺与丙烯酸盐共聚物(AM-AA)	羟乙基羧甲基纤维素(HECMC)	羟乙基羧甲基半乳甘露聚糖(HECMGM)	
丙烯酰胺与丙烯酸酯共聚物(AM-AAE)		羟丙基半乳甘露聚糖(HPGM)	
丙烯酰胺与(2-丙烯酰胺基-2-甲基)丙基磺酸盐共聚物(AM-AMPS)		羧甲基羟丙基半乳甘露聚糖(CMHPGM)	
丙烯酰胺、丙烯酸盐与(2-丙烯酰胺基-2-甲基)丙基磺酸盐共聚物(AM-AA-AMPS)		羟丙基羧甲基半乳甘露聚糖(HPCMGM)	

国内油田大多数使用的稠化剂是天然瓜尔胶及其改性产品——羟丙基瓜尔胶(HPG),二者共占稠化剂使用量的 90%以上。近年来,合成类聚合物作为稠化剂,在耐温性、耐酸性等方面具有优势,应用量正逐年增加。瓜尔胶为白色略呈褐黄色粉末,不溶于有机溶剂,可被水分散、水合、溶胀,形成黏胶液,在一定的 pH 条件下,瓜尔胶水溶液易与某些两性金属交联成水冻胶。但是作为一种天然的植物胶,瓜尔胶含有较多的残渣及水中不溶物,易在压裂裂缝壁面形成滤饼及固相侵入,造成储层伤害。HPG 是天然瓜尔胶经过环氧丙烷的改性得到的一种产品,其分子式如图 2-3-23 所示,产品一般为无色、无味的白色至浅黄色固体粉末,不溶于醇、醚和酮等有机溶剂,易溶于水。由于羟丙基瓜尔胶分子中含有顺式邻位羟基,

故可与硼、钛和锆等多种非金属和金属元素化合物进行络合形成凝胶体。与瓜尔胶原粉相比，羟丙基瓜尔胶残渣含量低，溶胀、溶解速度快，胶液放置稳定性好。

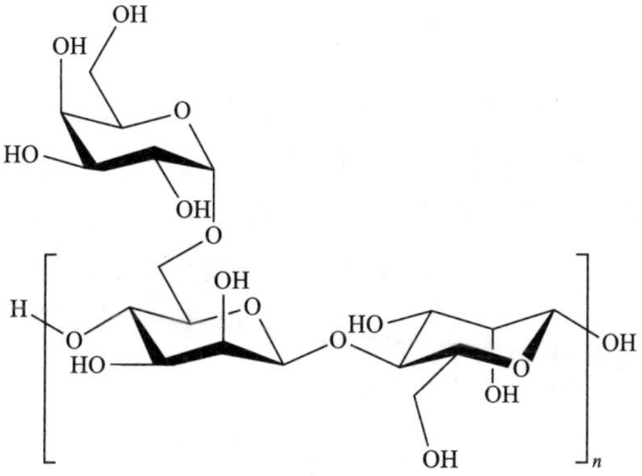

瓜尔胶

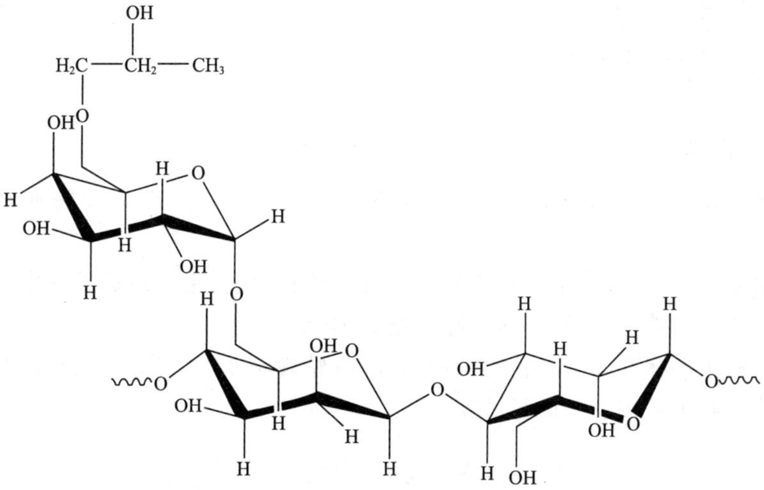

羟丙基瓜尔胶

图 2-3-23　瓜尔胶与羟丙基瓜尔胶分子式

石油行业标准 SY/T 7627—2021《水基压裂液技术要求》中规定了压裂用植物胶的技术要求、测定方法、检验规则等。本实验以水基压裂液技术要求为主，选取其中几个指标对学生开展训练，在考虑普通实验室仪器设备实际的基础上，对具体做法稍有调整。

三、实验仪器与药品

1. 实验仪器

吴茵混调器、电子天平（感量 0.001 g）、振筛机（含配套标准筛）、高速离心机、恒温鼓风干燥箱、六速旋转黏度计或旋转黏度计、电子秒表、水浴锅、烧杯、称量瓶、硅胶干燥器、量筒、玻璃棒。

2. 实验药品

羟丙基瓜尔胶（工业品）、硼砂（化学纯）。

四、实验步骤

1. 含水率测定

（1）将 3 个称量瓶分为一组并依次编号，洗净后在电热恒温干燥箱中干燥 30 min，取出置于干燥器中冷却至室温，然后用电子天平称量并将数据记录在表中。

（2）依次在已编号的称量瓶中放 2~3 g HPG 粉末（精确至 0.001 g），并记录。

（3）将称量瓶放置于(105±2)℃烘箱中烘 4 h，取出后立即放入干燥器内冷却 30 min 至室温，称量并记录。

（4）计算。含水率按下式进行计算：

$$w = \frac{m_2 - m_3}{m_2 - m_1} \times 100\%$$ (2-3-63)

式中　w——含水率，%；

m_1——称量瓶质量，g；

m_2——试样和称量瓶质量，g；

m_3——干燥后试样和称量瓶质量，g。

2. 筛余量测定

（1）将标准筛 $\Phi200 \times 50$-0.125/0.09，$\Phi200 \times 50$-0.071/0.05 以及筛底从上到下组装好，安装到振筛机上。

（2）称取 m_0 g($\geqslant$10 g)（精确至 0.01 g）HPG 胶粉，倒在最上层标准筛中。

（3）盖上标准筛盖并压紧，启动振筛器振筛 10 min。

（4）准确称量各标准筛中胶粉的质量 m_4，m_5（精确至 0.01 g），并记录在表中。

（5）计算。筛余量按下式进行计算：

$$C_1 = \frac{m_4}{m_0} \times 100\%$$ (2-3-64)

$$C_2 = \frac{m_5}{m_0} \times 100\%$$ (2-3-65)

式中　C_1，C_2——胶粉筛余量，%；

m_0——总胶粉质量，g；

m_4——未通过 $\phi200 \times 50$-0.125/0.09 筛的胶粉质量，g；

m_5——通过 $\phi200 \times 50$-0.125/0.09 筛，未通过 $\phi200 \times 50$-0.071/0.05 筛的胶粉质量，g。

3. 水中不溶物含量测定

（1）称取 3 份 2 g HPG 胶粉（提前烘干至恒重）。

（2）将 3 个称量瓶分为一组并依次编号，洗净后在电热恒温干燥箱中干燥 30 min，取出置于干燥器中冷却至室温，然后用电子天平称量（精确至 0.001 g）并记录。

（3）量取 500 mL 蒸馏水，倒入混配器杯中，低速启动，缓慢加入称取的胶粉，调电压至 50~55 V，高速搅拌 5 min，将胶液倒入烧杯中，用保鲜膜与橡皮筋密封，置于 30 ℃水浴中，恒温 4 h。

（4）称取 50.20 g 配制好的溶液并将其置于离心管中,将离心管放在离心机内,在 3 000 r/min 的转速下离心 30 min,慢慢倾倒出上层清液;再加 50 mL 蒸馏水,用玻璃棒搅匀洗涤;再离心 20 min,去掉上层溶液,将离心管中的不溶物质洗入小烧杯中,在 105 ℃ 电热恒温干燥箱中烘干至恒重,取出置于干燥器中冷却至室温,称量并记录。

（5）计算。水中不溶物含量按下式计算:

$$\eta = \frac{m_6 - m_7}{0.20} \times 100\%$$ （2-3-66）

式中　η——水中不溶物含量,%;

m_6——干燥后不溶物和称量瓶质量,g;

m_7——称量瓶质量,g。

4. 表观黏度测定

（1）称取 3 份 3 g HPG 胶粉(提前烘干至恒重)。

（2）量取 500 mL 蒸馏水,倒入混配器杯中,低速启动,缓慢加入称取的胶粉,调电压至 50~55 V,高速搅拌 5 min,然后将胶液倒入烧杯中,用保鲜膜和橡皮筋密封,置于 30 ℃ 水浴中,恒温 4 h。

（3）将胶液倒入六速旋转黏度计量筒杯中,并使转筒刚好浸入刻度线处。启动流速旋转黏度计,在 100 r/min 下,待表盘读值恒定后,读取并记录数值。(胶液倒入原烧杯用以测定 pH 与交联性能)

（4）计算。表观黏度按下式计算:

$$\mu = \frac{5.077\alpha}{1.704}$$ （2-3-67）

式中　μ——表观黏度,mPa·s;

α——六速旋转黏度计 100 r/min 指针读数。

5. 交联性能与 pH 测定

（1）称取 0.50 g 硼砂,加入盛有 100 mL 蒸馏水的烧杯中,用玻璃棒搅拌至全部溶解(现用现配)。

（2）分别从 3 杯胶液中量取 100 mL 胶液置于小烧杯中,用玻璃棒边搅拌边加入(1)中配制的交联液 10 mL,迅速搅拌并开始用秒表计时,记录形成可挑挂冻胶所需的时间,即为交联时间。观察判断胶液的交联性能并记录在表中。

（3）用玻璃棒分别蘸取少量 3 杯胶液,将胶液涂抹在 3 张精密 pH 试纸上,观察试纸变色情况并与色卡比照,读取 pH 并记录在表中。

五、实验结果与数据处理

1. 实验数据记录

将实验数据记录在表 2-3-29 中。

表 2-3-29 数据记录

序 号	项 目	测量原始数据	平行样 1	平行样 2	平行样 3	备 注
			实验数据记录			
1	含水率 w（质量分数）/%	m_1/g				
		m_2/g				
		m_3/g				
		$w_{计算值}$/%				
2	筛余量（质量分数）/%	m_4/g				
		m_5/g				
		$C_{1计算值}$/%				
		$C_{2计算值}$/%				
3	水中不溶物含量 η/%	m_6/g				
		m_7/g				
		$\eta_{计算值}$/%				
4	表观黏度 μ/(mPa·s)	α				
		$\mu_{计算值}$/(mPa·s)				
5	交联性能	是否挑挂/挑挂时间				
6	pH	试纸颜色与色卡中最接近颜色的数值				

2.实验结果

将实验结果填写在表 2-3-30 中。

表 2-3-30 产品质量检验结果

序号	项 目	标准值		实测值	结 论
		一级品	二级品		
1	含水率 w（质量分数）/%	<10.0			
2	$\phi200\times50$-0.125/0.09 筛余量 C_1（质量分数）/%	<1			
	$\phi200\times50$-0.071/0.05 筛余量 C_2（质量分数）/%	<10	<20		
3	水中不溶物 η（质量分数）/%	<4.0	<8.0		
5	表观黏度(30 ℃,170 s^{-1},0.6%)/(mPa·s)	>110	>105		
6	pH	6.5~7.5			
7	交联性能	能用玻璃棒挑挂			
判定					

六、思考题

（1）测量瓜尔胶溶液黏度的方法还有哪些？
（2）在瓜尔胶溶液中加入硼砂溶液后，瓜尔胶溶液黏度为什么会大幅增加？

实验十五　水基压裂液的交联与破胶

一、实验目的

（1）了解交联剂用量与水基压裂液交联时间的关系。
（2）了解破胶剂用量对交联水基压裂液破胶时间的影响。
（3）掌握水基压裂液交联时间与破胶时间的测定方法。

二、实验原理

水基压裂液是以水做溶剂或分散介质配成的压裂液，主要有稠化水压裂液、水基冻胶压裂液、黏弹性表面活性剂压裂液、水包油压裂液、水基冻胶包油压裂液、水基泡沫压裂液、水基冻胶泡沫压裂液等。

目前国内外油田水基压裂使用的稠化剂多为羟丙基瓜尔胶（HPG），该产品为淡黄色粉末，具有无毒、易交联、温度稳定性好、较强的耐生物降解性能、价格便宜等优点。在一定的 pH 条件下，羟丙基瓜尔胶水溶液易与由两性金属或两性非金属组成的含氧酸阴离子盐如硼酸盐交联成水冻胶，羟丙基瓜尔胶与四硼酸钠（硼砂）交联反应如下。

四硼酸钠在水中离解成硼酸和氢氧化钠：
$$Na_2B_4O_7 + 7H_2O \Longrightarrow 4H_3BO_3 + 2NaOH$$

硼酸进一步水解形成四羟基合硼酸根离子：
$$H_3BO_3 + 2H_2O \Longrightarrow \left[\begin{array}{c} HO \quad OH \\ B \\ HO \quad OH \end{array} \right]^- + H_3O^+$$

硼酸根离子与邻位顺式羟基结合：
$$\begin{array}{c} -C-OH \\ -C-OH \end{array} + \left[\begin{array}{c} HO \quad OH \\ B \\ HO \quad OH \end{array} \right]^- + H_3O^+ \Longrightarrow \left[\begin{array}{c} -C-O \quad O-C- \\ B \\ -C-O \quad O-C- \end{array} \right] H^+ + 5H_2O$$

该交联水基冻胶压裂液黏度高，黏弹性好，成本低，因而得到广泛的应用，但该体系交联速度快（过程小于 10 s），管路摩阻高，上泵困难，高速通过管路和炮眼时严重剪切降解，黏度降低过快，过早脱砂，影响支撑剂纵向铺置效果。基于这一点，延迟交联控制技术应运而生。

以现在油气田现场广泛使用有机硼交联剂为例,无机硼化合物与多羟基化合物在高度控制下进行络合反应生成含硼有机络合物(有机硼交联剂),有机硼交联剂水解形成四羟基合硼酸根离子。该反应比上述硼酸水解速度慢得多且时间可调,在一定 pH 范围内,pH 越高,有机硼交联剂络合物越牢固,离解出的四羟基合硼酸根离子越少,故交联速度越慢,水基压裂液黏度越低,管路摩阻越小,剪切降解越少,从而降低了稠化剂残渣对油气层的伤害。一般来说,延迟交联时间应为压裂液在井筒管道中滞留时间的 1/2~3/4。

以 HPG 压裂基液加入有机硼交联剂为计时起点,用玻璃棒快速搅拌,当玻璃棒能将该交联液整体挑挂起来时记为计时终点,该时间即为延迟交联时间。按照施工要求的压裂设计方案,调节基液 pH 到要求值,加入不同量交联剂溶液,测定交联时间,可以选出合适的交联剂加量。

按照压裂液性能要求,需要在压裂液中加入破胶剂,该剂在压裂结束后,通过破坏交联条件而降解聚合物大分子,在冻胶压裂液中达到破胶降黏的效果,如果破胶不彻底,黏度高,势必返排困难,破胶残渣滞留压裂喉道中,降低油气层渗透率,影响压裂效果。从这方面考虑,破胶剂用量要大,破胶时间短且破胶残渣少,但是由于大部分破胶剂在用量大时,压裂液破胶反应快,黏度降低过快,不利于铺置支撑剂。

以 HPG 压裂基液加入破胶剂(过硫酸铵)为例,用有机硼交联剂进行交联,以基液加入交联剂为计时起点,玻璃棒快速搅拌至整体挑挂,密闭放入水浴锅,一定时间后,取出破胶液用旋转黏度计测定其黏度,当黏度在 5 mPa·s 时记为计时终点,该时间即为破胶时间。加入不同量破胶剂,用相同加量交联剂进行交联,分别测定出破胶时间,这样可以选出合适的破胶剂加量。

三、实验仪器与药品

1. 实验仪器

吴茵混配器、电子天平感量(0.000 1 g)、水浴锅、旋转黏度计、电子秒表、烧杯、移液管、量筒、玻璃棒。

2. 实验药品

羟丙基瓜尔胶(工业品)、有机硼交联剂(工业品)、过硫酸铵(分析纯)、10%氢氧化钠溶液(分析纯)。

四、实验步骤

1. 基液配制

在吴茵混配器高搅杯中加入 400 mL 蒸馏水,将时间设定为 30 min,转速设定为 8 000 r/min。称取 2 g HPG,在搅拌状态下缓慢均匀加入高搅杯中。待搅拌结束,将已配好的基液加盖放入 30 ℃水浴锅中恒温静置 4 h,待黏度趋于稳定。

2. 延迟交联时间测定

(1)用 10%氢氧化钠溶液调节基液 pH 至 10,分 5 次量取 100 mL 上述提前配好的基液,放入 300 mL 烧杯中(烧杯依次编号 1,2,3,4,5)。

(2)用移液管量取 1 mL 有机硼交联剂溶液,加入烧杯 1 中,用玻璃棒快速搅拌,在加入交联剂的同时开始计时,当玻璃棒能将该交联液整体挑挂起来时计时结束,该时间即为延迟交联时间,将该时间记录于表 2-3-31 中。

注意:有机硼交联剂溶液提前准备好,要保证其加量为 1 mL 时能挑挂而交联时间小于 400 s,加量 5 mL 时交联时间不小于 30 s。

(3)用移液管量取 2 mL 有机硼交联剂溶液,加入烧杯 2 中,按(2)操作,将该时间记录于表 2-3-31 中。

(4)将 3 mL,4 mL,5 mL 交联剂溶液依次加入烧杯 3,4,5 中,测定延迟交联时间,将该时间记录于表 2-3-31 中。

3. 破胶时间测定

(1)称取 5 g 过硫酸铵,将溶于 100 mL 蒸馏水中配制成溶液。

(2)将上述提前配好的剩余的 5 杯基液,依次编号为 a,b,c,d,e。

(3)用移液管量取 5 mL 有机硼交联剂溶液(以下均用相同加量),加入烧杯 a 中,用玻璃棒快速搅拌,在加入交联剂的同时开始计时;用另外一只移液管快速量取 5 mL 过硫酸铵溶液也加入烧杯中,当玻璃棒能将该交联液整体挑挂起来(测定交联时间并将其记录于表 2-3-32 中)时,用保鲜膜和橡皮筋密封好后放入提前升温至 60 ℃ 的水浴锅中。30 min 时,用玻璃棒搅拌烧杯中交联压裂液,若能继续挑挂,则判定其未破胶,在表 2-3-32 中记录为"未破胶"。60 min 时,用玻璃棒再搅拌烧杯中交联压裂液,若能继续挑挂,则在表中记录为"未破胶"。以后每 30 min 重复该操作一次,直到压裂液勉强能挑挂,则在表中记录为"开始破胶"。20 min 后,搅拌烧杯中压裂液,用旋转黏度计在剪切速率 170 s^{-1} 下测量黏度并将其记录于表中。以后每 20 min 重复测一次黏度直至黏度小于 5 mPa·s,该时间即为破胶时间。

注意:为了使破胶时间更加准确,建议破胶液黏度小于 60 mPa·s 后,每 5 min 测一次。

(4)过硫酸铵溶液加量改为 10 mL,重复操作(3),并将数据记录于表 2-3-32 中。

(5)过硫酸铵溶液加量改为 20 mL,重复操作(3),并将数据记录于表 2-3-32 中。

(6)过硫酸铵溶液加量为 20 mL,但与操作(3)不同的是,压裂液已交联挑挂后,再加入过硫酸铵溶液并搅拌[搅拌时间基本与上述操作(3)~(5)等同],重复操作(3),并将数据记录于表 2-3-32 中。

(7)过硫酸铵溶液加量为 20 mL,但与操作(3)不同的是,过硫酸铵溶液与 e 杯基液搅拌均匀后再加入交联剂,重复操作(3),将数据记录于表 2-3-32 中。

五、实验结果与数据处理

1. 实验数据记录

(1)将延迟交联时间记录在表 2-3-31 中。

表 2-3-31　数据记录

交联剂加量/mL	1	2	3	4	5
延迟交联时间/s					

（2）将破胶时间记录在表 2-3-32 中。

表 2-3-32　数据记录

	破胶剂加入次序及加量					水浴锅放置时间/min
	同时加,5 mL	同时加,10 mL	同时加,20 mL	后加,20 mL	先加,20 mL	
延迟交联时间/s						0
压裂液状态或破胶黏度/(mPa·s)						30
						60
						90
						120
						150
						180
						210
						240
						270
						300
						330
						360

2. 数据处理

用 Excel 绘制交联剂加量与延迟交联时间关系图,并在图上标出延迟交联时间分别为 90 s 和 210 s 时的交联剂加量。

六、思考题

（1）给定延迟交联时间,怎么确定交联剂加量?

（2）最理想的破胶剂应该具有哪些特征?

（3）破胶剂加入次序对破胶有什么影响? 各有什么优、缺点?

（4）对于一口正常地温梯度的 4 000 m 气井,压裂时应该怎么添加破胶剂?

实验十六　压裂液剪切稳定性和耐温性的测定

一、实验目的

（1）掌握压裂液耐温性能的基本测定方法。

（2）掌握压裂液剪切稳定性能的基本测定方法。

（3）了解压裂液剪切稀释性和黏温特性的一般现象。

（4）了解压裂液耐温、抗剪切性能对压裂液体系的作用。

二、实验原理

剪切稳定性能是压裂液的一项重要性能,它是衡量压裂液携砂能力的重要指标。在压裂施工中,泵注排量大,在泵、阀、炮眼位置会对压裂液形成高速剪切,压裂液的结构就会发生变化,黏度下降,从而影响支撑剂的携带能力。因此要求压裂液具有一定的抗剪切能力,以达到施工的要求。

其测定原理是将压裂液在特定温度下(该实验为室温),用旋转黏度计在 $170 \ s^{-1}$ 剪切速率下连续剪切,直到压裂液表观黏度为 $50 \ mPa \cdot s$ 时停止。压裂液表观黏度下降到达到 $50 \ mPa \cdot s$ 所需的剪切时间越长,该压裂液的抗剪切能力越好。

耐温性能是反映压裂液黏度随温度的变化情况的。若温度升高,黏度降低小,则说明压裂液具有良好的抗温性能。其测定原理是对压裂液进行连续加热升温,测定 $170 \ s^{-1}$ 剪切速率下压裂液的黏度,直到在某温度下压裂液表观黏度值为 $50 \ mPa \cdot s$,该温度可视为该压裂液的抗温能力。

三、实验仪器与药品

1. 实验仪器

电子天平、旋转黏度计、水浴锅、烧杯、玻璃棒等。

2. 实验药品

羟丙基瓜尔胶、四硼酸钠、自来水。

四、实验步骤

1. 压裂液剪切稳定性的测定

(1) 检查仪器,接通电源。

(2) 配制交联剂溶液:配制 350 mL 质量分数为 0.3% 的瓜尔胶溶液,加入 0.42 g 无水碳酸钠,调节 pH 为 9~10。称取 5.0 g 四硼酸钠溶于 100 mL 水中,然后量取 5 mL 四硼酸钠溶液加入瓜尔胶溶液中,搅拌均匀;在 60 ℃的水浴锅中恒温 15 min。

(3) 将交联压裂液倒入浆杯至刻度线,固定好浆杯,开启黏度计,转速调为 300 r/min,待搅拌 10 s 后读数,记录该黏度值。

(4) 让其连续剪切 90 min,前 30 min 每隔 10 min 读一次数,后 60 min 每隔 20 min 读一次数。记录每个时间段的黏度值,将实验数据记录在表 2-3-33 中。

(5) 关闭黏度计电机开关,取下浆杯,清洗仪器。

2. 耐温性能测定

(1) 按照压裂液剪切稳定性的测定中的方法配制好 350 mL 交联压裂液。

(2) 将水浴锅设定为 30 ℃,温度恒定后,将压裂液恒温水浴 15 min,然后将其倒入浆杯至刻度线,固定好浆杯,开启黏度计,转速调为 300 r/min,搅拌 10 s 后读数,记录该黏度值。

(3) 分别将水浴锅设定为 40 ℃,50 ℃,60 ℃,70 ℃,80 ℃,90 ℃,重复步骤(2)。将实验结果记录到表 2-3-34 中。

五、实验结果与数据处理

1. 数据记录

见表 2-3-33、表 2-3-34。

表 2-3-33　黏度随剪切时间变化记录表

剪切时间/min	0	10	20	30	50	70	90
读数值/格							
表观黏度/(mPa·s)							

表 2-3-34　黏度随温度变化记录表

温度/℃	30	40	50	60	70	80	90
读数值/格							
表观黏度/(mPa·s)							

2. 数据处理

（1）表观黏度值的换算如下：

$$表观黏度＝读数值×3$$

（2）将所得的不同测定时间下的表观黏度值作图，得出压裂液黏度与剪切时间关系曲线，从而判断剪切稳定性能。

（3）将所得的不同温度下的表观黏度值作图，绘制出压裂液的黏度-温度曲线。

六、安全提示及注意事项

（1）不要用手直接接触药品，以免手被腐蚀。

（2）不要将测试后的压裂液倒入水槽，以免堵塞下水道。

七、思考题

（1）为什么压裂液受剪切后黏度值会变小？

（2）怎样提高压裂液的耐温性？

（3）耐温性和剪切稳定性对压裂液体系的设计有什么影响？

实验十七　压裂液残渣含量、高温高压静态滤失和破胶性能测定

一、实验目的

（1）掌握压裂液残渣含量的测定方法。

（2）掌握压裂液高温高压静态滤失性的测定方法，掌握压裂液高破胶性能的测定方法。

（3）了解压裂液残渣会对地层造成哪些伤害。

（4）了解影响压裂液高温高压静态滤失量的因素。

二、实验原理

残渣是指压裂液常规破胶液中残存的不溶物质，测定残渣含量是为降低压裂液对地层的伤害、提高裂缝导流能力提供参考。其测定原理是将破胶液倒入已烘干的离心管中，将离心管放入离心机内，在3 000 r/min的转速下离心30 min，然后慢慢倾倒出上层清液，将离心管放入恒温电热干燥箱中烘烤，在(105±1)℃烘干至恒重，测定破胶液中残存的不溶物质的相对含量。

控制压裂液的滤失量，有利于提高压裂液效率，减少用量，降低压裂液在油气层的渗流和滞留，减小对油气层特别是水敏性地层的伤害。压裂液的高温高压滤失性是指不含支撑剂的压裂液在高温、高压条件下通过滤纸的滤失性。其测定原理是用滤失仪在石油行业标准规定的条件（温度、压差和时间）下，压裂液通过一定面积的滤网滤失的液相的量。实验仪器及原理如图2-3-24所示。

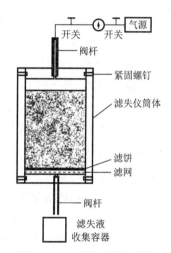

图 2-3-24　静态滤失仪结构及原理示意图

其测定过程是在测试筒中装入仪器规定量的压裂液样品，对样品加热、加压（按仪器说明书给滤液杯施加初始压力），在30 min内加热到测定温度。当温度达到测定温度，实验压差为3.5 MPa时，测定滤液的累积滤失量（精确到0.1 mL）随时间的变化情况。测定时间为36 min，测定过程中，温度允许波动为±3 ℃。

压裂液破胶性能关系到破胶液的返排率和对油层的损害程度，一般用破胶液的黏度和破胶液的表面张力来衡量压裂液是否彻底破胶。其测定方法是将加有破胶剂的压裂液装入密闭容器内，放入电热恒温器中加热恒温，恒温温度为储层温度。使压裂液在恒温温度下破胶，取破胶液上面的清液测定黏度（可以用毛细管黏度计或其他黏度计测定）。用表面张力仪按照石油行业标准规定测定破胶液上层清液的表面张力值。

三、实验仪器与药品

1. 实验仪器

电子天平、移液管、烧杯、高温高压滤失仪、表面张力仪、黏度计等。

2. 实验药品

羟丙基瓜尔胶（HPG）、四硼酸钠、过硫酸铵、水基压裂液用降滤失剂、助排剂、自来水。

四、实验步骤

1. 高温高压静态滤失的测定

（1）按照配方 0.50％羟丙基瓜尔胶（HPG）＋0.15％四硼酸钠＋0.10％降滤失剂＋0.1％助排剂，配制 350.0 mL 交联压裂液，60 ℃恒温交联反应 15 min。

（2）在滤失仪中将交联压裂液装配好，将液筒用专业工具和毛巾装入滤失仪中；其量不超过滤网口以下 2.5 cm；按滤网、O 形橡胶垫、封头的顺序依次装好附件；用紧固螺钉紧固封头（注意：紧固时以对角的方式依次紧固）；关闭滤失端阀杆，将滤失仪浆筒倒置。

（3）连接气源头，插入挡销，检查连接是否正确和牢固；检查气瓶减压阀的开关是否处于关闭状态；确认检查气瓶减压阀的开关处于关闭状态后，开启气瓶总阀，调节减压阀开关至压力为 3.5MPa；用专用工具打开上连气阀杆；在滤失阀下端放好量筒，用专用工具打开下部滤失阀杆，同时记录时间和滤失量。

（4）滤失实验结束后，关闭气瓶总阀；关闭滤失阀杆；关闭上端连气阀杆；打开上端管路放气阀；拔开挡销；用专用工具打开连气阀杆，慢慢放空滤失仪浆筒内的气体；用专用工具将浆筒取出，并放入水槽中冷却至室温；将滤失仪浆筒放到专用支持架上，再次检查浆筒内气体是否放完，在确认浆筒内气体放完的情况下，拆卸下紧固螺钉、封头、O 形橡胶圈、滤网，倒出压裂液；清洗仪器及配件。

2. 破胶性能测定

（1）按照 1.（1）配方和方法配制好 100.0 mL 压裂液，将其平均分成两份，分别装于 100 mL 烧杯中。

（2）分别向两个烧杯中加入 0.20％过硫酸铵，覆盖上保鲜膜，放入 60 ℃水浴中恒温直至完全破胶，即破胶液的黏度小于 5.0 mPa·s。

（3）取一杯中的上层清液，用毛细管黏度计测定破胶液黏度，测定温度为 30 ℃。另一杯用作测残渣含量。

（4）取少量上层清液，用表面张力仪测定破胶液的表面张力。

3. 残渣含量的测定

（1）将 2.（2）所得的 50.0 mL 破胶液装入已经烘干至恒重的离心管中，在 3 000 r/min 转速下离心 30 min。

（2）取出离心管，倒出上层清液，将离心管放入 105 ℃的烘箱中烘干至恒重。

（3）取出离心管，称重。

五、实验结果与数据处理

1. 高温高压静态滤失数据记录和处理

（1）将不同时间下的滤失量填于表 2-3-35 中。

表 2-3-35 压裂液滤失量记录表

时间/min	1	4	9	16	25	36
滤失量/mL						

（2）数据处理。

受滤饼控制的滤失系数 C_w、滤失速度 v_e 和初滤失量 Q_{sp} 的确定：用压裂液在滤纸上的滤失数据，以累积滤失量为纵坐标，以时间平方根为横坐标作图。累积滤失量与时间的平方根呈线性关系。该直线段的斜率为 M，截距为 H。

$$C_w = 0.005 \times (M/A) \tag{2-3-68}$$

$$v_e = C_w / t^{\frac{1}{2}} \tag{2-3-69}$$

$$Q_{sp} = H/A \tag{2-3-70}$$

式中 C_w——受滤饼控制的滤失系数，$m/min^{1/2}$；

M——滤失曲线的斜率，$mL/min^{1/2}$；

A——滤失面积，cm^2；

v_e——滤失速度，m/min；

H——滤失曲线直线段与 y 轴的截距，cm；

t——滤失时间，min；

Q_{sp}——初滤失量，m^3/m^2。

2. 破胶性能数据记录和处理

将破胶液的黏度和破胶时间以及破胶液表面张力记录于表 2-3-36 中。

表 2-3-36 破胶液性能实验数据记录表

破胶液黏度/(mPa·s)	破胶时间/min	破胶液表面张力/(mN·m^{-1})

3. 测量残渣含量的数据记录和处理

（1）将测量残渣含量的数据记录于表 2-3-37 中。

表 2-3-37 测量残渣含量的数据记录表

离心管质量/g	装残渣烘干后离心管质量/g	残渣含量/(mg·L^{-1})

（2）数据处理。

压裂液残渣含量按式(2-3-71)计算：

$$\eta = M_1 / V_0 \tag{2-3-71}$$

式中 η——压裂液残渣含量，mg/L；

M_1——残渣质量，mg；

V_0——压裂液用量，L。

六、安全提示及注意事项

（1）严禁离心机电机无载荷空转。

（2）使用离心机时一定要把离心管盖好，同时注意对称放置。

（3）本实验涉及高温高压滤失仪的使用，要严格按照安全操作步骤进行实验，严禁违章操作。

（4）拆卸高温高压滤失仪时，一定要确认管路及滤失筒内压力释放完全。

（5）将废弃压裂液倒入指定回收容器，不得将压裂液倒入水槽，以免堵塞下水道。

七、思考题

（1）影响压裂液滤失的因素有哪些？

（2）残渣含量的多少对地层有哪些影响？

（3）破胶不彻底有什么后果？

（4）破胶液的表面张力需要降低还是升高？为什么？

实验十八　压裂支撑剂（陶粒）的基本性能测定

一、实验目的

（1）掌握陶粒等固体抗破碎能力和密度的测定方法。

（2）掌握按照标准判定陶粒质量的方法。

二、实验原理

压裂支撑剂（陶粒）是一种陶瓷颗粒产品，以优质铝矾土为主要原料经破碎细磨成微粉后，配以各种添加剂，反复混炼、制粒、抛光、高温烧结而成。该产品具有耐压强度高、密度小、圆球度好、光洁度高、导流能力强等优点。

低渗透性油气田经压裂后，油气岩层裂开，油气从形成的裂缝中产出，采用压裂携砂液携带压裂支撑剂进入压裂裂缝进行支撑，避免因上覆岩层压力释放造成裂缝闭合，从而保持高的油气导流能力，增加产量。

天然石英砂、玻璃球、金属球等中低强度支撑剂在石油天然气深井压裂开发时，易因高闭合压力而破碎，不利于支撑裂缝，且压碎残片易流动堵塞支撑剂孔隙，使压裂后裂缝导流能力远低于设计预期。因此，抗压强度为压裂支撑剂性能评价的主要指标之一。支撑剂粒径大，形成的孔隙大，压后油气层裂缝导流能力大。但支撑剂粒径越大，支撑剂越容易沉降，在压裂裂缝中越难以均匀铺展，真实导流能力反而不高。通常要求支撑剂密度小（易于携带）、抗压强度高、圆球度好（颗粒越圆，形成的孔隙越大）。

目前评价支撑剂主要依照石油行业标准《压裂支撑剂性能指标及测试推荐方法》（SY/T 5108—2018），本实验主要内容与实验方案选自该标准。在考虑普通实验室仪器设备实际的基础上，对具体做法稍有调整。

陶粒的抗压强度以抗破碎能力进行表征，其测定原理是：利用压力机给符合标准要求的支撑剂破碎室在给定时间内均匀加压到额定压力,利用标准上要求的筛网筛出破碎物,破碎物质量除以加入破碎室的陶粒质量进行百分比计和,得出破碎率,符合标准要求即可判为其抗破碎能力合格。

密度以视密度和体积密度进行表征,陶粒的视密度为其真实的质量除以颗粒自身的体积,其值越小,颗粒质量越小,压裂液越易携带悬浮,越有利于施工。其测定原理是:在定体积密度瓶中装满陶粒,称量密度瓶(含装好的陶粒)质量,加水充满孔隙后,再称量密度瓶总质量,两者质量之差除以实验温度下水的密度即可得出水的体积,再以陶粒的质量除以陶粒的体积(定体积减去加入水的体积)即为视密度。

陶粒的体积密度为陶粒的质量与陶粒的堆积体积(单位体积不刨除陶粒颗粒之间孔隙的体积)之比。相同质量的陶粒,其形成的孔隙越大,体积密度越小,用这种陶粒压裂施工后裂缝导流能力越佳。其测定原理是:在定体积密度瓶中装满陶粒,称量密度瓶(含装好的陶粒)质量,该质量减去密度瓶质量,再除以陶粒的体积(定体积)即为体积密度。

酸溶解度用以表征压裂施工后,支撑剂在该井其他后续作业(例如酸化施工)后能否继续保持地层渗透率,若后续作业后陶粒被腐蚀严重,颗粒变小,则将使形成的孔隙变小,若陶粒进一步变小或破碎,则起不到支撑裂缝的作用,孔隙变小直至消失,表现为地层渗透率逐渐减小。其测定原理是:将一定质量陶粒放入酸液中反应后测定其质量,该质量除以陶粒反应前的质量即为酸溶解度。

三、实验仪器与药品

1. 实验仪器

压力机(含符合 SY/T 5108—2018 要求的支撑剂破碎室)、电子天平(2 台,感量分别为0.01 g 和 0.001 g)、恒温干燥箱、聚四氟乙烯漏斗、抽滤瓶、微型真空泵、聚四氟乙烯量筒、聚四氟乙烯烧杯、玻璃烧杯、浊度仪、医用注射器、密度瓶、水浴锅、振筛机。

2. 实验药品

陶粒(工业品)、浓盐酸(分析纯)、40%氢氟酸(分析纯)。

四、实验步骤

1. 检测指标的确定

一般来说,待测陶粒的规格在包装袋上或送样单上均已明确,可直接跳过这一步,查表可确定对应规格陶粒酸溶解度指标,以及对应规格陶粒支撑剂抗破碎测试压力及技术要求。需要说明的是,20/40 目与 30/50 目两种规格陶粒密度不同时,其破碎率和抗压强度指标不相同,需要先测定密度才能确定闭合压力、破碎室受力及破碎率。若待测陶粒的规格不清楚,则需要预测其大体为何种规格,按照测定粒径符合率的方法判定预测成功与否,若不成功,则需要重新实验确定,确定规格后再按照上述办法确定陶粒检测指标。本实验陶粒规格需要预先判定。

1) 粒径符合率

支撑剂的粒径分为 11 个规格,筛析实验所用的标准筛组合见表 2-3-38。落在粒径规格内的样品质量应不低于样品质量的 90%，小于支撑剂粒径规格下限的样品质量应不超过样品总质量的 2%，大于顶筛孔径的支撑剂样品质量应不超过样品总质量的 0.1%。落在支撑剂粒径规格下限筛网上的样品质量应不超过样品总质量的 10%。

表 2-3-38 支撑剂粒径规格及实验标准组合

		筛孔尺寸/μm										
粒径规格①		3 350/1 700	2 360/1 180	1 700/1 000	1 700/850	1 180/850	1 180/600	850/425	600/300	425/250	425/212	212/106
		支撑剂/砾石充填标准规格/目										
参考筛目/目		6/12	8/16	12/18	12/20	16/20	16/30	20/40	30/50	40/60	40/70	70/140
		GB/T 6003.1—2012 筛组②/μm										
筛析实验标准筛组合/μm	粗体为规格上限	4 750	3 350	2 360	2 360	1 700	1 700	1 180	850	600	600	300
		3 350	**2 360**	**1 700**	**1 700**	**1 180**	**1 180**	**850**	**600**	**425**	**425**	**212**
		2 360	2 000	1 400	1 400	1 000	1 000	710	500	355	355	180
	粗体为规格下限	2 000	1 700	1 180	1 180	**850**	850	600	425	300	300	150
		1 700	1 400	**1 000**	1 000	710	710	500	355	**250**	250	125
		1 400	**1 180**	850	**850**	600	**600**	**425**	300	212	212	106
		1 180	850	600	600	425	425	300	212	150	**150**	**75**
		底盘	底盘	底盘	底盘	底盘	底盘	底盘	底盘	底盘	底盘	底盘

注：① 按照 GB/T 6003.1—2012(或按 ASTM E11)定义的筛系。

② 筛子由顶部至底部顺序叠放。

2）酸溶解度

各种粒径规格支撑剂允许的酸溶解度值以及石英砂和陶粒支撑剂的酸溶解度指标见表 2-3-39。

表 2-3-39 支撑剂酸溶解度指标

支撑剂粒径规格/μm	酸溶解度的允许值/%
3 350～1 700,2 360～1 180,1 700～1 000,1 700～850	≤4.0
1 180～850,1 180～600,850～425,600～300	≤5.0
425～250,425～212,212～106	≤7.0

3）抗破碎能力

陶粒支撑剂抗破碎测试压力及技术要求见表 2-3-40。陶粒支撑剂抗破碎能力实验使用的破碎室为标准破碎室(如图 2-3-24 所示)。

如果破碎室直径与标准给出的破碎室直径不符,那么需要按下式计算相应的破碎室受力 F：

$$F = 0.078\ 5pd^2 \tag{2-3-72}$$

式中 F——破碎室受力,kN;

p——额定闭合压力，MPa；

d——破碎室直径，mm。

表 2-3-40　陶粒支撑剂抗破碎测试压力及技术要求

粒径规格/μm	体积密度/视密度/(g·cm^{-3})	闭合压力/MPa	破碎室受力/kN	破碎/%
3 350～1 700(6/12 目)	—	52	105	<25.0
2 360～1 180(8/16 目)		52	105	<25.0
1 700～1 000(12/18 目)		52	105	<25.0
1 700～850(12/20 目)		52	105	<25.0
1 180～850(16/20 目)		69	140	<20.0
1 180～600(16/30 目)		69	140	<20.0
850～425(20/40 目)	<1.65/<3.00	52	105	<9.0
	<1.80/<3.35	52	105	<5.0
	>1.80/>3.35	69	140	<5.0
600～300(30/50 目)	<1.65/<3.00	52	105	<8.0
	<1.80/<3.35	69	140	<6.0
	>1.80/>3.35	69	148	<5.0
425～250(40/60 目)	—	86	174	<10.0
425～212(40/70 目)		86	174	<10.0
212～106(70/140 目)		86	174	<10.0

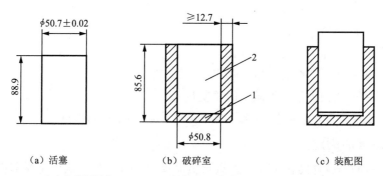

（a）活塞　　　　（b）破碎室　　　　（c）装配图

1—破碎室底部厚度，9.52 m；2—材料是 4340 合金，洛氏硬度大于 43 HRC。

图 2-3-24　破碎室示意图（单位：mm）

2. 密度的测定

1）体积密度的测定

（1）将 3 个密度瓶清洗干净，烘干，冷却，编号后，使用感量为 0.001 g 的天平称量 100 mL 密度瓶的质量，将数据记录在表 2-3-41 中。

（2）将送样袋上下颠倒 10 次以上，依次倒出 3 份陶粒样品。

（3）将样品装入密度瓶内至 100 mL 刻度处，不要摇动密度瓶或将其震实。称出装有支撑剂的密度瓶的质量，将数据记录在表 2-3-41 中。

（4）按下式计算陶粒体积密度：

$$\rho_a = \frac{m_{gp} - m_g}{V} \tag{2-3-73}$$

式中　ρ_a——陶粒体积密度，g/cm^3；

　　　m_{gp}——密度瓶与陶粒的质量，g；

　　　m_g——密度瓶的质量，g；

　　　V——密度瓶标定体积，cm^3。

2）视密度的测定

（1）将 3 个密度瓶清洗干净，烘干，冷却，编号后，称出密度瓶的质量（记为 m_1），将数据记录在表 2-3-41 中。

（2）依次缓慢在瓶内加水至 100 mL 刻度处，称量其质量 m_2，将数据记录在表 2-3-41 中。

（3）倒出瓶内的水，烘干密度瓶。

（4）在瓶内加陶粒至 100 mL 刻度处，不要摇动密度瓶或将其震实，称量其质量 m_3，将数据记录在表 2-3-41 中。

（5）在带有支撑剂样品的瓶内装水至 100 mL 刻度处，轻敲排出气泡，若消泡后液面低于刻度线，则补水至刻度线上，称量其质量 m_4，将数据记录在表 2-3-41 中。

（6）按下式计算陶粒视密度：

$$\rho_b = \frac{m_3 - m_1}{\dfrac{m_2 - m_1}{\rho_w} - \dfrac{m_4 - m_3}{\rho_w}} \tag{2-3-74}$$

式中　ρ_b——陶粒视密度，g/cm^3；

　　　m_1——密度瓶的质量，g；

　　　m_2——密度瓶加满水后的质量，g；

　　　m_3——密度瓶加陶粒后的质量，g；

　　　m_4——密度瓶加陶粒再加满水的总质量，g；

　　　ρ_w——水的密度（实验时，实验室内温度所对应的密度），g/cm^3。

3. 酸溶解度的测定

（1）将适量的陶粒样品在 105 ℃下烘干至恒重（约 1 h），然后放在干燥器内冷却 0.5 h，待用。建议实验开始时，从测定同规格陶粒的同学中推选一人计算大体用量，完成此项准备工作。

（2）依次称取上述经过处理的陶粒 3 份，每份 5 g，准确至 0.001 g，记为 m_s 并将数据记录在表 2-3-41 中。

（3）在 250 mL 塑料量杯内加入 100 mL（106.6 g）配制好的盐酸-氢氟酸溶液（土酸），再将已称好的陶粒倒入量杯内。

（4）将盛有酸溶液和陶粒的量杯放在 65 ℃的水浴内恒温 0.5 h。注意不要搅动，用保鲜膜与橡皮筋密封以免其受污染。

（5）将定性滤纸放入聚四氟乙烯漏斗内，在105 ℃条件下烘干1 h后称量，并将其质量 m_{fp} 记录在表2-3-41中；然后将定性滤纸放在真空抽滤瓶口上。

（6）将反应产物倒入漏斗，为了确保量杯内的所有陶粒颗粒都倒入漏斗，可以用洗瓶少量多次冲洗量杯和玻璃棒，然后进行真空抽滤。

（7）在抽滤过程中用蒸馏水冲洗样品5～6次（每次用蒸馏水20 mL左右），直至冲洗液显示中性。

（8）将漏斗及其内的滤纸和抽滤物一起放入烘箱内，在105 ℃条件下烘干至恒重（约2 h），然后放入干燥器内冷却0.5 h，称量其质量 m_{fs}，并将数据记录在表2-3-41中。

（9）按下式计算陶粒的酸溶解度：

$$S = \frac{m_{fs} - m_{fp}}{m_s} \tag{2-3-75}$$

式中　S——陶粒的酸溶解度，g/cm³；

　　　m_s——陶粒的质量，g；

　　　m_{fp}——聚四氟乙烯漏斗及滤纸的质量，g；

　　　m_{fs}——聚四氟乙烯漏斗、滤纸及酸后陶粒的总质量，g。

4. 支撑剂的浊度实验

（1）分别在3个300 mL广口瓶内依次加入40 g左右陶粒。

（2）在广口瓶内倒入100 mL蒸馏水，静止30 min。

（3）用手摇动广口瓶0.5 min（约40～50次，不能搅动），放置5 min。

（4）调试浊度计，接好电源，预热30 min，用标准浊度板调试仪器至规定值，再用二次蒸馏水校正零位。

（5）将制备好的样品用注射器注入比色皿中，然后放入仪器内进行测量，直接从仪器显示屏上读取浊度值［单位为NTU（度）］，将数据记录在表2-3-41中。

5. 压裂用陶粒抗破碎测试

（1）称取所需的陶粒支撑剂样品500 g。

（2）将样品分3次倒入陶粒粒径规格所对应的两个标准筛的顶筛中（见表2-3-38中黑体字所对应的筛子），每次振筛10 min，筛选出所需的样品（通过上限筛网且留在下限筛网上）。

（3）按下式计算陶粒支撑剂抗破碎实验所需样品质量：

$$m_{p2} = C_2 \rho_a d^2 \tag{2-3-76}$$

式中　m_{p2}——支撑剂样品质量，g；

　　　C_2——计算系数，$C_2 = 0.958$ cm；

　　　ρ_a——支撑剂体积密度，g/cm³；

　　　d——支撑剂破碎室的直径，cm。

（4）使用感量为0.01 g的天平称取3份所需的样品，将其质量记为 m_p。

（5）将样品倒入破碎室，然后放入破碎室的活塞，旋转180°。将装有样品的破碎室放在压力机台面。用1 min的恒定加载时间将额定载荷匀速加到受压破碎室上，稳载2 min后卸掉载荷。

（6）从压力机下取下破碎室，打开将压后的陶粒倒入筛中（按表 2-3-38 陶粒粒径规格所对应黑体字所提示的下限），振筛 10 min，称取底盘中破碎颗粒质量并记为 m_c。

（7）按下式计算陶粒支撑剂破碎率：

$$\eta = \frac{m_c}{m_p} \times 100\% \tag{2-3-77}$$

式中 η——陶粒支撑剂破碎率，%；

         m_c——破碎样品的质量，g；

         m_p——支撑剂样品的质量，g。

五、实验结果与数据处理

1. 数据记录

将实验数据记录在表 2-3-41 中。

表 2-3-41　数据记录

项　目	实验数据记录				备　注
	测量原始数据	平行样 1	平行样 2	平行样 3	
体积密度 /(g·cm⁻³)	m_{gp}/g				
	m_g/g				
	V/cm^3				
	$\rho_{a计算值}/(g·cm^{-3})$				
视密度 /(g·cm⁻³)	m_1/g				
	m_2/g				
	m_3/g				
	m_4/g				
	$\rho_w/(g·cm^{-3})$				
	$\rho_{b计算值}/(g·cm^{-3})$				
酸溶解度 /%	m_s/g				
	m_{fp}/g				
	m_{fs}/g				
	$S_{计算值}/(g·cm^{-3})$				
浊度/NTU					
破碎率 (52 MPa) /%	m_c/g				
	m_p/g				
	$\eta_{计算值}/\%$				

2. 数据处理

将计算结果填入表 2-3-42 中（依据标准中产品指标设计的质量检验报告单）。

表 2-3-42　产品质量检验报告单

委托单位：_____　　　　　　　　　　报告编号：_____

试样编号：_____　　　　　　　　　　送样日期：_____

实验日期：_____　　　　　　　　　　参考标准：_____

序　号	项　目	标准值	实测值	结　论
1	体积密度/(g·cm^{-3})	<1.80		
2	颗粒密度/(g·cm^{-3})	<3.35		
3	浊度/NTU	<100		
4	酸溶解度/%	<5		
5	破碎率(52 MPa)/%	<5		
判　定				

检验人：_____　　审核人：_____　　　　　　检验日期：_____年_____月_____日

六、思考题

（1）在强度足够大、密度符合悬浮要求的情况下，支撑剂粒径越大越好吗？为什么？应当怎样选择合适的支撑剂粒径？

（2）请调研目前常用的压裂支撑剂有哪几类，以及分别具有哪些优、缺点。

实验十九　化学防砂实验

一、实验目的

（1）掌握化学固砂固结体（胶结岩芯柱）的制备方法。

（2）掌握化学固砂固结体的性能评价方法。

二、实验原理

砂从油水井产出称为出砂。油水井出砂严重地影响着油水井的正常工作。油井出砂可以引起采油层段堵塞，引起管线和设备堵塞，也可以引起管线和设备损坏，严重时还会引起井壁坍塌，使套管受挤压而变形损坏。至于水井，问题虽不像油井那么严重，但水井出砂（主要在洗井或作业后排液时发生）同样会引起注水层位堵塞，影响正常注水。

之所以出砂，是由于地层砂粒与胶结物之间的胶结遭到破坏。从力学角度分析，地层岩石损害机理为剪切损害机理和拉伸损害机理，二者相互作用，相互影响。前者主要为射孔区域应力作用，在低井底压力或高生产压差时尤为突出；后者源于射孔区域流体对砂粒的拖拽力，在高产量或高注入量时比较明显。从微观角度分析，岩石损害机理为砂粒运移。

（1）拉伸破坏机理（如图 2-3-25 所示）。近井地带压降较大，地层流体的摩擦拖拽力也变大,骨架砂粒被拉伸,当这种拉伸力大于岩石抗拉强度时,砂粒被剥离而由液流携带。油气井射孔截面积很小,导致地层流体在该区域形成高速汇聚流,此时拉伸破坏变得更加明显。

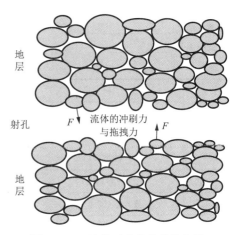

图 2-3-25　流体对砂粒的拉伸作用

(2) 剪切破坏机理。随着油气开采的进行,储层压力逐渐降低,而地层中的砂粒需要额外承载上覆地层压力,砂粒所受剪切力可分解为 σ_{J1} 与 σ_{J2},如图 2-3-26 所示。随着开采过程的继续,纵向压力逐渐增大,分解后的剪切力也会逐渐变大,当大于岩石抗剪切强度时,剪应力会使砂粒发生变形,同时,胶结砂粒大量脱落变成游离砂,使井筒造成砂堵。

(3) 砂粒运移破坏。地层出砂通常分为两种运移情况:个体颗粒运移和聚集体发生运移。其中,剪切、拉伸破坏机理为个体颗粒在非平衡条件下发生的塑性变形,剥落于基质地层;而砂粒运移破坏机理为砂粒个体或聚集体在不平衡力作用时的动力学现象。

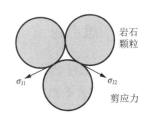

图 2-3-26　剪切力对砂粒的作用

个体运移有如图 2-3-27 所示的若干状态,个体砂粒变成游离砂时,原砂粒的承载力会分解到邻近个体砂粒上,重新建立平衡。倘若集合体充填骨架无法承载这部分接触力,那么地层流体会剥落更多的砂粒。

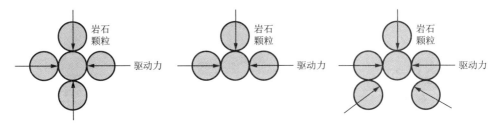

图 2-3-27　砂粒脱附过程

(4) 粘结破坏机理(如图 2-3-28 所示)。当地层流体产生的拖拽力远大于地层砂粒粘结强度,即 $F_{粘结力} < F_{附加力}$ 时,地层就会出砂。其中,最主要的为黏土矿物膨胀导致了粘结强度的降低。发生位置可能在钻井过程中涉水层面或通道和剪切面或其他边界表面。

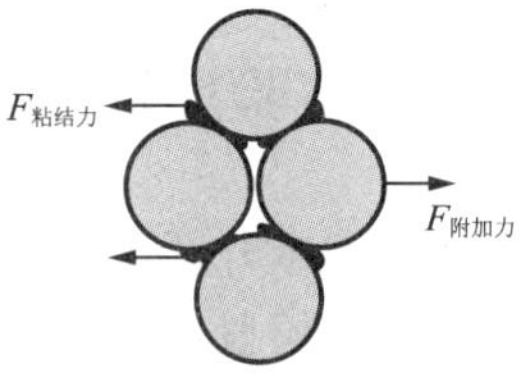

因此,要保证油田正常生产,就必须对出砂井进行防砂。

油气井防砂方法有很多,最终是以防砂后的经济效果进行选择和评价的。根据防砂原理,可将其大致分为机械防砂、化学防砂和复合防砂 3 大类。其中常见的机械防砂法有滤砂管防砂法、绕丝筛管砾石充填防砂法等;常见的化学防砂法有化学桥接防砂法、化学胶结防砂法、人工井壁防砂法等;复合防砂就是将机械防砂和化学防砂结合起来,既有机械防砂的有效期长的特点,又能适用于粉细砂地层,可弥补彼此之间的缺

图 2-3-28　砂粒粘结物受力分析

陷,提高砂岩地层防砂效果。

机械防砂广泛应用于油水井,技术已较成熟,而化学防砂存在一定风险,应用程度不及机械防砂。但相对于机械防砂,化学防砂的优点是在井筒内不留机具,可应用于多层系油藏,后处理作业简单且更适用于细粉砂岩油层的防砂,还可以满足套损井、套变井、不规则井眼井以及二次防砂的要求需求等。化学防砂工艺主要有两类。

(1) 树脂涂覆砂。

在地面粉碎后的砂粒表面涂覆一层含固化剂的树脂,经干燥后将其打碎形成颗粒状涂覆砂粒。在施工过程中,通过携砂液将涂覆砂携至储层亏空地带,将其固化形成既有抗压强度又有渗透性的人工井壁。其优点是对储层伤害小,施工相对安全。

(2) 树脂固砂。

将具有流动性的液态树脂与延时固化剂,外加其他助剂同时注入出砂地层,通过吸附在岩石砂粒表面固化,从而达到固结岩砂粒的效果。其优点是无须携砂液携带,施工过程简单。常用的树脂固砂剂包括环氧树脂、酚醛树脂、脲醛树脂、呋喃树脂、三聚氰胺甲醛树脂及这些树脂的改性物等。以三聚氰胺甲醛树脂固化反应式说明树脂固化过程。

三聚氰胺甲醛树脂中的羟甲基(—CH$_2$OH)同羟甲基和活性氢之间可以发生聚合反应实现自聚合固化,反应式如下。

也可加入固化剂使羟甲基氨基单体直接亚甲基化加速固化,反应式如下。

为提高树脂与砂粒表面的胶结黏附力,一般在树脂固砂剂中添加硅烷偶联剂。硅烷偶联剂含有无机官能团(X基团)和有机官能团(Y基团)两种类型基团,可以通过一系列化学反应,与材料表面的活性基团形成化学键,实现不同材料间的黏合,起到"分子桥"的作用,被称为硅烷偶联剂化学键理论。反应步骤如图2-3-29所示。

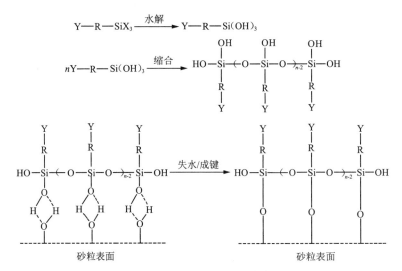

图2-3-29　硅烷偶联剂桥接作用

三、实验仪器与药品

1. 实验仪器

电热鼓风干燥箱、万能材料实验机、砂盘、$2.54\ cm\times10\ cm$玻璃管、$\phi 2.5\ cm\times15\ cm$实心有机玻璃杆、5号橡胶塞堵头、一次性塑料杯、玻璃棒。

2. 实验药品

凡士林、双酚A型环氧树脂E-44、酚醛类固化剂、硅烷偶联剂KH550、石英砂($60\sim80$目)等。

四、实验步骤

(1) 取$2.54\ cm\times10\ cm$玻璃管,将玻璃管内壁涂抹一层凡士林,然后将一端用橡胶塞堵头塞住。

(2) 称取5 g双酚A型环氧树脂E-44和5 g酚醛类固化剂,将其倒入一次性塑料杯中,用玻璃棒搅拌均匀。

(3) 称取100 g石英砂,将其倒入盛有树脂与固化剂混合液的一次性塑料杯中,并用玻璃棒搅拌混合均匀。

(4) 分4次将混合均匀的石英砂-树脂液装填到一端封堵的玻璃管中,每充填一次,用实心有机玻璃杆压实。装填完成后,将玻璃管另一端用橡胶塞堵头封堵。

（5）将充填封堵好的玻璃管放入 80 ℃恒温箱中 8 h。

（6）取出固结后的玻璃管，将固砂体周围的玻璃管轻轻敲碎，将固结岩芯柱两端磨平，测量固结体的抗折强度、抗压强度和渗透率（基于 SY/T 5276—2000），并以此表征化学固砂体系的固砂性能。

① 抗折强度。

a. 测量试样中心处的直径，且应精确到 0.01 cm。

b. 清除夹具圆柱刀口表面的黏着物，并使杠杆在空载情况下呈平衡状态。放入试样，使试样与刀口垂直，两支撑刀口与试样端面距离相等。

c. 接通电源，按仪器说明书进行操作。

d. 试样折断后读取刻度尺上的数值，视值精度应小于 1.0%。

e. 将测量数据代入公式（2-3-78）计算抗折强度，计算结果应精确到 0.01 MPa。

$$P_f = \frac{8 F_f L}{\pi D^3} \times 10^{-2} \tag{2-3-78}$$

式中 P_f——抗折强度，MPa；

F_f——折断时的瞬时载荷，N；

D——直径，cm；

L——支撑圆柱中心距，cm，一般采用 10.0 cm。

② 抗压强度。

a. 测量试样的直径和长度，取值应精确到 0.01 cm。

b. 将端面处理平整的固结圆柱竖直放入压力实验机圆盘平台。

c. 接通电源，按仪器说明书进行操作。

d. 读取固结体被压碎瞬间的最大压力值。

e. 将测量数据代入公式（2-3-79）计算抗折强度，计算结果应精确到 0.01 MPa。

$$P_c = \frac{F_c}{A} \times 10^{-2} \tag{2-3-79}$$

式中 P_c——固结体抗压强度，MPa；

F_c——固结体破坏时的载荷，N；

A——固结体横截面积，cm²。

③ 渗透率测量。

固结体岩芯的渗透率通过岩芯流动实验来测量，装置如图 2-3-30 所示。

固结体水相渗透率由公式（2-3-80）计算。

$$K_w = \frac{Q \mu L}{A \Delta p} \tag{2-3-80}$$

式中 K_w——水相渗透率，μm²；

Q——水流量，cm³/s；

μ——水黏度，mPa·s；

L——固结体长度，cm；

Δp——压差，10⁵ Pa；

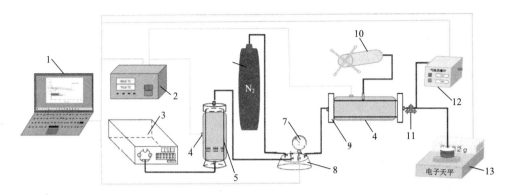

1—数据采集系统；2—温度控制系统；3—平流泵；4—加热套；5—中间容器；6—氮气瓶；7—压力采集系统；

8—六通阀；9—岩芯夹持器；10—围压泵；11—换向阀；12—气体流量采集系统；13—液体流量采集系统。

图 2-3-30　岩芯流动实验装置示意图

A——固结体横截面积，cm^2。

固结体岩芯的渗透率也可利用气体测定，按公式(2-3-81)计算。

$$K_g = \frac{2 Q_0 p_0 \mu_g L}{A(p_1^2 - p_2^2)} \tag{2-3-81}$$

式中　K_g——气测渗透率，μm^2；

p_0——大气压力，10^5 Pa；

p_1——进口压力，10^5 Pa；

p_2——出口压力，10^5 Pa；

μ_g——气体黏度，mPa·s；

Q_0——p_0压力下气体的体积流量，cm^3/s；

A——岩芯截面积，cm^2；

L——岩芯长度，cm。

五、实验结果与数据处理

（1）计算固结体的抗折强度与抗压强度。

（2）计算固结体的渗透率。

六、思考题

（1）化学固砂对储层渗透率有何影响？有什么措施可以降低该影响？

（2）试分析砂粒粒径对固结体强度与渗透率的影响。

实验二十　化学防蜡实验

一、实验目的

（1）学会使用一般显微镜。

（2）了解表面活性剂水膜理论防蜡效果。

（3）了解蜡晶改性剂对蜡晶改变的作用。

二、实验原理

油井结蜡影响油井的正常生产，防蜡和清蜡也是采油中需要解决的问题。油井结蜡的内在原因是原油含蜡，蜡含量越高，原油的凝点就越高。因此，原油蜡含量高的油井，结蜡都严重。

蜡是 $C_{15} \sim C_{70}$ 的直链烷烃，常温下为固体。纯石蜡为白色略带透明的结晶体，密度为 $880 \sim 905 \ kg/m^3$，熔点为 $49 \sim 60 \ ℃$。当温度降到析蜡点以下时，蜡以晶体形式从原油中析出，随着温度、压力的降低和气体的析出，结晶析出的蜡聚集长大形成蜡晶体沉积在管壁等固相表面上，称为结蜡现象。

在油层条件下，蜡是溶解在原油中的。当原油从地层流向井底，经过井筒、油嘴、地面管线到计量站、集油站、炼油厂的整个过程中，由于含蜡、凝点高、温度压力的变化，以及管道粗糙，原油中泥、砂、盐沥青胶质等因素的影响，井筒或管线会结蜡堵塞管道，影响原油的产量和集输，因此，必须进行防蜡、降凝、降黏，使原油流动，往往凝点降低后，黏度降低，油流阻力也下降，原油流动得到改善。

结蜡过程可分为 3 个阶段，即析蜡阶段、蜡晶长大阶段和沉积阶段。若蜡从某一种固体表面（如钢铁表面）的活性点析出，此后蜡就在其上不断长大引起结蜡，则结蜡过程就只有前两个阶段。将结蜡过程控制在任何阶段，都可达到防蜡的目的。

目前各国对化学防蜡都很重视，但对防蜡机理并未研究得十分清楚，有多种理论，大多偏于水膜理论与蜡晶改性理论。

（1）水膜理论。

表面活性剂能大大地降低水的表面张力，在物体表面形成一层极性水膜，使非极性的石蜡不易在管线与设备中沉积而结蜡。

水膜理论基于表面活性剂水溶液容易润湿管道表面，从而在原油所经过的管道表面上形成一层极性水膜，而石蜡为非极性物质，因此阻止了石蜡在管道与设备上聚集而结蜡。实验证明，水膜理论用于油井含水大于 40% 效果较好，但在油田（井）开采初期，原油不含水，若要防蜡，则必须通过蜡晶改性剂来达到目的。

（2）蜡晶改性理论。

蜡晶改性剂可以改变石蜡的结晶形态，分散蜡晶，降低其凝固点和表观黏度，使蜡不能聚集长大成网状结构,不易沉积而结蜡。

蜡晶改性理论(共晶理论)就是利用防蜡剂的作用,改变石蜡的结晶形态,使蜡不能聚集长大成网状结构,从而使原油不易凝固,不易沉积。能改变石蜡结晶形态的化学剂称为蜡晶改性剂,又称降凝剂或流动性改进剂。蜡晶改性理论有 3 种:分散理论、共结晶理论、吸附理论。

三、实验仪器与药品

1. 实验仪器

显微镜、载玻片、水浴锅、钢片、烧杯、电炉。

2. 实验药品

煤油、乙烯-乙酸乙烯酯共聚物(EVA)、表面活性剂。

四、实验步骤

1. 表面活性剂水膜理论防蜡效果

(1)取两块擦干的钢片称重,准确到 0.01 g。

(2)将钢片分别浸在 60 ℃含蜡 20%的煤油溶液和含 20%石蜡、1%表面活性剂的煤油溶液里 5 s,然后取出自然冷却。

(3)分别称重,计算各块钢片的含蜡量。

2. 蜡晶改性剂对石蜡晶体形态的改变

(1)把显微镜的目镜与物镜选择好,并转动物镜(先粗调后细调),调节反光镜,使光亮程度适合观察。

(2)用玻璃棒搅匀加有蜡晶改性剂的油样,将 2～3 片载玻片擦干净,然后在载玻片上分别滴一小滴添加蜡晶改性剂前后的油样,稍稍加热,让油样均匀分布于载玻片上,自然冷却。

(3)将载玻片逐一放在显微镜下,仔细观察,记录蜡晶各有什么不同。

五、实验结果与数据处理

解释实验中所观察到的现象,分析原因。

六、思考题

(1)化学防蜡机理是什么?

(2)实验过程中加入表面活性剂和 EVA,它们的作用结果一样吗?

(3)固体钢片表面的干净程度对实验结果有何影响?

第四章

集输化学实验

集输化学是油田化学的一部分,是集输工程学与化学之间的边缘科学。集输化学研究的是如何用化学方法解决原油集输过程中遇到的问题。原油集输过程中会遇到许多化学问题,如埋地管道的腐蚀与防腐,乳化原油的破乳与起泡沫原油的消泡,原油的降凝输送与减阻输送,天然气的脱水和脱酸性气体,油田污水的除油、除氧、除固体悬浮物、防垢、缓蚀和杀菌等。解决这些问题需用到各种化学剂,如埋地管道防腐层中的各种化学剂、乳化原油破乳剂,起泡沫原油消泡剂、原油降凝剂和减阻剂,各种天然气处理剂和油田污水处理剂等。

本章根据原油集输过程中存在的化学问题及解决办法编写了实验项目,包括管道的腐蚀与防腐、乳化原油的破乳和起泡原油的消泡、原油的降凝疏松与减阻输送、天然气处理与油田污水处理等内容相关的实验项目。

实验一 金属的缓蚀

一、实验目的

(1) 掌握一种测定钢铁腐蚀速度的方法(静态挂片失重法)。
(2) 了解缓蚀剂的缓蚀机理。

二、实验原理

钢铁在酸性介质中的腐蚀是电化学腐蚀。在盐酸中,钢铁的腐蚀反应为:

阳极反应: $\qquad Fe \longrightarrow Fe^{2+} + 2e$

阴极反应: $\qquad 2HCl + 2e \longrightarrow H_2 \uparrow + 2Cl^-$

电池反应: $\qquad Fe + 2HCl \longrightarrow FeCl_2 + H_2 \uparrow$

为了减小酸性介质对金属的腐蚀,常在酸性介质中加入缓蚀剂。按作用机理,酸性介质缓蚀剂可分为吸附膜型(如甲醛)和中间相型(如丁炔醇)两类。

为了定量地表示缓蚀剂的缓蚀作用,可以测定钢铁在加与不加缓蚀剂的介质中的腐蚀速度。在测定腐蚀速度的方法中,最常用的是挂片失重法。

当用挂片失重法测定钢铁腐蚀速度时,可将一已知质量并已知表面积的试片放在腐蚀介质(例如盐酸和加有缓蚀剂的盐酸)中,经过一定时间,再称它的质量,求得失量,即可按式(2-4-1)计算钢铁的腐蚀速度。

$$v = \frac{\Delta m}{A_0 \times t} \tag{2-4-1}$$

式中　v——腐蚀速度,$g/(m^2 \cdot h)$;

　　　Δm——试片的失量,g;

　　　A_0——试片的表面积,m^2;

　　　t——腐蚀时间,h。

缓蚀剂的缓蚀率是表示缓蚀剂的作用效果的另一指标。缓蚀剂的缓蚀率是指试片在不加与加缓蚀剂的介质中的腐蚀速度之差与试片在不加缓蚀剂的介质中的腐蚀速度之比。计算公式如下:

$$缓蚀率 = \frac{v_0 - v_1}{v_0} \times 100\% \tag{2-4-2}$$

式中　v_0, v_1——试片在不加与加缓蚀剂的介质中的腐蚀速度。

三、实验仪器与药品

1. 实验仪器和材料

电子天平(感量 0.000 1 g)、游标卡尺、红外干燥箱、镊子、试片、具塞试管(50 mL)、量筒(5 mL)、试管架、砂纸、脱脂棉、滤纸。

2. 实验药品

盐酸、甲醛、丁炔醇、丙酮、乙醇。

四、实验步骤

(1)准备 4 片金属腐蚀试片,每片均依次用布砂纸、水砂纸和金相砂纸磨平、磨亮,用脱脂棉擦净铁屑,再用游标卡尺测量它们的长、宽、厚和圆孔直径。

(2)将试片在 1:1 的丙酮-乙醇溶液中洗去油污后,放在洁净的滤纸上,置于红外干燥箱中烘干,用电子天平按其编号准确称取质量。

(3)取 4 支 50 mL 具塞试管,各加入 30 mL 质量分数为 10% 的盐酸,在第 1 支试管中加入 2 mL 蒸馏水,在第 2 支试管中加入 2 mL 质量分数为 12.5% 的甲醛,在第 3 支试管中加入 2 mL 质量分数为 12.5% 的丁炔醇,在第 4 支试管中加入 1 mL 质量分数为 12.5% 的甲醛和 1 mL 质量分数为 12.5% 的丁炔醇,盖好瓶塞,摇匀,备用。

(4)将称好质量的试片用镊子小心放入上述试管中,准确记录加入的时间和室温。注意观察气泡从试片表面析出的速度。0.5 h 后,用镊子将试片从酸液中取出,立即用自来水洗去残留在试片上的酸并用洁净滤纸蘸去部分自来水,然后将试片放入 1:1 的丙酮-乙醇溶液中洗涤,最后放在红外干燥箱中烘干,称其质量。

五、实验结果与数据处理

(1) 根据试片的长、宽、厚和圆孔的直径,计算试片的表面积。

(2) 计算试片在加与不加缓蚀剂的质量分数为 10% 的盐酸中的腐蚀速度。

(3) 计算 3 种缓蚀剂的缓蚀率。

六、思考题

(1) 解释丁炔醇的缓蚀机理,并说明低温缓蚀效果差的原因。

(2) 说明试片的光洁度对腐蚀速度的影响。

(3) 比较 3 种缓蚀剂的缓蚀效果并说明原因。

实验二 乳化原油的破乳

一、实验目的

(1) 掌握评选化学破乳剂破乳的方法与相关仪器的使用。

(2) 了解原油含水量的测定方法。

(3) 加深对化学破乳剂破乳的理解及对评选破乳剂标准的感性认识。

二、实验原理

我国大部分油田开发已经进入高含水期,各种开采技术的应用使得原油多以乳状液的形式被采出。据统计,世界开采出的原油近 80% 以原油乳状液形式存在。这给原油的开采、集输和加工过程带来诸多问题。不论从经济角度,还是从石油要求便于输送、销售和加工等角度,均需对原油进行破乳脱水。

乳化剂是乳状液的稳定剂,是一类表面活性剂。当乳化剂分散在分散质的表面时,形成薄膜或双电层,使分散相带有电荷,这样就能阻止分散相的小液滴互相凝结,从而使形成的乳状液比较稳定。

破乳剂一般是表面活性剂,能使乳化状的液体结构破坏,以达到乳化液中各相分离的目的。原油破乳是指利用破乳剂的化学作用将乳化状的油水混合液中油和水分离开来,达到原油脱水的目的,以保证原油外输含水标准。

破乳方法按作用方式可归结为化学破乳、物理破乳、生物破乳、联合破乳、膜破乳几种方法。

化学破乳包括破乳剂破乳和电解质破乳。物理破乳包括重力法、离心法、电学破乳法、乳化液膜的润湿聚结破乳法、研磨法。生物破乳是利用微生物技术生产的一类具有高表面活性的生物分子,具有环境友好、易生物降解等特点。随着原油脱水和污水除油难度加大,单一的破乳方法已经达不到要求,采用多种破乳方法联合使用,能大幅度提高破乳效率。膜破乳是材料科学与化工分离技术交叉而产生的一种分离技术,主要应用在废水处理、石油工业、高分子材料加工、食品化工等领域,主要通过过滤作用实现破乳。

利用油水密度差异,加入具有能破坏乳状液作用的表面活性剂,对乳化原油加热使其黏度降低,分子运动加剧,界面张力降低,从而使乳化膜破坏,水珠在重力作用下沉降分离出来,达到脱水的目的。能使乳状液形成的表面活性剂叫乳化剂;反之,能破坏乳状液作用的表面活性剂叫破乳剂。

乳状液是两种互不相溶的液体所构成的分散体系,即一种液体以液珠的形式分散在另一种不相溶的液体中形成的分散体系,它的颗粒直径一般为 $0.1\sim100~\mu m$,大小不均匀,不透明,不稳定,易分层。乳状液可分为油包水型(记为 W/O 型)和水包油型(记为 O/W 型)。

低温化学破乳脱水比较方便,效果也较好,现广泛应用于各油田。它主要是利用破乳剂的如下 4 种作用机理。

(1)反相作用,即中和作用。例如,在 O/W 型乳状液中加入 W/O 型乳化剂,可使相逆转,破坏乳状液的稳定性。

(2)顶替作用。选择一种能强烈吸附于油水界面的表面活性剂用以顶替 W/O 型乳状液界面上的乳化剂,产生的新界面膜强度低,易被破坏而破乳。

(3)润湿作用。有固体粉末颗粒等稳定剂的乳状液,加入表面活性剂后,固体粉末颗粒被一相完全润湿离开界面而进入此相中,破坏界面保护层,使乳状液破坏。

(4)分散作用。加入化学剂使界面膜上的胶质、沥青质分散到一相中,破坏界面膜而使其破乳。

怎样选择破乳剂是一个关键问题。脱水率高、净化油含水率低、脱出的污水含油量低、油水界面清晰、沉降速度快、用量少、来源广、破乳温度低的破乳剂是合适的破乳剂。

三、实验仪器与药品

1. 实验仪器

玻璃恒温水浴、控温仪、电动搅拌机、原油含水分析仪、具塞量筒、试剂瓶、刻度管、量筒。

2. 实验药品

破乳剂。

四、实验步骤

1. 测定原油含水量

取 10~50 g 原油(视原油含水量高低而酌情称取,高含水则少取,低含水则多取)于含水分析仪烧瓶中,并加入 50 mL 无水汽油,摇匀油样,安装好装置,打开冷却水,同时加热进行蒸馏,直至接收管中油水清晰、油水界面清楚,并将冷凝管中的水珠用鸭毛刷捣下使其进入接收管,进行读数。关闭电源。计算原油含水量(用百分数表示)。

注意:蒸馏速度不能太快,以防发生气冲,导致意外。

2. 破乳剂低温破乳

(1)取能流动的乳化原油装入数支 100 mL 的具塞量筒中并放入 45~50 ℃恒温水浴中预热 10 min,使乳化油温度与水温一致。

（2）对所选的试剂进行用量计算，并逐一取出量筒分别加入用量相同的单一或复配的破乳剂，在相同条件下振荡量筒 50 次（注意放气）。

（3）振荡完毕后将量筒放回 40～45 ℃水浴中开始计时，对照评选标准对试剂的破乳情况进行观察、评选、记录。

（4）当脱出的水量不再增加时，认为脱水完毕，记下脱出水量，计算脱水率。

五、实验结果与数据处理

（1）将不同破乳剂的破乳脱水量与时间的关系曲线绘制到一张图表中，并进行对比分析。

（2）用列表法说明化学破乳剂破乳的效果。

（3）计算各种化学破乳剂的脱水率，评选出本次实验中效果较好的一种破乳剂。

六、思考题

（1）化学破乳分为哪几类？

（2）评价化学破乳剂的方法有哪些？

（3）破乳剂的加入工艺对破乳效果有何影响？

实验三　原油化学降凝实验

一、实验目的

（1）掌握原油凝点测定方法及凝点测定仪的操作方法。

（2）加深对蜡晶改性理论的理解与认识。

二、实验原理

我国原油部分属于高含蜡原油，蜡含量高达 15％～37％，个别原油样品蜡含量高达40％以上。随着油温的降低，高含蜡原油接触到临界油点，表面即产生蜡沉积附着在管壁上，使采油输油能力大大下降，严重时会造成堵塞，这成为石油开采必须解决的问题。

长期以来，我国主要采用加热输送工艺，但这种方法消耗燃料多，允许的输量范围变化小，且管道停输有时间限制，停输时间过长会导致"凝管"事故。在管输原油中添加降凝剂可降低原油的凝点和黏度，这种方法受到国内外石油工业界普遍关注。该方法操作简单、环保节能、设备投资小，提高了管线运行的安全系数。目前国内外多采用加入化学降凝剂这种方法。

原油失去流动性是由于溶在油中的蜡在温度降低时结晶析出。随着油温的下降，蜡的溶解度逐渐下降，蜡晶相互重叠连接而形成三维空间网状结构，原油便失去了流动性。

降凝剂并不是与原油发生化学反应，而是改变蜡晶的尺寸和形状，阻止蜡晶形成三维空间网状结构。但降凝剂不能抑制蜡晶的析出，只能改变蜡晶形态，使蜡晶形成三维空间网状结构的能力变弱,因而增强了原油的流动性。

在原油中加入降凝剂输送是高凝原油集输方法之一。它在原油中加入少量化学剂使原油凝点降低,改善其流动性,以节约能源,避免事故发生,实现常温输送。

影响降凝效果的因素主要有原油的性质、降凝剂的化学组成及结构降凝剂的用量、降凝剂加入温度、体系的降温速度、搅拌速度等,在实际工作中都应加以考虑。

降凝剂也叫化学蜡晶改性剂、流动性改进剂。降凝的机理主要是蜡晶共晶理论。因为降凝剂的分子中有与石蜡分子结构相同的链节——非极性基团,也有与石蜡分子结构不同的链节——极性基团,前者可与石蜡共晶,后者可阻止蜡晶进一步增长,改变了石蜡原有的结晶形态,分散蜡晶,使之不能或不易聚集形成网状结构,从而降低原油凝点,改善其流动性能。

三、实验仪器与药品

1. 实验仪器
烧杯、温度计、水浴锅、电动搅拌机、凝点测定仪、容量瓶、三口烧瓶、微量天平。
2. 实验药品
脱水原油(含水 0.5% 以下)、无水乙醇、冰块(或水)。

四、实验步骤

(1)将脱水原油(含水 0.5% 以下),在它刚能流动时将其倒入凝点测定试管中,使其液面恰好与环形标线对齐。

(2)插入温度计,使温度计的水银球位于试样中心。

(3)把装有样品的试管放入凝点测定仪的冷室中冷却至比估计的凝点低 10 ℃的温度,若凝点高于 10 ℃,则要冷到 0 ℃,然后恒温 20 min。

(4)取出试管,迅速套进装有 2 mL 无水乙醇的套管中。

(5)将样品连同套管一块放入升温容器中,缓慢升温,一定控制升温速度在 1 ℃/min,可在容器里加冰块(或水)等以控制升温速度。

(6)当温度升到预定凝点时,取出试管及套管,将其轻轻放在 45°的倾斜板上,原油开始流动的温度即为凝点。

(7)要求做两次,误差小于 2 ℃,取平均值;若误差大于 2 ℃,则重测。

五、实验结果与数据处理

(1)解释实验中所观察到的各种现象。
(2)列表表示原油凝点降低的结果。
(3)说明各种条件对实验结果(凝点)的影响。

六、思考题

(1)利用凝点评价降凝剂对原油的化学降凝效果,对降凝剂有何要求?
(2)化学降凝剂分几大类?

实验四 天然气水合物生成的抑制实验

一、实验目的

(1) 掌握天然气水合物的生成原理与生成条件。
(2) 了解抑制天然气水合物生成的方法。
(3) 了解抑制天然气水合物生成的抑制剂的作用原理。
(3) 掌握评价天然气水合物抑制剂效果的实验方法。

二、实验原理

天然气水合物俗称可燃冰,是天然气分子和水分子相互作用结合而成的笼形结构物,以水分子为主体,组成一些结晶网络,通过氢键连接,网络中的空穴内充满了天然气小分子。由于水合物分子内部晶穴的数目不一样,故其大小也不一样。天然气水合物中有 3 种由水分子组成的基本空腔:一种是小空腔[如图 2-4-1(a)所示],另外两种均为大空腔[如图 2-4-1(b)和图 2-4-1(c)所示]。小空腔(a)为 12 面体,由 12 个五边形围成,记为 5^{12}。大空腔(b)为 14 面体,由 12 个五边形和 2 个六边形围成,记为 $5^{12}6^2$。大空腔(c)为 16 面体,由 12 个五边形和 4 个六边形围成,记为 $5^{12}6^4$。在这 3 种基本空腔中,各顶点均为水分子,连线为氢键。天然气水合物中这 3 种基本空腔组成了两种结构的晶胞,即Ⅰ型晶胞和Ⅱ型晶胞。Ⅰ型晶胞由小空腔(a)与大空腔(b)组成,Ⅱ型晶胞由小空腔(a)与大空腔(c)组成。表 2-4-1 为天然气水合物中两种晶胞的特性。

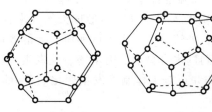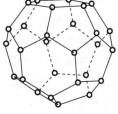

| (a) 12面体小空腔 | (b) 14面体大空腔 | (c) 16面体大空腔 |

图 2-4-1 天然气水合物的基本空腔

表 2-4-1 天然气水合物的晶胞特性

晶　胞		Ⅰ 型	Ⅱ 型
每个晶胞中的水分子数		46	136
每个晶胞中的空腔数	小	2	16
	大	6	8

晶 胞		Ⅰ型	Ⅱ型
空腔直径/nm	小	0.397	0.391
	大	0.430	0.473
空腔中能进入并使其稳定的气体分子	小	甲烷、硫化氢、二氧化碳	甲烷、硫化氢、二氧化碳
	大	除上述气体外,还有乙烷	除上述气体外,还有丙烷、正丁烷、异丁烷

根据表 2-4-1,可以算出与天然气中各成分结合的水分子数:

$$CH_4 \cdot 6H_2O \qquad C_2H_6 \cdot 8H_2O \qquad C_3H_8 \cdot 17H_2O$$
$$i\text{-}C_4H_{10} \cdot 17H_2O \qquad n\text{-}C_4H_{10} \cdot 17H_2O \qquad H_2S \cdot 6H_2O \qquad CO_2 \cdot 6H_2O$$

在一定条件下,天然气与水生成的水合物结晶(由上述晶胞组成)首先在天然气与水的界面上析出并分散于水中,随后这些结晶长大、聚并、沉积,对天然气输送管道造成堵塞。

水合物生成需要一定的条件,促使水合物生成条件有如下 3 个。

(1) 有足够高的压力条件。在系统压力足够高时,才能促使气体形成水合物。

(2) 有足够低的温度条件。在系统中的温度低于临界温度时,才有可能生成水合物。天然气各成分水合物的临界生成温度见表 2-4-2。

(3) 天然气中含有足够生成水合物所需要的水。

表 2-4-2   天然气各成分水合物的临界生成温度

成 分	CH_4	C_2H_6	C_3H_8	$i\text{-}C_4H_{10}$	$n\text{-}C_4H_{10}$	H_2S	CO_2
水合物临界生成温度/℃	47.0	14.5	5.5	2.5	1.0	10.0	29.0

另外,气体流动方向改变所导致的涡流,可能存在的酸性气体,水合物晶核的诱导,油气井的产量,运输管线的长度,运输油管的直径,运输油管中气体的温度、压力变化,以及管线埋藏的环境等因素也对水合物的形成产生影响。

气井进行压降生产时,气体产量、压力和温度都是变化的,在地面集输管线中那些地势较低的管线、阀门、管线转弯处、三通和分离器入口等处容易形成天然气水合物。水合物尤其容易在一些直径较小的管线中发生堵塞,如流量计的出入口和压力计的测量孔等处,在这些地方发生堵塞往往会造成计量错误。而且,水合物形成的堵塞一旦发生,就很难排除。因此,对于气井的集气管线,不管是新开发的井还是工作制度发生变化的井,都应该考虑到预防水合物堵塞的问题。

天然气水合物堵塞的防治,是油气田开发和油气运输过程中的难题之一。天然气水合物生成的抑制方法有如下几种。

(1) 降低压力。对一定温度和一定组成的天然气,可将压力降至水合物生成压力之下。

(2) 保持一定温度。对一定压力和一定组成的天然气,可将温度保持在水合物生成温度以上。

(3) 减少天然气中的水含量。用脱水法减少天然气中的水含量,降低天然气的水露点。在温度高于天然气水露点的条件下,不会产生天然气水合物。

(4) 用天然气水合物抑制剂抑制。化学抑制剂分为热力学抑制剂(THI)、动力学抑制剂(KHI)、防聚剂(AA)和复合型抑制剂等。

① 热力学抑制剂(THI)。热力学抑制剂可以使水分子和烃分子间的热力学平衡条件

发生改变,使温度、压力条件向不利于水合物生成的方向变化,以避免天然气水合物的形成。热力学抑制剂反应机理可以概括为:增加抑制剂分子或离子与水分子的竞争力,减小水合物生成的可能。抑制剂必须在液相中才会起到抑制水合物的效果。最常见的热力学水合物抑制剂有 NaCl 溶液,电解质溶液,甲醇、乙二醇等醇类。这些抑制剂可以单独用来进行水合物的抑制,也可以几种混合在一起使用。

② 动力学抑制剂(KHI)。动力学抑制剂一般具有环状结构,可以吸附在生成的水合物表面上,通过氢键与水合物晶体结合,使水合物颗粒之间不能相互聚集,阻止水合物颗粒的进一步长大。动力学抑制剂反应机理可以概括为:降低水合物的成核速率,延缓水合物晶核的生成,抑制水合物晶体生长方向,导致生成的水合物晶体不稳定。动力学抑制剂主要是一些水溶性的聚合物,如聚吡咯烷酮(PVP)、聚 N-乙烯基已内酰胺(PVCap)及其共聚物等。

③ 防聚剂(AA)。防聚剂可通过吸附使析出的天然气水合物结晶表面或已长大的天然气水合物结晶表面受到干扰(产生畸变),不利于水合物结晶继续长大、聚并,抑制天然气水合物在天然气管道表面沉积。防聚剂主要是一些表面活性剂物质,如烷基苯磺酸盐、烷基苄基二甲基氯化铵、聚氧乙烯烷基苯酚醚、山梨糖醇酐单月桂酸酯聚氧乙烯醚、聚氧乙烯聚氧丙烯乙二胺等。

④ 复合型抑制剂。把动力学抑制剂和热力学抑制剂或者把防聚剂和动力学抑制剂混合使用,结合它们之间的优势,通过协同作用提高水合物抑制剂的抑制性能。

三、实验仪器与药品

1. 实验仪器

水合物生成与分解装置、增压泵、电子天平(感量 0.01 g)、量筒(2 个,250 mL)、烧杯(2 个,500 mL)、烧杯(1 000 mL)、容量瓶(2 个,500 mL)、滴管、玻璃棒等。

水合物生成与分解装置主要包括高压反应釜、高低温恒温水浴、数据采集系统等。实验装置如图 2-4-2 所示。

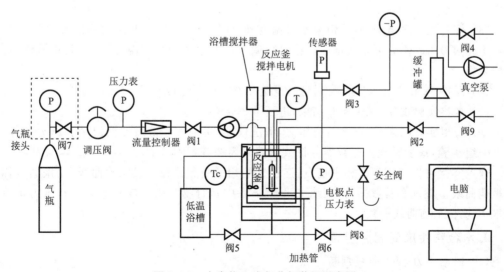

图 2-4-2　水合物生成与分解装置示意图

2. 实验药品

甲烷气(纯度 99.99%),蒸馏水,甲醇,乙二醇,NaCl、$CaCl_2$ 等盐类(均为分析纯),聚乙烯基吡咯烷酮 PVP-K90(工业品),聚乙烯基吡咯烷酮 PVP-K30(工业品),N-乙烯基己内酰胺的聚合物 PVCap(工业品)。

四、实验步骤

1. 水合物生成与分解装置操作使用说明

(1)明确各阀门开关及控制单元。

(2)注液方法。排空针式泵内气体,关闭针式泵上所有连通阀,向空管柱内倒入实验液,打开管柱与针式泵的连通阀,吸入液体,然后关闭管柱与针式泵的连通阀,打开针式泵与反应釜的连通阀,将实验液注入反应釜中。

(3)注气方法。打开气瓶,注气至中间容器后关闭气瓶,打开中间容器与反应釜的连通阀,直至釜内压力显示达到设定值时关闭连通阀。

(4)放空气体及液体方法。放空时应当先气后液。排气,釜内气体通过放空管线排至室外;排液,将釜底阀与橡胶管连接,缓慢打开釜底阀,放出废液。

(5)检查仪器是否密封。加压后检查釜内压力示数是否恒定。若釜内压力示数下降,则表明漏气,应查明原因并加以处理。

2. 水合物生成实验

釜内初始压力和温度及待测液体积设定:$p=6.15$ MPa,$T=20$ ℃,待测液体积=400 mL。

(1)清洗反应釜。打开实验室用的高压反应釜,先用清水将其清洗至少 3 遍,再用蒸馏水清洗至少 3 遍。清洗完之后,安装好反应釜。向反应釜中冲入 1.0 MPa 左右甲烷气体,检查反应釜气密性。排空,利用气体压力将反应釜中的残余的水排出。

(2)用真空泵将反应釜抽真空,向反应釜内注入 400 mL 实验液,然后注天然气至反应釜内压力达到设定值。

(3)打开恒温水浴槽,调节恒温水浴温度到 20 ℃,经过 3~5 h 压力稳定后(1 h 内压力变化不超过 0.01 MPa 可以认定已经稳定),调节恒温水浴到预定温度,打开采集软件,进行数据采集。

(4)保持 12 h 之后,启动搅拌装置,设定 400 r/min 的转速。

(5)观察实验现象,记录实验结果,进行数据保存。

(6)每组实验结束后,安全放空压力,清洗仪器;更换实验液或改变温度和压力条件,进行下一组实验,最后整理实验数据。将数据填入表 2-4-3 中。

通过实验可以得到很多相平衡点,连接这些相平衡点得到一条实验曲线,这条曲线称为相平衡曲线。整理实验数据,验证纯水-甲烷体系中水合物开始生成时的温度和压力是否与纯水-甲烷相平衡曲线一致。

3. 水合物生成时间点判断

(1)根据压力-温度曲线判断。

由于封闭反应釜中容积不变,根据气体状态方程 $pV=nRT$,温度和压力呈线性关系,水合物生成会放热并消耗气体,即压力-温度曲线偏离线性关系时,认为水合物开始生成。压力-温度关系曲线如图 2-4-3 所示。

（2）根据温度和压力随时间的变化曲线判断。

若降温以及气体溶解导致釜内压力一直降低，则难以明确水合物初始生成的时间点，当釜内有大量水合物形成从而导致明显的温度升高和压力降低现象时，可认为有大量水合物生成。压力、温度随时间变化曲线如图 2-4-4 所示。

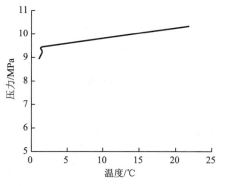

图 2-4-3　压力-温度关系曲线

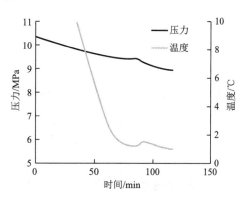

图 2-4-4　压力、温度随时间变化曲线

4. 水合物抑制实验

（1）配制不同浓度的水合物抑制剂，按上述步骤进行实验。

（2）观察实验现象，记录实验结果（将数据填入表 2-4-4 中），并与相同温度压力条件下的水合物生成时间做比较。

通过与同温度、压力条件下加入其他药剂时的相平衡曲线进行对比，可以得到加入该药剂的抑制效果。

表 2-4-3　纯水-甲烷体系水合物生成时间表

初始压力/MPa	初始温度/℃	生成压力/MPa	生成温度/℃	开始生成时间/min	大量生成时间/min

表 2-4-4　抑制剂溶液-甲烷体系水合物生成时间表

抑制剂种类	抑制剂浓度	初始压力/MPa	初始温度/℃	生成压力/MPa	生成温度/℃	开始生成时间/min	大量生成时间/min
NaCl							
乙二醇							

抑制剂 种类	抑制剂 浓度	初始压力 /MPa	初始温度 /℃	生成压力 /MPa	生成温度 /℃	开始生成时间 /min	大量生成时间 /min
PVP-K90							

五、实验结果与数据处理

（1）观察并记录实验现象，分析原因。

（2）绘制相平衡曲线，对加入抑制剂前后的相平衡曲线进行对比，分析实验结果。

六、安全提示及注意事项

（1）安全放空压力时务必缓慢打开阀门，并接橡胶管至废液桶，以免反应釜内压力过高导致实验液喷出。

（2）在实验过程中，装置的气密性要求保持良好。

七、思考题

（1）为何在水合物生成时，釜内温度-压力曲线偏离直线趋势，出现拐点？

（2）水合物大量生成时出现什么现象？为何会出现这种现象？

（3）抑制剂为何能够起到防治水合物的目的？

实验五 絮凝剂在污水处理中的应用

一、实验目的

（1）观察絮凝剂（即混凝剂与助凝剂）净化水的现象，了解絮凝剂在污水处理中的作用机理和使用性质。

（2）掌握一种寻找絮凝剂最适宜质量浓度的方法。

二、实验原理

水的净化可使用各种絮凝剂。在絮凝剂中，能使水中泥沙聚沉的物质叫混凝剂。常用的混凝剂主要有无机阳离子型聚合物，如羟基铝、羟基锆等，这些无机阳离子型聚合物可在水中解离，给出多核羟桥络离子，中和固体悬浮物表面的负电性。此外，也可用三氯化铁、三氯化铝和氧氯化锆等化学剂通过水解、络合、羟桥作用,形成多核羟桥络离子,起到与羟基铝、羟基锆同样的作用。

混凝剂并非用得越多越好。混凝剂使用浓度过高,会使泥沙表面吸附过量的铁离子而带正电,致使铁的多核羟桥络离子对它失去聚沉作用。因此,混凝剂在使用时应有一个最适宜的质量浓度。

配合混凝剂使用,从而使它的净化效果提高、用量减少的物质叫助凝剂。助凝剂多是水溶性高分子。高分子的分子(或其缔合分子)可将被混凝剂聚结起来的泥沙颗粒进一步聚结,从而加快它的聚沉速度。常用的助凝剂有部分水解聚丙烯酰胺、羧甲基纤维素钠和褐藻酸钠等。

同样,助凝剂也并非用得越多越好。因为助凝剂一旦超过一定质量浓度,就可在水中形成网状结构,反而妨碍了泥沙颗粒的聚沉。因此,助凝剂使用时也有一个最适宜的浓度。

三、实验仪器与药品

1. 实验仪器
电子天平(感量 0.001 g)、具塞比色管、小滴瓶、小烧杯、温度计。

2. 实验药品
三氯化铁(化学纯)、部分水解聚丙烯酰胺(工业品)、污水(在 1 L 水中加入 60 g 高岭土,高速搅拌 20 min 后,在室温下密闭养护 24 h)。

四、实验步骤

在实验过程中,用目视比色法观察絮凝剂的净水现象和作用效果,以表格形式记录实验现象和实验数据。

(1)单独使用混凝剂,测定实验条件下净化污水所需混凝剂的最适宜浓度。

(2)单独使用助凝剂,测定实验条件下助凝剂的最适宜使用浓度。

(3)助凝剂配合混凝剂使用,确定在助凝剂存在下混凝剂的最适宜浓度。

五、实验结果与数据处理

计算净化污水所用混凝剂和助凝剂的最适宜质量浓度(用 mg/L 表示)。

六、实验结果与讨论

(1)分别说明混凝剂和助凝剂的作用机理。

(2)为何混凝剂和助凝剂都有最适宜的使用浓度?

(3)若水中的悬浮物不是固体颗粒,而是小油珠,则本实验用的絮凝剂是否有净化水的作用?

实验六　水处理阻垢剂性能评价

一、实验目的

（1）掌握用鼓泡法测定水处理药剂抑制碳酸钙析出的阻垢性能的实验方法。

（2）了解水处理过程中结垢的原理及控制方法。

二、实验原理

工业用水的循环利用使得工业水往往处于高浓缩状态，多因素综合作用导致各种垢类和腐蚀等不利结果的产生，从而对设备、生产造成不可估量的影响。目前，工业上一般采用投加阻垢剂的方法抑制垢的生成，国内外不断有新型的阻垢剂问世，但是如何评价一类阻垢剂的性能没有形成统一的标准，造成各种产品之间的性能存在偏差。选择阻垢剂性能合理有效的评价方法有利于阻垢缓蚀机理和实际应用效果的研究，不仅可以为新药剂的研发提供理论基础，还可为现有药剂的性能评价提供保证，使药剂的实际应用更加合理，达到使用成本低、效果好、安全可靠的目标。

评价阻垢剂阻垢性能的方法一般可以分为静态阻垢率评价方法、动态阻垢率评价方法。随着计算机、自动化等技术的发展，许多新的评价方法不断出现。静态阻垢率评价方法是使用较早也是较为广泛的评价方法，该类方法操作简单易实现，无需特殊的仪器和设备，一般的实验条件便可实现。动态阻垢率评价方法是尽最大可能模拟阻垢剂的实际应用环境而对其阻垢性能进行客观评价的方法，此类方法测得的阻垢分散性能最接近阻垢剂的实际应用效能。由于该类方法操作较复杂，分析测定有一定的难度，故其发展速度稍落后于静态阻垢率评价方法。

1. 静态阻垢率评价方法

（1）鼓泡法。冷却水中的结垢通常是由水中的碳酸氢钙在受热和曝气条件下分解，生成难溶的碳酸钙垢而引起的，其反应式可表示为 $Ca(HCO_3)_2 \longrightarrow CaCO_3 \downarrow + CO_2 \uparrow + H_2O$。鼓泡法以含有 $Ca(HCO_3)_2$ 的配制水和水处理药剂制备成试液，模拟冷却水在换热器中受热和在冷却塔中曝气两个过程。首先升高温度，向试液中鼓入一定量的空气，以带走其中的 CO_2，使反应式的平衡向右移动，促使碳酸氢钙加速分解为碳酸钙，试液迅速达到其自然平衡 pH；然后测定试液中钙离子的稳定浓度，钙离子的稳定浓度越大，该阻垢剂的阻垢性能越好。该法适用于评价碳酸钙、碳酸锶和碳酸钡的阻垢性能。

（2）玻璃电极法。该法利用反应前后水样中氢离子浓度变化来评价阻垢剂性能。该法在评价阻垢剂的阻垢性能方面除了可得到与鼓泡法相同的结论外，还具有重现性好、操作时间短、操作简便、设备简单、结果可信度高等优点；其缺点是只能检测阻垢剂与钙离子的整合能力，不能反映阻垢剂的分散作用和晶格扭曲作用。

（3）浊度法。在高温和强烈搅拌下，向具有一定硬度和碱度的水中滴加 NaOH 溶液，

pH 随 NaOH 的加入而升高,当到达临界 pH 时,大量晶体析出,溶液浊度升高,此时可以通过检测溶液的浊度来快速评价阻垢剂的阻垢效果。

(4)电导率法。该法通过测定溶液中电导率的变化来分析评价阻垢剂的阻垢效果。该法易操作,能准确地分析出溶液中因垢产生而造成的溶液电导率的变化,从而可以用来评价阻垢能力。

(5)pH 位移法。该法是在某一 pH 范围内,通过测定加入阻垢剂后 $Ca(HCO_3)_2$ 过饱和溶液的起始 pH 与一定时间后稳定的 pH 之差,根据差值的变化评价阻垢剂的阻垢性能。pH 位移法主要检测阻垢剂与 Ca^{2+} 的螯合能力,并不能反映阻垢剂的分散作用和晶格扭曲作用,因此并不能全面反映阻垢剂的阻垢性能。

(6)临界 pH 法。晶体生长理论认为,碳酸盐达到一定的过饱和度才能析出沉淀,沉淀析出时溶液的 pH 就是临界 pH(即 pHc)。当水的实际 pH 超过 pHc 时,就会结垢;小于 pHc,则不会结垢。临界 pH 法具有快速、准确、省时省力等特点,可用于阻垢剂的筛选。该法的缺点是主要适用于测阻垢剂的螯合作用。

(7)酸碱滴定法。工业循环水的浓缩倍数逐步提高,使 Ca^{2+} 浓度大幅提高,超出国家标准用络合滴定法滴定的 $2\sim200$ mg/L。酸碱滴定法利用酸标准溶液滴定静态阻垢实验前后成垢阴离子(HCO_3^-)浓度变化来评价阻垢剂的阻垢效率。该法较传统的络合滴定法具有操作方便、经济且更易于实现自动化等优点。

(8)微电解法。基于微电解引起水中碳酸盐结垢的方式,提出了微电解法检测冷却水结垢性能的方法。该法不需特殊仪器设备,操作方便,灵敏度高,重复性强,适用于判断阻垢水处理的效果。该法的不足是其应用范围只针对碳酸氢盐垢起作用。

2. 动态阻垢率评价方法

动态阻垢率评价方法包括动态模拟实验法、极限碳酸盐硬度法等。

(1)动态模拟实验法。在实验室给定条件下,用常压下饱和水蒸气或热水加热换热器,模拟生产现场的流速、流态、水质、金属材质、换热强度和冷却水进出口温度等主要参数,以评价水处理剂的缓蚀和阻垢性能,是一种较为理想的综合测试方法。该法的缺点是检测时间较长,而且设备较大、较复杂,价格较高。

(2)极限碳酸盐硬度法。与传统的鼓泡法相比,极限碳酸盐硬度法的实验条件与实际系统的运行条件较为接近,对阻垢剂性能的评价更为客观。

浊度法在动态实验中的扩展运用:该法通过比较不同阻垢剂作用于水体中的成核抑制时间,能迅速、高效地评价阻垢性能的差别。

对反渗透膜阻垢剂的多种动态评价方法:通过平台期成垢离子的浓度变化来判断阻垢剂的性能。

电势测定法:该法是利用含有 Ca^{2+} 的电极测定溶液中的电势变化来分析阻垢剂的用量,以此来评价阻垢剂的阻垢性能。

三、实验仪器与药品

1. 实验仪器

$16\sim160$ L/h 气体转子流量计、$0\sim100$ ℃控温仪、恒温水浴、玻璃冷凝管(内冷式,磨口,

29 mm/32 mm,长 300 mm)、三颈烧瓶(磨口,29 mm/32 mm,500 mL)、温度计(50～100 ℃,分刻度 0.1 ℃)、鼓泡头(砂芯,圆球形直径 25 mm 或圆柱形直径 20 mm)、酸式滴定管(50 mL)、碱式滴定管(50 mL)、容量瓶(1 000 mL,2 个)。

2. 实验药品

(1) 氢氧化钾(分析纯):200 g/L 溶液。

(2) 乙二胺四乙酸二钠(EDTA)(分析纯):$c_{EDTA} = 0.01$ mol/L 标准溶液。

(3) 盐酸(分析纯):$c_{HCl} = 0.1$ mol/L 标准溶液。

(4) 钙黄绿素-酚酞混合指示剂:称取 0.20 g 钙黄绿素、0.070 g 酚酞(分析纯),置于玻璃研钵中,加入 20 g 经 120 ℃烘干后的氯化钾(分析纯)研细混匀,储存于棕色磨口瓶中。

(5) 溴甲酚绿-甲基红混合指示剂:1.00 g/L 溴甲酚绿(分析纯)乙醇溶液与 2.00 g/L 甲基红(分析纯)乙醇溶液混合(体积比为 3∶1)。

(6) 碳酸氢钠(分析纯)。

(7) 碳酸氢钠溶液:约 25.3 g/L。

① 制备。称取 25.3 g 碳酸氢钠于 100 mL 烧杯中,用水溶解,定量转移至 1 000 mL 容量瓶中,用水稀释至容量瓶刻度,摇匀。

② 标定。移取 5.00 mL 碳酸氢钠溶液于 250 mL 锥形瓶中,加约 50 mL 水、4 滴溴甲酚绿-甲基红混合指示剂,用盐酸标准滴定溶液滴定至溶液由浅蓝色突变为浅紫色,记下所消耗盐酸标准滴定溶液的体积 V_1。

(8) 无水氯化钙。

(9) 氯化钙溶液:约 16.7 g/L。

① 制备。称取 16.7 g 无水氯化钙于 100 mL 烧杯中,用水溶解,定量转移至 1 000 mL 容量瓶中,用水稀释至刻度,摇匀。

② 标定。称取 2.00 mL 氯化钙溶液于 250 mL 锥形瓶中,加约 80 mL 水、5 mL 氢氧化钾溶液,用 30 mg 钙黄绿素-酚酞混合指示剂,在黑色背景下,用滴定管移取 EDTA 标准滴定溶液滴定至溶液的黄绿色突然消失并出现红色,记下所消耗 EDTA 标准滴定溶液的体积 V_2。

3. 水处理剂样品

水处理剂样品溶液:1.00 mL 含有 0.005 mg 水处理药剂(以干基记),也可以根据需要,配成其他浓度。

制备时,用减量法称取 a_1(单位为 g)水处理剂样品(精确至 0.000 2 g)于 500 mL 容量瓶中,加水溶解,用水稀释至容量瓶刻度,摇匀。

a_1 值按下式计算:

$$a_1 = \frac{0.500 \times 500}{1\ 000\ X_1} = \frac{0.250}{X_1} \tag{2-4-3}$$

式中　X_1——样品中固体的含量,%。

四、实验步骤

1. 试液制备

用滴定管加入 a_2(单位为 mL)碳酸氢钠溶液于 500 mL 容量瓶中,移入 5.00 mL 水处理剂样品溶液,加入 250 mL 水,摇匀。用滴定管缓慢加入 a_3(单位为 mL)氯化钙溶液,用水稀释至刻度,摇匀,即制备成 1 L 中含有 5.00 mg 水处理药剂、240 mg 钙离子(Ca^{2+})和 732 mg 碳酸氢根离子(HCO_3^-)的试液。

a_2 可按下式计算:

$$a_2 = \frac{0.012\ 0 \times 500}{V_1 c_1 / 5.00} = \frac{30.0}{V_1 c_1} \qquad (2\text{-}4\text{-}4)$$

式中　V_1——标定碳酸氢钠溶液时所消耗盐酸标准滴定溶液的体积,mL;

c_1——标定碳酸氢钠溶液时所消耗盐酸标准滴定溶液的物质的量浓度,mol/L;

0.012 0——试液中碳酸氢根的物质的量浓度,mol/L;

5.00——标定时移取碳酸氢钠溶液的体积,mL。

a_3 可按下式计算:

$$a_3 = \frac{0.006\ 00 \times 500}{V_2 c_2 / 2.00} = \frac{6.00}{V_2 c_2} \qquad (2\text{-}4\text{-}5)$$

式中　V_2——标定氯化钙溶液时所消耗 EDTA 标准滴定溶液的体积,mL;

c_2——标定氯化钙溶液时 EDTA 标准滴定溶液的物质的量浓度,mol/L;

0.006 00——试液中钙离子的物质的量浓度,mol/L;

2.00——标定时移取氯化钠溶液的体积,mL。

2. 阻垢性能测定

量取约 450 mL 试液于 500 mL 三颈瓶中。将此烧瓶浸入(60±0.2)℃的恒温水浴中,安装完毕后,以 80 L/h 的流量鼓入空气。经 6 h 后,停止鼓入空气,取出三颈烧瓶,放至室温,此溶液即为钙离子稳定浓度溶液。移取 25.00 mL 此溶液于 250 mL 锥形瓶中,加约 80 mL 水。除改用 10 mL 滴定管外,按标定氯化钙溶液的方法,测定钙离子的稳定浓度。记下所消耗 EDTA 标准滴定溶液的体积 V_3。

水处理药剂阻垢性能以钙离子稳定浓度 X(单位为 mg/L)表示,按下式计算:

$$X = \frac{V_3 c \times 40.08}{25.00} \times 1\ 000 = 1\ 603.2 V_3 c \qquad (2\text{-}4\text{-}6)$$

式中　V_3——测定钙离子稳定浓度时所消耗 EDTA 标准滴定溶液的体积,mL;

c——EDTA 标准滴定溶液的物质的量浓度,mol/L;

25.00——移取钙离子稳定浓度溶液的体积,mL;

40.08——与 1.00 mL EDTA 标准滴定溶液($c_{EDTA} = 1.000$ mol/L)相当的以 mg 表示的钙离子的质量。

五、实验结果与数据处理

自制实验表格,记录水处理剂样品的足够性能数据并分析所得实验结果。

六、思考题

(1)简述工业水处理用阻垢剂的种类及其阻垢机理。

(2)在实验过程中,影响钙离子浓度测定准确度的因素有哪些?

实验七　水处理缓蚀剂性能评价

一、实验目的

（1）掌握旋转挂片法评价水处理剂缓蚀性能的实验方法。

（2）了解缓蚀性能的测定过程与操作方法。

（3）掌握利用试片的质量损失计算腐蚀率和缓蚀率来评定水处理剂缓蚀性能的方法。

二、实验原理

以适当的浓度和形式存在于环境（介质）中时，可以防止或减缓材料腐蚀的化学物质或复合物，称为缓蚀剂，又称为腐蚀抑制剂。它的用量很小（0.1%～1%），但效果显著。这种保护金属的方法称缓蚀剂保护。缓蚀剂用于中性介质（钢炉用水、循环冷却水）、酸性介质（除锅垢的盐酸、电镀前镀件除锈用的酸浸溶液）和气体介质（气相缓蚀剂）。

在现代的生产工业中，人们都比较推荐缓蚀剂，因为缓蚀剂的用量非常小，其效果异常明显，同时能减缓材料腐蚀速度，有效地延长材料的使用寿命，从而提高经济效益。在水处理药剂行业中，缓蚀剂的用途也是最为广泛的。高效缓蚀阻垢剂是一种新型的缓蚀剂，与传统的缓蚀剂相比，其使用率更高。

钢铁在酸性介质中的腐蚀是电化学腐蚀。在盐酸中，钢铁的腐蚀反应为金属的电化学腐蚀，即不纯的金属或合金发生原电池反应而造成的腐蚀。最普遍的钢铁腐蚀如下。

负极：

$$2Fe - 4e^- \rule[0.5ex]{1.5em}{0.4pt} 2Fe^{2+}$$

正极：

$$O_2 + 2H_2O + 4e^- \rule[0.5ex]{1.5em}{0.4pt} 4OH^-$$

在少数情况下，若周围介质的酸性较强，则正极的反应是：

$$2H^+ + 2e^- \rule[0.5ex]{1.5em}{0.4pt} H_2 \uparrow$$

金属的腐蚀以电化腐蚀为主。例如，钢铁生锈的主要过程如下。

（1）吸氧腐蚀。铁在酸性很弱的溶液或中性溶液里，空气里的氧气溶解于金属表面水膜中而发生的电化学腐蚀。吸氧腐蚀的发生条件是水膜的酸性很弱或呈中性。吸氧腐蚀的反应本质是形成原电池，铁为负极，发生氧化反应；正极发生还原反应。

（2）析氢腐蚀。铁在酸性较强的溶液中发生电化学腐蚀时放出氢气。析氢腐蚀的发生条件是水膜的酸性较强。反应本质是形成原电池，铁为负极，发生氧化反应；正极发生还原反应。

聚氧乙烯十八胺等有机胺类是一种有机缓蚀剂。由于它可吸附在钢铁表面，使阳极反应和阴极反应的反应速率减小，因此，它对钢铁腐蚀有较好的缓蚀效果。

为了定量地表示缓蚀剂的缓蚀效果，可以测定钢铁在加与不加缓蚀剂的腐蚀介质中的腐蚀速度。在测定腐蚀速度的方法中，最常用的是失重法。

当用失重法测定钢铁腐蚀速度时,可将已称重并已知面积的试片放在腐蚀介质(例如盐酸或加缓蚀剂的盐酸)中,经过一定时间,再称它的重量,求得失重,就可以计算出钢铁的腐蚀速度。

三、实验仪器与药品

1.实验仪器

烧杯、恒温水浴、毛刷、干燥器、电子天平(感量 0.000 1 g)。

2.实验药品

正己烷、无水乙醇、盐酸(分析纯)溶液[1+3 盐酸溶液(37％盐酸与水体积比为 1:3)]、氢氧化钠(分析纯)溶液(60 g/L)、酸洗溶液[1 000 mL 盐酸溶液(分析纯)中加入 10 g 六次甲基四胺(分析纯),适用于碳钢试片]、试片 A₃钢(分析纯)。

四、实验步骤

1.实验条件

(1) 实验温度:(40±1)℃。根据实际需要可选用其他温度。

(2) 试片线速度:(0.35±0.02)m/s。根据实际需要也可选用其他速度(0.30～0.50 m/s)。

(3) 试液体积与试片面积比:30 mL/cm²。根据实际需要也可选用其他比值(20～40 mL/cm²)。

(4) 试片上端与试液面的距离应大于 2 cm。

(5) 重复实验数目:对每个实验条件,应有 4～6 个相同的试片进行重复实验。

(6) 实验周期:72 h。根据实际需要也可适当延长。

2.操作步骤

(1) 用滤纸把试片表面的油脂擦拭干净,然后将试片分别在正己烷和无水乙醇中用脱脂棉擦洗(每 10 片试片用 50 mL 上述试剂),用滤纸吸干,将试片置于干燥器中 4 h 以上,称量,精确到 0.000 1 g,保存于干燥器中,待用。

(2) 按实验要求,配制好水处理剂储备溶液。储备溶液浓度一般为运转浓度的 100 倍左右。储备溶液应在当天或前一天配制。

(3) 按实验要求,准备好实验用水。实验用水可以为现场水、配制水或推荐的标准配制水。

(4) 在试杯中加入水处理剂储备溶液,精确到 0.01 mL,加实验用水到一定体积,混匀,即为试液。在试杯外壁与液面同一水平处画上刻线。将试杯置于恒温水浴中。

(5) 待试液达到指定温度时,挂入试片,启动电动机,使试片按一定旋转速度转动,并开始计时。

(6) 试杯不加盖,令试液自然蒸发,每隔 4 h 补加水一次,使液面保持在刻线处。

(7) 在实验过程中,根据实际需要,可更换试液。

(8) 当运转时间达到指定值时,停止试片转动,取出试片并进行外观观察。

(9) 同时,做未加水处理剂的空白实验。

（10）将试片用毛刷刷洗干净，然后在酸洗溶液中浸泡 3～5 min，取出，迅速用自来水冲洗后，立即浸入氢氧化钠溶液中约 30 s，取出，用自来水冲洗，用滤纸擦拭并吸干，在无水乙醇中浸泡约 3 min，用滤纸吸干，置于干燥器中 4 h 以上，称量，精确到 0.000 1 g。

（11）同时做 3 片试片的酸洗空白实验。

（12）对酸洗后的试片进行外观观察，若有点蚀，则应测定点蚀的最大深度和单位面积上的数量。

五、实验结果与数据处理

以 mm/a 表示的腐蚀率 X_1 按下式计算：

$$X_1 = \frac{8\,760(W - W_0)}{A\rho T} \tag{2-4-7}$$

式中　W——试片质量损失，g；

　　　W_0——试片酸洗空白实验的质量损失平均值，g；

　　　A——试片的表面积，cm^2；

　　　ρ——试片的密度，g/cm^3；

　　　T——试片的实验时间，h；

　　　8 760——与 1 a（1 年）相当的小时数，h/a；

　　　10——与 1 cm 相当的毫米数，mm/cm。

以质量分数表示的缓蚀率 X_2 按下式计算：

$$X_2 = \frac{X_0 - X_1}{X_0} \times 100\% \tag{2-4-8}$$

式中　X_0——试片在未加水处理剂空白实验中的腐蚀率，mm/a；

　　　X_1——试片在加有水处理剂实验中的腐蚀率，mm/a。

六、思考题

（1）简述工业水处理用缓蚀剂的种类及其缓蚀机理。

（2）实验过程中为什么要保证挂片表面绝对干净？

实验八　污水中细菌含量的测定

一、实验目的

（1）了解绝迹稀释法检测技术的基本过程。

（2）理解绝迹稀释法检测技术的原理。

（3）了解培养-镜检法检测技术检测的基本过程。

（4）理解培养-镜检法检测技术检测的原理。

二、实验原理

根据油田注入水细菌分析方法绝迹稀释法标准《碎屑岩油藏注水水质指标及分析方法》(SY/T 5329—2012)可知：

(1) 硫酸盐还原菌(SRB)在适宜的培养环境下代谢产生 S^{2-}，与培养基中的 Fe^{2+} 反应生成 FeS 黑色沉淀，使得细菌测试瓶由澄清变为黑色。

(2) 腐生菌(TGB)为异样型菌群，在适宜的培养条件下，腐生菌使得细菌测试瓶中的液体由红色变为黄色，或者原液由澄清透明变为浑浊不透明，均表示有腐生菌生长。

(3) 铁细菌(FB)能从氧化二价的铁中得到维持繁殖的能量。在适宜的培养基中，铁细菌使得测试瓶中的液体出现黑色或者棕色胶体沉淀，或者液体由红棕色变为透明，均表示有铁细菌生长。

腐生菌、硫酸盐还原菌和铁细菌的测定均采用绝迹稀释法。即将待测定的水样逐级注入测试瓶或试管中进行接种稀释，直到最后一个测试瓶或试管中无菌生长为止，然后根据细菌生长情况和稀释倍数，计算出水样中细菌的数目。

通过 3 组平行实验，计算细菌测试瓶的稀释级数，通过查阅《油田注入水细菌分析方法绝迹稀释法》(SY/T 0532—2012)附表，从而得到污水中硫酸盐还原菌的细菌含量。

培养-镜检法是在绝迹稀释法的基础上建立起来的方法，结合了绝迹稀释法的优点，同时弥补了绝迹稀释法的缺点。

将被测样品用 1 mL 无菌注射器逐级注入细菌测试瓶中进行接种稀释(原理同绝迹稀释法)，并放入恒温箱中进行短期培养，将在恒温培养箱中经短期培养的细菌用特定染色剂染色，根据 SRB，TGB 和 FB 在显微镜下的特定形状、形态，即可快速计算出被测样品中的细菌含量。

三、实验仪器与药品

1. 实验仪器

绝迹稀释法实验仪器：电热恒温培养箱、电热鼓风干燥箱、高压灭菌锅、硫酸盐还原菌测试瓶(SRB-HX 型)、一次性无菌注射器(1 mL)。

培养-镜检法实验仪器：一次性无菌注射器(1 mL)，生物显微镜(1 600×)，载玻片，酒精灯，恒温培养箱，SRB 测试瓶、TGB 测试瓶和 FB 测试瓶。

2. 实验药品

绝迹稀释法实验药品：油田污水、培养基。

培养-镜检法实验药品：苯酚、结晶紫、碱性品红、草酸铵、香柏油。

四、实验步骤

1. 绝迹稀释法

为了更准确地测定污水样品中的细菌含量，实验采用 3 瓶平行绝迹稀释。实验步骤如下。

(1) 取 SRB-HX 型细菌测试瓶 30 瓶,每排 10 瓶,平行 3 排,并给 3 排测试瓶依次编上序号(1,2,…,9,10)。

(2) 用 1 mL 无菌注射器从污水样品中取 1 mL 污水注入 1 号测试瓶中。充分振荡均匀,更换新的 1 mL 无菌注射器,从 1 号测试瓶中取 1 mL 试样注射到 2 号测试瓶中。充分振荡均匀,再更换新的 1 mL 无菌注射器,从 2 号测试瓶中取 1 mL 试样注射到 3 号测试瓶中。依此方法,一直稀释到 10 号测试瓶。另外平行测试组也依此方法稀释。腐生菌(TGB)、铁细菌(FB)的测试方法与 SRB 测试方法完全一样。

(3) 把接种稀释完毕的硫酸盐还原菌(SRB)、腐生菌(TGB)、铁细菌(FB)放入规定温度(通常为 35 ℃)的恒温培养箱中培养并进行测试。

实验中,有几个试剂瓶中不接入污水样,作为空白对照。

腐生菌(TGB)接种后,放入 30~37 ℃培养箱中,培养 5~7 d,液体出现浑浊或出现白色絮状物或液面上有一层薄膜,即表示有腐生菌生长。若空白样有菌生长,则应重做。

硫酸盐还原菌(SRB)接种后,放入 30~37 ℃恒温箱培养 14~21 d,凡生成黑色沉淀并伴有硫化氢味气体,即表示有硫酸盐还原菌生长。若空白样有菌生长,则应重做。

铁细菌(FB)接种后,放入 30~37 ℃恒温箱中培养 7~14 d,凡生成浑浊或红棕色胶状物,即表示有铁细菌生长。若空白样有菌生长,则应重做。

2. 培养-镜检法

(1) 染色液的配制。

① 苯酚-品红染色液配制。

A 溶液:0.5 g 碱性品红,20 mL 95％乙醇。

B 溶液:5.0 g 苯酚,95 mL 去离子水。

将 A,B 溶液混合即配成苯酚-品红染色液,使用时将苯酚-品红染色液用去离子水稀释 5 倍。

② 草酸铵-结晶紫染色液配制。

A 溶液:2.0 g 结晶紫,20 mL 95％乙醇。

B 溶液:0.8 g 草酸铵,80 mL 去离子水。

将 A,B 溶液混合即配成草酸铵-结晶紫染色液。

(2) 含量测定。

① 用一次性无菌注射器(1 mL)将被测水样接种到细菌测试瓶中,并逐级稀释适当倍数(原理同绝迹稀释法)。

② 将接种完毕的细菌测试瓶放入恒温箱中培养,SRB 培养 4 d,TGB 和 FB 培养 3 d。

③ 固定。用一次性无菌注射器(1 mL)吸取细菌测试瓶中的培养液 0.5 mL,将其滴在显微镜的载玻片上,将带有培养液的载玻片自然干燥或用酒精灯烘干。

④ 染色。当被检测细菌为 SRB 时,用苯酚-品红染色液染色;当被检测细菌为 TGB 和 FB 时,用草酸铵-结晶紫染色液染色。取 1~2 滴染色液给载玻片上的细菌染色 1 min。

⑤ 盖上载玻片,用去离子水冲洗并用吸水纸吸干载玻片上的水分。

⑥ 镜检。先在低倍镜(10×)下寻找目标;然后在载玻片上滴 1 滴香柏油,并用油镜(100×)观察目标。被检测 SRB 的载玻片上出现紫红色弯曲的杆菌或弧菌,则记为镜检阳

性,否则记为阴性;被检测 TGB 的载玻片上出现紫色球菌、弧菌或杆菌,则记为镜检阳性,否则记为阴性;被检测 FB 的载玻片上出现球菌、螺旋杆菌,呈杆状到椭圆状,则记为镜检阳性,否则记为阴性。

五、细菌计数方法

1. 一个试样单组测试瓶(管)细菌计数法

测细菌含量范围,宜用一个试样做 5 个稀释度,按稀释度的大小依次排列。若 1 号瓶(管)有细菌生长,其余 4 个瓶(管)无菌生长,则表明细菌含量范围为 $1\sim10$ 个/mL。若 2 号瓶(管)有细菌生长,则细菌含量范围为 $10\sim10^2$ 个/mL。以此类推,细菌含量范围计数见表 2-4-5。

表 2-4-5 细菌计数表

出现细菌生产的瓶(管)	菌数/(个·mL^{-1})	出现细菌生产的瓶(管)	菌数/(个·mL^{-1})
1	$1\sim10$	4	$10^3\sim10^4$
2	$10^1\sim10^2$	5	$10^4\sim10^5$
3	$10^2\sim10^3$		

2. 一个试样多组测试瓶(管)细菌计数法

为较准确地测出细菌数量,应采用三管法、四管法或五管法。三管法是指每个水样、每个稀释倍数做 3 个平行实验,四管法是指每个水样、每个稀释倍数做 4 个平行实验。以此类推,水样应稀释到最高稀释度不长菌为宜。

(1) 用三管法分析某水样腐生菌含量,见表 2-4-6。

表 2-4-6 三管法分析某水样腐生菌含量

稀释倍数	10^1	10^2	10^3	10^4
有菌生长管数	3	3	2	0
指 数	332			

选相邻 3 个稀释倍数中有菌生长的管数,得指数为"332",查表 2-4-9 得细菌数为 110.0 个/mL,再乘以第一位上的稀释倍数 10^1,即得水样中腐生菌含量为 110×10^1 个/mL。

(2) 用四管法分析某水样腐生菌含量,见表 2-4-7。

表 2-4-7 四管法分析某水样腐生菌含量

稀释倍数	10^1	10^2	10^3	10^4	10^5	10^6
有菌生长管数	4	4	3	2	1	0
指 数	321					

选相邻 3 个稀释倍数中有菌生长的管数,得指数为"321",查表 2-4-10 得细菌数为 3.0 个/mL,再乘以第一位数上的稀释倍数 10^3,即得水样中腐生菌含量为 3×10^3 个/mL。

(3) 用五管法分析某水样腐生菌含量,见表 2-4-8。

表 2-4-8　五管法分析某水样腐生菌含量

稀释倍数	10^1	10^2	10^3	10^4	10^5	10^6
有菌生长管数	5	5	5	3	1	0
指　数	531					

选相邻 3 个稀释倍数中有菌生长的管数,得指数为"531",查表 2-4-11 得细菌数为 11.0个/mL,再乘以第一位数上的稀释倍数 10^3,即得水样中腐生菌含量为 11×10^3个/mL。

计算方法用公式表示:

$$1\ \text{mL 水样中的菌数} = \text{菌数(个/mL)} \times \text{指数第一位数上的稀释倍数}$$

(4)稀释法测数统计表见表 2-4-9~表 2-4-11。

表 2-4-9　3 个平行管最大可能的菌数

指　数	菌数/(个·mL^{-1})	指　数	菌数/(个·mL^{-1})	指　数	菌数/(个·mL^{-1})
000	0.0	123	2.2	233	/
001	0.3	130	1.6	300	2.5
003	0.8	131	1.9	301	4.0
010	0.3	132	2.1	302	6.5
011	0.6	133	2.4	303	10.0
012	0.8	200	0.9	310	4.5
020	0.6	201	1.4	311	7.5
021	0.8	202	2.0	312	11.5
022	1.0	210	1.5	313	16.0
100	0.4	211	2.0	320	9.5
101	0.7	212	3.0	321	15.0
102	1.1	213	3.4~4.0	322	20.0
110	0.7	220	2.0	323	30.0
111	1.1	221	3.0	330	25.0
112	1.4	222	3.5	331	45.0
113	1.7	223	4.0	332	110.0
120	1.1	230	3.0	333	140.0
121	1.5	231	3.5		
122	1.8	232	4.0		

表 2-4-10　4 个平行管最大可能的菌数

指　数	菌数/(个·mL^{-1})	指　数	菌数/(个·mL^{-1})	指　数	菌数/(个·mL^{-1})
000	0.0	140	1.4	331	3.5
001	0.2	141	1.7	332	4.0
002	0.5	200	0.6	333	5.0
003	0.7	201	0.9	340	3.5
010	0.2	202	1.2	341	4.5
011	0.5	203	1.6	400	2.5
012	0.7	210	0.9	401	3.5
013	0.9	211	1.3	402	5.0
020	0.5	212	1.6	403	7.0
021	0.7	213	2.0	410	3.5
022	0.9	220	1.3	411	5.5
030	0.7	221	1.6	412	8.0
031	0.9	222	2.0	413	11.0
040	0.9	230	1.7	414	14.0
100	0.3	231	2.0	420	6.0
101	0.5	240	2.0	421	9.5
102	0.8	241	3.0	422	13.0
103	1.0	300	1.1	423	14.0
110	0.5	301	1.6	424	20.0
111	0.8	302	2.0	430	11.5
112	1.0	303	2.5	431	16.5
113	1.3	310	1.6	432	20.0
120	0.8	311	2.0	434	35.0
121	1.1	312	3.0	440	25.0
122	1.3	313	3.5	441	40.0
123	1.6	320	2.0	442	70.0
130	1.1	321	3.0	443	140.0
131	1.4	322	3.5	444	160.0
132	1.6	330	3.0		

表 2-4-11　5 个平行管最大可能的菌数

指　数	菌数/(个·mL^{-1})	指　数	菌数/(个·mL^{-1})	指　数	菌数/(个·mL^{-1})
000	0.0	231	1.4	500	2.5
001	0.2	240	1.4	501	3.0
002	0.4	300	0.8	502	4.0
010	0.2	301	1.1	503	6.0
011	0.4	302	1.4	504	7.5
012	0.6	310	1.1	510	3.5
020	0.4	311	1.4	511	4.5
021	0.6	312	1.7	512	6.0
030	0.6	313	2.0	513	8.5
100	0.2	320	1.4	520	5.0
101	0.4	322	2.0	521	7.0
102	0.6	330	1.7	522	9.5
103	0.8	331	2.0	523	12.0
110	0.4	340	2.0	524	15.0
111	0.6	341	2.5	525	17.5
112	0.8	350	2.5	530	8.0
120	0.6	400	1.3	531	11.0
121	0.8	401	1.7	532	14.0
122	1.0	402	2.0	533	17.5
130	0.8	403	2.5	534	20.0
131	1.0	410	1.7	535	25.0
140	1.1	411	2.0	540	13.0
200	0.5	412	2.5	541	17.0
201	0.7	420	2.0	542	25.0
202	0.9	421	2.5	543	30.0
203	1.2	422	3.0	544	35.0
210	0.7	430	2.5	545	45.0
211	0.9	431	3.0	550	25.0
212	1.2	432	4.0	551	35.0
220	0.9	440	3.5	552	60.0
221	1.2	441	4.9	553	90.0
222	1.4	450	4.0	554	160.0
230	1.2	451	5.0	555	180.0

六、思考题

(1) 为什么 SRB 培养 14 d 读数,而 TGB,FB 培养 7 d 读数?

(2) 绝迹稀释法计数方法的计算原理是什么?

(3) SRB,TGB,FB 在显微镜下的细菌形态是什么样的?画出其细菌形态图。

实验九　水中化学需氧量(COD)的测定(重铬酸钾法)

一、实验目的

(1) 了解化学需氧量 COD 的含义及其结果标示方法。

(2) 掌握重铬酸钾法测定水样中有机污染物的根本原理。

(3) 掌握容量法测定化学需氧量的技术及操作方法。

二、实验原理

化学需氧量(COD)是指在一定条件下,用强氧化剂处理水样时,水体中易被强氧化剂氧化的还原性物质所消耗氧化剂的量,换算成氧的量,以 $\rho(O_2)$(mg/L)来表示。COD 是环境水质标准及废水排放标准的控制项目之一,是度量水体受还原性物质污染程度的综合性指标。

水中除含亚硝酸盐(NO_2^-)、亚铁盐(Fe^{2+})、硫化物(S^{2-})等无机还原性物质外,还含有少量的有机物质。水被有机物污染是很普遍的,有机物质腐烂促使水中微生物繁殖,污染水质,因此 COD 也作为有机物相对含量的指标之一。COD 高的水一般呈现黄色,并有明显的酸性,对蒸汽锅炉、金属管道等有侵蚀作用,还影响印染产品质量等。COD 高的水若作为饮用水,则直接危害人、畜的身体,故需要测定它的 COD,为确定水质量提供依据。但耗氧量多少不能完全表示水被有机物污染的程度,因此不能单纯地靠耗氧量的数值,还应结合水的色度、有机氮或蛋白质含量等来判断水污染程度。

水中 COD 的测定,一般情况下多采用酸性 $KMnO_4$ 氧化法,此法简便快速,适于测定地面水、河水等污染不十分严重的水质。工业污水及生活污水中含有成分复杂的污染物,宜用重铬酸钾法测定其 COD。

(1) 酸性 $KMnO_4$ 法。

在酸性条件下,向被测水样中定量加入 $KMnO_4$ 标准溶液,加热煮沸,使水中有机物充分被 $KMnO_4$ 氧化,过量的 $KMnO_4$ 标准溶液用过量的 $Na_2C_2O_4$ 标准溶液还原,再以 $KMnO_4$ 标准溶液返滴 $Na_2C_2O_4$ 溶液的过量部分,由此计算出水样的耗氧量。反应方程式为:

$$4KMnO_4 + 5[C](代表有机物) + 6H_2SO_4 =\!=\!= 2K_2SO_4 + 4MnSO_4 + 5CO_2\uparrow + 6H_2O$$

$$2MnO_4^- + 5C_2O_4^{2-} + 16H^+ =\!=\!= 2Mn^{2+} + 10CO_2\uparrow + 8H_2O$$

当滴至溶液由无色变成浅粉色且在半分钟内不褪色即为终点。根据 $Na_2C_2O_4$ 标准溶液

和 $KMnO_4$ 标准溶液的消耗量计算出水中耗氧量(COD)。

水样中若有 NO_2^-,S^{2-},Fe^{2+} 等还原性物质存在,则会干扰测定,但这些物质在室温下能被 $KMnO_4$ 氧化。因此,先用 $KMnO_4$ 标准溶液滴定至溶液呈浅粉色,再加一定量过量的标准溶液,即可消除这些离子的干扰。

水样中 Cl^- 含量大于 300 mg/L,将影响测定结果。加水稀释,降低 Cl^- 含量,可消除干扰,若仍不能消除干扰,则加入 $AgNO_3$,即可消除。

必要时,应取同样量的去离子水,测空白值加以校正。

(2) 重铬酸钾法。

HT 828—2017《水质 化学需氧量的测定 重铬酸盐法》规定了水中化学需氧量的测定方法,适用于各种类型的 COD 大于 30 mg/L 的水样,对未经稀释的水样的测定上限为 700 mg/L。若超过水样测定上限,则需要稀释测定。该标准不适用于氯化物浓度大于 1 000 mg/L(稀释后)的含盐水。

在水样中加入已知量的重铬酸钾溶液,并在强酸介质下以银盐做催化剂,经沸腾回流后,以试亚铁灵为指示剂,用硫酸亚铁铵滴定水样中未被还原的重铬酸钾,由消耗的硫酸亚铁铵的量换算成消耗氧的质量浓度。

在酸性重铬酸钾条件下,芳烃及吡啶难以被氧化,其氧化率较低。在硫酸银催化作用下,直链脂肪族化合物可有效地被氧化。

在强酸性溶液中,准确加入过量的 $K_2Cr_2O_7$ 标准溶液,密封催化微波消解,将水样中复原性物质(主要是有机物)氧化,过量的 $K_2Cr_2O_7$ 以试亚铁灵做指示剂,用硫酸亚铁铵标准溶液回滴,根据所消耗的 $K_2Cr_2O_7$ 标准溶液的量计算水样化学需氧量。反应式如下:

$$Cr_2O_7^{2-} + 14H^+ + 6e === 2Cr^{3+} + 7H_2O(水样的氧化)$$
$$Cr_2O_7^{2-} + 14H^+ + 6Fe^{2+} === 2Cr^{3+} + 6Fe^{3+} + 7H_2O(滴定)$$
$$Fe^{2+} + 试亚铁灵(指示剂) \longrightarrow 红褐色(终点)$$

三、实验仪与药品

1. 实验仪器

500 mL 全玻璃回流装置、加热装置(电炉)、酸式滴定管(25 mL 或 50 mL)、锥形瓶、移液管、容量瓶等。

其中,微波闭式 COD 消解仪可替代全玻璃回流装置与加热装置。

2. 实验药品

(1) 重铬酸钾标准溶液($c_{\frac{1}{6}K_2Cr_2O_7} = 0.250\ 0$ mol/L)。称取 12.258 g 预先在 120 ℃烘干 2 h 的基准或优级纯重铬酸钾溶于水中,移入 1 000 mL 容量瓶,稀释至标线,摇匀。

(2) 试亚铁灵指示剂。称取 1.485 g 邻菲啰啉($C_{12}H_8N_2 \cdot H_2O$)和 0.695 g 硫酸亚铁($FeSO_4 \cdot 7H_2O$)溶于水中,稀释至 100 mL,储于棕色瓶中。

(3) 硫酸亚铁铵标准溶液$\left[c_{(NH_4)_2Fe(SO_4)_3 \cdot 6H_2O} \approx 0.1\ mol/L \right]$。称取 39.52 g 硫酸亚铁铵溶于水中,边搅拌边缓慢加入 20 mL 浓硫酸,冷却后移入 1 000 mL 容量瓶中,稀释至标线,摇匀。临用前,用重铬酸钾标准溶液标定。

标定方法:准确吸取 10.00 mL 重铬酸钾标准溶液置于 500 mL 锥形瓶中,加水稀释至 110 mL 左右,缓慢加入 30 mL 浓硫酸,混匀。冷却后,加入 3 滴试亚铁灵指示剂(约 0.15 mL),用硫酸亚铁铵溶液滴定,溶液的颜色由黄色经蓝绿色至红褐色即为终点(标定应在做样品分析当天进行)。按下式计算硫酸亚铁铵溶液浓度:

$$c = \frac{0.250\ 0 \times 10.00}{V} \tag{2-4-9}$$

式中　　c——硫酸亚铁铵标准溶液的物质的量浓度,mol/L;

　　　　V——硫酸亚铁铵标准溶液的用量,mL。

(4) 浓硫酸-硫酸银溶液(5 g/500 mL)。于 500 mL 浓硫酸中加入 5 g 硫酸银,放置 1～2 d,不时摇动使其溶解。

(5) 10% 硫酸-硫酸汞溶液(10 g/100 mL)。

四、实验步骤

1. 采用全玻璃回流装置与加热装置测定污水 COD 的实验方法

(1) 取 20.00 mL 混合均匀的水样(或将适量水样稀释至 20.00 mL)置于 250 mL 磨口的回流锥形瓶中,准确加入 10.00 mL 重铬酸钾标准溶液及数粒小玻璃珠或沸石,连接磨口回流冷凝管,从冷凝管上口慢慢地加入 30 mL 硫酸-硫酸银溶液,轻轻摇动锥形瓶使溶液混匀,加热回流 2 h(自开始沸腾时计时)。

对于化学需氧量高的污水样,可先取上述操作所需体积 1/10 的污水样和试剂于 15 mm×150 mm 硬质玻璃试管中,摇匀,加热后观察是否呈绿色。若溶液呈绿色,则再适当减少污水取样量,直至溶液不变绿色为止,从而确定污水样分析时应取用的体积。稀释时,所取污水样量不得少于 5 mL,如果化学需氧量很高,则污水样应多次稀释。污水中氯离子含量超过 30 mg/L 时,应先把 0.4 g 硫酸汞加入回流锥形瓶中,再加 20.00 mL 污水(或将适量污水稀释至 20.00 mL),摇匀。

(2) 冷却后,用 90 mL 水冲洗冷凝管壁,取下锥形瓶。溶液总体积不得少于 140 mL,否则因酸度太大,滴定终点不明显。

(3) 溶液再度冷却后,加 3 滴试亚铁灵指示液,用硫酸亚铁铵标准溶液滴定,溶液的颜色由黄色经蓝绿色至红褐色即为终点,记录硫酸亚铁铵标准溶液的用量。

(4) 测定水样的同时,取 20.00 mL 重蒸馏水,按同样操作步骤做空白实验,记录滴定空白时硫酸亚铁铵标准溶液的用量。

2. 采用微波闭式 COD 消解仪测定污水 COD 的实验方法

(1) 准确吸取 5.00 mL 水样置于消解罐中,加入 1.00 mL H_2SO_4-$HgSO_4$ 溶液(消除 Cl^- 的干扰),再加入 5.00 mL 重铬酸钾标准溶液,然后慢慢加入 5.00 mL H_2SO_4-Ag_2SO_4 溶液,摇匀后,旋紧消解罐的密封盖,将其均匀放入微波闭式 COD 消解仪玻璃盘周边上,关好消解仪的门。

(2) 按动消解仪"停顿/取消"键,再按 1 次"功率"键,按照规定的消解时间设定消解时间,最后按"启动"键开始消解。COD 消解时间(min)=消解罐数(个)+5。

(3) 消解完后,翻开仪器门让其冷却或取出(注意戴隔热手套,手抓住罐的上部)竖放入冷水盆中速冷,冷至 45 ℃以下,小心旋开罐帽,将试样移入锥形瓶中,用 20 mL 蒸馏水分 3 次冲洗帽和罐部,冲洗液并入锥形瓶中,控制总体积为 30～40 mL。

(4) 加入 2～3 滴试亚铁灵指示剂,用硫酸亚铁铵标准溶液滴定,溶液的颜色由黄色经蓝绿色至红褐色即为终点,记录硫酸亚铁铵标准溶液的用量。

(5) 测定水样的同时,取 5.00 mL 重蒸馏水,按同样操作步骤做空白实验,记录滴定空白时硫酸亚铁铵标准溶液的用量。

五、实验结果与数据处理

通过以下计算式计算 COD 数值。

$$COD_{Cr} = \frac{c(V_0 - V_1) \times 8\,000}{V}(O_2, mg/L) \tag{2-4-10}$$

式中　c——硫酸亚铁铵标准溶液的标定浓度,mol/L;

V_0——滴定空白时硫酸亚铁铵标准溶液的用量,mL;

V_1——滴定水样时硫酸亚铁铵标准溶液的用量,mL;

V——水样的体积,mL;

8 000——以 $\frac{1}{4}O_2$ 为基本单元的 O_2 的摩尔质量,以 mg/L 为单位的换算值。

六、安全提示及注意事项

(1) 使用 0.4 g 硫酸汞络合氯离子的最高量可达 40 mg,若取用 20.00 mL 水样,则最高可络合 2 000 mg/L 氯离子含量的水样。若氯离子的含量较低,则可少加硫酸汞,使保持硫酸汞∶氯离子=10∶1(W/W)。出现少量氯化汞沉淀,并不影响测定。

(2) 水样取用体积可在 10.00～50.00 mL 内,但试剂用量及浓度需按表 2-4-12 进行相应调整。

表 2-4-12　水样取用量和试剂用量表

水样体积/mL	0.250 0 mol/L K$_2$CrO$_7$ 溶液体积/mL	HgSO$_4$-Ag$_2$SO$_4$ 溶液体积/mL	HgSO$_4$ 质量/g	(NH$_4$)$_2$Fe(SO$_4$)$_2$ 溶液浓度/(mol·L^{-1})	滴定前总体积/mL
10.0	5.0	15	0.2	0.05	70
20.0	10.0	30	0.4	0.10	140
30.0	15.0	45	0.6	0.15	210
40.0	20.0	60	0.8	0.20	280
50.0	25.0	75	1.0	0.25	350

(3) 对于化学需氧量小于 50 mg/L 的水样,应改用 0.025 0 mol/L 重铬酸钾标准溶液,回滴时用 0.01 mol/L 硫酸亚铁铵标准溶液。

(4) 水样加热回流后,溶液中重铬酸钾剩余量应为加入量的 1/5～4/5。

(5) 用邻苯二甲酸氢钾(HOOCC$_6$H$_4$COOK)标准溶液检查试剂的质量和操作技术时,

由于每克邻苯二甲酸氢钾的理论 COD_{Cr} 为 1.176 g,所以将 0.425 1 g 邻苯二甲酸氢钾溶解于重蒸馏水中,将其转入 1 000 mL 容量瓶用重蒸馏水稀释至标线,使之成为 500 mg/L 的 COD_{Cr} 标准溶液。用时新配。

(6) COD_{Cr} 的测定结果应保留 3 位有效数字。

(7) 每次实验时,应对硫酸亚铁铵标准滴定溶液进行标定,室温较高时尤其注意其浓度的变化。

实验十　水中生化需氧量(BOD)的测定(五日培养法)

一、实验目的

(1) 了解生化需氧量 BOD_5 的含义。

(2) 掌握五日培养法测定生化需氧量的根本原理。

(3) 明确化学需氧量和生化需氧量的相关性。

二、实验原理

生化需氧量(BOD)是指在规定条件下,水中有机物和无机物在生物氧化作用下所消耗的溶解氧(以质量浓度表示)。BOD 是用微生物代谢作用所消耗的溶解氧量来间接表示水体被有机物污染程度的一个重要指标。

微生物对有机物的降解与温度有关,一般最适宜的温度是 15~30 ℃,所以在测定生化需氧量时一般以 20 ℃作为测定的标准温度。20 ℃时在 BOD 的测定条件(氧充足、不搅动)下,一般有机物 20 d 才能够基本完成在第一阶段的氧化分解过程(完成过程的 99%)。即测定第一阶段的生化需氧量需要 20 d,这在实际工作中实现较为困难。为此,一般以 5 d 作为测定 BOD 的标准时间,即通过五日培养法得到生化需氧量,以 BOD_5 表示。

中华人民共和国国家环境保护标准 HJ 505—2009《水质 五日生化需氧量(BOD_5)的测定 稀释与接种法》,规定采用稀释与接种法作为测定水中生化需氧量的标准方法,适用于地表水、工业废水和生活污水中五日生化需氧量(BOD_5)的测定。

通常情况下,将水样充满完全密闭的溶解氧瓶,在(20±1)℃的暗处培养 5 d±4 h 或 (2+5)d±4 h[先在 0~4 ℃的暗处培养 2 d,接着在(20±1)℃的暗处培养 5 d,即培养(2+5)d],分别测定培养前后水样中溶解氧的质量浓度,由培养前后溶解氧的质量浓度之差计算每升样品消耗的溶解氧量,得到的数值即为 BOD_5,单位为氧的毫克/升(O_2,mg/L)。

若样品中的有机物含量较多,BOD_5 的质量浓度大于 6 mg/L,则样品需适当稀释后测定;对不含或含微生物少的工业废水,如酸性废水、碱性废水、高温废水、冷冻保存的废水或经过氯化处理的废水等,在测定 BOD_5 时应进行接种,以引进能分解废水中有机物的微生物。当废水中存在难以被一般生活污水中的微生物以正常的速度降解的有机物或含有剧毒物质时,应将驯化后的微生物引入水样中进行接种。

如果水样 BOD_5 未超过 6 mg/L,那么一般不必进行稀释,可直接测定溶解氧,此时一般采用碘量法测量。很多较清洁的河水就属于这一类。

本方法适用于 BOD_5 不低于 2 mg/L 并且不超过 6 000 mg/L 的水样。BOD_5 大于 6 000 mg/L 的水样虽然仍可采用本方法，但由于稀释会造成误差，故需要对测量结果进行说明。BOD_5 结果是生物化学和化学作用共同作用产生的，不像单一的、有明确定义的化学过程那样具有严格和明确的特性，但是它能提供用于评价各种水样质量的指标。BOD_5 实验结果可能会被水中存在的某些物质所干扰，那些对微生物有毒的物质，如杀菌剂、有毒金属或游离氯等，会抑制生化作用。水中的藻类或硝化微生物也可能造成虚假的偏高结果。

三、实验仪器与药品

1. 实验仪器

恒温培养箱、细口玻璃瓶（5～20 L）、溶解氧瓶（250 mL，带有磨口玻璃塞，并具有水封用的钟形口）、量筒（1 000 mL）、玻璃搅拌棒（棒长应比所用量筒高度长 20 cm，棒的底端固定一个比量筒直径略小，并有几个小孔的硬橡胶板）、虹吸管（供分取水样和添加稀释水用）、烧杯、容量瓶等。

2. 实验药品

（1）磷酸盐缓冲溶液。将 0.85 g 磷酸二氢钾（KH_2PO_4）、2.175 g 磷酸氢二钾（K_2HPO_4）、3.34 g 磷酸氢二钠（$Na_2HPO_4 \cdot 7H_2O$）和 0.17 g 氯化铵（NH_4Cl）溶于水中，稀释至 100 mL。此溶液的 pH 应为 7.2。此溶液在 0～4 ℃可稳定保存 6 个月。

（2）硫酸镁溶液（$\rho_{MgSO_4} = 11.0$ g/L）。将 2.25 g 七水合硫酸镁（$MgSO_4 \cdot 7H_2O$）溶于水中，稀释至 100 mL。此溶液在 0～4 ℃可稳定保存 6 个月，若发现任何沉淀或微生物生长应弃去。

（3）氯化钙溶液（$\rho_{CaCl_2} = 27.6$ g/L）。将 2.76 g 无水氯化钙溶于水中，稀释至 100 mL。此溶液在 0～4 ℃可稳定保存 6 个月，若发现任何沉淀或微生物生长，则应弃去。

（4）氯化铁溶液（$\rho_{FeCl_3} = 0.15$ g/L）。将 0.025 g 六水合氯化铁（$FeCl_3 \cdot 6H_2O$）溶于水中，稀释至 100 mL。此溶液在 0～4 ℃可稳定保存 6 个月，若发现任何沉淀或微生物生长，则应弃去。

（5）盐酸溶液（$c_{HCl} = 0.5$ mol/L）。将 4 mL 浓盐酸（$\rho_{浓HCl} = 1.18$ g/mL）溶于水中，稀释至 100 mL。

（6）氢氧化钠溶液（$c_{NaOH} = 0.5$ mol/L）。将 2 g 氢氧化钠（$NaOH$）溶于水，稀释至 100 mL。

（7）亚硫酸钠溶液（$c_{Na_2SO_3} = 0.025$ mol/L）。将 0.157 5 g 亚硫酸钠（Na_2SO_3）溶于水，稀释至 100 mL。此溶液不稳定，需现用现配。

（8）葡萄糖-谷氨酸标准溶液。将谷氨酸（$HOOC—CH_2—CH_2—CHNH_2—COOH$，优级纯）和葡萄糖（$C_6H_{12}O_6$）在 130 ℃干燥 1 h，各称取 15 mg 溶于水中，移入 100 mL 容量瓶并稀释至标线，混合均匀。此溶液的 BOD_5 为（210±20）mg/L，现用现配。该溶液可少量冷冻保存，融化后立刻使用。

（9）丙烯基硫脲硝化抑制剂（$\rho_{C_4H_8N_2S} = 1.0$ g/L）。将 0.20 g 丙烯基硫脲（$C_4H_8N_2S$）溶解于 200 mL 水中，4 ℃保存，此溶液可稳定保存 14 d。

（10）乙酸溶液（1+1）（乙酸与水的体积比为 1:1）。

(11) 碘化钾溶液 ($\rho_{KI}=100\ g/L$)。将 10 g 碘化钾(KI)溶于水中,稀释至 100 mL。

(12) 淀粉溶液 ($\rho_{淀粉}=5\ g/L$)。将 0.50 g 淀粉溶于水中,稀释至 100 mL。

(13) 稀释水。在 5~20 L 玻璃瓶中装入一定量的水,控制水温在 (20 ± 1)℃。然后用无油空气压缩机或薄膜泵将此水曝气 2~8 h,使水中的溶解氧接近于饱和,也可以鼓入适量纯氧。瓶口盖以两层经洗涤晾干的纱布,置于 20 ℃培养箱中放置数小时,使水中溶解氧含量达 8 mg/L 以上。临用前于每升水中加入氯化钙溶液、氯化铁溶液、硫酸镁溶液、磷酸盐缓冲溶液各 1 mL,并混合均匀。稀释水 pH 应为 7.2,其 BOD_5 应小于 0.2 mg/L。稀释水中氧的质量浓度不能过饱和,使用前需开口放置 1 h,且应在 24 h 内使用。剩余的稀释水应弃去。

(14) 接种液。可选用以下任一方法获得适用的接种液。

① 城市污水。一般采用生活污水,在室温下放置一昼夜,取上层清液供用。

② 表层土壤浸出液。取 100 g 花园土壤或植物生长土壤,掺加①水,混合并静置 10 min,取上清溶液供用。

③ 用含城市污水的河水或湖水、污水处理厂的出水。

④ 当分析含有难以降解物质的废水时,在排污口下游 3~8 km 处取水样作为废水的驯化接种液。

若无此种水源,则可取中和或经适当稀释后的废水进行连续曝气,每天掺加少量该种废水,同时加入适量表层土壤或生活污水,使能适应该种废水的微生物大量繁殖。当水中出现大量絮状物,或检查其化学需氧量的降低值出现突变时,说明适用的微生物已经进行繁殖,可用作接种液。一般驯化过程需要 3~8 d。

(15) 接种稀释水。取适量接种液,将其加于稀释水中,混匀。每升稀释水中接种液加入量为:生活污水 1~10 mL,表层土壤浸出液 20~30 mL,河水或湖水 10~100 mL。接种稀释水 pH 应为 7.2,其 BOD_5 应小于 1.5 mg/L。接种稀释水配制后应立即使用。

四、实验步骤

1. 水样的预处理

(1) 水样的 pH 如果超出 6.5~7.5,则可用盐酸或氢氧化钠稀溶液调节 pH 接近 7,但用量不超过水样体积的 0.5%。假设水样的酸度或碱度很高,则可改用高浓度的碱液或酸液进行中和。

(2) 水样中含有铜、锌、铅、镉、铬、砷、氰等有毒物质时,可使用经驯化的微生物接种液的稀释水进行稀释,或提高稀释倍数,降低有毒物质的浓度。

(3) 含有少量游离氯的水样,一般放置 1~2 h,游离氯即可消失。对于游离氯在短时间不能消散的水样,可加亚硫酸钠溶液进行去除。其加入量的计算方法是:取 100 mL 中和好的水样,加入 10 mL(1+1)乙酸、1 mL 10%(m/V)碘化钾溶液,混匀。以淀粉溶液为指示剂,用亚硫酸钠标准溶液滴定游离碘。根据亚硫酸钠标准溶液消耗的体积及其浓度,计算水样中所需亚硫酸钠溶液的量。

(4) 从水温较低的水域或富营养化的湖泊采集的水样,可能含有过饱和溶解氧,此时应将水样迅速升温至 20 ℃左右,充分振摇,以赶出过饱和的溶解氧。从水温较高的水域或废水排放口取得的水样,则应迅速使其冷却至 20 ℃左右,并充分振摇,使其与空气中氧分压接近平衡。

2. 水样的测定

(1) 不经稀释水样的测定。对于溶解氧含量较高、有机物含量较小的清洁地表水,可不经稀释,而直接以虹吸法将约 20 ℃的混匀水样转移至两个溶解氧瓶内,转移过程中应注意不使其产生气泡。以同样的操作使两个溶解氧瓶充满水样后溢出少许,加塞水封(瓶内不应有气泡)。立即测定其中一瓶溶解氧,将另一瓶放入培养箱中,在(20±1)℃培养 5 d 后,测其溶解氧。

(2) 需经稀释水样的测定。对于污染的地表水和大多数工业废水,需要稀释后再培养测定。样品稀释的程度应使消耗的溶解氧质量浓度不小于 2 mg/L,培养后样品中剩余溶解氧质量浓度不小于 2 mg/L,且试样中剩余的溶解氧的质量浓度为开始浓度的 1/3~2/3 为最佳。

地表水由测得的高锰酸盐指数(COD_{Mn})乘以适当的系数求得,见表 2-4-13。

表 2-4-13　稀释倍数计算系数

高锰酸钾指数(COD_{Mn})/(mg · L^{-1})	系　　数
<5	/
5~10	0.2,0.3
10~20	0.4,0.6
>20	0.5,0.7,1.0

工业废水可由重铬酸钾法测得的 COD_{Cr} 值确定。通常需做 3 个稀释比,使用稀释水时,由 COD_{Cr} 值分别乘以系数 0.075,0.15,0.225,即获得 3 个稀释倍数;使用接种稀释水时,由 COD_{Cr} 值分别乘以系数 0.075,0.15,0.25,即获得 3 个稀释倍数。

稀释倍数确定后,按下面方法之一测定水样。

① 一般稀释法。

按照选定的稀释比例,用虹吸法沿筒壁先引入局部稀释水(或接种稀释水)于 1 000 mL 量筒中,加入需要量的均匀水样,再引入稀释水(或接种稀释水)至 800 mL,用带胶板的玻璃棒小心地上下搅匀。搅拌时勿使玻璃棒的胶板露出水面,防止产生气泡。

按不经稀释水样的测定步骤,进行装瓶,测定当天溶解氧和培养 5 d 后的溶解氧含量。另取两个溶解氧瓶,用虹吸法装满稀释水(或接种稀释水)作为空白,分别测定 5 d 前、后的溶解氧含量。

② 直接稀释法。

在溶解氧瓶内直接稀释。在两个容积一样(其差小于 1 mL)的溶解氧瓶内,用虹吸法加入部分稀释水(或接种稀释水),再加入根据瓶容积和稀释比例计算出的水样量,然后引入稀释水(或接种稀释水),至刚好充满,加塞,勿留气泡于瓶内。其余操作与上述一般稀释法相同。

在 BOD_5 测定中,一般采用碘量法测定溶解氧。若遇干扰物质,则应根据具体情况采用其他测定法。

碘量法测定溶解氧方法见第三篇第一章"实验一　碘量法测定水中溶解氧(DO)"。

五、实验结果与数据处理

（1）不经稀释直接培养的水样。

$$BOD_5(mg/L) = C_1 - C_2 \tag{2-4-11}$$

式中 C_1——水样在培养前的溶解氧的质量浓度，mg/L；

       C_2——水样经 5 d 培养后，剩余的溶解氧的质量浓度，mg/L。

（2）经稀释后培养的水样。

$$BOD_5(mg/L) = \frac{(C_1 - C_2) - (B_1 - B_2)f_1}{f_2} \tag{2-4-12}$$

式中 C_1——稀释后的水样在培养前的溶解氧的质量浓度，mg/L；

       C_2——稀释后的水样经 5 d 培养后，剩余的溶解氧的质量浓度，mg/L；

       B_1——稀释水（或接种稀释水）在培养前的溶解氧的质量浓度，mg/L；

       B_2——稀释水（或接种稀释水）经 5 d 培养后，剩余的溶解氧的质量浓度，mg/L；

       f_1——稀释水（或接种稀释水）在培养液中所占比例；

       f_2——原水样在培养液中所占比例。

六、安全提示及注意事项

（1）水中有机物的生物氧化过程分为碳化阶段和硝化阶段。测定一般水样的 BOD_5 时，硝化阶段不明显或根本不发生，但生物处理池的出水中含有大量硝化细菌，因此，在测定其 BOD_5 时包括了局部含氮化合物的需氧量。对于这种水样，若只需测定有机物的需氧量，则应加入硝化抑制剂，如丙烯基硫脲（ATU，$C_4H_8N_2S$）等。

（2）在 2 个或 3 个稀释比的样品中，凡消耗溶解氧大于 2 mg/L 和剩余溶解氧大于 1 mg/L 都有效，计算结果时，应取平均值。

（3）为检查稀释水和接种液的质量，可将 20 mL 葡萄糖-谷氨酸标准溶液用接种稀释水稀释至 1 000 mL，按测定 BOD_5 的步骤操作，测其 BOD_5，其结果应为 180～230 mg/L。否则，应检查接种液、稀释水或操作技术是否存在问题。

第三篇

拓展创新实验

为提高学生的创新实践能力,编写了拓展创新实验,分为拓展性实验与综合创新性实验。拓展性实验是与第二篇油田化学实验内容相关的实验项目,是油田化学实验内容的补充与拓展,以进一步加深、提升学生对实验教学内容的认识与理解;综合创新性实验主要为创新设计类实验,以课题研究的模式开展,重在提升学生的创新研究能力。

第一章

拓展性实验

实验一　碘量法测定水中溶解氧(DO)

一、实验目的

(1) 了解测定溶解氧(DO)的意义和方法。

(2) 掌握碘量法测定溶解氧的操作技术。

二、实验原理

在水样中加入硫酸锰和碱性碘化钾溶液，二价氢氧化锰在碱性溶液中被水中溶解氧氧化成四价锰，并生成氢氧化物棕色沉淀，但在酸性溶液中生成四价锰化合物，又能将 KI 氧化而析出 I_2。析出碘的摩尔数与水中溶解氧的当量数相等，因此，可以以淀粉为指示剂，用硫代硫酸钠的标准溶液滴定释放出的碘，根据硫代硫酸钠的用量，计算出水中溶解氧的含量。反应式如下：

$$MnSO_4 + 2NaOH =\!=\!= Mn(OH)_2 \downarrow + Na_2SO_4$$
$$2Mn(OH)_2 + O_2 =\!=\!= 2MnO(OH)_2 \downarrow (棕色)$$
$$MnO(OH)_2 + 2H_2SO_4 =\!=\!= Mn(SO_4)_2 + 3H_2O$$
$$Mn(SO_4)_2 + 2KI =\!=\!= MnSO_4 + I_2 + K_2SO_4$$
$$I_2 + 2Na_2S_2O_3 =\!=\!= 2NaI + Na_2S_4O_6$$

三、实验仪器与药品

1. 实验仪器

溶解氧瓶(250 mL)、锥形瓶(250 mL)、酸式滴定管(25 mL)、吸管(1 mL，2 mL)、移液管(50 mL)。

2. 实验药品

(1) 硫酸锰溶液。称取 36.4 g 硫酸锰($MnSO_4 \cdot H_2O$)或 48 g $MnSO_4 \cdot 4H_2O$ 溶于水

中,若有不溶物,则应过滤,稀释至 100 mL。将此溶液加至酸化过的碘化钾溶液中,遇淀粉不得产生蓝色。

(2) 碱性碘化钾溶液。称取 50 g 氢氧化钠,将其溶解于 30~40 mL 水中,另称取 15 g 碘化钾,将其溶于 20 mL 水中。待氢氧化钠溶液冷却后,将两溶液混合,加水稀释至 100 mL。若有沉淀,则放置过夜后,倾出上清液,将其储于棕色瓶中,用橡胶塞塞紧,避光保存。此溶液酸化后,遇淀粉应不呈蓝色。

(3) (1+5)硫酸溶液(标定硫代硫酸钠溶液用),即体积比为 1:5 的硫酸溶液,由 1 份硫酸、5 份水配制的硫酸溶液。

(4) 1%(m/V)淀粉溶液。称取 1 g 可溶性淀粉,用少量水将其调成糊状,再用刚煮沸的水将其稀释至 100 mL。冷却后,加入 0.1 g 水杨酸或 0.4 g 氯化锌防腐。

(5) 重铬酸钾标准溶液($c_{\frac{1}{6}K_2Cr_2O_7}=0.025$ mol/L)。称取 105~110 ℃烘干 2 h,并冷却的优级纯重铬酸钾 1.225 8 g 溶于水中,移入 1 000 mL 容量瓶,稀释至标线,摇匀。

(6) 硫代硫酸钠溶液($c_{Na_2S_2O_3 \cdot 5H_2O}=0.012\ 5$ mol/L)。称取 3.1 g 硫代硫酸钠溶于煮沸放冷的水中,加入 0.2 g 无水碳酸钠,用水稀释至 1 000 mL,储于棕色瓶中。使用前,用 0.025 mol/L 重铬酸钾标准溶液标定。

标定方法:在 250 mL 碘量瓶中加入 25 mL 蒸馏水和 0.5 g 碘化钾,然后加入 10.00 mL 0.025 mol/L 重铬酸钾标准溶液和 5 mL(1+5)硫酸溶液,密塞,摇匀。于暗处静置 5 min 后,用待标定的硫代硫酸钠溶液滴定至溶液呈淡黄色,加入 1 mL 1%淀粉溶液,继续滴定至蓝色刚好褪去为止,记录用量。平行做 3 份,取平均值。

硫代硫酸钠的物质的量浓度 c_1 为:

$$c_1 = \frac{c_2 \times 10}{V_1} \tag{3-1-1}$$

式中　　c_2——硫代硫酸钠溶液的物质的量浓度,mol/L;

　　　　V_1——滴定时消耗硫代硫酸钠溶液的体积,mL。

四、实验步骤

(1) 取样。将洗净的 250 mL 碘量瓶用待测水样荡洗 3 次。用虹吸法将细玻璃管插入瓶底,注入水样溢流出瓶容积的 1/3~1/2,迅速盖上瓶塞。取样时绝对不能使采集的水样与空气接触,且瓶中不能留有空气泡。否则另行取样。

(2) 溶解氧的固定。取下瓶塞,立即用吸量管加入 1 mL 硫酸锰溶液。加注时,应将吸量管插入液面下约 10 mm,切勿将吸量管中的空气注入瓶中。以同样的方法加入 2 mL 碱性碘化钾溶液。盖上瓶塞,注意瓶内不能留有气泡。然后将碘量瓶颠倒 3 次,静置。待生成的棕色沉淀物下降至瓶高一半时,再颠倒,混合均匀。继续静置,待沉淀物下降至瓶底(一般在取样现场固定)。

(3) 溶解。轻启瓶塞,立即用移液管插入液面以下加入 2 mL (1+5)硫酸。小心盖好瓶塞并颠倒摇匀。此时沉淀应溶解。若溶解不完全,则可再加入少量(1+5)硫酸至溶液澄清且呈黄色或棕色(因析出游离碘)。置于暗处 5 min。

(4) 滴定。从碘量瓶内取出 2 份 50.0 mL 水样,分别置于 2 个 250 mL 锥形瓶中,用硫代硫酸钠溶液滴定至溶液呈淡黄色时,加入 1 mL 1‰淀粉溶液,继续滴定至蓝色刚好消失,即为终点,记录用量。

五、实验结果与数据处理

用下式计算水样中溶解氧浓度:

$$溶解氧(O_2, mg/L) = \frac{c_1 \times V_1 \times 8 \times 1\ 000}{V_2}$$ (3-1-2)

式中　c_1——硫代硫酸钠溶液的物质的量浓度,mol/L;

　　　V_1——滴定时消耗的硫代硫酸钠溶液的体积,mL;

　　　8——以$\frac{1}{2}O$为基本单元的氧的摩尔质量,g/mol;

　　　V_2——水样的体积,mL。

六、安全提示及注意事项

(1) 水样呈强酸性或强碱性时,可用氢氧化钾或盐酸调至中性后测定。

(2) 水样中含有亚硝酸盐会干扰碘量法测定溶解氧,可采用叠氮化钠修正法(除了将碱性碘化钾改为碱性碘化钾-叠氮化钠外,其他与普通碘量法一样)。此法适用于多数污水及生化处理出水。

(3) 水样中三价铁离子含量较高会干扰测定,可加入氟化钾或用磷酸代替硫酸酸化来消除此影响。

(4) 水样中游离氯大于 0.1 mg/L 时,应加入硫代硫酸钠除去游离氯。方法如下:在 250 mL 碘量瓶中装满水样,加入 5 mL (1+5)硫酸和 1 g 碘化钾,摇匀,此时应有碘析出。吸取 100.0 mL 该溶液放入另一个 250 mL 碘量瓶中,用硫代硫酸钠标准溶液滴定至浅黄色,加入 1.0 mL 1‰淀粉溶液,再滴定至蓝色刚好消失。计算得到氯离子浓度,向待测水样中加入一定量的硫代硫酸钠溶液,以消除游离氯的影响。

(5) 水样采集后,应加入硫酸锰和碱性碘化钾溶液以固定溶解氧。若水样中含有藻类、悬浮物、氧化还原性物质,则必须进行预处理。

实验二　石油产品含水量的测定

一、实验目的

(1) 掌握了解石油产品的水分测定原理。

(2) 学会使用石油产品水分测定仪的操作步骤和实验方法。

二、实验原理

石油产品中水分的主要来源如下。

（1）在运输、储存和使用过程中，石油产品可能由于各种原因而混入水分。

（2）石油产品有一定的吸水性，能从大气中（尤其在空气中湿度增大时）或与水接触时，吸收和溶解一部分水，油品中芳香烃含量增加也使其溶水性增加。

汽油、煤油几乎不与水混合，但仍可溶有不超过 0.01% 的水。要把这类极少的溶解水完全除去是比较困难的。

将一定质量的被测样品和与水不相溶的溶剂共同加热回流，溶剂可将样品中的水携带出来。不断冷凝下来的溶剂和水在接收器中分离开，水沉积在带刻度的接收器中，溶剂流回整流器中。待水分全部抽出，由接收器中水的体积计算出被测样品中水的含量。该法适用于测定原油和石油产品中水的含量（用百分数表示）。

石油产品含水量的测定具有以下意义。

（1）测定液体石油产品中的含水量，在油品计量时作为计算的依据。容器中的油品量减去水量，可计算出容器中油的实际数量。

（2）测出油品中的含水量，可根据其大小确定脱水的方法，防止造成各种危害。

三、实验仪器与药品

1. 实验仪器

由玻璃蒸馏烧瓶、直管冷凝器、有刻度的玻璃接收器组成水接收器。接收器最小刻度为 0.05 mL。接收器上装有一个 400 mm 长的直管冷凝器，其顶上装有一个带干燥剂的干燥管（防止空气中的水分进入）。采用把能量均匀地分布在蒸馏水瓶下半部的煤气加热器或电加热器进行加热。

2. 实验药品

（1）二甲苯。

二甲苯应符合 GB/T 16494—2013《化学试剂 二甲苯》化学纯的要求或 GB/T 3407《石油混合二甲苯》5 ℃石油混合二甲苯的要求。应把 400 mL 溶剂放在蒸馏仪器中，确定溶剂空白，空白应测准到 0.025 mL。

注意：二甲苯极易燃，操作管理要远离热源、火花和明火；其蒸气有害，容器要密闭，使用时要足够通风，并避免吸入其蒸气和长时间或反复与皮肤接触；溢出时要用沙子或硅藻土吸收；着火时，要使用水雾、泡沫、干化学制品或二氧化碳灭火。

（2）干燥剂。

无水氯化钙（化学纯）（用于干燥二甲苯）。

四、实验步骤

1. 试样制备

（1）按表 3-1-1 规定选择试样量。

表 3-1-1　试样中含水量与试样量的关系

预期试样中含水量 (质量分数或体积分数)/%	50.1～ 100.0	25.1～ 50.0	10.1～ 25.0	5.1～ 10.0	1.1～ 5.0	≤1.0
大约试样量/g(或 mL)	5	10	20	50	100	200

(2)在量取试样之前,对已凝固或流动性的试样,应加热到有足够流动性的最低温度。剧烈振动试样,把沾附在容器壁上的水都摇下来,使试样和水混合均匀,否则会影响实验结果。如果对混合试样的均匀性有怀疑,则至少要测定 3 次,并将平均结果作为含水量。

(3)测定水的体积分数时,要按规定的试样量,用校正过的 5 mL,10 mL,20 mL,50 mL,100 mL 或 200 mL 量筒量取流动液体。仔细且缓慢地把试样倒入量筒中,用至少200 mL 二甲苯以每次 40 mL、分 5 次洗涤量筒后倒入烧杯,把量筒中的试样完全倒净。

(4)测定水的质量分数时,要按规定的试样量,把试样直接倒入蒸馏烧瓶中称量,试样量为 5～50 g 时称量准确至 0.2 g,试样量为 100～200 g 时应称量准确至 1 g。若有必要使用转移容器(烧杯或量筒),则至少要用 5 份二甲苯洗涤容器,并把它倒入烧杯中。

2. 标定

(1)接收器和整套仪器在初次使用之前应进行标定。

(2)标定接收器。接收器的刻度应由生产厂家检定合格。如果使用单位需要进行检定,那么可以使用精确至 0.01 mL 的微量滴定管或精密微量移液管,以 0.05 mL 的增量逐次加入蒸馏水,来检验接收器上刻度标线的准确度。如果加入的水与观察到的水量的偏差大于 0.050 mL,那么应重新标定或认为接收器不合适。

(3)标定整套仪器。在仪器中放入 400 mL 无水的二甲苯(含水量最多 0.02%)进行空白实验。实验结束后,用滴定管或微量移液管把(1.00±0.01)mL 室温的蒸馏水直接加到蒸馏烧瓶中,进行实验,重复该操作,直接把(4.50±0.01)mL 的蒸馏水加到烧瓶中。只有接收器的读数在表 3-1-2 允许误差范围内时,才能认为整套仪器合格。

表 3-1-2　仪器标定极限容量与加入水的体积

接收器在 20 ℃时的极限容量/mL	加入室温水的体积/mL	回收水在室温下的体积/mL
5.00	1.00	1.00±0.025
5.00	4.50	4.50±0.025

(4)若读数在极限值外,则认为可能是由蒸汽渗漏,沸腾太快、接收器刻度不准确或外来湿气而引起的不正常工作,在重新标定整套仪器之前,必须消除这些不正常情况。

3. 操作步骤

(1)该方法的精密度会由于水沾附在仪器内表面上不能沉降到接收器而受到影响。为了使这种影响减至最小,全部仪器至少每天进行一次化学清洗,除去表面膜和有机残渣,因为这些物质会妨碍水在实验仪器中自由滴落。如果试样的性质能引起持久的污染,那么应更频繁地清洗仪器。

(2)测定水的体积分数时,要按"试样制备"第(3)步规定把足够的二甲苯加入烧瓶中,使二甲苯的总体积达到 400 mL。

（3）测定水的质量分数时，要按"1.试样制备"第（4）步规定把足够的二甲苯加入烧瓶中，使二甲苯的总体积达到 400 mL。

（4）装配仪器时，要保证全部接头的气密性和液密性。建议玻璃接头不涂润滑脂，把装有显色干燥剂的干燥管插到冷凝器上端，防止空气中的水分在冷凝器内部冷凝。通过冷凝器夹套的循环冷却水应保持在 20～25 ℃。

（5）加热蒸馏烧瓶。因为被测定的原油类型能够显著地改变原油-溶剂混合物的沸腾特性，所以在蒸馏的初始阶段缓慢加热（约 0.5～1 h），要防止突沸和在系统中可能存在的水分损失（不能让冷凝液升到高于冷凝器内管的 3/4 处，为了使冷凝液容易洗下来，冷凝液应尽可能保持在冷凝器冷却水入口处）。初始加热后，调整沸腾速度，使冷凝液不超过冷凝器内管长度的 3/4。馏出物应以大约每秒 2～5 滴的速度滴进接收器，继续蒸馏，直到除接收器外任何部分都没有可见水，接收器中水的体积至少保持恒定 5 min。如果在冷凝器内管中有水滴持久积聚，那么用二甲苯冲洗或用加有油溶性破乳剂的二甲苯冲洗（二甲苯中破乳剂的浓度为 0.1%），它可帮助除去粘附的水滴。冲洗后，要缓慢加热，防止突沸，再蒸馏至少 5 min（冲洗前，必须停止加热至少 15 min，防止突沸），重复该操作，直到冷凝器中没有可见水且接收器中水的体积保持恒定至少 5 min。如果该操作不能除掉水，那使用聚四氟乙烯刮具、小工具或相当的器具把水刮进接收器中。

（6）水的移入完成后，把接收器和它的内含物冷却到室温，用聚四氟乙烯刮具、小工具把粘附在接收器壁上的水滴移到水层里。读出接收器中水的体积。接收器的分刻度为 0.05 mL，但是水的体积要读至 0.025 mL。

五、实验结果与数据处理

试样含水量 X_1（体积分数）或 X_2（质量分数）分别按下式计算：

$$X_1 = \frac{V_1 - V_2}{V} \times 100\% \tag{3-1-3}$$

$$X_2 = \frac{(V_1 - V_2)\rho}{m} \times 100\% \tag{3-1-4}$$

式中　V_1——接收器中水的体积，mL；

　　　V_2——溶剂空白实验水的体积，mL；

　　　V——试样的体积，mL；

　　　ρ——水的密度，g/cm³；

　　　m——试样的质量，g。

取两个连续测定结果的算术平均值作为试样的含水量，实验结果应报告准确至 0.01%。自行设计实验表格，记录所有实验数据，并画图进行分析。

六、思考题

（1）为什么要控制石油及其产品的含水量？

（2）在含水量测定过程中，加热速度过快对含水量测定结果有何影响？

实验三 原油酸值的测定

一、实验目的

（1）了解碱驱提高采收率的机理及实现条件。
（2）掌握原油酸值的测定方法。

二、实验原理

碱驱是指以碱溶液做驱油剂的驱油法，也叫碱溶液驱或碱强化水驱。原油中的石油酸如脂肪酸、环烷酸、胶质酸和沥青质酸等可与碱（如氢氧化钠）反应，生成相应的石油酸盐：

$$R—COOH + NaOH \longrightarrow R—COONa + H_2O$$
（脂肪酸）

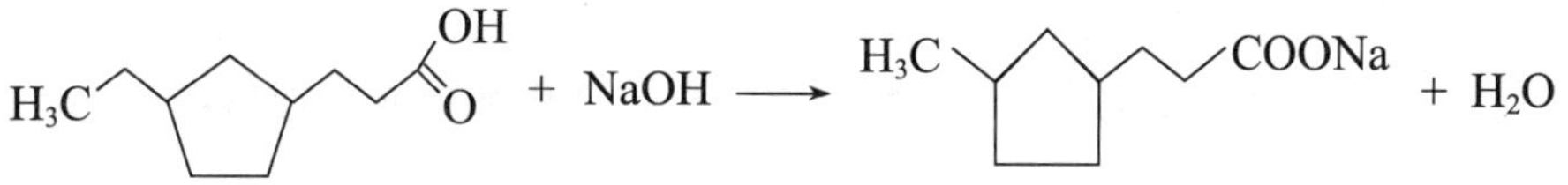

（环烷酸）

$$\boxed{胶质}—COOH + NaOH \longrightarrow \boxed{胶质}—COONa + H_2O$$
（胶质酸）

$$\boxed{沥青质}—COOH + NaOH \longrightarrow \boxed{沥青质}—COONa + H_2O$$
（沥青质酸）

在所产生的石油酸盐中，亲水性与亲油性比较平衡的石油酸盐都是可降低油水界面张力的表面活性剂。

在碱溶液中，还需加入适当数量的盐（如 NaCl），使碱与石油酸反应产生的表面活性剂有所需的亲水亲油平衡。

表 3-1-3 列出的是碱驱机理的实现条件。

表 3-1-3 碱驱机理的实现条件

机 理	$w_{化学剂}/\%$	
	NaOH	NaCl
低界面张力	低，<1	低，1～2
乳化-携带	低，<1	低，0.5～1.5
乳化-捕集	低，<1	低，<0.5
油湿→水湿	高，1～5	低，<5
水湿→油湿	高，1～5	高，5～15

酸值是表示原油中所含酸性化合物多少的质量指标,是指 1 g 原油被中和到 pH 产生突跃时所需氢氧化钾的质量(mg),以 mg KOH/g 表示。

由于碱驱进行的条件是原油中有能够产生表面活性剂的石油酸,因此要求碱驱油层的原油有足够高的酸值。当原油的酸值小于 0.2 mg/g 时,油层不适宜进行碱驱。一定的酸值是进行碱驱的必要条件,但不是充分条件。进行碱驱的充分条件是原油中的石油酸与碱的反应产物为表面活性剂(如原油中的二甲酚属于石油酸,它与碱的反应产物二甲酚盐就不是表面活性剂)。

酸值的测定是利用沸腾乙醇抽出试样中的有机酸,然后用氢氧化钾-乙醇溶液进行滴定,根据油品颜色不同选择酚酞(浅色油品)、碱性蓝(深色油品)、甲酚红等不同指示剂。

三、实验仪器与药品

1. 实验仪器

锥形烧瓶(250 mL)、球形回流冷凝管(长约 300 mm)、量筒(25 mL,50 mL 和 100 mL)、微量滴定管(2 mL 或 5 mL,分度为 0.02 mL 或 0.05 mL)、电热板(或水浴)。

2. 实验药品

(1) 95％乙醇:分析纯。精制乙醇:用硝酸银和氢氧化钾溶液处理后,再经沉淀和蒸馏制得。

(2) 氢氧化钾:分析纯,配成 0.05 mol/L 氢氧化钾-乙醇溶液。

(3) 碱性蓝指示剂。

(4) 酚酞指示剂:1％酚酞-乙醇溶液。酚酞指示剂适用于滴定无色油品或在滴定混合物中易看出浅玫瑰红色的油品。

(5) 甲酚红指示剂。

四、实验步骤

(1) 用清洁、干燥的锥形烧瓶称取 8～10 g 试样,称量精确至 0.2 g。

(2) 在另一个清洁无水的锥形烧瓶中加入 50 mL 95％乙醇,装上球形回流冷凝管,煮沸 5 min,以除去溶解在乙醇中的二氧化碳。在煮沸过的 95％乙醇中加入 0.5 mL 碱性蓝(或甲酚红)溶液,趁热用 0.05 mol/L 氢氧化钾-乙醇溶液中和,直至溶液由蓝色变成浅红色(或由黄色变成紫红色)。

(3) 将中和过的 95％乙醇注入已装有称好试样的锥形烧瓶中,并装上球形回流冷凝管,煮沸 5 min。在煮沸过的混合液中加入 0.5 mL 碱性蓝(或甲酚红)溶液,趁热用 0.05 mol/L 氢氧化钾-乙醇溶液滴定,直至乙醇层由蓝色变为浅红色(或由黄色变为紫红色)。

对于在滴定终点不能呈现浅红色(或紫红色)的试样,允许将滴定达到混合液的原有颜色开始明显改变时作为终点。在每次滴定过程中,自锥形烧瓶停止加热至达到终点所经过的时间不应超过 3 min。

五、实验结果与数据处理

(1) 试样的酸值 X(mg KOH/g)按下式计算。

$$X = \frac{56.1VN}{G} \tag{3-1-5}$$

式中　　G——试样的质量,g;

$\quad\quad$ V——滴定消耗 KOH 乙醇溶液的体积,mL;

$\quad\quad$ N——KOH 乙醇溶液的当量浓度;

$\quad\quad$ 56.1——KOH 的克当量。

平行测定的两个结果的允许差值不应超过表 3-1-4 所规定的数值。

表 3-1-4　酸值测定允许差值

酸值/(mg KOH·g^{-1})	允许差值/(mg KOH·g^{-1})	酸值/(mg KOH·g^{-1})	允许差值/(mg KOH·g^{-1})
≤0.1	0.02	>0.5~1.0	0.07
>0.1~0.5	0.05	>1.0	0.10

取平行测定的两个结果的算术平均值作为试样的酸值。

六、思考题

(1) 乙醇煮沸的目的是什么?

(2) 结合实验,如何判断滴定终点?

(3) 测定原油的酸值有什么意义?

实验四　石油产品动力黏度和运动黏度的测定

一、实验目的

学会测定石油产品黏度的方法。

二、实验原理

黏度是表征石油产品的重要指标之一,在工业生产中有着广泛的应用。流体的黏度反映了流体内部分子之间摩擦力的大小,可分为动力黏度(也称绝对黏度,用 η 表示)和运动黏度(用 ν 表示)两类。动力黏度是指流体在单位接触面积上的内摩擦力与垂直方向上的速度变化率之比,其单位为 m^2/s,实际应用中多以 mm^2/s 为单位。流体的动力黏度可用旋转黏度计测定,测定过程中流体所受的剪切速度恒定。运动黏度可以通过动力黏度计算得到,也可以通过仪器(如毛细管黏度计)直接测定得到,其单位为 $mPa \cdot S$。

分子之间的范德华力、氢键力、偶极力、色散力、离子力等各种作用力越大,分子之间的纠缠越严重,流体的黏度就越大。这表现在石油产品上就是石油产品的沸点越高、杂原子含量越高、分子结构中环数越多,其黏度越大。

流体分为牛顿流体和非牛顿流体两类。一定温度下牛顿流体的黏度不随剪切速度的变化而变化,而非牛顿流体中假塑性流体的黏度会随着剪切速度的增大而减小,胀塑性流体的黏度会随着剪切速度的增大而增大。毛细管黏度计不能用于测定非牛顿流体的黏度。

本实验主要介绍液体石油产品运动黏度的测定方法,以及运动黏度与动力黏度的换算。在恒定的温度下,测定一定体积的液体在重力作用下流过一个经标定的玻璃毛细管黏度计的时间,黏度计的毛细管常数与流动时间的乘积即该温度下被测液体的运动黏度。不同的毛细管黏度计有不同的常数,需要经过标定得到。通过测得的试样的运动黏度,根据 GB/T 265—1988 可计算出试样在某一温度下的动力黏度。

三、实验仪器与药品

1. 实验仪器

(1)黏度计。玻璃毛细管黏度计(需符合 SH/T 0173—1992)(如图 3-1-1 所示)1 组,毛细管内径分别为 0.4 mm,0.6 mm,0.8 mm.1.0 mm,1.2 mm,1.5 mm,2.0 mm,2.5 mm,3.0 mm,3.5 mm,4.0 mm,5.0 mm,6.0 mm。每支黏度计必须按 JJG 155—2016《工作毛细管黏度计》进行检定并确定常数。

测定油品的运动黏度时,应根据实验温度选择适当的黏度计,务必使试样上液面从黏度计标线 a 处流到 b 处(如图 3-1-1 所示)所用的时间不少于 200 s,若使用内径 0.4 mm 的黏度计,则流动时间不少于 350 s。

(2)恒温浴。带有透明壁或装有观察孔,其高度不小于 180 mm,容积不小于 2 L,并且附有自动搅拌装置和能够准确调节温度的电加热装置。

根据测定的条件,需要在恒温浴中注入表 3-1-5 中列举的液体。

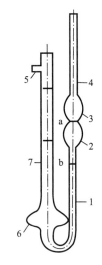

1—毛细管;2,3,6—扩张部分;
4,7—管身;5—支管;a,b—标线。

图 3-1-1　毛细管黏度计

表 3-1-5　不同温度下恒温浴所用的液体

测定温度/℃	恒温浴液体
50～100	透明矿物油、甘油、25%硝酸铵水溶液(该溶液表面会浮有一层透明的矿物油)
20～50	水
0～20	水与冰或乙醇与干冰的混合物
−50～0	乙醇与干冰的混合物或无铅汽油

(3)玻璃水银温度计。分度为 0.1 ℃。测定−30 ℃以下温度的试样的黏度时,可以使用同样分度值的玻璃合金温度计或其他玻璃液体温度计。

(4)秒表。计时精度不低于 0.1 s。

用于测定黏度的秒表、毛细管黏度计和温度计都必须定期进行检定。

2. 实验药品

溶剂油（符合 GB 1922—2006《油漆及清洗用溶剂油》中 NY—120 的要求，以及可溶的适当溶剂）、铬酸洗液、石油醚（60～90 ℃）、95％乙醇（化学纯）。

四、实验步骤

（1）当试样中有水或机械杂质时，实验前必须先脱水，并用滤纸过滤除去机械杂质。对于黏度大的油品，可以通过吸滤或适当地加热以脱除其中的水分。

（2）黏度计在使用前必须用溶剂油或石油醚进行洗涤。若仍留有污垢，则可用铬酸洗液、水、蒸馏水或 95％乙醇依次洗涤，然后将其放入烘箱烘干或用经棉花过滤的热空气吹干。

（3）装入试样之前，在毛细管黏度计的支管 5（如图 3-1-1 所示）套上橡胶管后将其倒置，并且堵住管身 7 的管口后，将管身 4 插入装有试样的烧杯中，此时用吸耳球从橡胶管的一端将试样吸入黏度计中并使液面到达标线 b 处，同时注意黏度计中的试样不能产生气泡或裂隙。当液面到达标线 b 时，提起黏度计，并迅速恢复正常状态，待擦去管身外壁的试样后，从支管 5 上取下橡胶管并套在管身 4 上，最后将橡胶管弯折并用夹子夹紧。

（4）把恒温浴调节到规定的温度，将黏度计浸入其中，使黏度计扩张部分 3 浸入液面以下，用夹子将其固定在支架上。调整黏度计使其竖直，用铅垂线从两个交叉的方向检查毛线管 1 的竖直位置。

（5）恒温浴中温度计的水银球的位置必须与黏度计的毛细管 1 中点处于同一水平面。为了使温度测定准确，宜选择全浸式温度计，并使水银线只有 10 mm 在恒温浴液面上。

使用全浸式温度计时，如果它的测温刻度超出恒温浴液面 10 mm 以上，那么应按照下式计算温度计液柱露出部分的修正数 Δt，这样才能准确地测量出液体的温度。

$$\Delta t = Kh(t_1 - t_2) \tag{3-1-6}$$

式中　K——常数，对于水银温度计，$K = 0.00016$，对于酒精温度计，$K = 0.001$；

　　　h——露出恒温浴液面的水银柱或酒精柱高度，用温度计的刻度数值表示；

　　　t_1——测定黏度时的规定温度，℃；

　　　t_2——接近温度计液柱露出部分的空气温度，℃。

实验时取（$t_1 - \Delta t$）作为温度计的读数。

（6）将恒温浴调节到规定温度，并且将实验温差控制在 ±0.1 ℃ 之内。

将装有试样的黏度计在规定温度的恒温浴中按照表 3-1-6 规定的恒温时间进行恒温后，才能进行测定。

表 3-1-6　黏度计在恒温浴中的恒温时间

实验温度/℃	恒温时间/min	实验温度/℃	恒温时间/min
100	20	20	10
40,50	15	−50～0	15

（7）放开用以夹紧与管身 4 连接的橡胶管的夹子，让试样自然流下。当上液面正好到达标线 a 时，启动秒表；当上液面到达标线 b 时，停止秒表。记录试样流经的时间（s）。

（8）每个试样至少重复测定 4 次，每次流动时间与其算术平均值的差值应符合如下要求:在 15~100 ℃测定黏度时,差值不应超过算术平均值的±0.5%;在-30~+15 ℃测定黏度时,差值不应超过算术平均值的±1.5%;在低于-30 ℃测定黏度时,差值不应超过算术平均值的±2.5%。最后,取其算术平均值作为试样的平均流动时间。

五、实验结果与数据处理

1.运动黏度

当温度为 t 时,试样的运动黏度 v_t(mm²/s)按下式计算:

$$v_t = C\tau_t \tag{3-1-7}$$

式中 C——黏度计常数,mm²/s²;

　　　τ_t——试样平均流动时间,s。

例如,已知黏度计常数为 0.478 mm²/s²,试样在 50 ℃时的流动时间分别为 318.0 s,322.6 s,322.4 s 和 321.0 s,则流动时间的算术平均值即平均流动时间 τ_{50} 为:

$$\tau_{50} = (318.0+322.6+322.4+321.0)/4 = 321.0(s) \tag{3-1-8}$$

当温度为 50 ℃时,每次流动时间与平均流动时间的允许差值为:

$$(321.0 \times 0.5)/100 = 1.6(s) \tag{3-1-9}$$

因为 318.0 s 与平均流动时间之差已超过 1.6 s(0.5%),所以舍去该读数,计算平均流动时间时只采用 322.6 s,322.4 s,321.0 s,它们与平均流动时间之差都没有超过 0.5%。由此可得平均流动时间为:

$$\tau_{50} = (322.6+322.4+321.0)/3 = 322.0(s) \tag{3-1-10}$$

试样运动黏度的测定结果为:

$$v_t = C\tau_t = 0.478 \times 322.0 \text{ mm}^2/\text{s} = 154 \text{ mm}^2/\text{s} \tag{3-1-11}$$

2.动力黏度

当温度为 t 时,试样的动力黏度 η_t(mPa·s)按下式计算:

$$\eta_t = v_t\rho_t \tag{3-1-12}$$

式中 v_t——当温度为 t 时试样的运动黏度,mm²/s;

　　　ρ_t——当温度为 t 时试样的密度,g/cm³。

六、思考题

(1) 试样为什么必须脱水和除去机械杂质?

(2) 为什么毛细管黏度计不能用于测定非牛顿流体的黏度?

实验五　部分水解聚丙烯酰胺水解度的测定

一、实验目的

掌握部分水解聚丙烯酰胺水解度的测定方法。

二、实验原理

部分水解聚丙烯酰胺是强碱弱酸盐,它与盐酸反应形成大分子弱酸,体系的 pH 由弱碱性转变成弱酸性。

本实验选用盐酸标准溶液滴定,选用甲基橙——靛蓝二磺酸钠为指示剂。用所消耗盐酸标准溶液的体积计算试样的水解度。

三、实验仪器与药品

1. 实验仪器

微量滴定管(容积 1 mL,最小刻度 0.01 mL)、锥形瓶(250 mL)、称量瓶(直径 20 mm,高 15 mm)、量筒(100 mL)、电磁搅拌器、分析天平(感量 0.000 1 g)、真空干燥箱、铁支架、表面皿、玻璃板等。

2. 实验药品

本方法所用试剂均为分析纯,水为蒸馏水。

(1) 盐酸标准溶液。配成 $c_{HCl} = 0.1$ mol/L 的溶液。

(2) 甲基橙溶液。用蒸馏水配成 0.1% 的溶液,储存于棕色滴瓶中,有效期为 15 d。

(3) 靛蓝二磺酸钠溶液。用蒸馏水配成 0.25% 的溶液,储存于棕色滴瓶中,有效期为 15 d。

3. 试样溶液的配制

1) 粉状试样溶液的配制

(1) 用称量瓶采用减量法称取 0.028～0.032 g 试样,精确至 ±0.000 1 g,3 个试样为一组。

(2) 将盛有 100 mL 蒸馏水的锥形瓶放在电磁搅拌器上,打开电源,调节搅拌器磁子转数,使液面旋涡深度达 1 cm 左右,将试样缓慢加入锥形瓶中。

(3) 待试样完全溶解后,直接进行水解度的测定。

2) 胶状试样溶液的配制

(1) 当固含量在 20%～30% 时,取 2～3 g 胶状试样,将其用剪刀剪成小碎块,置于表面皿上。当固含量在 10% 以下时,取 8～10 g 胶状试样,将其平涂在 15 cm×15 cm 的玻璃板上。将试样置于真空干燥箱中在 60 ℃、真空度 5 300 Pa 下干燥 4 h。

(2) 将干燥后的试样配成溶液。

(3) 测试后所余固体试样按 GB/T 12005.2—1989《聚丙烯酰胺固含量测定方法》测定试样的固含量。

四、实验步骤

(1) 用两支液滴体积比为 1:1 的滴管向试样溶液中加入甲基橙和靛蓝二磺酸钠指示剂各 1 滴,试样溶液呈黄绿色。

（2）用盐酸标准溶液滴定试样溶液,溶液由黄绿色变成浅灰色即为滴定终点。记下消耗盐酸标准溶液的用量。

五、实验结果与数据处理

（1）试样水解度按下式计算:

$$HD = \frac{cV \times 71 \times 100}{1\,000m \cdot s} \quad \frac{23V}{} \tag{3-1-13}$$

式中　HD——水解度,%;

　　　c——盐酸标准溶液的物质的量浓度,mol/L;

　　　V——试样溶液消耗的盐酸标准溶液的体积,mL;

　　　m——试样的质量,g;

　　　S——试样的固含量,%;

　　　23——丙烯酸钠与丙烯酰胺链节质量的差值;

　　　71——与1.00 mL盐酸标准溶液($c_{HCl} = 1.000$ mol/L)相当的丙烯酰胺链节的质量。

（2）每个试样至少测定3次,取两位有效数字,以算术平均值报告结果。

（3）单个测定值与平均值的最大偏差在±1以内,若超过最大偏差,则应重新取样测定。

实验六　表面活性剂 HLB 值的测定（色谱法）

一、实验目的

（1）了解色谱法测定表面活性剂 HLB 值的原理与方法。

（2）掌握气-液色谱法测定相对保留时间比的基本操作技术。

（3）学习用色谱图进行 HLB 值计算的数据处理方法。

二、实验原理

每种表面活性剂都有 HLB 值,它表示表面活性剂的亲水能力对亲油能力的平衡关系。HLB 值越小,表面活性剂越亲油;HLB 值越大,表面活性剂越亲水。由 HLB 值大小可确定表面活性剂宜做何用途,这对选择表面活性剂提供了方便。由 HLB 值定义可知,它与表面活性剂分子的极性大小直接有关,因此任何可作为此种极性的直接量度的参数也必然是 HLB 值的函数。

用气相色谱法测定表面活性剂 HLB 值的原理随所用色谱柱的不同而不同。对于非极性色谱柱而言,试样保留时间主要与表面活性剂的沸点有关。例如,对聚氧乙烯醚系非离子表面活性剂同系物来说,分子中连接的聚氧乙烯醚单元数改变,沸点就随之改变,亲油亲水性也随之改变,关联二者就可以得到 HLB 值的关系式。对极性柱而言,试样的出峰时间与它的极性大小有关。显然,对同系物而言,极性与它的相对亲水性是密切相关的,由此也可以得出表面活性剂的 HLB 值。测量所用的色谱可以是纸色谱、液相色谱和薄层色谱等，也可用反相色谱测聚氧乙烯型非离子乳化剂的极性指数，再用极性指数计算出 HLB 值。该法可用于混合物的分析，即根据各组分间的组成和 HLB 值大小来综合计算。从目前的研究结果来看，该法主要用于聚氧乙烯醚型非离子表面活性剂同系物的 HLB 值分析，尚不能用于离子表面活性剂的分析。

在气-液色谱中，分离一种混合物的能力取决于固定相对各组分的极性大小。若用一种标准的混合物做流动相，则根据固定相的分离能力就可标定固定相的极性大小。因此，用表面活性剂作为固定相，以色谱法为工具，测定分离某标准混合物的能力可作为 HLB 值的度量。

根据这一原理，可将表面活性剂作为固定相涂布于担体上，用等体积的乙醇和正己烷的混合物作为流动相，即可测出表面活性剂的极性。表面活性剂的极性定义为流动相两组分在色谱柱上的保留时间之比：

$$\rho = R_{EtoH} / R_{Hex} \tag{3-1-14}$$

式中　ρ——表面活性剂的极性；

　　　R_{EtoH}——乙醇的保留时间；

　　　R_{Hex}——正己烷的保留时间。

表面活性剂的极性与混合物保留时间如图 3-1-2 所示。

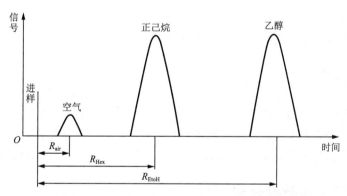

图 3-1-2　表面活性剂的极性与混合物保留时间示意图

当表面活性剂分子中含有较多自由羟基时，须对式(3-1-14)进行校正：

$$\rho = \frac{R_{EtoH} - R_{air}}{R_{Hex} - R_{air}} = \frac{R'}{R''} \tag{3-1-15}$$

式中　R_{air}——空气峰保留时间，即气体经色谱柱空隙所需时间。

这样经过校正后的保留时间 R' 和 R'' 才是真正代表各组分保留在固定液相中的时间。ρ 值除了与表面活性剂本身性质有关外，还随温度改变而改变。通常采用的温度为 80 ℃，在此温度下，大多数非离子表面活性剂为液体。此外，ρ 值还与仪器操作条件有关，只要保持在相同的条件下进行实验即可消除这些影响，使 ρ 值与 HLB 值呈线性关系：

$$HLB = K_{\rho} - b \tag{3-1-16}$$

斜率 K 与柱类型有关，b 与试样体系及柱效率有关。实验证明，当 ρ 值采用校正值并取其对数形式时，将大为改善 ρ 与 HLB 值的线性关系：

$$HLB = K' \lg \rho + b' \tag{3-1-17}$$

因此，当测定出各种已知 HLB 值的 ρ 之后，以 HLB 值对 $\lg \rho$ 作图可得一条工作曲线，如图 3-1-3 所示。

这样,对任何表面活性剂,只需测得保留时间比,即可由工作曲线查出其 HLB 值。

由于 HLB 值具有加和性,即 HLB 值分别为 a,b,c 等的表面活性剂以 x,y,z 等不同比例混合后的 HLB 值可按下式计算:

$$HLB = \frac{ax+by+cz+\cdots}{x+y+z+\cdots} \quad (3\text{-}1\text{-}18)$$

因此选择两种已知 HLB 值的表面活性剂,可以配出一系列不同 HLB 值的混合表面活性剂,这样就可在标准表面活性剂品种数量有限的情况下,达到绘制工作曲线的目的。

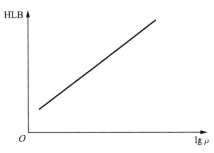

图 3-1-3　色谱法测定 HLB 值标准工作曲线示意图

三、实验仪器与药品

1. 实验仪器

色谱仪、微量注射器、氢气发生器、真空泵。

2. 实验药品

二氯甲烷、乙醇、正己烷、Tween 20、Span 80。

四、实验步骤

色谱仪如图 3-1-4 所示。用氢气作为载气,测试条件为柱温(80 ± 0.2)℃,热导检测器桥流为 140 mA。用微量注射器把 2 μL 等体积的乙醇-正己烷混合物及 80 μL 空气经注射孔注入色谱仪中,色谱仪自动记录出空气、正己烷和乙醇的保留时间,绘出谱图。

五、实验结果与数据处理

从谱图中量出保留时间,按式(3-1-15)计算保留时间比,然后在工作曲线上查出所测表面活性剂的 HLB 值。

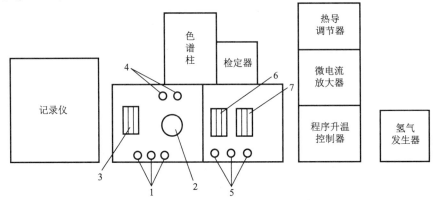

1—调节旋钮;2—压力表;3—N$_2$ 流量计;4—进样器;5—调节旋钮;6—空气流量计;7—H$_2$流量计。

图 3-1-4　色谱仪示意图

六、思考题

(1) 表面活性剂的 HLB 值与亲水亲油基团质量关系如何？

(2) 在亲油亲水基团质量相同的条件下，不同的结构与 HLB 值有什么关系？

实验七　聚合物驱阻力系数与残余阻力系数的测定

一、实验目的

(1) 熟悉聚合物驱阻力系数与残余阻力系数测定原理。

(2) 掌握测试阻力系数与残余阻力系数实验流程与实验数据处理方法。

二、实验原理

提高波及系数的主要方法是改变驱油剂和(或)油的流度。流度是流体通过孔隙介质能力的一种量度，它的定义式为：

$$\lambda = k/\mu \tag{3-1-19}$$

式中　λ——流体的流度；

　　　k——孔隙介质对流体的有效渗透率；

　　　μ——流体的黏度。

驱油剂的流度远大于油的流度，因此驱油时，驱油剂易于沿高渗透层突入油井。为了提高驱油剂的波及系数，必须减小驱油剂的流度和(或)增加油的流度。

聚合物溶液在多孔介质中渗流时，高分子聚合物在岩石表面会产生吸附、滞留作用，造成岩芯渗透率降低。一般用阻力系数和残余阻力系数来表征聚合物驱对地层的伤害程度。

1. 岩芯初始渗透率

岩芯初始渗透率是用含盐量与复合体系相同的水溶液，冲洗复合体系通过的岩芯，且保持水的流速等于复合体系的流速，直至出口液不含复合体系，通过 Darcy 公式(3-1-20)计算该流速和对应压差下水的渗透率，此渗透率称为初始渗透率。

$$k = \frac{Q\mu_w \Delta L}{A\Delta p} \tag{3-1-20}$$

式中　k——渗透率，μm^2；

　　　Q——流量，cm^3/s；

　　　μ_w——流体黏度，$mPa \cdot s$；

　　　ΔL——填砂管岩芯长度，cm；

　　　A——填砂管截面积，cm^2；

　　　Δp——注入端与出口端压差，$10^5\ Pa$。

2. 阻力系数

阻力系数是指复合体系降低水油流度比的能力,是水的流度与复合体系的流度之比,用 RF 表示:

$$RF = \frac{\lambda_w}{\lambda_p} = \frac{K_w}{\mu_w} \bigg/ \frac{K_p}{\mu_p} \tag{3-1-21}$$

式中　RF——阻力系数;

λ_w——水的流度;

λ_p——复合体系的流度;

K_w——水相渗透率;

K_p——复合体系相渗透率;

μ_w——水的黏度;

μ_p——复合体系的黏度。

根据达西定律,流体在岩芯中流动时的流度可写为:

$$\eta = K/\mu = QL/(A\Delta p) \tag{3-1-22}$$

在同一块岩芯中,L,A 一定。若给定相同的流量 Q,设地层水在岩芯中流动时的压差为 Δp_1,聚合物溶液在岩芯中流动时的压差为 Δp_2,则:

$$\lambda_w = K_w/\mu_w = QL/(A\Delta p_1) \tag{3-1-23}$$

$$\lambda_p = K_p/\mu_p = QL/(A\Delta p_2) \tag{3-1-24}$$

由式(3-1-23)、式(3-1-24)可知:

$$RF = \frac{\lambda_w}{\lambda_p} = \frac{\Delta p_2}{\Delta p_1} \tag{3-1-25}$$

3. 残余阻力系数

残余阻力系数描述聚合物溶液降低渗透率的能力,是聚合物驱前后岩石水相渗透率的比值,也可以表示为水的初始渗透率 K_w 与注入聚合物后水测渗透率 K_f 之比,即渗透率下降系数,用 RRF 表示:

$$RRF = \frac{K_w}{K_f} \tag{3-1-26}$$

在同一块岩芯中,L,A 一定。若给定相同的流量 Q,设地层水在岩芯中流动时的压差为 Δp_1,聚合物溶液驱后再用水驱的压差为 Δp_3,则根据达西定律,有:

$$K_w = \frac{Q\mu L}{A\Delta p_1} \tag{3-1-27}$$

$$K_f = \frac{Q\mu L}{A\Delta p_3} \tag{3-1-28}$$

所以:

$$RRF = \frac{K_w}{K_f} = \frac{\Delta p_3}{\Delta p_1} \tag{3-1-29}$$

三、实验仪器与药品

驱替实验装置如图 3-1-5 所示,主要包括驱替系统、环压系统、计量及测压系统。

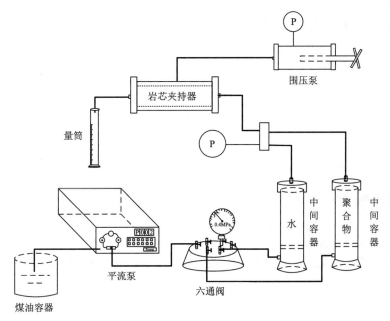

图 3-1-5　聚合物驱残余阻力系数实验装置简图

（1）驱替系统：平流泵 1 台、中间容器 2 套、高压管线。

（2）环压系统：围压泵、岩芯夹持器。

（3）计量及测压系统：量筒、秒表、压力表、游标卡尺等。

四、实验步骤

（1）按要求配制聚合物溶液和一定矿化度的地层水。

（2）利用游标卡尺测量岩芯尺寸（直径、长度），取 3 次测量的平均值作为计算值。

（3）将岩芯抽真空并用地层水饱和。岩芯在真空度为 0.1 MPa 条件下抽真空 0.5 h，用地层水饱和，浸泡数天，以使岩芯完全为水所饱和，采用干重-湿重差值法计算岩芯的孔隙度。

（4）将饱和地层水的岩芯装入岩芯夹持器。按照仪器装置图，将驱替系统、围压系统和测压系统连接好，将配制的聚合物溶液和地层水装入中间容器。

（5）放空管线空气，打开地层水中间容器，打开平流泵，按照一定速度（如 1 mL/min）注入地层水，待压力稳定后，测量并记录驱替压差 Δp_1，求出岩芯的水测渗透率。

（6）关闭地层水中间容器，开启聚合物溶液中间容器进行聚合物驱，以某一流速（与水测渗透率注入地层水速度一致，如 1 mL/min）向岩芯注入聚合物溶液，注入量超过 5 倍的孔隙体积（5PV）。当压力稳定时，记录岩芯两端压差 Δp_2，用此压差与对应流速时水测渗透率的压差相比，计算阻力系数。

（7）以相同的流速向岩芯中注入地层水，注入量超过 5 倍的孔隙体积。当压力稳定时，记录岩芯两端压差 Δp_3，用此压差与水驱稳定压差计算残余阻力系数。

（8）关闭驱替系统，放空压力，拆卸岩芯。

五、实验结果与数据处理

本实验数据处理比较简单,阻力系数计算可以根据所测压差 Δp_1, Δp_2 直接计算:

$$\text{RF} = \frac{\lambda_w}{\lambda_p} = \frac{\Delta p_2}{\Delta p_1} \tag{3-1-30}$$

残余阻力系数可以根据所测压差 Δp_1, Δp_3 直接计算:

$$\text{RRF} = \frac{K_w}{K_f} = \frac{\Delta p_3}{\Delta p_1} \tag{3-1-31}$$

六、思考题

(1) 为什么要待流动稳定后才能测量压差、流量值?

(2) 为缩短实验时间,将聚合物溶液流动时岩芯两端的压差加得过大,是否合适? 为什么?

实验八 压裂支撑剂导流能力的测定

一、实验目的

学会测定裂缝导流能力与闭合压力的关系,了解支撑剂层数对导流能力的影响。

二、实验要求

(1) 掌握裂缝导流能力的测定方法。

(2) 自行测定导流能力与闭合压力的关系,并结合理论进行分析。

三、实验原理

压裂作业是油田生产中对低渗油藏增产改造的主要手段之一。压裂作业的增产效果与裂缝的导流能力密切相关。导流能力取决于裂缝宽度和裂缝闭合后支撑剂的渗透率,因此,掌握裂缝导流能力的测定和分析方法是必要的。

闭合压力计算:

$$p_{\text{闭合}} = \frac{\text{加压载荷(kN)}}{\text{铺有支撑剂的岩芯室面积(cm}^2\text{)}} \tag{3-1-32}$$

裂缝导流能力计算:

$$K_f w = \frac{2 \times p_a \times Q \times \mu \times L}{b \times (p_1 \times p_1 - p_a \times p_a)} \tag{3-1-33}$$

式中 $K_f w$ ——裂缝导流能力,$\mu m^2 \cdot cm$;

Q——气体流量，cm^3/s；

μ——气体的黏度，$mPa \cdot s$；

p_1——气体入口处压力，atm；

p_a——大气压力，atm；

L——上游接口与气体出口之间的距离，cm；

b——岩芯室宽度，cm。

四、实验仪器与药品

裂缝导流能力测定仪。它主要由 3 部分组成：控制计量柜、压力机、岩芯室。仪器流程如图 3-1-6 所示。岩芯室放置的金属板为 4Cr13 不锈钢材料，厚度为 2.54 mm。放置的岩板长度为 17.70～17.78 cm（6.96～7.00 in），宽为 3.71～3.81 cm（1.46～1.50 in），厚度大于 0.90 cm（0.35 in）。岩板两端应磨成圆形与实验装置相配，平行度应保持在 ±0.008 cm（±0.003 in）内。

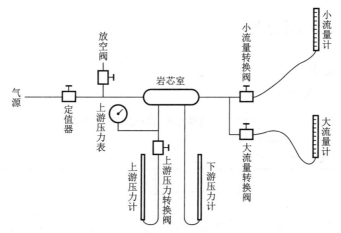

图 3-1-6　裂缝导流能力测定仪流程图

技术指标：气体流量计量程为 1.6 dm^3/min；压力计量程为 0～1 MPa；压力机最大量程为 1 000 kN；支撑剂铺置面积为 64.5 cm^2；支撑剂充填层厚度为 1.25 cm。

短期导流能力测试采用去离子水或蒸馏水作为实验流体。

长期导流能力测试实验流体为去离子水或蒸馏水配制的质量分数为 2% 的氯化钾溶液，实验流体需经过过滤处理，除去尺寸在 7 μm 及其以上的物质。

石油行业标准（SY/T 6302—2019）《压裂支撑剂导流能力测试方法》规定了水力压裂和砾石充填作业用支撑剂导流能力测定推荐方法的材料与设备、实验步骤、渗透率及导流能力计算和数据报告，本实验依据该标准，在考虑普通实验室仪器设备实际的基础上，对具体做法稍有调整。

五、实验步骤

（1）将岩芯室腔体内部处理干净，给下底盘放上矩形圈，涂上黄油装入腔体，并铺放一层金属板垫片保护矩形圈。

（2）根据实验需要量出一定体积的支撑剂装入腔体，并用刮平工具刮平后，再放入一层金属板。

（3）利用装夹工具将上端盖装入腔体后放在压力机上。

（4）打开压力机电源、油路开关，关闭回油阀。慢慢逆时针旋转打开送油阀，待压力接近实验所需压力值时，调小送油阀。微调送油阀和回油阀，使指针稳定在实验所需压力值。

（5）连接好实验流程，打开气瓶，将压力值调节到 0.2 MPa，调节定值器，待流量和压力稳定后读出压力和流量。

（6）根据实验设计重复以上过程。

（7）实验完成后，关闭空气压缩机、定值器和减压器，打开压力机回油阀，关闭压力机电源。

（8）取下岩芯室，利用卸夹工具将上端盖、下底盘卸下，清除支撑剂，清洗岩芯室各部件。

（9）清理实验台，实验完毕。

六、实验结果与数据处理

1. 实验数据记录

将实验数据记录在表 3-1-7 中。

表 3-1-7　裂缝导流能力测定实验记录表

岩芯室面积(cm)＿＿＿＿＿＿；气体黏度(mPa·s)：＿＿＿＿＿＿；
大气压力(atm)：＿＿＿＿＿＿；缝长(cm)：＿＿＿＿＿＿；缝宽(cm)：＿＿＿＿＿＿

序　号	1	2	3	4	5	6
载荷/kN						
入口压力/(10^5 Pa)						
气体流量/(cm^3·s^{-1})						
闭合压力/kN						
裂缝导流能力/(μm^2·cm)						

2. 数据处理

（1）根据所测数据利用公式(3-1-32)计算闭合压力。

（2）利用公式(3-1-33)计算不同闭合压力下的裂缝导流能力。

（3）绘制闭合压力-裂缝导流能力关系曲线，并进行分析。

第二章

综合创新性实验

实验一　绿色环保型三组分体系相图实验研究

一、实验目的

针对目前采用的苯-水-乙醇的三组分体系中苯的毒性大、对环境危害严重的特点,研究对身体无害、对环境友好的绿色环保型三组分体系,并制备常温、常压下绿色环保型三组分体系相图。

二、实验原理

根据第二篇第一章实验一中的三组分体系相图的制备的实验原理,通过实验寻找可取代苯相的无毒、无污染的溶剂。该溶剂与水是部分互溶的,而与乙醇完全互溶。在常温、常压下做出不同溶剂的三组分体系相图,根据相图确定最佳的绿色环保型三组分体系。

三、实验仪器与药品

1. 实验仪器
酸式滴定管(2 支,25 mL)、移液管(1 支,5 mL)、锥形瓶(8 个以上,50 mL,带盖)。

2. 实验药品
有机溶剂、无水乙醇(分析纯)、蒸馏水。

四、实验步骤

(1) 根据所学知识,查阅相关文献,查出可能替代苯的有机溶剂。
(2) 根据三组分体系相图的制备的实验方法进行滴定。
(3) 观察滴定时的实验现象,在滴定过程中产生浑浊时,记录实验数据。

（4）读取室温，并记录实验数据。

（5）按照三组分体系相图的制备的实验处理方法进行数据处理，优选出最佳三组分体系。

五、实验结果与数据处理

（1）做出不同溶剂的三组分体系相图曲线。

（2）根据绘制的三元相图，筛选出最优的绿色环保型三组分体系。

实验二　钻井液综合性能评价

一、实验目的

（1）通过查阅相关文献资料并结合课堂学习内容，了解钻井液的基本性能，学会钻井液基本性能的测定方法。

（2）设计实验方案，对给定钻井液的性能进行综合评价。

二、实验原理

钻井液主要性能包括密度、流变性能、滤失造壁性能、润滑性能、防塌性能和抗温性能等，对这些综合性能进行评价，有利于对钻井液整体性能做出综合评判，便于进一步改善钻井液性能。

各种性能测定原理见钻井化学实验或参考有关教材。

三、实验仪器与药品

1. 实验仪器

ZNN-D6 型旋转黏度计、高速搅拌器、ZNS 型滤失测定仪、漏斗黏度计、密度计、秒表、钻井液杯、pH 试纸、量筒、高搅机、润滑仪、电子天平、具塞比色管、滴瓶、烧杯、温度计等。

2. 实验药品

钻井液、润滑剂、降滤失剂、降黏剂等。

四、实验内容

对给定钻井液的性能进行综合评价。

五、实验研究要求

根据对给定钻井液的性能的评价结果,提出相应的优化措施及改进的建议,并通过进一步实验进行验证。

实验三　钻井液润滑剂的制备及性能测定

一、实验目的

(1) 培养学生从实际生产应用出发,提出问题、分析问题、解决问题的能力。

(2) 了解一种优良的钻井液用极压润滑剂应具有的官能团,如何抑制其起泡等。

(3) 学习从问题提出、问题分析、资料查阅、方案设计、钻井液润滑剂制备到性能评价较完整的基本研究过程。

(4) 巩固所学习的知识和实验技能。

二、实验研究目标

(1) 研制一种乳液型抗温钻井液用极压润滑剂。

(2) 极压润滑系数小于 0.15。

(3) 抗温能力大于 120 ℃。

(4) API 滤失不增加或降低。

(5) 与其他钻井液处理剂有良好的配位性。

三、实验研究方案设计指导

可从以下几个方面制备钻井液润滑剂。

(1) 天然植物油及其改性产物,如菜籽油、大豆油类及其酰胺或脂肪酸皂类等。

(2) 天然矿物油脂类,如白油、石蜡等辅以适当的乳化分散剂。

(3) 人工合成油脂与天然油脂复合辅以适当的乳化分散剂等。

四、实验研究要求

(1) 查阅资料,设计实验方案,写出开题报告。

(2) 合成制备实验:研究主要条件对产品性能的影响。

(3) 性能评价实验:评价其综合性能。

(4) 实验研究结束后,撰写实验研究报告。

五、安全提示及注意事项

（1）本实验涉及高温高压操作，应在教师指导下进行，操作者应对所使用的设备有足够的熟练操作能力，严禁违章操作。

（2）注意防止烫伤、机械伤等事故。

六、思考题

（1）钻井液润滑剂种类有哪些（以主要组成分类）？有何特点？

（2）关于钻井液润滑剂的作用机理，有哪些观点？

（3）如何提高钻井液润滑剂的润滑系数降低率？

实验四　钻井液用聚丙烯酰胺钾盐的制备及性能评价

一、实验目的

（1）培养学生从实际生产应用出发，提出问题、分析问题、解决问题的能力。

（2）掌握利用所学大学化学知识制备钻井液用聚丙烯酸钾的能力。

（3）学习从问题提出、问题分析、资料查阅、方案设计、页岩抑制剂制备到性能评价较完整的基本研究过程。

（4）巩固所学习的知识和实验技能。

二、实验研究目标

（1）研制钻井液用聚丙烯酰胺钾盐（K-PAM）。

（2）水解度：27%～35%。

（3）钾含量：≥11%。

（4）氯离子含量：≤7%。

（5）特性黏数：≥600 mL/g。

（7）岩芯线膨胀降低率：≥40%。

三、实验研究方案设计指导

（1）先合成聚丙烯酰胺（PAM）均聚物后，再按要求用氢氧化钾进行水解。

（2）按要求用丙烯酰胺（AM）、丙烯酸钾进行聚合。

（3）考察引发剂用量等合成条件对聚合物相对分子质量（特性黏数）的影响。

四、实验研究要求

（1）查阅资料，设计实验方案，写出开题报告。
（2）合成制备实验：研究主要条件对产品性能的影响。
（3）理化性能评价实验。
（4）实验研究结束后，撰写实验研究报告。

五、安全提示及注意事项

（1）本实验对操作技能要求较高，应在教师指导下进行，操作者应对所使用的设备有足够的熟练操作能力，严禁违章操作。
（2）注意防止烫伤、机械伤等事故。

六、思考题

（1）为什么要将 K-PAM 的水解度控制在一定范围？
（2）为什么要控制 K-PAM 样品中的氯根含量？
（3）简述 K-PAM 在钻井液中的作用。

实验五　钻井液配方设计与优选

一、实验目的

（1）加强对所学钻井液知识和技能的综合运用能力。
（2）掌握钻井液体系设计与优选的基本程序和方法，巩固钻井液性能测试的有关基本技能。
（3）了解常用钻井液处理剂的主要作用与性能。

二、实验原理

在钻井工程施工作业中，所钻井可分为直井、斜井、水平井等，从开钻到完钻的整个钻井过程中，随着井眼尺寸、钻遇地层物性、地层压力系数的变化，盐膏层的污染、易垮塌层等实际情况不同，钻井工艺措施及参数也会不同，也就对钻井液提出了不同的要求。对于所钻的每一口具体的油气井，由于井的类型、层位、地质条件、套管程序、钻井工艺等不同，对钻井液的要求完全不同，在每一口井的设计中，一般根据钻井工艺条件、地层情况提出一系列性能参数及要求。钻井液技术人员应根据具体要求，室内试验出满足设计要求的钻井液体系及配方。通常测定的钻井液参数有密度、流变性、滤失造壁性、润滑性、抗温抗盐能力、剪切稀释性、防塌性等，由于井段不同、层位不同，上述参数随之变化，因此需用实验方法调整钻井液体系及配方来满足这些要求。

钻井液配方及性能实验一般采用如图 3-2-1 所示程序。

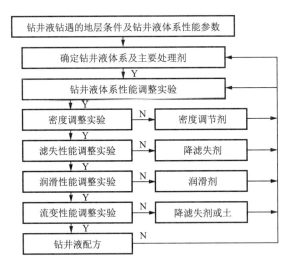

图 3-2-1　钻井液配方及性能设计流程图

三、实验内容与要求(任选一个)

(1)常规密度钻井液体系设计。

抗温:120 ℃;密度 = 1.03~1.05 g/cm³;API 滤失≤5 mL;120 ℃ HTHP 滤失≤20 mL;AV:10~15 mPa·s;PV:8~12 mPa·s;YP:1~3 Pa;极压润滑系数 k_f≤0.16;膨润土含量≤4%。

(2)抗高温钻井液体系设计。

抗温:150 ℃;密度 = 1.04~1.06 g/cm³;API 滤失≤5 mL;150 ℃ HTHP 滤失≤25 mL;AV:10~15 mPa·s;PV:8~12 mPa·s;YP:1~3 Pa;极压润滑系数 k_f≤0.16;膨润土含量≤4%;氯化钠 6%。

(3)抗高温高密度钻井液体系设计。

抗温:150 ℃;密度 = 1.50~1.55 g/cm³;API 滤失≤5 mL;150 ℃ HTHP 滤失≤25 mL;AV:12~20 mPa·s;PV:11~18 mPa·s;YP:1~4 Pa;极压润滑系数 k_f≤0.18;膨润土含量≤4%。

四、实验仪器与药品

1. 实验仪器

电子秤(精度 0.01 g)、密度计、高温高压滤失仪、高温滚子炉、六速旋转黏度计、API 滤失仪、极压润滑仪等。

2. 实验药品

膨润土,降黏剂,纤维素类降滤失剂、淀粉类降滤失剂、人工合成类降滤失剂,润滑剂,纯碱,烧碱,K-PAM、FA-367,加重剂,自来水,其他必要药品。

五、实验结果与数据处理

（1）根据实验内容,设计实验记录表格。
（2）按要求表示出实验的最终指标。

六、安全提示及注意事项

（1）本实验涉及高温高压操作,要在教师指导下进行,操作者应对所使用的设备有足够的熟练操作能力,严禁违章操作。
（2）注意防止烫伤、机械伤等事故。

七、思考题

（1）分析实验中所使用材料的作用及机理。
（2）当某一条件变化时,应做哪些相应调整？
（3）简述钻井液体系中膨润土含量既不应太高,又不宜太低的原因。

实验六　抗温抗盐油井水泥降滤失剂的合成及性能评价

一、实验目的

（1）培养学生从实际生产应用出发,提出问题、分析问题、解决问题的能力。
（2）学习从问题提出、问题分析、资料查阅、方案设计、油田化学品合成到性能评价的完整研究过程。
（3）巩固所学习的知识和实验技能。

二、实验研究目标

（1）研制一种抗温、抗盐油井水泥降滤失剂。
（2）API 滤失小于 50 mL。
（3）抗温能力大于 120 ℃。
（4）抗盐能力达到抗质量分数为 30％的 NaCl 溶液。
（5）对其他常见的外加剂有良好的相容性和配伍性。

三、实验研究方案设计指导

（1）天然产物的改性，如淀粉、纤维素、木质素等。

（2）人工合成聚合物，如丙烯酰胺、丙烯酸、马来酸酐、衣康酸、磺酸基单体等单体的二元、多元共聚物。

（3）胶乳体系，如丁苯胶乳、氯丁胶乳等。

四、实验研究要求

（1）查阅资料，设计实验方案，写出开题报告。

（2）合成实验：研究主要条件对产品性能的影响。

（3）性能评价实验：评价其综合性能。

（4）撰写实验研究报告。

五、安全提示及注意事项

（1）本实验涉及高温高压操作，应在教师指导下进行，操作者应对所使用的设备有足够的熟练操作能力，严禁违章操作。

（2）注意防止烫伤、机械伤等事故。

六、思考题

（1）油井水泥降滤失剂的种类有哪些？有何特点？

（2）关于油井水泥降滤失剂的作用机理，有哪些观点？

（3）应从哪些方面解决降滤失剂的抗温、抗盐问题？

实验七　固井水泥浆配方设计与优化

一、实验目的

（1）提高对所学知识和技能综合运用的能力。

（2）掌握固井水泥浆体系设计与优化的基本程序和方法。

（3）巩固水泥浆性能实验基本方法。

（4）了解各种外加剂的作用与性能。

二、实验原理

固井根据其目的分为表层套管固井、技术套管固井、油层套管固井、尾管固井、斜井固井、水平井固井、挤水泥作业等种类。对于每一口具体的油气井固井,由于井的类型、层位、地质条件、钻井液体系、工程条件等不同,其要求完全不同,在每一口井的设计中,一般根据固井的各种条件、技术要求提出一系列性能参数和施工参数。固井实验技术人员应根据设计要求,调配出满足设计参数的水泥浆体系。固井中水泥浆体系通常需要测定的参数有密度、稠化时间、流变性、滤失、抗压强度、游离液等,由于固井面临的情况不同,设计中可能还会对水泥石的渗透性、韧性、防腐性能、抗温性能提出特殊要求,这些要求必须全面满足。固井水泥浆体系性能一般可采取如图 3-2-2 所示程序,用实验方法进行调整。

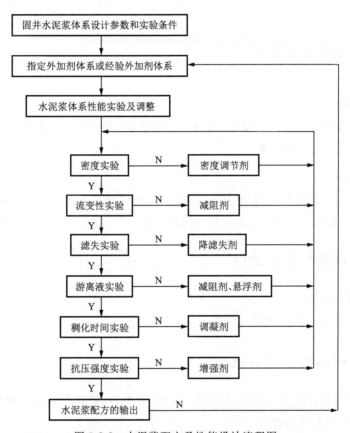

图 3-2-2　水泥浆配方及性能设计流程图

三、实验内容和要求(任选一个)

(1) 常规密度水泥浆体系设计。

实验温度:90 ℃;实验压力:35~40 MPa;密度:1.85~1.90 g/cm^3;稠化时间:210~240 min;滤失≤100 mL;流变性:$n \geqslant 0.7$,$K \leqslant 0.5$ Pa·s^n;抗压强度≥14 MPa(90 ℃·24 h·0.1 MPa);析水≤0.5%。

(2) 低密度水泥浆体系设计。

实验温度:75 ℃;实验压力:25 MPa;密度:1.60~1.65 g/cm^3;稠化时间:180~240 min;滤失≤100 mL;流变性:$n \geqslant 0.6$,$K \leqslant 1.0$ Pa·s^n;抗压强度≥10 MPa(90 ℃·24 h·0.1 MPa);析水≤1.0%。

（3）高密度水泥浆体系设计。

实验温度：100 ℃；实验压力：45～60 MPa；密度：2.00～2.05 g/cm³；稠化时间：240～270 min；滤失≤100 mL；流变性：$n \geq 0.6$，$K \leq 1.0$ Pa·s^n；抗压强度≥10 MPa（90 ℃·24 h·0.1 MPa）；析水≤1.0%。

（4）油层固井水泥浆体系设计。

实验温度：120 ℃；实验压力：70～75 MPa；密度：1.88～1.90 g/cm³；稠化时间：300～360 min；滤失≤50 mL；流变性：$n \geq 0.7$，$K \leq 0.5$ Pa·s^n；抗压强度≥14 MPa（90 ℃·24 h·0.1 MPa）；析水＝0。

四、实验仪器与药品

1. 实验仪器

电子天平（感量0.01 g）、密度计、高温高压滤失仪、高温高压稠化仪、六速旋转黏度计、恒温养护箱、抗压强度实验机等。

2. 实验药品

G级油井水泥，减阻剂，纤维素类降滤失剂、成膜类降滤失剂、人工合成类降滤失剂，糖类缓凝剂、无机缓凝剂、有机膦类缓凝剂，减轻剂，加重剂，自来水，其他必要药品。

五、实验结果与数据处理

（1）设计实验记录。

（2）按要求表示出实验的最终指标。

六、安全提示及注意事项

（1）本实验涉及高温高压操作，应在教师指导下进行，操作者应对所使用的设备有足够的熟练操作能力，严禁违章操作。

（2）注意防止烫伤、机械伤等事故。

七、思考题

（1）分析实验中所使用材料的作用及机理。

（2）当某一条件变化时，应做哪些相应的调整？

（3）为了尽可能与室内性能一致，所设计的水泥浆体系在现场应用时，应注意哪些事项？

实验八　驱油用聚丙烯酰胺的选择

一、实验目的

（1）结合课堂学习内容，并通过查阅相关文献资料，总结聚合物驱对聚丙烯酰胺的性能要求及相关的测定方法。

（2）根据大庆油田某区块的油层物性，通过实验，从 3 种相对分子质量相近的聚丙烯酰胺中选出最佳性能的聚丙烯酰胺，并推荐其使用浓度。

二、实验原理

1. 实验原理

在油田注水开发过程中，油藏的非均质性和不利的水驱流度比是导致较低水驱波及效率的两个主要因素。在油藏注入流体中加入水溶性高分子聚合物，可显著提高注入流体的黏度，降低油层渗透率，改善注入流体的流度，提高水驱波及效率，最终达到提高采收率的目的。

由于聚丙烯酰胺来源广，溶解性和增黏性好，能显著改善流度比，降低油藏的非均质程度，因此聚丙烯酰胺已广泛应用于油田多元复合驱、聚合物驱、聚合物胶束驱以及调剖堵水在内的各种提高采收率方法中。聚合物本身的性能及其与地下岩石的相互作用是影响聚合物流度控制能力的关键因素，评价聚合物的性能是筛选驱油用聚合物的重要环节之一。

聚丙烯酰胺的主要性能包括含水率、相对分子质量、水解度、黏度、溶解速率等。地层水的矿化度、pH 以及地层温度等因素均影响聚合物的流度控制能力及其流变性能。

2. 油层物性

油层属于正韵律沉积，变异系数为 0.59～0.81；油层岩性为砂岩，黏土含量为 16.9%，碳酸盐含量为 7.9%；地层温度为 51 ℃，地层原油黏度为 20 mPa·s，地层水组成见表 3-2-1。

表 3-2-1　地层水组成

离子含量/(mg·L^{-1})								pH
K$^+$＋Na$^+$	Ca^{2+}	Mg^{2+}	Cl$^-$	HCO$_3^-$	CO$_3^{2-}$	SO$_4^{2-}$	总矿化度	
768.09	13.58	6.78	356.30	324.52	16.37	898.97	2 384.61	8.5

三、实验仪器与药品

1. 实验仪器

恒温水浴（控温精度±0.05 ℃）、电子天平（感量分别为 0.01 g 和 0.000 1 g）、旋转黏度计、乌式黏度计、孔隙黏度计、秒表、酸度计、电动搅拌器、磁力搅拌器、烘箱、真空干燥箱、电吹风、移液管、烧杯、称量瓶、锥形瓶、微量滴定管、注射器。

2. 实验药品

部分水解聚丙烯酰胺(不同相对分子质量和水解度)、亚硝酸钠、氯化钠、氯化钙、盐酸、甲基橙、靛蓝二磺酸钠。

四、实验内容

(1) 配制聚丙烯酰胺溶液。

(2) 通过对 3 种聚丙烯酰胺主要性能的比较,选出最佳聚丙烯酰胺。

(3) 通过实验,确定所选聚丙烯酰胺的最佳使用浓度。

五、实验要求

(1) 同学们每 2~3 人一组,查阅相关资料,设计实验方案。

(2) 以表格形式认真记录实验现象和数据。

(3) 写出实验报告,对实验现象进行讨论,并筛选出适合驱油用的聚丙烯酰胺及其使用浓度。

实验九　聚合物综合性能评价

一、实验目的

(1) 通过查阅相关资料并结合课堂学习内容,了解聚合物的基本性能,学会聚合物基本性能的测定方法。

(2) 设计实验方案,对给定聚合物的性能进行评价。

二、实验原理

在油田开发过程中,无论是在油层的改造还是在油水井的改造方面,广泛用到聚合物。在使用的聚合物中,部分水解聚丙烯酰胺用量最大,因此本实验主要是针对部分水解聚丙烯酰胺的综合性能进行测定。

由于部分水解聚丙烯酰胺来源广,溶解性和增黏性好,能显著改善流度比,降低油藏的非均质程度,因此部分水解聚丙烯酰胺已广泛应用于油田多元复合驱、聚合物驱及调剖堵水在内的各种提高采收率方法及其他增产措施的助剂中。聚合物性能是影响聚合物在不同方面使用效果的关键因素,因此评价聚合物的性能是筛选不同使用用途的聚合物的重要环节之一。

部分水解聚丙烯酰胺的主要性能包括相对分子质量、水解度、黏度、盐析作用(耐盐性能)等,对这些性能的评价与了解会直接决定其用途。

三、实验仪器与药品

1.实验仪器

pHs-25 型酸度计、电子分析天平(感量 0.000 1 g)、电磁搅拌器、碱式滴定管、乌氏黏度计、电子秒表、吸液球、恒温槽(控温精度±0.05 ℃)、移液管、容量瓶(1 000 mL 的 2 个,100 mL 的 1 个)。

2.实验药品

部分聚丙烯酰胺、硝酸钠(分析纯)、HCl(分析纯)、NaOH(分析纯)、蒸馏水。

四、实验内容

(1) 配制不同浓度的聚合物溶液、模拟地层水、标准溶剂溶液。
(2) 测定不同聚合物产品的相对分子质量、水解度、盐敏性。

五、实验要求

(1) 同学们每 2～3 人一组,查阅相关资料,设计实验方案。
(2) 以表格形式认真记录实验现象和数据。
(3) 写出实验报告,对实验现象进行讨论,并根据聚合物的性能测定结果决定其用途。

实验十　水基压裂液配方设计

一、实验目的

(1) 掌握水基压裂液配方设计的基本程序。
(2) 综合运用所学知识,掌握水基压裂液各种性能评价方法。
(3) 了解水基压裂液的各个外加剂的性能、作用原理。
(4) 了解怎样提高水基压裂液的各个性能参数。

二、实验原理

水力压裂是在地面采用高压泵组,以大大高于地层吸收能力的注入速度,向油层注入压裂液,使井筒内压力逐渐增高,当压力增高到大于油层破裂压力时,油层就会形成对称于井眼的裂缝。压裂液中携带一定数量和一定粒径的高强度支撑材料,铺置在裂缝中,从而形成一条或几条高导流能力的通道。在整个压裂过程中,压裂液起到了传递地面压力、压开裂缝、携带支撑剂进入地层等关键作用。要求压裂液具有以下基本性能:悬砂能力强、滤失小、摩阻低、热稳定性能和剪切稳定性好、配伍性好、低残渣、易返排、货源广。每一口井的类型、层位、地质条件等不同,要求设计的压裂液体系就不一样。在每一口井的设计中,一般对压裂的各种条件、技术要求和参数进行了明确的设计。施工前,实验人员应根据设计要求,调配出合适的压裂液体系。根据行业标准,压裂液性能一般需要考虑的参数有表观黏度、流变性、稳定性、滤失、破胶返排、残渣含量这 6 个。根据每口井设计的具体要求,还可能涉及耐温性、乳化、破乳等性能调节。

水基压裂液体系的设计步骤如图 3-2-3 所示。

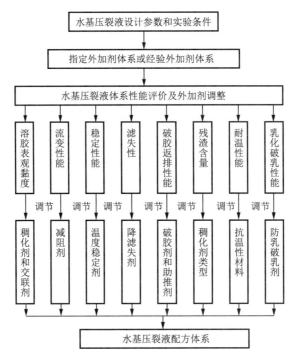

图 3-2-3　水基压裂液体系设计步骤

三、实验仪器与药品

1. 实验仪器

六速旋转黏度计、水浴锅、高温高压滤失仪、表面张力仪等。

2. 实验药品

瓜尔胶(多种)、交联剂(多种)、过硫酸铵、水和肼、压裂液专业助排剂(多种)、防乳破乳剂、降滤失剂等。

四、实验内容和步骤

1. 实验内容

在下列实验中任选一组进行设计和性能评价实验。

(1) 常规水基压裂液体系的设计与性能评价实验。

实验温度:90 ℃。要求:体系溶胶黏度不小于 300 mPa·s;剪切 120 min 后黏度值保留在 1/3 以内;升温到 90 ℃,黏度值在 120 min 后保留在 1/3 以内;破胶时间为 3 h 左右,在前 1 h 黏度降低率不超过 50%;破胶后黏度不大于 10 mPa·s;破胶后表面张力不大于 36 mN/m。

(2) 酸性水基压裂液体系的设计与性能评价实验。

实验温度:60 ℃。要求:体系溶胶黏度不小于 200 mPa·s;剪切 120 min 后黏度值保留在 1/4 以上;升温到 60 ℃,黏度值在 120 min 后保留在 1/3 以内;破胶时间为 3 h 左右,在前 1 h 黏度降低率不超过 50%;破胶后黏度不大于 10 mPa·s;破胶后表面张力不大于 36 mN/m。

(3) 抗高温型水基压裂液的设计与性能评价实验。

实验温度:150 ℃。要求:体系溶胶黏度不小于 300 mPa·s;剪切 120 min 后黏度值保留在 1/4 以上;升温到 150 ℃,黏度值在 120 min 后保留在 1/3 以内;破胶时间为 3 h 左右,在前 1 h 黏度降低率不超过 50%;破胶后黏度不大于 10 mPa·s;破胶后表面张力不大于 36 mN/m。

2. 实验步骤

(1) 根据所选实验要求和条件,选择适合的添加剂,设计出实验基本配方和方案,与实验指导教师讨论确定后进行实验。添加剂的选择原则:① 性能优良的外加剂;② 油田常用的外加剂;③ 易于获得的外加剂;④ 经济的外加剂。

(2) 实验步骤参考本书的各实验操作,若有本书未涉及的实验操作,则与指导教师讨论确定。

五、安全提示及注意事项

(1) 本实验涉及高温高压操作,应在教师指导下进行,操作者应对所使用的设备有足够的熟练操作能力,严禁违章操作。

(2) 注意防止烫伤、机械伤等事故。

六、思考题

(1) 水基压裂液设计的依据有哪些?

(2) 分析各个添加剂的机理,并根据你自己的实验看看需要在哪些方面进行改进。

(3) 根据实验,自己设计合成一种添加剂来满足要求。

实验十一 无聚合物清洁压裂液配方研究

一、实验目的

(1) 培养学生综合运用知识的能力。

(2) 培养自我查询资料、提出问题、建立方案的能力。

(3) 了解压裂液体系研究的发展前沿技术。

(4) 巩固所学习的知识和实验技能。

二、研究背景

某油田 M 位于酒泉西部盆地南部隆起带中段,祁连山北麓的老君庙背斜构造带上。油藏含油面积 10.6 km²,地质储量 2 236 万 t,可采储量 916.2 万 t,截至目前累计产油 806.664 3 万 t,采出地质储量的 36.08%,采出可采储量的 88.04%,目前日产油 350 t 左右,综合含水 60% 左右,处于中含水开发后期。

该区块背斜隆起地区自上而下钻遇的地层主要有第三系疏勒河群和白杨河群,与下伏白垩系红色含砾泥岩呈不整合接触。白杨河群间泉子组为第三系主要储集层,是一套棕红色陆源碎屑沉积。M 油藏是第三系的底部油藏,为棕红色厚层状砂岩,整个 M 层为上细下粗的正韵律沉积,厚度一般为 60~70 m,自上而下由 M1,M2,M3 三个小层组成。其上部与 L~M 层为连续沉积,以豆状钙质结核层或钙质砂岩底面为分界。

M 油藏为低渗透块状砂岩油藏,平均空气渗透率仅为 24.2×10⁻³ m²,且空间分布很不均匀,顶部区和外排区渗透率大小主要受碳酸盐含量的影响,东部的低产区则以泥质胶结为主,渗透率大小受泥质含量的影响。从沉积相带上看,M3 的高渗透层分布在两个冲积扇之间的狭长洼地沉积中心,M2 的高渗透带分布在主河槽两侧的砂坝沉积区,M1 的高渗透带连片分布,其中散布一些汊河槽沉积的低渗透带。从渗透率的垂向变化看,M3 的渗透率很低,变化频繁,但变化幅度小,M2 的高渗透层和低渗透层的连续厚度大,渗透率的垂向变化缓慢而有规律,变化幅度大,M1 中有连续厚度大的高渗透层,间以薄的低渗透层,垂向的渗透率变化与碳酸盐含量的垂向分布有极好的对应关系。

综上可以看出,M 油藏为低渗透块状砂岩油藏,其渗透较低。对于这种油藏的压裂施工,尤其要求运用低伤害压裂液体系。无聚合物清洁压裂液具有无残渣、伤害低、滤失低及携砂性好等特点,是目前使用得最好的无伤害压裂液体系。

三、实验研究目标

(1) 研究出清洁压裂液体系配方。

(2) 压裂液黏弹性能好,能够很好地携砂。

(3) 压裂液流变性能好。

(4) 抗温能力大于 90 ℃,剪切 60 min 后,黏度保持率大于 50%。

(5) 滤失量小于 50 mL,破胶液表面张力小于 28 mN/m。

四、实验研究工作要求

(1) 查阅资料,设计实验方案,写出开题报告。

(2) 配方研究实验。

(3) 性能评价实验。

（4）撰写实验研究报告。

五、安全提示及注意事项

（1）本实验涉及高温高压操作，应在教师指导下进行，操作者应对所使用的设备有足够的熟练操作能力，严禁违章操作。

（2）注意防止烫伤、灼伤等事故。

六、思考题

（1）说出清洁压裂液和传统的 HPG 压裂液的不同之处。

（2）实验室怎样测试清洁压裂液的黏弹性？

（3）清洁压裂液的破胶有何特别之处？使用时要注意什么？

实验十二　变黏酸配方研究

一、实验目的

（1）培养学生从实际生产应用出发，提出问题、分析问题、解决问题的能力。

（2）学习从问题提出、问题分析、资料查阅、方案设计到各种外加剂的优选以及工作液配方的形成、性能评价的完整科研过程。

（3）巩固所学习的知识和实验技能，提高对所学知识和技能的综合运用能力。

二、实验原理

酸压技术是目前改造碳酸盐岩储层的主导工艺，酸压可形成有效酸蚀裂缝，沟通储集层的天然缝洞系统，提高酸蚀裂缝的导流能力，疏通油气入井通道。但由于酸岩反应速率大、酸蚀蚓孔的生成、滤失量大等原因，酸压裂缝的延伸受到限制。因此，希望酸液在泵注过程中具有良好的流动性，在酸岩反应期间具有较高的黏度，施工后降解降黏，易于返排到地面，为此开发了不同类型的酸液体系，以满足酸压工艺的要求。变黏酸即其中一种，又称为降滤失酸，是国外 20 世纪 90 年代初开发出的一种新的、具有独特流变性的酸液体系。

变黏酸是指在酸液中加入一种合成聚合物，能在地层中形成交联胶凝剂增加黏度，在酸液消耗为残酸后能自动破胶降黏的酸液体系。它是在胶凝酸基础上发展起来的，在保持胶凝酸降阻、缓速等优点的基础上，强化酸液滤失的控制。变黏酸的作用机理主要通过酸液黏度的变化来达到。变黏酸与胶凝酸的不同之处就在于新酸向残酸转变的过程中，增加了一个黏度升高/降低的过程，即酸液的初始黏度为 $30\sim45$ mPa·s，进入地层后，随着酸岩反应，其 pH 上升，当 pH 上升至 $2\sim4$ 时，酸液中的添加剂发生化学反应，液体由线性流体变成黏弹性的冻胶状（其外观类似于水基冻胶压裂液）。液体的这种高黏状态，使其在地层的微裂缝及孔道中的流动阻力变得很大,极大地限制了液体的滤失;减缓了酸液中 H^+ 向已反应的岩石表面扩散,使鲜酸继续向深部穿透和自行转向其他低渗透层。随着酸液的进一步消耗,液体中又发生另外一种反应,液体恢复到原来的线性流体状况,黏度降低,易于返排。因此,就本质而言是短时间处于高黏态的变黏酸起了前置液的作用;又由于此高黏态是酸/岩反应过程中的一个环节,故此种封堵是连续性的。

三、实验研究目标

(1) 研制出一种由 pH 控制的变黏酸酸液配方。

(2) 酸液初始黏度为 $30\sim45$ mPa·s;pH 上升至 $2\sim4$ 时,酸液体系黏度达到最大值;pH$\geqslant$4 时,酸液体系黏度降低至初始黏度。

(3) 体系抗温 90 ℃。

(4) 各外加剂配伍性良好。

(5) 酸液腐蚀速率小于 0.076 mm/a。

(6) 酸液的抗滤失性能、返排性能良好。

四、实验研究工作要求

(1) 查阅资料,设计实验方案,写出开题报告。

(2) 优选各种变黏酸酸液外加剂。

(3) 进行变黏酸酸液性能评价。

(4) 撰写实验研究报告。

五、思考题

(1) 变黏酸与凝胶酸的联系与区别是什么?

(2) 分析变黏酸酸液体系中各种外加剂的作用及作用机理。

(3) 在变黏酸的实际应用过程中,除了用 pH 来控制酸液的黏度,还有其他控制条件吗?如果有,那么请说明原理及优、缺点。

(4) 在现场实际应用过程中,为了尽可能使酸液体系的性能与室内性能一致,在酸化施工工艺方面应注意哪些事项?

实验十三 体膨型堵水剂的合成及性能评价

一、实验目的

(1) 掌握水溶液聚合法制备体膨型堵水剂的方法。

(2) 掌握体膨型堵水剂的性质特点。

（3）学习堵水剂分子设计的基本方法。

（4）了解体膨型堵水剂在油田中的应用。

二、实验原理

由于人工合成的颗粒体膨型堵水剂易于调整分子结构和性质，其堵水能力强，施工中性能调整和控制方法多，是近年来堵水剂研究的热点。本实验的目标是以丙烯酸和丙烯酰胺为主要单体，以 N,N′-亚甲基双丙烯酰胺为交联剂，加入适量的 EDTA，采用胶态聚合方法，合成一种颗粒体膨型堵水剂。其聚合原理和分子结构如下：

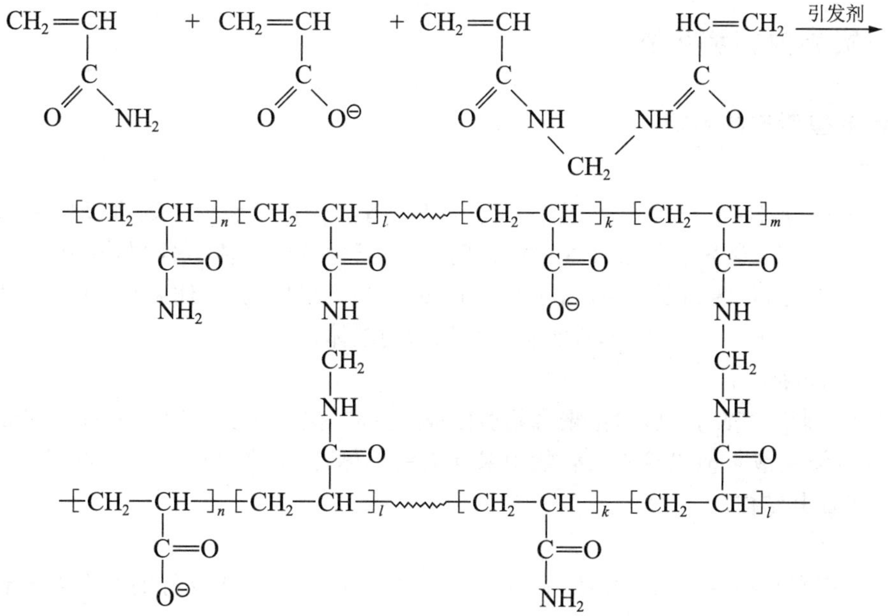

三、实验基本要求

（1）查阅相关文献，确定基本实验方案、单体比例、交联剂加量范围、实验步骤和反应条件等。

（2）一般的体膨型堵水剂吸水曲线如图 3-2-4 所示。从图中可以看出，其吸水主要发生在 0～2 h 之内，这段时间正好是大部分井的施工时间，一方面，其大量吸水会造成注入困难；另一方面，其堵水效果主要依靠体膨型颗粒在地层中吸水膨胀形成的嵌入阻力，如果在地面和施工阶段体积膨胀基本结束，那么在地层中膨胀余地小，其封堵能力会大大下降。因此，必须改变其吸水特性，让更多的体积膨胀在地层中进行，即使其吸水曲线尽量符合图 3-2-5 的特点。实验中可以通过调整亲水单体的含量和交联剂用量使其吸水曲线特性改变，使其尽可能接近图 3-2-5 的特点。

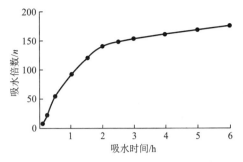

图 3-2-4 一般体膨型堵水剂吸水曲线

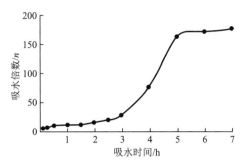

图 3-2-5 体膨型堵水剂理想吸水曲线

四、实验内容和步骤

1. 体膨型堵剂的合成

（1）聚合。

用 500 mL 广口瓶、恒温水浴、搅拌器等必要设备和仪器组装成一套可以恒温、搅拌、通气、加入液体的聚合装置。按设计的单体比例、反应条件等将单体、水配制成 20%～30% 水溶液，倒入广口瓶，加热到设计温度，通氮气 10 min，加入引发剂，当体系黏度明显增加时，停止搅拌和通氮气，恒温反应 24 h，即得体膨型堵水剂胶体。

（2）产品表征。

取出少量胶态产品，用剪刀把聚合物剪碎成小片状，然后放入 90% 的乙醇水溶液中浸泡 24 h，再用丙酮浸泡 4 h，以除去聚合物中未反应的单体，产品在 80 ℃ 下真空干燥 12 h。用红外光谱表征其结构。

（3）干燥。

用剪刀把聚合物剪碎成小片状，在 80 ℃ 下真空干燥 12 h。干燥好的产物粉碎至 200 目以上，放在干燥器中备用。

2. 颗粒体膨型堵水剂的吸水特性测定

称取一定量产品，在搅拌下加入室温去离子水中，倒入内衬 400 目的不锈钢滤网的烧杯中，在指定的温度下恒温，定时取出不锈钢滤网，滤去水，称重，确定吸收量，以吸水倍数对吸水时间作图，即得吸水特性曲线图。

3. 吸水曲线的特性调整

通过分析已合成的产品的吸水曲线特性，调整单体比例和交联剂用量，重复"1. 体膨型堵剂的合成"和"2. 颗粒体膨型堵水剂的吸水特性测定"的实验。

4. 堵水性能评价

用 120～200 目的石英砂装填成砂管，模拟高渗透地层，参照第三篇第二章"实验四 钻井液用聚丙烯酰胺钾盐的制备及性能评价"的实验步骤，对其堵水效果进行评价。

五、实验报告撰写

按照论文的格式，撰写实验研究报告。

实验十四　含磷共聚物阻垢剂的制备及阻垢性能评价

一、实验目的

（1）掌握阻垢剂性能的评价方法。
（2）掌握不同单体配比对共聚物的阻垢性能的影响。
（3）了解共聚物水处理剂的合成工艺。

二、实验原理

人工合成共聚物水处理剂大多采用自由基聚合的方式合成；能够产生自由基的引发剂如过硫酸铵、过氧化氢、过氧化苯甲酰等引发各种双键单体的聚合，同时为了有效控制所得产品相对分子质量在一定范围内，还需向聚合体系中加入相对分子质量调节剂。

在共聚物阻垢剂中，不同单体配比聚合所得产品的性能有很大差异。一般地，增加聚合物分子中羧基的密度有利于聚合物阻碳酸钙垢性能的提高，增加聚合物分子中酯基的密度有利于聚合物阻磷酸钙垢性能的提高，增加聚合物分子中磺酸基团的密度有利于聚合物阻磷酸钙垢、稳定锌盐、分散氧化铁性能的提高。

本实验通过改变丙烯酸、丙烯酸羟丙酯两种单体的配比，合成系列含磷聚合物阻垢剂，并采用静态阻垢的方法考察单体配比对聚合物阻碳酸钙垢性能的影响。

聚合原理：

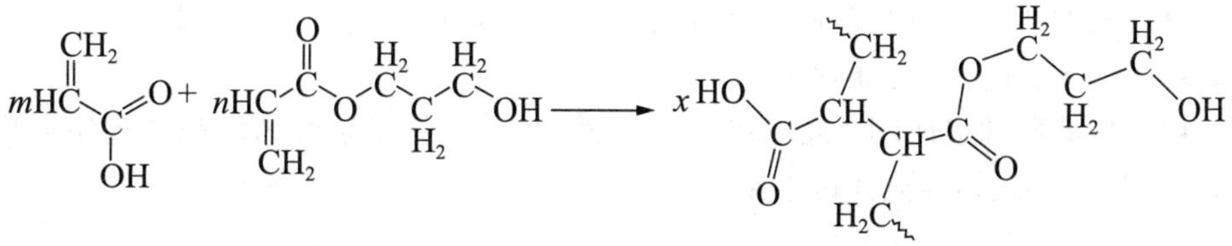

三、实验仪器与药品

1. 实验仪器

集热式磁力搅拌器、三口烧瓶、滴液漏斗、温度计、球形回流冷凝管、容量瓶（6 个，250 mL）、刻度移液管（3 支，10 mL）。

2. 实验药品

丙烯酸、丙烯酸羟丙酯、过硫酸铵、次磷酸钠。（均为化学纯）

四、实验内容与步骤

1. 阻垢剂的合成

（1）按图 3-2-6 所示，在集热式磁力搅拌器中安装好洗净、干燥的合成实验装置，并将一粒磁力搅拌子加入反应三口烧瓶中。

（2）准确称取 1.50 g 次磷酸钠,在 48.50 g 水中配制成质量分数为 3.00% 的次磷酸钠溶液,将其全部加入三口烧瓶中。

（3）准确称取 2.00 g 过硫酸铵,在 38.00 g 水中配制成质量分数为 4.00% 的过硫酸铵溶液,将其全部加入其中一个恒压滴液漏斗中。

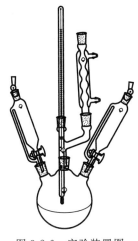

图 3-2-6　实验装置图

（4）称取丙烯酸和丙烯酸羟丙酯各 25 g,加入纯水 30 mL,配制成单体混合溶液,加入另一个恒压滴液漏斗中。

（5）将集热式磁力搅拌器的加热控制部分设置到(75±2)℃进行恒温加热,待三口烧瓶内反应体系温度达到 75 ℃时,打开两边的恒压加料漏斗活塞,以适当的速度向反应体系中滴加步骤(3)(4)配制好的溶液,注意保持体系中温度不能低于 75 ℃,同时控制其在 1.5～2 h 内同时滴完两边的溶液。

（6）快速向两边恒压加料漏斗中加入 5 mL 纯水冲洗步骤(3)(4)滴加后残余的溶液至烧瓶中。立即升温到 85 ℃后恒温反应 1～1.5 h。停止加热,自然冷却后,倒出产品。

（7）将过硫酸铵溶液配制成 3%,5%,6%,8% 系列溶液,重复上述反应,合成一系列产品。

（8）保持某一引发剂浓度不变,控制单体浓度总量不变,调整单体丙烯酸和丙烯酸羟丙酯质量比例为(1:1)～(5:1),合成系列聚合物。

注意:可以安排不同组的学生完成不同条件和单体比例的合成实验,并评价其性能,实验完成后讨论实验结果。

2. 阻垢剂性能评价

（1）对合成的产品采用静态碳酸钙沉积法测定其阻垢性能,实验步骤参考第二篇第四章"实验六　水处理阻垢剂性能评价"。

（2）用六偏磷酸钠、HEDP(羟基亚乙基二膦酸)采用静态碳酸钙沉积法测定其阻垢性能,比较合成样品的阻垢性能并讨论原因。

五、实验结果与讨论

（1）试讨论本实验为什么要采用同时滴加单体和引发剂的方法进行聚合。

（2）试分析丙烯酸-丙烯酸羟丙酯共聚物阻垢剂的主要阻垢机理。

六、思考题

（1）聚合物阻垢剂的阻垢原理与六偏磷酸钠、HEDP 有何不同?

（2）聚合物阻垢剂的分子结构对其性能有何影响?

（3）与六偏磷酸钠、HEDP 相比,聚合物阻垢剂有何优、缺点?

附　　录

附录一　常用实验器材与玻璃装置

1. 常用化学实验器材

序号	玻璃仪器名称	规　格	主要用途	操作要领与注意事项
1	玻璃棒	玻璃材质。 规格：以"直径（mm）×长度（mm）"表示，如10 mm×200 mm	用于搅拌和导（引）流等	搅拌时防止折断
2	滴　管	玻璃或塑料材质。 规格：按容量（mL）可分为1 mL，3 mL，5 mL等	用于吸取少量溶液和准确定容	1. 吸取溶液时不能吸入胶帽中，胶帽坏了要及时更换。 2. 滴加时保持竖直，避免倾斜、倒立。 3. 滴管尖不得接触其他物体，以免污染
3	普通试管	玻璃材质，分硬质和软质。 规格：无刻度的普通试管以"管口外径（mm）×管长（mm）"表示。有12 mm × 150 mm，15 mm×100 mm，30 mm×200 mm等	在常温或加热时，用作少量物质的反应容器；盛放少量固体或液体；用作收集少量气体	应用拇、食、中三指握持试管上沿处，振荡时要腕动臂不动。 做反应容器时液体不超过试管容积的1/2，加热时液体不超过试管容积的1/3。 加热前试管外面要擦干，加热时要用试管夹。 加热液体时，管口不要对着人，并将试管倾斜，与桌面成45°。 加热固体时，管底应略高于管口

续表

序号	玻璃仪器名称	规　格	主要用途	操作要领与注意事项
4	离心试管	材质有玻璃、塑料、钢等。 规格:以容积(mL)表示,如 5 mL,10 mL,15 mL等	实验室离心机用于基于密度分离流体,如气体或液体。离心分离分散在液体介质中的固体颗粒	1.玻璃离心试管:在使用玻璃离心试管时需采用适合的离心力;离心力不能太大,另外还需要将橡胶垫垫在管下,以防管子破碎;高速离心机一般不选用玻璃管。 2.钢制离心试管:钢制离心试管拥有很大的强度,不易变形,可抗热,抗冻,抗化学腐蚀,它有着十分广泛的应用。但使用时应防止接触强腐蚀性的化学药品,例如强酸、强碱等,尽量避免试管被这些化学物质腐蚀。 3.在使用离心管时,不要一根管多次使用
5	烧　杯	玻璃材质,有硬质、软质型,有刻度或无刻度。 规格:常以容量(mL)表示,如 1 mL, 5 mL, 10 mL(微型烧杯);25 mL,50 mL,100 mL,200 mL,250 mL,400 mL,500 mL,1 000 mL,2 000 mL 等	用作容器,如反应容器、配制溶液时的容器或简便水浴的盛水器等	1.反应液体不得超过烧杯容量的2/3。 2.加热前将烧杯外壁擦干,烧杯底要垫石棉网,先放溶液后加热,不可蒸干;加热后不可放在湿物上。 3.玻璃棒不断搅拌且勿触及杯壁
6	锥形瓶	玻璃材质。 规格:常以容积(mL)表示,如 125 mL,250 mL,500 mL 等	加热液体;滴定中的反应容器,振荡方便;也可收集液体、气体;在蒸馏实验中做液体接收器	1.盛液不能过多。 2.滴定时,只需振荡,不搅拌。 3.加热要垫石棉网,不可干加热,外壁不能有水,加热后不可放在湿物上
7	广口瓶	玻璃材质,有无色透明型和棕色型之分,瓶口内侧磨砂。 规格:常以容积(mL)表示,如 50 mL,100 mL,250 mL,500 mL 等	存放固体药品,也可用来装配气体发生器	1.不能加热;不能在瓶内配制溶液;磨口塞保持原配,与瓶塞一一对应,切不可盖错。 2.酸性药品、具有氧化性的药品、有机溶剂要用玻璃塞,碱性试剂要用橡胶塞。 3.对见光易变质的要用棕色瓶

序号	玻璃仪器名称	规　格	主要用途	操作要领与注意事项
8	细口瓶	玻璃材质,有无色透明和棕色型之分,瓶口内侧磨砂。 规格:常以容积(mL)表示,如50 mL,100 mL,250 mL,500 mL等	存放液体药品	1.不能加热,不能在瓶内配制溶液,磨口塞保持原配。 2.酸性药品、具有氧化性的药品、有机溶剂要用玻璃塞,碱性试剂要用橡胶塞。 3.对见光易变质的要用棕色瓶
9	胶头滴瓶	玻璃材质,有无色透明型和棕色型之分。 规格:常以容积(mL)表示,如50 mL,100 mL等	盛放液体试剂和溶液	1.不能加热。 2.棕色瓶常用于盛放见光易分解或不稳定的试剂。 3.滴瓶上的滴管与滴瓶配套使用,不同滴瓶的滴管不可混用,以免污染。 4.滴瓶上的滴管不要用水冲洗。 5.不可长时间盛放强碱(玻璃塞),不可久置强氧化剂。 6.吸出的药品剩余不可倒回。 7.滴管不可倒放、横放,以免试剂腐蚀滴管。 8.取用试剂时,滴管要保持竖直;滴液时,滴管不能放入容器内触碰容器壁,也不可插入其他试剂中,以免污染滴管,损伤容器。 9.滴管不能平放或倒立,以防液体流入胶头。 10.盛碱性溶液时改用软木塞或橡胶塞
10	碘量瓶	玻璃材质,有无色透明型和棕色型之分。 规格:常以容积(mL)表示,如50 mL,100 mL,250 mL,500 mL,1 000 mL等	一般为碘量法测定中专用的锥形瓶,也可用作其他产生挥发性物质的反应容器	1.不宜高温加热。 2.加入反应物后,塞子外加水做密封,静置反应,打开塞子让水沿瓶口流入瓶内,再用水将瓶口及塞子上的碘液洗入瓶中
11	集气瓶	上口为平面磨砂,内侧不磨砂。 规格:常以容积(mL)表示,如60 mL,125 mL,250 mL,500 mL等	用于收集和储存少量气体	1.玻璃片要涂凡士林,以免漏气。如果在其中进行燃烧反应且有固体生成,那么应在瓶底部加少量水或细砂。 2.不可直接加热

序号	玻璃仪器名称	规　格	主要用途	操作要领与注意事项
12	烧　瓶	玻璃材质,有普通、标准磨口型,有圆底、平底,长颈、短颈,细口和粗口几种。 规格:常以容积(mL)表示,如 25 mL,50 mL,100 mL,200 mL,250 mL,500 mL,1 000 mL等。 磨口烧瓶口径大小以标号表示,如 10 mm,14 mm,19 mm 等	用作反应容器,适用于反应物较多,需较长时间加热或不加热的反应	1.平底烧瓶一般不做加热仪器,圆底烧瓶加热时要垫石棉网。 2.不宜用玻璃棒搅拌。 3.不能直接加热,一般用电热套或水浴加热,加热时外壁不能有水,加热后不要与湿物接触。 4.圆底烧瓶竖放在桌上时,需垫以合适的器具,以防滚动打坏等
13	二口烧瓶 三口烧瓶　四口烧瓶 多口(颈)烧瓶	玻璃材质,大部分为磨口型,其他区分与普通烧瓶一致。 根据烧瓶口径数量,有二口、三口、四口等之分。 规格:与常规烧瓶规格型号划分基本一致	1.每个口可以同时加入多种反应物,或连接冷凝管。 2.作为液体和固体或液体间的反应器。 3.用于装配气体反应发生器(常温、加热),蒸馏或分馏液体	1.不宜用玻璃棒搅拌。 2.不能直接加热,一般用电热套或水浴加热,加热时外壁不能有水,加热后不要与湿物接触。 3.使用时注意磨砂接口的密封。 4.圆底多口烧瓶竖放在桌上时,需垫以合适的器具,以防滚动打坏等
14	蒸馏烧瓶	玻璃材质。 规格:常以容积(mL)表示	用于液体蒸馏或分馏物质的玻璃容器。常与冷凝管、接液管、接液器配套使用。可装配气体发生器	1.加热时要垫石棉网,也可以用其他热浴加热。加热时,液体量不超过容积的 2/3,不少于容积的 1/3。 2.配置附件(如温度计等)时,应选用合适的橡胶塞,特别注意检查气密性是否良好。 3.蒸馏时最好事先在瓶底加入少量沸石(或碎瓷片),以防暴沸。 4.加热时应放在石棉网上,使之均匀受热。 5.蒸馏完毕,必须先关闭活塞后,再停止加热,防止倒吸。 6.蒸馏时,温度计水银球的位置应与蒸馏烧瓶支管口的下沿平齐

序号	玻璃仪器名称	规　格	主要用途	操作要领与注意事项
15	分馏烧瓶	玻璃材质。规格:常以容积(mL)表示	适用于化验室对一些有机化物的分馏或分离。对于加热时易起泡沫、暴沸的液体或高沸点有机化合物,在常压下易受热而分解的物质的分离,做真空减压蒸馏(某些物质沸点高,要使其沸腾,需要耗费大量的热量,或在高温下蒸馏时在未达到沸点时就分解、变质的情况下采用)	1.使用前将烧瓶洗净、烘干、安装好,安装时使用配套仪器,各仪器的部位各有不同考虑,一般中颈(克氏颈)用于插温度计,温度计插入导气用的毛细管,以便蒸馏时有空气引入,防止发生暴沸现象。在支管上分别依次连接冷凝管、弯形接管、抽滤瓶、抽气泵等配用仪器,以便将馏出物引出。2.蒸馏物由主颈加入,为防止暴沸将蒸气污染,一般开始时加入量不超过瓶容量的1/2,全部蒸馏装置安装好后,即可开动抽气泵抽减压(若减压蒸馏物中含有挥发性杂质,则应先用抽气泵抽出)、加热(加热时为达到温度的稳定上升,多用砂浴或油浴进行)等操作
16	变　径　套　塞　接　头　连接管	变径管、弯头等为玻璃材质。套塞有聚四氟乙烯材质、玻璃材质等。规格:以口径大小(mm)表示,如 10 mm,14 mm,19 mm 等	1.用于连接口径不配套的玻璃器具或用于延长玻璃器具。2.在有机合成中连接烧瓶与蒸馏管的标准口玻璃仪器	旋入玻璃器具中,若气密性不好,则可在磨砂处涂少许凡士林
17	斜形 直形 U 形　干燥管	玻璃材质,分为单球、多球干燥管。根据外形可分为斜形干燥管、直形干燥管、U 形干燥管	干燥管中加入干燥剂,用于干燥气体	单球干燥管的球体中可根据所干燥气体的性质选用干燥剂

序号	玻璃仪器名称	规　格	主要用途	操作要领与注意事项
18	吸(抽)滤瓶	玻璃材质。 规格：以磨口口径(mm)或容量(mL)表示，如 10 mm，1 000 mL	用于常压或减压过滤；能够进行真空反应的玻璃仪器，可以作为少量气体的制取发生器	1.能耐负压，但不能加热。 2.安装时，布氏漏斗颈的斜口要远离且面向吸滤瓶的抽气嘴。抽滤时速度(用流水控制)要慢且均匀，滤液不能超过抽气嘴。 3.在抽滤过程中，若漏斗内沉淀物有裂纹，则要用玻璃棒及时压紧消除，以保证吸滤瓶的低压，便于吸滤
19	布氏漏斗	瓷质。 规格：以容积(mL)和口径大小(mm)表示	与吸(抽)滤瓶配套使用，可用于沉淀的减压过滤(利用水泵或真空泵降低吸滤瓶中的压力而加速过滤)	1.滤纸要略小于漏斗的内径，这样才能贴紧。要先将滤瓶取出再停泵，以防滤液回流，不能用火直接加热。 2.布氏漏斗和抽滤瓶的连接处应用橡胶托塞紧，不能漏气。 3.滤液不能加得太满
20	漏斗	一般为玻璃、塑料或搪瓷材质，分为长颈和短径两种。 规格：以斗颈大小(mm)表示，如 30 mm，40 mm，60 mm，100 mm，120 mm 等	1.过滤，有时会使用滤纸以隔滤结晶物等化学物质。 2.引导溶液入小口容器中。 3.长颈漏斗特别适用于定量分析中的过滤操作。 4.粗颈漏斗用于转移固体	1.不能用火直接灼烧或加热。 2.过滤时要做到"一贴、二低、三靠"。"一贴"是漏纸要贴紧漏斗，可用一点点儿水使漏纸贴紧；"二低"，一是漏纸要低于漏斗口，二是液体表面要低于漏纸；"三靠"，烧杯要靠玻璃棒，玻璃棒要靠漏纸，漏斗的下面要靠盛载液体的烧杯。 3.过滤时必须用玻璃棒引流，不可直接将滤液倒入漏斗；滤纸要完好，无破损，否则会影响过滤效果；承接滤液的烧杯要洁净，否则会使得到的滤液受到污染。用长颈漏斗加液时，斗颈应插入液面内
21	保温漏斗	金属材质	过滤、装试剂，可以制成防倒吸的装置。在气体发生装置中装液体、分液装反应物(也是在发生装置中)。热过滤、减压过滤	1.铜质保温漏斗要一边用酒精灯加热，一边进行过滤操作。 2.用酒精灯外焰灼烧铜质保温漏斗外面突出来的圆柱状部分即可

(注水口　加热部位)

序号	玻璃仪器名称	规　格	主要用途	操作要领与注意事项
22	分液漏斗	玻璃材质。 规格:常以容积(mL)表示,如50 mL,100 mL,150 mL,250 mL,500 mL等;或以形状表示,如球形、梨形、筒形、锥形等	多用于互不相溶液体的分离、洗涤和萃取。 在气体发生装置中加液用。 球型分液漏斗的颈较长,多用于制气装置中滴加液体的仪器;梨形分液漏斗的颈比较短,常用作萃取操作的仪器	1.不能加热;磨口旋塞必须为原配。 2.使用前玻璃活塞应检漏,若存在漏水,则应涂薄层凡士林,但不可太多,以免阻塞流液孔。使用时,左手虎口顶住漏斗球,用拇指食指转动活塞控制加液。此时玻璃塞的小槽要与漏斗口侧面小孔对齐相通,才可使加液顺利进行。 3.做加液器时,漏斗下端不能浸入液面下。 4.振荡时,塞子的小槽应与漏斗口侧面小孔错位封闭塞紧。分液时,下层液体从漏斗颈流出(紧靠烧杯壁),上层液体要从漏斗口倾出,及时关闭活塞,防止上层液体流入烧杯中。 5.分液时,下层液体从漏斗管流出,上层液体从上倒出。 6.长期不用分液漏斗时,应在活塞面夹一纸条,防止粘连。并用一橡筋套住活塞,以免失落
23	滴液漏斗	玻璃材质,包括滴液漏斗和恒压滴液漏斗	主要用于反应过程中滴加原料	恒压滴液漏斗用于密闭反应体系,可以保证内部压强不变,使漏斗内液体顺利流下

续表

序号	玻璃仪器名称	规　格	主要用途	操作要领与注意事项
24	空气 球形 直形 蛇形 维氏 冷凝 冷凝 冷凝 冷凝 蒸馏 管　 管　 管　 管　 柱	玻璃材质。 规格:按照长度与孔径区分	用于有机制备的回流,适用于科研、石油、化工、制药工业、医疗卫生及中小学等单位化验室,在蒸馏、分馏或回流的装置上与蒸馏烧瓶、弯形接管配套使用时,起冷凝蒸气和凝聚液滴的作用	1.不可直接加热。 2.冷却水低端进高端出,水与蒸气逆流,使冷凝管末端温度最低,使蒸气充分冷凝。 3.直接用玻璃管做冷凝的也比较常见,如实验室制硝基苯、制溴苯、制酚醛树脂等
25	微孔玻璃漏斗	玻璃材质,砂芯滤板为烧结陶瓷,又称烧结漏斗、细菌漏斗、微孔漏斗。 规格:常以砂芯板孔的平均孔径(m)或漏斗的容积(mL)表示	用于细颗粒沉淀、细菌等的分离,也用于气体洗涤和扩散实验	1.避免碰撞。微孔玻璃漏斗较为脆弱,使用时要注意轻拿轻放,不要重物磕碰。 2.注意操作方式。操作时要将漏斗放稳,同时不能用力挤压,否则会影响微孔玻璃的使用寿命。 3.清洗方式。微孔玻璃漏斗过滤后应及时清洗。清洗时要刮擦微孔玻璃漏斗,用流动水轻轻冲洗干净即可
26	称量瓶	玻璃材质,分为扁形和高形两种。 规格:以"外径(mm)×高(mm)"表示;或者以容积(mL)表示,如5 mL,10 mL,15 mL,20 mL等	用于准确称量一定量的固体样品,又称称瓶。精确称量分析试样所用的小玻璃容器。一般为圆柱形,带有磨口密合的瓶盖,可以防止瓶中的试样吸收空气中的水分和 CO_2 等,适用于称量易吸潮的试样	1.称量瓶的盖子是磨口配套的,不得丢失、弄乱。称量瓶使用前应洗净烘干,不用时应洗净,在磨口处垫一小纸条。 2.称量瓶主要用于使用分析天平时称取一定质量的试样,也可用于烘干试样。称量瓶平时要洗净,烘干,存放在干燥器内,以备随时使用。 3.称量瓶不能用火直接加热,瓶盖不能互换,称量时不可用手直接拿取,应戴指套或垫以洁净纸条
27	表面皿	玻璃材质。 规格:以直径(mm)表示,如45 mm,65 mm,75 mm,90 mm等	1.让液体的表面积加大,从而加快蒸发。 2.可以做盖子,盖在蒸发皿或烧杯上,防止灰尘落入。 3.可以做容器,暂时盛放固体或液体试剂,方便取用。 4.可以做承载器,用来承载 pH 试纸,使滴在试纸上的酸液或碱液不腐蚀实验台	1.不能直接加热,需垫上石棉网。 2.不能当作蒸发皿用

序号	玻璃仪器名称	规　格	主要用途	操作要领与注意事项
28	 量　筒　　量　杯 量筒(杯)	玻璃或塑料材质。 规格：以所能量度的最大容积(mL)表示，如5 mL，10 mL，25 mL，50 mL，100 mL，200 mL，500 mL，1 000 mL，2 000 mL等。 上口大、下端小的称为量杯	用于度量液体体积	1.不能用作反应容器。 2.不能加热。量筒是玻璃器皿，加热会使之变形，从而影响其准确度，尤其是反复、长期加热、高温加热。 3.不能稀释浓酸、浓碱。 4.不能在其中溶解物质，稀释和混合液体；不能储存药剂。 5.不能量取热溶液。 6.不能用去污粉清洗，以免刮花刻度。因为刷洗会磨损量筒内壁，造成量筒的内容积变化，从而影响量筒的准确度。 7.不用润洗
29	 容量瓶	玻璃材质，有磨口瓶塞和塑料瓶塞，属量入式容器。 规格：瓶颈上刻有环形标线、容积和标定时的温度。常用容积有10 mL，25 mL，50 mL，100 mL，250 mL，500 mL，1 000 mL等	配制准确的一定物质的量浓度的溶液用的精确仪器	1.不能在容量瓶里进行溶质的溶解，应将溶质在烧杯中溶解后转移到容量瓶里。 2.用于洗涤烧杯的溶剂总量不能超过容量瓶的标线，一旦超过，必须重新进行配制。 3.容量瓶不能进行加热。如果溶质在溶解过程中放热，那么要待溶液冷却后再进行转移，因为温度升高，瓶体和液体都将膨胀，膨胀系数不一，所量体积就会不准确。 4.容量瓶只能用于配制溶液，不能长时间储存溶液，因为溶液可能会对瓶体进行腐蚀，从而使容量瓶的精度受到影响。 5.容量瓶用毕应及时洗涤干净，塞上瓶塞，并在塞子与瓶口之间夹一张纸条，防止瓶塞与瓶口粘连。 6.容量瓶只能配制一定容量的溶液，但是一般保留4位有效数字(如：250.0 mL)。 7.容量瓶不能用毛刷洗刷；瓶和塞是配套的，不能互换使用

序号	玻璃仪器名称	规　格	主要用途	操作要领与注意事项
30	酸式滴定管	玻璃材质,有无色和棕色滴定管。下端以玻璃旋塞控制流出液速度,属量出式容器。规格:以容积(mL)表示,如 5 mL,10 mL,25 mL,50 mL,100 mL 等	准确量取一定体积的液体	1.玻璃活塞必须与其配套。2.涂抹一定量的凡士林使玻璃旋塞旋转自如。3.在活塞尾端套一橡皮圈使之固定。4.使用前必须查漏。5.使用前用洗液洗、水洗、待装溶液润洗,排除其尖端气泡。6.不能加热及量取较热的液体。7.调整液面时,使滴管尖嘴部分充满液体,读数时视线与管内凹液面的最低处保持水平。8.酸、碱式滴定管不可互换使用
31	碱式滴定管	玻璃材质,有无色和棕色滴定管。下端连接装有玻璃球的乳胶管来控制流出液速度,属量出式容器。规格:以容积(mL)表示,如 5 mL,10 mL,25 mL,50 mL,100 mL 等	准确量取一定体积的液体	1.检查橡胶管是否破裂或老化。2.检查玻璃珠大小是否合适。3.使用前必须查漏。4.使用前用洗液洗、水洗、待装溶液润洗,排除其尖端气泡。5.不能加热及量取较热的液体。6.调整液面时,必须排出滴定管尖端的气泡,读数时视线与管内凹液面的最低处保持水平。7.酸、碱式滴定管不可互换使用

序号	玻璃仪器名称	规　格	主要用途	操作要领与注意事项
32	吸量管　　移液管 移液管	玻璃材质,中间有膨大部分的为移液管,否则为吸量管,属量出式容器。 　规格:以容积(mL)表示,如1 mL,2 mL,5 mL,10 mL,20 mL,25 mL,50 mL 等	用于准确量取一定体积的液体	1.不能加热或移取热溶液。 　2.刻度吸管有"吹""快"两种形式。使用标有"吹"字的刻度吸管时,溶液停止流出后,应将管内剩余的溶液吹出;使用标有"快"字的刻度吸管时,待溶液停止流出后,一般等待15 s拿出。 　3.右手持管插入液面下约1 cm,用吸耳球轻轻吸取液体,当液面上升至比刻度标线高1 cm时,迅速用右手食指堵住管口,松动食指,调整液面,使其与标线相切。 　4.释放液体时,将移液管插入接收器中,使尖端接触器壁,使容器微倾斜,移液管直立,然后松开手指,使溶液顺壁流下。 　5.在使用完毕后,应立即用自来水及蒸馏水冲洗干净,置于移液管架上。移液管和容量瓶常配合使用,因此在使用前常做两者的相对体积校准
33	微量移液器	利用空气排代原理工作,分为可调式移液器和固定式移液器。可调式移液器体积可以在一定范围内自由调节,容量单位为微升。 　规格:10 μL,20 μL,25 μL,50 μL,100 μL,200 μL,250 μL,500 μL和1 000 μL 等。 　允许误差:1%～4%;重复性:0.5%～2%。 　固定式的移液器体积不可调,但准确度高于可调式	应用于仪器、化学、生化分析中的取样和加液	吸液嘴为一次性器件,换一个试样应换一个吸液嘴

341

序号	玻璃仪器名称	规　格	主要用途	操作要领与注意事项
34	药　匙	用牛角、塑料或金属等制成，有大小、长短之分	用于取用粉末状或小颗粒状的固体试剂	1. 根据试剂用量不同，药匙应选用大小合适的。 2. 药匙不能用于取用热药品，也不能接触酸、碱溶液。 3. 取用药品后，应及时用纸把药匙擦干净。 4. 药匙最好专匙专用。用玻璃棒制作的小玻璃勺子可长期存放于盛有固体试剂的小广口瓶中，无需每次洗涤
35	毛　刷	用动物毛、化学纤维或铁丝等制成。 以大小和用途命名，如试管刷、滴定管刷等	洗刷玻璃仪器	1. 顶端无毛者不能使用，小心刷子顶端的铁丝撞破玻璃仪器。 2. 要依据工件的情况选用不同材质的试管刷，如抛金属管槽，可选用钢丝试管刷或铜丝试管刷。 3. 使用时压力不要过大，压力过大会导致两边细线歪曲或过热，导致细线断裂，快速熔化，减少使用寿命
36	试管夹	由木料、钢丝或塑料等制成	用于夹持试管，以便实验	1. 防止腐蚀烧灼或锈蚀。 2. 使用时手握长柄，大拇指按在长柄上
37	试管架	有木、铝、塑料等材质。 规格：有大小不同、形状各异的种类	用来放置（有时也可以将试管放置于试管架上，观察某个实验的现象）、晾干试管	1. 不要把加热到红热的物品放在试管架上，以防烫坏；加热后的试管应以试管夹夹好悬放在架上。 2. 清洗过的试管应倒置在试管架上，以尽快排空试管。 3. 保持试管架清洁，防止清洗过的试管被污染

续表

序号	玻璃仪器名称	规　格	主要用途	操作要领与注意事项
38	漏斗架	木或塑料材质	过滤时用于放置漏斗。稳定性好,不易被污染和损坏,使用寿命长,能满足多种漏斗的需要	使用时注意保持稳定
39	铁架台	铁材质。规格:有大小之分	固定玻璃仪器	需要平稳放置
40	点滴板	瓷或透明玻璃材质,分白釉和黑釉两种。规格:按凹穴数目分4穴、6穴和12穴等	分析、检验等实验中广泛使用的多组分微量比较性检验的常用工具,用于生成少量沉淀或有色物质反应的实验	1. 根据生成物颜色选用点滴板。2. 不能加热。3. 不能用于含HF或浓碱的反应,用后要洗净
41	洗瓶	塑料材质。规格:以容积(mL)表示,如 250 mL,500 mL等	盛蒸馏水或去离子水,可挤出少量水用于定容、洗沉淀或洗仪器	捏洗瓶时要缓慢,防止液体喷溅
42	玻璃仪器气流烘干器	常以出风口数量与风管尺寸(外径×长度)表示,如 20孔,ϕ17 mm×190 mm	可快速干燥各种玻璃仪器,实验室用途很广	1. 仪器在使用过程中不宜剧烈振动,以免将干燥器皿损坏。2. 严禁烘干后直接关闭电源开关,以免剩余热量滞留于设备内部,烧坏电机和其他部件。3. 电源插座要安装地线,以确保安全

序号	玻璃仪器名称	规　格	主要用途	操作要领与注意事项
43	酒精灯	玻璃材质	实验室加热用,火焰温度 500~600 ℃	1.使用时用漏斗添加酒精,所装酒精量不能超过其容积的 2/3,但也不能少于 1/4。 2.用火柴点燃,绝对不能用一盏燃着的酒精灯去点另一盏酒精灯。 3.加热时要用火焰外焰。 4.熄灭时要用酒精灯灯盖盖灭,不可以用嘴吹灭
44	喷火管——火力调节杆 预热管——预热盘 壶嘴——壶体 酒精喷灯	铜材质	实验室高温加热用,火焰温度 1 000 ℃左右,用于需要加强热的实验,如煤的干馏、炭还原氧化铜	1.喷灯工作时,灯座下绝不能有任何热源,环境温度一般应在 35 ℃以下,周围不要有易燃物。 2.当罐内酒精耗剩 20 mL左右时,应停止使用。若需继续工作,则要把喷灯熄灭后再增添酒精,不能在喷灯燃着时向壶内加注酒精,以免引燃壶内的酒精蒸气。 3.使用喷灯时,若发现罐底凸起,则要立即停止使用,检查喷口有无堵塞,酒精有无溢出等。待查明原因,排除故障后再使用。 4.每次连续使用的时间不要过长。若发现灯身温度升高或壶内酒精沸腾(有气泡破裂声),则立即停用,避免壶内压强增大导致壶身崩裂
45	石棉网	由细铁丝编成,中间涂有石棉。 规　格:以铁网边长(cm)表示,如 16 cm×16 cm,23 cm×23 cm 等	将火焰的热量分散到容器的每个角落,使其受热均匀	1.不要与水接触,以免石棉脱落或铁网生锈。 2.石棉网应轻拿轻放,避免用硬物撞击而使石棉绒脱落。 3.石棉脱落者不能用,不能折叠
46	三脚架	铁质。 规格:有大小、高低之分	做石棉网及仪器的支承物或放置较大或较重的加热器	要放平稳。放置加热容器前,先放置石棉网,使容器受热均匀

续表

序号	玻璃仪器名称	规　格	主要用途	操作要领与注意事项
47	升降台	不锈钢、塑料材质,有大小、高低之分	调整物体或实验装置的位置,如调整加热套的位置,控制加热效率	1.将升降台放置平稳,旋转手轮,将升降台的上面板调节至所需的高度即可,工作台面的大小可根据需要选择使用。 2.升降台使用完毕后,应保持清洁,并存放在阴凉、干燥、无腐蚀性气体的地方
48	泥三角	用铁丝拧成,套以耐热陶瓷管。 规格:有大小之分	三角形支撑物,用来支撑坩埚以利加热,防止坩埚炸裂	1.常与三脚架配合使用。 2.不能猛烈撞击,以免损坏瓷管。 3.灼烧后泥三角应放在石棉网上。若铁丝断了,则不能再用
49	燃烧匙	金属材质,铁制品或铜制品	用于盛放可燃性固体物质做燃烧实验(特别是物质在气体中的燃烧反应)	1.燃烧匙在使用时,如果匙中盛放的物质(如硫)能和铁、铜反应,则应盛放一层细砂。 2.细砂是铺在燃烧匙的里边,就如同我们平时用的勺子一样,里边放砂子,但勺子一直朝上,砂子是不会掉下来的。铺砂子的目的主要是在燃烧匙和药品之间铺一个保护层,从而防止药品腐蚀燃烧匙。 3.燃烧匙是可以直接放在酒精灯上进行操作的仪器之一。很多的实验仪器是不可以直接放在酒精灯上的。可用酒精灯来直接加热(不需要石棉网垫着或者水浴)的仪器有试管、蒸发皿、坩埚和燃烧匙。 4.若燃烧物能与燃烧匙反应,则应在燃烧匙底部放少量砂子或石棉绒;若助燃物能与燃烧匙反应,则需另换代用品,如钠在氯气中的燃烧实验可用玻璃制的小匙

序号	玻璃仪器名称	规　格	主要用途	操作要领与注意事项
50	蒸发皿	多为瓷质,也有由玻璃、石英、金属制成的。 规格:有平底和圆底两种,以口径大小(mm)或容积(mL)表示,按容积分为 75 mL,200 mL,400 mL 等	蒸发液体、浓缩溶液或干燥固体物质	1.按液体的性质选用不同材质的蒸发皿。瓷质蒸发皿加热前要擦干外壁,加热后不能骤冷,防止破裂。 2.应使用坩埚钳取放蒸发皿,加热时用三脚架或铁架台固定。 3.液体量多时可直接加热,量少时或黏稠液体要垫石棉网或放在泥三角上加热。 4.加热蒸发皿时要不断用玻璃棒搅拌,防止液体局部受热四处飞溅。 5.加热完后,需要用坩埚钳移动蒸发皿。不能将其直接放到实验桌上,应放在石棉网上,以免烫坏实验桌。 6.大量固体析出后就熄灭酒精灯,用余热蒸干剩下的水分。 7.加热时,应先用小火预热,再用大火加强热。 8.要使用预热过的坩埚钳取热的蒸发皿。 9.用蒸发皿盛装液体时,其液体量不能超过其容积的 2/3
51	坩　埚	有瓷、石英、铁、镍、铂、石墨及玛瑙等材质。 规格:以容积(mL)表示,分为 10 mL,15 mL,25 mL,50 mL 等	1.灼烧固体物质。 2.溶液的蒸发、浓缩或结晶(如果有蒸发皿,那么应该选用蒸发皿。当然坩埚也可以用于溶液的蒸发、浓缩或结晶)	1.用后放置于干燥处,切忌雨水浸入;使用前,须缓慢烘烤到 500 ℃,方可使用。 2.应根据坩埚容量加料,忌挤得太紧,以免金属发生热膨胀胀裂。 3.可直接受热,加热后不能骤冷,用坩埚钳取下。 4.坩埚受热时,要将其放在泥三角上。 5.蒸发时要搅拌,将近蒸干时用余热蒸干

续表

序号	玻璃仪器名称	规　格	主要用途	操作要领与注意事项
52	坩埚钳	一般由不锈钢或不可燃、难氧化的硬质材料制成	通常用来夹取坩埚,是用以夹持坩埚和坩埚盖的钳子。也可用来夹取蒸发皿	1. 必须使用干净的坩埚钳。 2. 用坩埚钳夹取灼热的坩埚时,必须将钳尖先预热,以免坩埚因局部受冷而破裂,用后钳尖应向上放在桌面或石棉网上。 3. 实验完毕后,应将坩埚钳擦干净,尖端朝上放入实验器材柜中,干燥放置。 4. 夹持坩埚使用弯曲部分,其他用途时用尖头。 5. 坩埚钳不一定与坩埚配合使用。 6. 用坩埚钳夹取坩埚和坩埚盖时要轻夹,避免用力,免得使质脆的瓷坩埚等被夹碎
53	水浴锅	铜、铝材质。 规格:有大小、高低之分	用于实验室中蒸馏、干燥、浓缩及温渍化学药品或生物制品,也可用于恒温加热和其他温度实验	1. 水浴锅在使用过程中,不可加水太满,以防溢出。 2. 加热时,锅内水不可烧干,用完后将水倒掉,擦干,以防腐蚀。 3. 尽量用纯净水,使用过程中应做定期维护。 4. 水浴锅没有断水断电功能,在夜间使用时应有专人看护,预防烧干发生火灾
54	研　钵	有瓷、玻璃、玛瑙和金属等材质。 规格:以口径(mm)表示	用于研磨固体物质或进行粉末状固体的混合	1. 按被研磨固体的性质、硬度和产品的粗细程度选用不同质料的研钵。一般情况下用瓷制或玻璃制研钵,研磨坚硬的固体时用铁制研钵,需要非常仔细地研磨较少的药品时用玛瑙或氧化铝制的研钵

序号	玻璃仪器名称	规　格	主要用途	操作要领与注意事项
54				2.研磨时，只能碾压，不能捣碎。进行研磨操作时，研钵应放在不易滑动的物体上，研杵应保持竖直。大块的固体只能先压碎再研磨，不能用研杵直接捣碎，否则会损坏研钵、研杵或将固体溅出。易爆物质只能轻轻压碎，不能研磨。研磨对皮肤有腐蚀性的物质时，应在研钵上盖上厚纸片或塑料片，然后在其中央开孔，插入研杵后再行研磨。研钵中盛放固体的量不得超过其容积的 1/3。 3.研钵不能进行加热，尤其是玛瑙制研钵，切勿放入电烘箱中干燥。 4.洗涤研钵时，应先用水冲洗，耐酸腐蚀的研钵可用稀盐酸洗涤。研钵上附着难洗涤的物质时，可向其中放入少量食盐，研磨后再进行洗涤。若研磨材料用于提取 DNA 或 RNA，则用锡纸将研钵包裹后于烘箱内 180 ℃灭菌
55	干燥器	玻璃材质，分普通型干燥器和真空型干燥器。 规格：按高度（mm）分为 165 mm，220 mm，280 mm，320 mm，360 mm，450 mm 等	内放干燥剂（常为白色硅胶），用于干燥易潮解变质试剂药品、精密金属元件、显微镜镜头以及称量瓶等	1.干燥器应注意保持清洁，不得存放潮湿的物品。 2.干燥器只在存放或取出物品时打开，物品取出或放入后，应立即盖上盖子。 3.灼热样品要稍冷后放入，并防止盖子滑落而打碎。 4.打开干燥器盖子后，要把它翻过来放在桌子上。 5.放在底部的干燥剂不能高于底部的 1/2 处，以防沾污存放的物品。干燥剂失效后，要及时更换

序号	玻璃仪器名称	规　格	主要用途	操作要领与注意事项
56	洗气瓶	玻璃材质。 规格:按容积(mL)分为125 mL,250 mL,500 mL,1 000 mL等	用作除去气体中杂质的一种仪器。液体吸收剂要求只吸收杂质气体,而被提纯的气体既不与吸收剂反应,又不溶于吸收剂中。 可用作安全瓶	1.应根据气体的性质和要求选用合适的液体吸收剂,所装吸收剂一般不超过容积的1/2。 2.洗气前要检验气密性。 3.通气管通入液面以下。洗气气流方向是:长(管)进(气),短(管)出(气)

2. 常用化学实验玻璃装置

序号	装置名称及示例	使用方法及注意事项
1	启普发生器 （a）　　（b）	用于块状固体与液体在常温下反应制取气体。 在球体中加入玻璃棉或橡胶垫圈,再加入固体,量不超过球体容积的1/3。液体试剂从长颈漏斗口注入,量以反应时刚刚浸没固体、液面不高过导气管的橡胶塞为宜。 使用时,打开导气管上的旋塞,长颈漏斗中的液体进入容器与固体反应,气体的流速可用旋塞调节。停止使用时,关闭旋塞,容器中的气体压力增大,将液体压回长颈漏斗,使液体和固体脱离,反应停止。装置不能加热,使用前应先检查气密性
2	常压过滤装置	由烧杯、漏斗、滤纸、玻璃棒、铁架台(含铁圈)组成。要做到:"一贴",滤纸润湿,紧贴漏斗内壁,不残留气泡;"二低",滤纸边缘略低于漏斗边缘,液面低于滤纸边缘;"三靠",倾倒时烧杯杯口要紧靠玻璃棒上,玻璃棒下端抵靠在三层滤纸处,漏斗下端长开口紧靠烧杯内壁

序号	装置名称及示例	使用方法及注意事项
3	布氏漏斗　放空阀　接泵 抽滤瓶　安全瓶 滤液 减压抽滤装置	过滤速度比常压过滤器快。使用的时候，一般先在圆筒底面垫上滤纸，将漏斗插进布氏烧瓶上方开口并将接口密封(例如用橡胶环)。布氏烧瓶的侧口连抽气系统。然后将欲分离的固体、液体混合物倒进上方布氏漏斗，液体成分在负压力作用下被抽进烧瓶，固体留在上方。 抽滤完后需先打开放空阀再关闭泵，以防倒吸
4	分液和提纯装置	用于将两种互不混溶的液体分开。 1.将溶液注入分液漏斗，溶液总量不超过其容积的3/4，两手握住分液漏斗，倒转分液漏斗并反复用力振荡。 2.将分液漏斗放在铁架台的铁圈中静置、分层。 3.打开旋塞，使下层液体流出
5	冷水 升华装置	由圆底烧瓶、烧杯、酒精灯、铁架台组成。 把待精制的物质放入烧杯中，在加热升华时，烧杯上放一个盛冷水的烧瓶，使蒸气在烧瓶底部凝结成晶体并附在烧瓶上

序号	装置名称及示例	使用方法及注意事项
6	（a）（b）（c） 搅拌密封装置	反应在互不相溶的两种液体或固液两相的非均相体系中进行，或其中一种原料需逐渐滴加进料时，必须使用搅拌装置。 图（a），搅拌棒在橡胶管内转动，在搅拌棒和橡胶管之间滴入润滑油，也可用带橡胶管的玻璃套管固定于塞子上代替。图（b），液封装置中要用惰性液体（如液状石蜡）进行密封。图（c），聚四氟乙烯制成的搅拌密封塞，由上面的螺旋盖、中间的硅橡胶密封垫圈和下面的标准口塞组成，使用时只需选用适当直径的搅拌棒插入标准口塞与垫圈孔中，在垫圈与搅拌棒接触处涂少许甘油润滑，旋上螺旋口使松紧适度，把标准口塞装在烧瓶上即可
7	固体干燥剂 球形干燥管　U形干燥管 干燥管	内装固体干燥剂或吸收剂，用于干燥或吸收某些气体。 要注意防止干燥剂液化和查看是否失效。气流方向为大口进，小口出
8	气体　气体　水 气体 流入水槽 （a）（b）（c） 气体吸收装置	当反应体系中有毒性气体产生时，要用气体吸收装置，以减少环境污染。图（a）、图（b）适用于少量气体的吸收，使用时，玻璃漏斗应略微倾斜，使漏斗口一半在水中，一半在水面上，不得将漏斗埋入吸收液面下，以防成为密闭装置，引起倒吸。图（c）是反应过程中有大量气体生成或气体逸出速度很快的气体吸收装置，水自上端流入（可利用冷凝水）抽滤瓶中，在恒定的水平面上溢出，粗的玻璃管恰好伸入水面，被水封住，以防止气体逸出进入大气
9	量气装置	用于量取产生气体的体积。 注意：所量气体为不溶性的，进气管不能接反，应短管进，长管出

序号	装置名称及示例	使用方法及注意事项
10	普通蒸馏装置	蒸馏装置包括加热、测温、冷却、接收 4 个功能单元。常用于分离两种以上沸点相差较大(30 ℃以上)的液体混合物、测定液体的沸点、脱除有机溶剂。
11	分流装置	液体在烧瓶中受热气化,扩散至冷凝管中被冷却液化,最后流入接收瓶。测温就是测定系统中正在蒸出的溶剂达到稳定的气液平衡时的温度,也就是该液体的沸点(也称为沸程)。在操作时,切记蒸馏前要加沸石,防止液体因过热而产生暴沸;若液体的沸点高于 130 ℃,则必须采用空气冷凝管冷却;在结束蒸馏时切记不能将体系蒸干,以免造成安全隐患,尤其是醚类溶剂
12	(a)　　　(b) 普通回流装置	当有机化学反应需要在反应体系的溶剂或反应物的沸点附近进行时,需用回流装置。图(a)适用于需要干燥的反应体系;若不需要防潮,则可去掉干燥管。图(b)适用于产生有害气体(如溴化氢、氯化氢、二氧化硫等)的反应体系

序号	装置名称及示例	使用方法及注意事项
13	 （a）回流　（b）滴加、回流 （c）搅拌、滴加、回流 回流滴加装置	当反应在均相溶液中进行时，一般可以不搅拌，因为加热时溶液存在一定程度的对流，从而保持液体各部分均匀地受热。 　　回流加热前应先加入沸石，在搅拌的情况下可不用沸石。根据瓶内液体沸腾的程度，可选用电热套、水浴、油浴、石棉网等加热方式；回流的速度应控制在液体蒸气浸润不超过两个球为宜；若回流过程要求无水操作，则应在球形冷凝管上端安装一个干燥管防潮；若实验要求边回流边滴加反应物，则可以改用三口烧瓶或在冷凝管和烧瓶间安装Y形加料管，并配以滴液漏斗；若回流过程中会产生有毒或刺激性气味的气体，则应添加气体吸收装置
14	 回流分水装置	进行一些可逆平衡反应时，为了使正向反应进行彻底，可将产物之一的水不断地从反应混合体系中除去，此时可以用回流分水装置。回流下来的蒸气冷凝液进入分水器，分层后，有机层自动流回反应烧瓶，生成的水从分水器中放出去
15	 索氏提取器	由提取瓶、提取管、冷凝器3部分组成，利用溶剂回流及虹吸原理，用溶剂萃取出固体中所需化合物。节约溶剂，萃取效率高。 　　提取时，将待测样品放入提取管内。提取瓶内加入溶剂，加热提取瓶，溶剂气化，由连接管上升进入冷凝器，凝成液体滴入提取管内。待提取管内溶剂液面达到一定高度，溶有提取成分的溶剂经虹吸管流入提取瓶。流入提取瓶内的溶剂继续被加热气化、上升、冷凝，滴入提取管内，如此循环往复，直到抽提完全为止

序号	装置名称及示例	使用方法及注意事项
16	保持恒压的溶剂池 洗脱液 圆形滤纸(以免扰乱表面) 填料 尼龙格栅、烧结玻璃片或玻璃棉[作为支持板(物)] 收集管 柱色谱装置	一种以分配平衡为机理的分配装置,色谱体系包含两相,一个是固定相,另一个是流动相。当两相相对运动时,利用混合物中所含各组分分配平衡性质的差异,达到彼此分离的目的
17	橡皮塞 玻璃钩 层析纸 溶剂前沿 起点线 溶剂 纸色谱装置	一种以滤纸为支持物的色谱方法,主要用于多官能团或高极性的亲水化合物,如醇类、羟基酸、氨基酸、糖类和黄酮类等的分离检验。 将试样溶液涂于滤纸一端的适当位置,然后将此端的边缘部分浸入展开剂中。展开剂顺滤纸流动。试样中各种物质因性质不同,移动速度也不同,分布在滤纸的不同部位而相互分离。例如,在崔、钮纸谱分离中,将矿样溶液涂于滤纸的一端离边缘5 cm处,然后将滤纸此端的边缘浸入展开剂(如甲基异丁酮、丁酮、氢氟酸和水的混合液)中。待展开剂上升至距顶端2 cm处,取出滤纸风干,喷上丹宁溶液,即出现钮、崔和杂质3个色带

附录二　常用参数

1. 水在 0~100 ℃ 的物性数据

温度 /℃	密度 /(g·cm⁻³)	定压热容 /[J·(g·K)⁻¹]	蒸汽压 /kPa	黏度 /(mPa·s)	热导率 /[mW·(K·m)⁻¹]	相对介电常数	表面张力 /(mN·m⁻¹)
0	0.999 84	4.217 6	0.611 3	1.793	561.0	87.90	75.61
10	0.999 70	4.192 1	1.228 1	1.307	580.0	83.96	74.23
20	0.998 21	4.181 8	2.338 8	1.002	598.4	80.20	72.75
30	0.995 65	4.178 4	4.245 5	0.797 7	615.4	76.60	71.20

温度 /℃	密度 /(g·cm^{-3})	定压热容 /[J·(g·K)$^{-1}$]	蒸汽压 /kPa	黏度 /(mPa·s)	热导率 /[mW·(K·m)$^{-1}$]	相对 介电常数	表面张力 /(mN·m^{-1})
40	0.992 22	4.178 5	7.381 1	0.653 2	630.5	73.17	69.60
50	0.988 03	4.180 6	12.344	0.547 0	643.5	69.88	67.94
60	0.983 20	4.184 3	19.932	0.466 5	651.3	66.73	66.24
70	0.977 78	4.189 5	31.176	0.404 0	663.1	63.73	64.47
80	0.971 82	4.196 3	47.373	0.354 4	670.0	60.86	62.67
90	0.965 35	4.205 0	70.117	0.314 5	675.3	58.12	60.82
100	0.958 40	4.215 9	101.325	0.281 8	679.1	55.51	58.91

2. 不同温度下水的折射率

T/℃	η_D	T/℃	η_D	T/℃	n_D
10	1.333 70	17	1.333 24	24	1.332 63
11	1.333 65	18	1.333 16	25	1.332 52
12	1.333 59	19	1.333 07	26	1.332 42
13	1.333 52	20	1.332 99	27	1.332 31
14	1.333 46	21	1.332 90	28	1.332 19
15	1.333 39	22	1.332 81	29	1.332 08
16	1.333 31	23	1.332 72	30	1.331 96

注:若温度超出本表时,可根据 $d\eta_D/dt = -0.000\ 8$ 计算。

3. 不同温度下水的介电常数

温度 /℃	介电常数 /(10^{-10} F·m^{-1})	温度 /℃	介电常数 /(10^{-10} F·m^{-1})	温度 /℃	介电常数 /(10^{-10} F·m^{-1})
0	7.779	35	6.624	70	5.645
5	7.602	38	6.534	75	5.517
10	7.430	40	6.474	80	5.392
15	7.261	45	6.328	85	0.270
18	7.162	50	6.184	90	5.151
20	7.096	55	6.045	95	5.034
25	6.935	60	5.908	100	4.919
30	6.777	65	5.775		

4.不同温度下水的密度、黏度及表面张力

温度/℃	密度/(g·cm⁻³)	黏度/(mPa·s)	表面张力/(mN·m⁻¹)
0	0.999 87	1.787	75.64
5	0.999 99	1.591	74.92
10	0.999 73	1.307	74.22
11	0.999 63	1.271	74.07
12	0.999 52	1.235	73.93
13	0.999 40	1.202	73.78
14	0.999 27	1.169	73.64
15	0.999 13	1.139	73.49
16	0.998 97	1.109	73.34
17	0.998 80	1.081	73.19
18	0.998 62	1.053	73.05
19	0.998 43	1.027	72.90
20	0.998 23	1.002	72.75
21	0.998 02	0.977 9	72.59
22	0.997 8	0.954 8	72.44
23	0.997 56	0.932 5	72.28
24	0.997 32	0.911 1	72.13
25	0.997 07	0.890 4	71.97
26	0.996 81	0.890 5	71.82
27	0.996 54	0.851 3	71.66
28	0.996 26	0.832 7	71.50
29	0.995 97	0.814 8	71.35
30	0.995 67	0.797 5	71.18
40	0.992 24	0.652 9	69.56
50	0.988 07	0.546 8	67.91
90	0.965 34	0.314 7	60.75

5.某些液体的密度

液体的密度按下式计算：

$$\rho = A + BT + CT^2 + DT^3$$

式中　ρ——密度,g/cm³;

T——温度,℃。

各种液体的 A,B,C,D 常数见下表。

物 质	分子式	A	$B\times10^3$	$C\times10^6$	$D\times10^9$	温度范围/℃
正庚烷	C_7H_{16}	0.700 48	$-0.847\ 6$	0.188 0	-5.23	0～100
环己烷	C_6H_{12}	0.797 07	$-0.887\ 9$	$-0.972\ 0$	1.55	0～65
苯	C_6H_6	0.900 05	$-1.063\ 6$	$-0.037\ 6$	-2.21	11～72
甲 苯	C_7H_8	0.884 12	$-0.922\ 5$	0.015 2	-4.22	0～99
乙 醇	C_2H_5OH	0.806 25	$-0.846\ 1$	0.160 0	—	0～78
正丙醇	C_3H_7OH	0.820 10	$-0.818\ 3$	1.080 0	-16.5	1～100
正丁醇	C_4H_9OH	0.823 90	-0.699	$-0.320\ 0$	—	0～47
甘 油	$C_3H_8O_3$	1.272 70	$-0.550\ 6$	$-1.016\ 0$	1.27	0～280
丙 酮	C_3H_6O	0.812 48	-1.1	$-0.858\ 0$	—	0～50
乙 醚	$C_4H_{10}O$	0.736 29	$-1.113\ 8$	$-1.237\ 0$	—	0～70
乙 酸	CH_3COOH	1.072 40	$-1.122\ 9$	0.005 8	-2.00	9～100
乙酸甲酯	$C_3H_6O_2$	0.959 32	-1.271	$-0.405\ 0$	-6.09	0～100
乙酸乙酯	$C_4H_6O_2$	0.924 54	-1.168	$-1.950\ 0$	20.00	0～40
苯 氨	C_6H_7N	1.038 93	$-0.865\ 3$	0.092 9	-1.90	0～99
三氯甲烷	$CHCl_3$	1.526 43	$-1.856\ 3$	$-0.530\ 9$	-8.81	$-53～+55$
四氯化碳	CCl_4	1.632 55	$-1.911\ 0$	$-0.690\ 0$	—	0～40

6. 常用溶剂的折射率 ($t=25$ ℃)

名 称	折射率 η_D	名 称	折射率 η_D
甲 醇	1.326	四氯化碳	1.459
乙 醚	1.352	乙 苯	1.493
丙 酮	1.357	甲 苯	1.494
乙 醇	1.359	苯	1.498
乙酸乙酯	1.370	苯乙烯	1.545
正己烷	1.372	溴 苯	1.557
1-丁醇	1.397	苯 胺	1.583
氯 仿	1.444	溴 仿	1.587

7. 常用液体的黏度 ($t=25$ ℃)

名 称	黏度 $\eta/(mPa \cdot s)$	名 称	黏度 $\eta/(mPa \cdot s)$
正戊烷	0.23	丙 酮	0.32
环己烷	0.90	乙 腈	0.37
氯 仿	0.57	甲 醇	0.54

名　称	黏度 $\eta/(mPa \cdot s)$	名　称	黏度 $\eta/(mPa \cdot s)$
乙　醚	0.23	乙　醇	1.08
二氯甲烷	0.44	乙二醇	16.5
四氢呋喃	0.46	水	0.89

8. 常用溶剂的物理常数

编号	溶剂名称	沸点/℃	相对密度	折光率	在水中溶解度/%	温度/℃
1	石油醚	沸程范围不同，分为30～60，60～90,90～120	0.64～0.66	—	—	—
2	乙　醇	78.5	0.789 3	1.361 6	—	—
3	甲　醇	65.0	0.791 4	1.328 8	—	—
4	丙　酮	56.2	0.789 9	1.358 8	—	—
5	乙　酸	117.9	1.049 2	—	—	—
6	乙酸酐	139.5	1.082 0	—	—	—
7	乙　醚	34.5	0.713 8	1.352 6	7.830	15
8	二氯甲烷	40.0	1.326 6	1.424 2	—	—
9	二氯乙烷	83.5	1.235 0	1.416 7	0.860	15
10	氯　仿	61.7	1.483 2	—	0.810	20
11	四氯化碳	76.5	1.594 0	1.460 0	0.077	15
12	正己烷	68.7	0.659 0	1.375 0	0.014	15.5
13	庚　烷	98.0	0.684 0	1.387 0	0.005	15.5
14	甲　苯	110.6	0.865 0	1.496 0	0.048	10
15	苯	80.1	0.878 7	1.501 1	0.175	20
16	对二甲苯	138.0	0.866 0	1.495 0	—	—
17	邻二甲苯	138～139	0.868 0	1.497 0	0.011	20
18	苯　酚	182.0	1.071 0	—	—	—
19	硝基苯	210.8	1.203 7	1.551 0	0.180	15
20	氯　苯	132.0	1.107 0	1.524 0	0.049	30
21	二硫化碳	46.3	1.263 2	1.631 9	0.120	15
22	N,N-二甲基甲酰胺	149～156	0.948 7	1.430 5	—	—
23	二甲基亚砜	189(熔点18.5)	1.100 0	1.478 3	—	—
24	吡　啶	115.5	0.981 9	1.509 5	—	—
25	二氧六环	101.5(熔点12)	1.033 6	1.442 4		

编号	溶剂名称	沸点/℃	相对密度	折光率	在水中溶解度/%	温度/℃
26	四氢呋喃	67(64.5)	0.889 2	1.405 0	—	—
27	正丁醇	117.2	0.808 9	1.399 0	7.810	20
28	异丁醇	108.1	0.806 0	1.397 6	8.500	20
29	正戊醇	137.3	0.814 4	1.410 1	2.600	20
30	异戊醇	130.0	0.809 0	1.406 0	2.750	18
31	乙酸乙酯	77.1	0.900 3	1.372 3	—	—
32	乙酸戊酯	149.3	0.880 0	—	0.170	20
33.	乙酸异戊酯	143.0	0.868 0	—	0.170	20

9. 常用有机溶剂与汞的蒸气压

物质的蒸气压按下式计算：

$$\lg p = A - \frac{B}{C+t}$$

式中　p——蒸气压，mmHg；

　　　A, B, C——常数；

　　　t——温度，℃。

名　称	分子式	温度范围/℃	A	B	C
氯　仿	$CHCl_3$	$-30\sim150$	6.903 28	1 163.03	227.40
乙　醇	C_2H_5OH	$-30\sim150$	8.044 94	1 554.3	222.65
丙　酮	CH_3COCH_3	$-30\sim150$	7.024 47	1 161.0	224.00
乙　酸	CH_3COOH	$0\sim36$	7.803 07	1 651.2	225.00
乙　酸	CH_3COOH	$36\sim170$	7.188 07	1 416.7	211.00
乙酸乙酯	$CH_3COOC_2H_5$	$-20\sim150$	7.098 08	1 238.71	217.00
苯	C_6H_6	$-20\sim150$	6.905 65	1 211.033	220.79
甲　苯	$C_6H_5CH_3$	$-20\sim150$	6.954 64	1 344.800	219.48
乙　苯	$C_6H_5C_2H_5$	$-20\sim150$	6.957 19	1 424.255	213.21
汞	Hg	$100\sim200$	7.469 05	2 771.898	244.83
汞	Hg	$200\sim300$	7.832 40	3 003.68	262.48

10. 苯-水的相互溶解度

温度/℃	水的溶解度/%	苯的溶解度/%
0	—	0.027 5
5.4	0.033 5	—
10	0.041	0.036

温度/℃	水的溶解度/%	苯的溶解度/%
20	0.057	0.050
30	0.082	0.072
40	0.114	0.102
50	0.155	0.147
60	0.205	0.255
70	0.270	0.279

11. 不同温度时常用溶剂的表面张力

分子式与名称	表面张力/(mN·m⁻¹)						
	0 ℃	10 ℃	20 ℃	30 ℃	40 ℃	50 ℃	60 ℃
CH_2CHCH_2OH,丙烯醇	—	—	25.6	24.9	—	—	—
$C_6H_5NH_2$,苯胺	45.5	44.4	43.3	42.2	41.2	40.1	38.4
CH_3COCH_3,丙酮	25.2	25.0	23.3	22.0	21.2	19.9	18.6
CH_3CN,乙腈	—	—	29.1	27.8	—	—	—
$C_6H_5COCH_3$,苯乙酮	—	39.5	38.2	—	—	—	—
$C_6H_5CH_2OH$,苯甲醇	—	—	30.0	38.9	—	—	—
C_6H_6,苯	—	30.3	28.9	27.6	26.3	25.0	23.7
C_6H_5Br,溴苯	—	36.3	35.1	—	—	—	—
H_2O,水	75.6	74.2	72.7	71.2	69.6	67.9	66.2
C_6H_{14},己烷	20.5	19.4	18.4	17.4	16.3	15.3	14.2
$CH_2OHCHOHCH_2OH$,甘油	—	—	63.4	—	—	—	—
$(C_2H_5)_2O$,乙醚	—	—	17.4	15.9	—	—	—
CH_3OH,甲醇	24.5	23.5	22.6	21.8	20.9	20.1	19.3
$HCOOCH_3$,甲酸甲酯	—	—	24.6	23.1	—	—	—
$C_6H_5NO_2$,硝基苯	46.4	45.2	43.9	42.7	41.5	40.2	39.0
C_5H_5N,氮杂苯	—	—	38.0	—	35.0	—	—
CS_2,二硫化碳	—	—	32.3	30.8	—	—	—
C_4H_4S,硫茂	—	—	33.1	—	30.1	—	—
$C_6H_5CH_3$,甲苯	30.8	29.6	23.5	27.4	26.2	25.0	23.8
CH_3COOH,乙酸	29.7	28.0	27.6	26.8	25.8	24.7	23.8
$(CH_3CO)_2O$,乙酐	—	—	32.7	31.2	30.1	29.0	—
$C_6H_5NHNH_2$,苯肼	—	—	45.5	44.3	—	—	40.4
C_6H_5Cl,氯苯	36	34.8	33.3	32.3	31.1	29.9	28.7
$CHCl_3$,氯仿	—	28.5	27.3	25.9	—	—	21.7

分子式与名称	表面张力/(mN·m⁻¹)						
	0 ℃	10 ℃	20 ℃	30 ℃	40 ℃	50 ℃	60 ℃
CCl₄,四氯化碳	29.4	28.1	26.7	25.5	24.4	23.2	22.4
C₂H₅OH,乙醇	24.1	23.1	22.3	21.5	20.6	19.8	19.0
C₇H₁₆,正庚烷	—	21.1	20.1	19.2	18.2	17.2	16.2
C₁₆H₃₄,十六烷	—	—	27.5	26.6	25.8	24.9	24.1
C₆H₁₂,环己烷	—	26.4	25.2	24.1	22.9	21.7	20.5

12. 彼此相互饱和时两种液体的界面张力

液 体	温度/℃	界面张力/(mN·m⁻¹)	液 体	温度/℃	界面张力/(mN·m⁻¹)
水-正己烷	20	51.1	水-甲苯	25	36.1
水-正辛烷	20	50.8	水-乙基苯	17.5	31.3
水-四氯化碳	20	45.0	水-苯甲醇	22.5	4.7
水-乙醚	20	10.7	水-苯胺	20	5.8
水-异丁醇	18	2.1	汞-正辛烷	20	374.7
水-异戊醇	18	5.0	汞-异丁醇	20	342.7
水-正辛醇	20	8.5	汞-乙醚	20	379.0
水-二丙胺	20	1.7	汞-苯	20	357.2
水-庚烷	20	7.0	汞-甲苯	20	359.0
水-苯	20	35.0			

13. 实验室中常用酸碱的相对密度和浓度

1) 常用浓酸、浓碱的密度和浓度

试剂名称	密度/(g·mL⁻¹)	质量分数 w/%	物质的量浓度 c/(mol·L⁻¹)
盐 酸	1.18~1.19	36~38	11.6~12.4
硝 酸	1.39~1.40	65.0~68.0	14.4~15.2
硫 酸	1.83~1.84	95~98	17.8~18.4
磷 酸	1.69	85	14.6
高氯酸	1.68	70.0~72.0	11.7~12.0
冰醋酸	1.05	99.8(优级纯)	17.4
		99.0(分析纯、化学纯)	
氢氟酸	1.13	40	22.5
氢溴酸	1.49	47.0	8.6
氨 水	0.88~0.90	25.0~28.0	13.3~14.8

2）常用酸的相对密度和浓度

相对密度 (15 ℃)	HCl		HNO₃		H₂SO₄	
	g/100 g	mol/L	g/100 g	mol/L	g/100 g	mol/L
1.02	4.13	1.15	3.70	0.6	3.1	0.3
1.04	8.16	2.3	7.26	1.2	6.1	0.6
1.05	10.2	2.9	9.0	1.5	7.4	0.8
1.06	12.2	3.5	10.7	1.8	8.8	0.9
1.08	16.2	4.8	13.9	2.4	11.6	1.3
1.10	20.0	6.0	17.1	3.0	14.4	1.6
1.12	23.8	7.3	20.2	3.6	17.0	2.0
1.14	27.7	8.7	23.3	4.2	19.9	2.3
1.15	29.6	9.3	24.8	4.5	20.9	2.5
1.19	37.2	12.2	30.9	5.8	26.0	3.2
1.20			32.3	6.2	27.3	3.4
1.25			39.8	7.9	33.4	4.3
1.30			47.5	9.8	39.2	5.2
1.35			55.8	12.0	44.8	6.2
1.40			65.3	14.5	50.1	7.2
1.42			69.8	15.7	52.2	7.6
1.45					55.0	8.2
1.50					59.8	9.2
1.55					64.3	10.2
1.60					68.7	11.2
1.65					73.0	12.3
1.70					77.2	13.4
1.84					95.6	18.0

3）常用碱的相对密度和浓度

相对密度 (15 ℃)	NH₃·H₂O		NaOH		KOH	
	g/100 g	mol/L	g/100 g	mol/L	g/100 g	mol/L
0.88	35.0	18.0				
0.90	28.3	15.0				
0.91	25.0	13.4				
0.92	21.8	11.8				
0.94	15.6	8.6				

相对密度 （15 ℃）	$NH_3 \cdot H_2O$		NaOH		KOH	
	g/100 g	mol/L	g/100 g	mol/L	g/100 g	mol/L
0.96	9.9	5.6				
0.98	4.8	2.8				
1.05			4.5	1.25	5.5	1.0
1.10			9.0	2.5	10.9	2.1
1.15			13.5	3.9	16.1	3.3
1.20			18.0	5.4	21.2	4.5
1.25			22.5	7.0	26.1	5.8
1.30			27.0	8.8	30.9	7.2
1.35			31.8	10.7	35.5	8.5

附录三　常用指示剂

1. 酸碱指示剂

指示剂	情况说明	变色 pH 范围	颜色变化	溶液配制方法
甲基紫	第一次变色范围	0.13~0.5	黄~绿	0.1％或 0.05％水溶液
	第二次变色范围	1.0~1.5	绿~蓝	0.1％水溶液
	第三次变色范围	2.0~3.0	蓝~紫	0.1％水溶液
孔雀绿	第一次变色范围	0.13~2.0	黄~浅蓝~绿	0.1％水溶液
	第二次变色范围	11.5~13.2	蓝绿~无色	0.1％水溶液
甲酚红	第一次变色范围	0.2~1.8	红~黄	将 0.04 g 指示剂溶于 100 mL 50％乙醇中
	第二次变色范围	7.2~8.8	亮黄~紫红	将 0.1 g 指示剂溶于 100 mL 50％乙醇中
百里酚蓝	第一次变色范围	1.2~2.8	红~黄	将 0.1 g 指示剂溶于 100 mL 20％乙醇中
	第二次变色范围	8.0~9.6	黄~蓝	将 0.1 g 指示剂溶于 100 mL 20％乙醇中
茜素黄 R	第一次变色范围	1.9~3.3	红~黄	0.1％水溶液
	第二次变色范围	10.1~12.1	黄~淡紫	0.1％水溶液
茜素红 S	第一次变色范围	3.7~5.2	黄~紫	0.1％水溶液
	第二次变色范围	10.0~12.0	紫~淡黄	0.1％水溶液
苦味酸		0.0~1.3	无色~黄	0.1％水溶液
甲基绿		0.1~2.0	黄~绿~浅蓝	0.05％水溶液
二甲基黄		2.9~4.0	红~黄	将 0.1 g 或 0.01 g 指示剂溶于 100 mL 90％乙醇中

指示剂	情况说明	变色 pH 范围	颜色变化	溶液配制方法
甲基橙		3.0～4.4	红～橙黄	0.1%水溶液
溴酚蓝		3.0～4.6	黄～蓝	将 0.1 g 指示剂溶于 100 mL 20%乙醇中
刚果红		3.0～5.2	蓝紫～红	0.1%水溶液
溴甲酚绿		3.8～5.4	黄～蓝	将 0.1 g 指示剂溶于 100 mL 20%乙醇中
溴甲酚紫		5.2～6.8	黄～紫红	将 0.1 g 指示剂溶于 100 mL 20%乙醇中
甲基红		4.4～6.2	红～黄	将 0.1 g 或 0.2 g 指示剂溶于 100 mL 60%乙醇中
溴酚红		5.0～6.8	黄～红	将 0.1 g 或 0.04 g 指示剂溶于 100 mL 20%乙醇中
溴百里酚蓝		6.0～7.6	黄～蓝	将 0.05 g 指示剂溶于 100 mL 20%乙醇中
中性红		6.8～8.0	红～亮黄	将 0.1 g 指示剂溶于 100 mL 60%乙醇中
酚红		6.8～8.0	黄～红	将 0.1 g 指示剂溶于 100 mL 20%乙醇中
酚酞		8.2～10.0	无色～紫红	将 0.1 g 指示剂溶于 100 mL 60%乙醇中
百里酚酞		9.4～10.6	无色～蓝	将 0.1 g 指示剂溶于 100 mL 90%乙醇中
达旦黄		12.0～13.0	黄～红	溶于水、乙醇
石蕊		5.0～8.0	红～蓝	将 0.5 g 指示剂溶于 100 mL 水中

2. 配合滴定指示剂

指示剂名称	颜色		配制方法
	游离态	化合物	
铬黑 T(EBT)	蓝	酒红	将 0.2 g 铬黑 T 溶于 15 mL 三乙醇胺及 5 mL 甲醇中
钙指示剂	蓝	红	将 0.5 g 钙指示剂与 100 g NaCl 研细、混匀
二甲酚橙(XO)	黄	红	将 0.1 g 二甲酚橙溶于 100 mL 离子交换水中
K-B 指示剂	蓝	红	将 0.5 g 酸性铬蓝 K 加 1.25 g 萘酚绿 B，再加 25 g K₂SO₄研细、混匀
磺基水杨酸	无	红	10%水溶液
PAN 指示剂	黄	红	将 0.2 g PAN 溶于 100 g 乙醇中
邻苯二酚紫	紫	蓝	将 0.1 g 邻苯二酚紫溶于 100 mL 离子交换水中
钙镁试剂	红	蓝	将 0.5 g 钙镁试剂溶于 100 mL 离子交换水中

3. 吸附指示剂

指示剂名称	配制方法	测定元素(括号内为滴定剂)	颜色变化	测定条件
荧光黄	1%钠盐水溶液	Cl^-，Br^-，I^-，SCN^-(Ag^+)	黄绿～粉红	中性或弱酸性
二氯荧光黄	1%钠盐水溶液	Cl^-，Br^-，I^-(Ag^+)	黄绿～粉红	pH=4.4～7.2
四溴荧光黄(曙红)	1%钠盐水溶液	Br^-，I^-(Ag^+)	橙红～红紫	pH=1～2

4. 氧化还原指示剂

指示剂名称	E_A^0/V	颜色变化		配制方法
		氧化态	还原态	
二苯胺	0.76	紫	无 色	1‰的浓 H_2SO_4 溶液
二苯胺磺酸钠	0.85	紫 红	无 色	0.5% 的水溶液
亚甲基蓝	0.532	天 蓝	无 色	0.05% 的水溶液
N-邻苯氨基苯酸钠	1.08	紫 红	无 色	0.1 g 指示剂加 20 mL 的 Na_2CO_3 溶液,用水稀释至 100 mL
邻二氮菲-Fe(Ⅱ)	1.06	浅 蓝	红	1.485 g 邻二氮菲加 0.965 g $FeSO_4$,溶解,稀释至 100 mL(0.025 mol/L)
5-硝基邻二氮菲-Fe(Ⅱ)	1.25	浅 蓝	紫 红	1.608 g 5-硝基邻二氮菲加 0.695 g $FeSO_4$,溶解,稀释至 100 mL(0.025 mol·L^{-1}水溶液)

附录四 缓冲溶液的配制方法

序号	溶液名称	配制方法	pH
1	苯二甲酸氢钾-盐酸缓冲液	吸取 230 mL 0.2 mol/L 的盐酸与 250 mL 0.2 mol/L 的苯二甲酸氢钾溶液混合后稀释至 1 000 mL	2.2
2	邻苯二甲酸盐缓冲液	取 5.105 4 g 邻苯二甲酸氢钾,加水稀释至 500 mL,混匀,即得	4.0
3	乙酸-乙酸钠缓冲液	取 9.0 g 乙酸钠,加 4.9 mL 冰乙酸,加水稀释至 500 mL,即得	4.5
4	乙酸-乙酸铵缓冲液	取 77.0 g 乙酸铵溶于 200 mL 蒸馏水中,加 59 mL 冰醋酸,稀释至 1 000 mL	4.5
5	乙酸-乙酸钠缓冲液	取 39.10 g 乙酸钠,加 15 mL 冰醋酸,加水稀释至 250 mL	5.0
6	乙酸-乙酸钠缓冲液	取 20 g 乙酸钠,加 2.42 mL 冰醋液,加水稀释至 100 mL	5.5
7	乙酸-乙酸钠缓冲液	取 20 g 乙酸钠,加 0.90 mL 冰醋酸,加水稀释至 100 mL	6.0
8	乙酸-乙液钠缓冲液	取 20 g 乙酸钠,加 0.24 mL 冰醋酸,加水稀释至 100 mL	6.5
9	磷酸二氢钠-磷酸氢二钠缓冲液	准确称取 7.472 9 g 磷酸二氢钠、0.752 1 g 磷酸氢二钠,加水稀释至 250 mL	5.5
10	磷酸二氢钠-磷酸氢二钠缓冲液	准确称取 6.811 0 g 磷酸二氢钠、2.202 5 g 磷酸氢二钠,加水稀释至 250 mL	6.0
11	磷酸二氢钠-磷酸氢二钠缓冲液	准确称取 5.343 3 g 磷酸二氢钠、5.640 7 g 磷酸氢二钠,加水稀释至 250 mL	6.5

续表

序号	溶液名称	配制方法	pH
12	磷酸二氢钠-磷酸氢二钠缓冲液	准确称取 3.042 2 g 磷酸二氢钠、10.923 3 g 磷酸氢二钠,加水稀释至 250 mL	7.0
13	氯化铵-浓氨水缓冲液	将 100 g 氯化铵溶于水中,加 7.0 mL 浓氨水,加水稀释至 1 000 mL	8.0
14	氯化铵-浓氨水缓冲液	将 70 g 氯化铵溶于水中,加 48 mL 浓氨水,加水稀释至 1 000 mL	9.0
15	氯化铵-浓氨水缓冲液	将 27 g 氯化铵溶于水中,加 197 mL 浓氨水,加水稀释至 1 000 mL	10.0
16	氯化铵-浓氨水缓冲液	将 3 g 氯化铵溶于水中,加 207 mL 浓氨水,加水稀释至 500 mL	11.0
17	磷酸氢二钠-氢氧化钠缓冲液	将 50.0 mL 0.05 mol/L Na_2HPO_4 溶液与 26.9 mL 0.1 mol/L NaOH 溶液混合均匀,加水稀释至 100 mL	12.0

注:① 缓冲液配制后可用 pH 试纸检查。若 pH 不正确,则可用共轭酸或碱调节。欲使 pH 精确,可用 pH 计调节。

② 若需增加或减少缓冲液的缓冲容量,则可相应增加或减少共轭酸碱对物质的量,再调节。

附录五　常用加热浴种类

名称	加热载体	极限温度/℃	名称	加热载体	极限温度/℃
水浴	水	98.0	硫酸浴	硫酸	250.0
油浴	棉籽油①	210.0	空气浴	空气	300.0
	甘油	220.0	石蜡浴	熔点为 30~60 ℃的石蜡	300.0
	液状石蜡	220.0	沙浴	沙	400.0
	58~62 号汽缸油	250.0	金属浴②	铜或铅	500.0
	甲基硅油	250.0		锡	600.0
	苯基硅油	300.0		铝青铜 (90%Cu+10%Al 合金)	700.0

注:① 初次使用的棉籽油,要保证最高温度不超过 180 ℃,在多次使用以后温度才可升高到 210 ℃。

② 在使用金属浴时,要预先在器皿底部涂上一层石墨,用以防止熔融金属黏附在器皿上,尤其是在使用玻璃器皿时;切记在金属凝固前应将其移出金属浴。

附录六　实验室常用洗液

洗液名称	配制方法	洗液特点	使用注意事项
铬酸洗液	制备 500 mL 5%～12% 的洗液。取 20～60 g 工业品 $K_2Cr_2O_7$ 置于 40～140 mL 水中(逐渐加少量水溶解,以能溶解为度),加热溶解,冷却,缓慢加入 340 mL 浓硫酸,边加边搅拌,冷却后装瓶备用。洗液为红褐色	强酸性,具有很强的氧化能力。用于去除油污	配制和使用时要特别小心,以防腐蚀皮肤和衣服;废液不可随便排放,简便的处理方法是在废液中加入硫酸亚铁,使六价铬还原成三价铬(无毒),再排放;废液若呈现黑绿色,则表示已失效
碱性高锰酸钾洗液	将 4 g 高锰酸钾溶于少量水中,加入 100 mL 10% 氢氧化钠溶液	作用缓慢,适于洗涤油腻及有机物	洗后玻璃器皿上残留的二氧化锰沉淀物,可用浓盐酸或亚硫酸钠溶液处理
碱性乙醇洗液	在 1 L 95% 的乙醇溶液中加入 157 mL 氢氧化钠(或氢氧化钾)饱和溶液(质量分数约 50%)	遇水分解力很强,适用于洗涤油脂、焦油和树脂等	具有易燃性和挥发性,使用时注意防挥发和防火;久放失效;对磨口瓶塞有腐蚀作用
磷酸钠洗液	于 470 mL 水中加入 28.5 g 油酸钠($C_{17}H_{33}COONa$)和 57 g 磷酸钠(Na_3PO_4)	洗涤炭的残留物	在洗液中浸泡几分钟,再刷洗
纯酸或纯碱洗液	纯酸洗液:浓盐酸、浓硫酸和浓硝酸;纯碱洗液:10% 以上的氢氧化钠、氢氧化钾或碳酸钠溶液	洗液要根据器皿上的污垢的性质选用	在洗液中浸泡几分钟,再刷洗
硝酸-过氧化氢洗液	15%～20% 硝酸和 5% 过氧化氢	洗涤特别顽固的化学污物	久存易分解,现用现配;储于棕色瓶中
有机溶剂	汽油、甲苯、二甲苯、丙酮、乙醇、三氯甲烷、乙醚等	只有无法使用刷子的小件或特殊形状的仪器才使用有机溶剂洗涤	在洗液中浸泡,去除后再淋洗

附录七　常用基准物质的干燥条件和应用

标定对象	基准物质		干燥后组成	干燥条件
	名　称	化学式		
酸	碳酸氢钠	$NaHCO_3$	Na_2CO_3	270~300 ℃
	十水合碳酸钠	$Na_2CO_3 \cdot 10H_2O$	Na_2CO_3	270~300 ℃
	无水碳酸钠	Na_2CO_3	Na_2CO_3	270~300 ℃
	碳酸氢钾	$KHCO_3$	K_2CO_3	270~300 ℃
	硼　砂	$Na_2B_4O_7 \cdot 10H_2O$	$Na_2B_4O_7 \cdot 10H_2O$	放在装有 NaCl 和蔗糖饱和溶液的干燥器中
碱	邻苯二甲酸氢钾	$KHC_8H_4O_4$	$KHC_8H_4O_4$	110~120 ℃
	氨基磺酸钠	$HOSO_2NH_2$	$HOSO_2NH_2$	在真空硫酸干燥器中保存 48 h
碱或 $KMnO_4$	二水合草酸	$H_2C_2O_4 \cdot 2H_2O$	$H_2C_2O_4 \cdot 2H_2O$	室温,空气干燥
还原剂	重铬酸钾	$K_2Cr_2O_7$	$K_2Cr_2O_7$	120 ℃
	溴酸钾	$KBrO_3$	$KBrO_3$	180 ℃
	碘酸钾	KIO_3	KIO_3	180 ℃
	铜	Cu	Cu	室温,干燥器中保存
氧化剂	草酸钠	$Na_2C_2O_4$	$Na_2C_2O_4$	105 ℃
	三氧化二砷	As_2O_3	As_2O_3	硫酸干燥器中保存
EDTA	碳酸钙	$CaCO_3$	$CaCO_3$	110 ℃
	氧化锌	ZnO	ZnO	110 ℃
	锌	Zn	Zn	室温,干燥器中保存
$AgNO_3$	氯化钠	$NaCl$	$NaCl$	500~550 ℃
	氯化钾	KCl	KCl	500~550 ℃
氯化物	硝酸银	$AgNO_3$	$AgNO_3$	硫酸干燥器中保存

附录八　实验室常用溶剂物性简表

溶　剂	介电常数 (温度/℃)	密　度 /(g·cm⁻³)	溶解性	一般性质
四氯化碳	2.238(20)	1.595	微溶于水,与乙醇、乙醚可以以任何比例混合	无色液体,具有氯仿的微甜气味,有毒
甲　苯	2.24(20)	0.866	不溶于水,溶于乙醇、乙醚和丙酮	无色、易挥发的液体,有芳香气味
邻二甲苯	2.265(20)	0.896 9	不溶于水,溶于乙醇和乙醚,与丙酮、苯、石油醚和四氯化碳混溶	无色、透明液体,有芳香气味,有毒
对二甲苯	2.270(20)	0.861	不溶于水,浴于乙醇和乙醚	无色、透明液体,有芳香气味,有毒
苯	2.283(20)	0.879	不溶于水,溶于乙醇、乙醚等许多有机溶剂	无色、易挥发和易燃液体,有芳香气味,有毒
间二甲苯	2.374(20)	相对密度 0.867(17/4 ℃)	不溶于水,溶于乙醇和乙醚	无色、透明液体,有芳香气味,有毒
二硫化碳	2.641(20)	相对密度 1.26(22/20 ℃)	能溶解碘、溴、硫、脂肪、蜡、树脂、橡胶、樟脑、黄磷,能与无水乙醇、醚、苯、氯仿、四氯化碳、油脂以任何比例混合。溶于苛性碱和硫化碱,几乎不溶于水	纯品是无色、易燃液体,工业品因含有杂质,一般有黄色和恶臭,有毒
苯　酚	2.94(20)	1.071	溶于乙醇、乙醚、氯仿、甘油、二硫化碳等	无色或白色晶体,有特殊气味
三氯乙烯	3.409(20)	1.464 9	不溶于水,溶于乙醇、乙醚等有机溶剂	有像氯仿气味的无色、有毒液体
乙　醚	4.197(26.9)	0.713 5	难溶于水(20 ℃时溶解度为6.9%),易溶于乙醇和氯仿。能溶解脂肪、脂肪酸、蜡和大多数树脂	有特殊气味的易流动、无色、透明液体
三氯甲烷	4.9(20)	1.491 6; 1.484 0(20 ℃)	微溶于水,溶于乙醇、乙醚、苯、石油醚等	无色、透明、易挥发液体,稍有甜味

溶　剂	介电常数 （温度/℃）	密度 /(g·cm⁻³)	溶解性	一般性质
乙酸丁酯	5.01(19)	0.866 5(20 ℃)	难溶于水，能与乙醇、乙醚混溶	无色、透明液体
N,N- 二甲基苯胺	5.1(20)	0.956 3； 0.955 7(20 ℃)	不溶于水，溶于乙醇、乙醚、氯仿、苯和酸溶液	淡黄色、油状液体，有特殊气味
二甲胺	5.26(2.5)	相对密度 0.680(0 ℃)	易溶于水，溶于乙醇和乙醚	有类似于氨的气味的气体
乙二醇二甲醚	5.50(25)	0.866 4	溶于水、氯仿、乙醇和乙醚	略有乙醚气味的无色液体
氯　苯	5.649(20)	1.106 4	不溶于水，溶于乙醇、乙醚、氯仿、苯等	无色、透明液体，有像苯的气味
乙酸乙酯	6.02(20)	0.900 5	微溶于水，溶于乙醇、氯仿、乙醚和苯等	有果子香气的无色、可燃性液体
乙　酸	6.15(20)	1.049	溶于水、乙醇、乙醚等	无色、澄清液体，有刺激气味
吗　啉	7.42(25)	1.000 7	与水混溶，溶于乙醇和乙醚等	无色、有吸湿性的液体，有典型胺类气味
1,1,1- 三氯乙烷	7.53(20)	1.339 0	水中溶解度 800 μL/L(25 ℃)	无色、透明液体
四氢呋喃	7.58(25)	0.889 2	溶于水和多数有机溶剂	无色、透明液体，有乙醚气味
三氯乙酸	8.55(20)	1.62(25 ℃)； 1.629 8(61 ℃)	极易溶于水、乙醇和乙醚	有刺激性气味的无色晶体
喹　啉	8.704(25)	1.093 76	微溶于水，溶于乙醇、乙醚和氯仿	无色、油状液体，遇光或在空气中变黄色，有特殊气味
二氯甲烷	9.1(20)	1.335	微溶于水，溶于乙醇、乙醚等	无色、透明、有刺激芳香气味、易挥发的液体。吸入有毒
对甲酚	9.91(58)	1.034 1	稍溶于水，溶于乙醇、乙醚和碱溶液	无色晶体，有苯酚气味
1,2-二氯乙烷	10.45(20)	1.257	难溶于水，溶于乙醇和乙醚等许多有机溶剂，能溶解油和脂肪	无色或浅黄色的透明中性液体，易挥发，有氯仿的气味，有剧毒
甲　胺	11.41(−10)	相对密度 0.699(−11 ℃)	易溶于水，溶于乙醇、乙醚	无色气体，有氨的气味
邻甲酚	11.5(25)	1.046 5	溶于水、乙醇、乙醚和碱溶液	无色晶体，有强烈的苯酚气味

溶　剂	介电常数 (温度/℃)	密度 /(g·cm⁻³)	溶解性	一般性质
间甲酚	11.8(25)	1.034	稍溶于水,溶于乙醇、乙醚和苛性碱溶液	无色或淡黄色液体,有苯酚气味
吡啶	12.3(25)	0.978	溶于水、乙醇、乙醚、苯、石油醚和动植物油	无色或微黄色液体,有特殊的气味
乙二胺	12.9(20)	0.899 4	溶于水和乙醇,不溶于乙醚和苯	有氨气味的无色、透明、黏稠液体
苄醇	13.1(20)	1.045 35	稍溶于水,能与乙醇、乙醚、苯等混溶	无色液体,稍有芳香气味
4-甲基-2-戊酮	13.11(20)	0.801 0	溶于乙醇、苯、乙醚等	无色液体,具有氯仿的微甜气味
环己醇	15.0(25)	0.962 4	稍溶于水,溶于乙醇、乙醚、苯、二硫化碳和松节油	无色晶体或液体,有樟脑和杂醇油的气味
正丁醇	17.1(25)	0.809 8	溶于水,能与乙醇、乙醚混溶	有酒气味的无色液体
二氧化硫(l)①	17.4(-19)	液体的相对密度1.434(0℃)	溶于水而部分变成亚硫酸。溶于乙醇和乙醚	无色、有刺激性气味的气体
环己酮	18.3(20)	0.947 8	微溶于水,较易溶于乙醇和乙醚	有丙酮气味的无色、油状液体
异丙醇	18.3(25)	0.785 1	溶于水、乙醇和乙醚	有像乙醇气味的无色、透明液体
丁酮	18.51(20)	0.806 1	溶于水、乙醇和乙醚,可与油类混溶	无色、易燃液体,有丙酮气味
乙酸酐	20.7(19)	1.082 0	溶于乙醇,并在溶液中分解成乙酸乙酯。溶于乙醚、苯、氯仿	有刺激性气味和催泪作用的无色液体
丙酮	20.70(25)	0.789 8	能与水、甲醇、乙醇、乙醚、氯仿、吡啶等混溶。能溶解油脂肪、树脂和橡胶	无色的易挥发和易燃液体,有微香气味
NH₃(l)	22(-34)	0.771 0	溶于水、乙醇、乙醚	无色气体,有强烈的刺激气味

续表

溶 剂	介电常数 (温度/℃)	密度 /(g·cm⁻³)	溶解性	一般性质
乙 醇	23.8(25)	0.789 3	溶于水、甲醇、乙醚和氯仿	有酒的气味和刺激的辛辣滋味,无色、透明的易挥发和易燃液体
硝基乙烷	28.06(30)	1.044 8(25 ℃)	稍溶于水,能与乙醇和乙醚混溶	无色液体
二甘醇	31.69(20)	相对密度 1.118 4(20/20 ℃)	与酸酐作用时生成酯,与烷基硫酸酯或卤代烃作用生成醚。主要用作气体脱水剂和萃取剂,也用作纺织品的软化剂和整理剂	无色、无臭、黏稠液体,有吸湿性,无腐蚀性
1,2-丙二醇	32.0(20)	dl体②1.036 1 (25 ℃);d体②1.04	是油脂、石蜡、树脂、染料和香料等的溶剂,也用作抗冻剂、润滑剂、脱水剂等	无色、黏稠液体,有吸湿性,微有辣味
甲 醇	33.1(25)	0.791 5	能与水和多数有机溶剂混溶	无色的易挥发或易燃的液体
硝基苯	34.82(25)	1.203 7(20 ℃)	几乎不溶于水,与乙醇、乙醚或苯混溶	无色至淡黄色的油状液体。有像杏仁油的特殊气味
硝基甲烷	35.87(30)	1.137	用作火箭燃料和硝酸纤维素、乙酸纤维素等的溶剂,炸药及火箭燃料的成分,染料、农药合成原料,锕系元素提取溶剂,缓血酸铵的医药中间体	溶于乙醇、水和碱溶液
N,N-二甲基甲酰胺	36.71(25)	0.948 7	能与水和大多数有机溶剂,以及许多无机液体混溶	无色液体,有氨的气味
乙 腈	37.5(20)	0.782 8	溶于水、乙醇、甲醇、乙醚、丙酮、苯、乙酸甲酯、乙酸乙酯、氯仿、氯乙烯、四氯化碳	有芳香气味的无色液体
N,N-二甲基乙酰胺	37.78(25)	0.943 4	能与水和一般有机溶剂混溶	高极性的无色或几乎无色液体
糠 醛	38(25)	1.159 8	溶于水,与乙醇和乙醚混溶	纯品是无色液体,有特殊香味

溶 剂	介电常数 (温度/℃)	密度 /(g·cm⁻³)	溶解性	一般性质
乙二醇	38.66(20)	1.113 2	能与水、乙醇、丙酮混溶,微溶于乙醚	有甜味的无色、黏稠液体。无气味
甘 油	42.5(25)	1.261 3	可与水以任何比例混溶,能降低水的冰点。有极大的吸湿性。稍溶于乙醇和乙醚,不溶于氯仿	无色、无臭而有甜味的黏稠液体
环丁砜	43.3(30)	1.260 6	与水、丙酮、甲苯混溶;与辛烷、烯烃剂萘部分混溶	无色液体
二甲亚砜	48.9(20)	1.100	溶于水、乙醇、丙酮、乙醚、苯和三氯甲烷,是一种既溶于水又溶于有机溶剂的极为重要的非质子极性溶剂。对皮肤有极强的渗透性,有助于药物向人体渗透	强吸湿性液体,无色、无臭
丁二腈	56.6(57.4)	相对密度 1.022(25/4 ℃)	溶于水,更易溶于乙醇和乙醚,微溶于二硫化碳和正己烷	无色、蜡状固体
乙酰胺	59(83)	1.159	溶于水(1 g/0.5 mL)、乙醇(1 g/2 mL)、吡啶(1 g/6 mL),几乎不溶于乙醚	无臭、无味、无色晶体
H₂O	80.103(20)	相对密度 0.999 87(0 ℃)	是一种最重要的溶剂,用途广泛	无臭、无味液体,浅层时几乎无色,深层时呈蓝色
乙二醇碳酸酯	89.6(40)	1.321 8(39 ℃)	能与乙醇、乙酸乙酯、苯、氯仿和热水(40 ℃)混溶。溶于乙醚、丁醇和四氯化碳	无色、无臭固体
甲酰胺	111.0(20)	1.133 40	溶于水、甲醇、乙醇和二元醇,不溶于烃类和乙醚	无色、油状液体

注:① (l)代表液体形态。

② l体、d体、dl体为3种异构体,分别代表左旋体、右旋体、外消旋体。

附录九　常见基团的红外吸收特征频率

类　　型	基　　团	频　率/cm^{-1}	吸收强度
烷　基	C—H(伸缩)	2 853～2 962	M～S
	—CH(CH$_3$)$_2$	1 380～1 385 及 1 365～1 370	S
	—C(CH$_3$)$_3$	1 385～1 395 及～1 365	M
烯　基	C—H(伸缩)	3 010～3 095	M
	C＝C	1 620～1 680	不　定
	R—CH＝CH$_2$	985～1 000 及 905～920	S
	R$_2$C＝CH$_2$ (C—H 面外弯曲振动)	880～900	S
	(Z)RCH＝CHR	675～730	S
	(E)RCH＝CHR	960～975	S
炔　基	≡C—H(伸缩)	～3 300	M
	C≡C(伸缩)	2 100～2 260	不　定
芳香烃	AR—H 芳香烃取代类型 (C—H 面外弯曲振动)	～3 030	不　定
	一取代	690～710 及 730～770	S
	邻二取代	735～770	S
	间二取代	680～725 及 750～810	S
	对二取代	790～840	S
醇、酚和羧酸	O—H(醇、酚)	3 200～3 600	宽,S
	O—H(羧酸)	2 500～3 600	宽,S
醛、酮、酯和羧酸	C＝O(伸缩)	1 690～1 750	VS
胺	N—H	3 300～3 500	M
氰	C≡N	2 200～2 600	M

注:VS 表示"非常强",S 表示"强",M 表示"中等"。

附录十　常用油井水泥减轻剂加量和适宜密度范围

减轻剂名称	密度/(g·cm^{-3})	加量范围/%	水泥浆密度范围/(g·cm^{-3})
膨润土	2.65	2～32	1.38～1.77
凹凸棒土	2.65	2～32	1.38～1.77
硅藻土	2.10	10～40	1.33～1.55
珍珠岩	2.40	8～25	1.31～1.53
粉煤灰	2.10～2.60	25～100	1.55～1.70
海泡石抗盐土	1.80～1.90	2～30	1.38～1.77
空心玻璃微珠	0.42～0.70	10～60	0.72～1.50
空心陶瓷微珠	0.42～0.70	10～60	0.72～1.50
超细硅粉	2.50～2.60	10～40	1.50～1.80
空　气	—	—	0.84～1.44
氮　气	—	—	0.84～1.44

参 考 文 献

[1] 赵福麟.油田化学[M].2 版.东营:中国石油大学出版社,2015.

[2] 王业飞,赵福麟.应用物理化学[M].北京:中国石化出版社,2019.

[3] 王业飞,葛际江,黄维安,等.油田化学工程与应用[M].青岛:中国石油大学出版社,
    2018.

[4] 胡应喜.基础化学实验[M].北京:石油工业出版社,2009.

[5] 关淑霞,刘继伟,张志秋.分析化学实验[M].北京:石油工业出版社,2015.

[6] 赵振波,柳翱,孙国英,等.工科基础化学实验[M].北京:化学工业出版社,2015.

[7] 武世新,杨红丽,刘阿妮.油田化学实训指导书[M].西安:西北工业大学出版社,2016.

[8] 严思明,陈馥,韩利娟.油田应用化学实验教程[M].北京:化学工业出版社,2011.

[9] 熊青山,谢齐平,欧阳传湘,等.石油工程专业实验指导书[M].2 版.东营:中国石油大
    学出版社,2014.

[10] 刘东,殷长龙,周家顺.石油化学实验教程[M].青岛:中国石油大学出版社,2019.

[11] 环境保护部.水质 化学需氧量的测定 重铬酸盐法:HJ 828—2017[S].北京:中国环境
    科学出版社,2017.

[12] 赵明国,党庆功.石油工程实验[M].北京:石油工业出版社,2014.

[13] 李春兰.石油工程实验指导书[M].东营:中国石油大学出版社,2009.

[14] 张荣明,张娜,艾立玲.油田应用化学实验[M].北京:石油工业出版社,2021.

[15] 赵子刚.石油工程实验[M].哈尔滨:哈尔滨工业大学出版社,2012.

[16] 宋文玲,马文国.提高石油采收率实验教程[M].北京:石油工业出版社,2015.

[17] 李金灵,张黎,李聚源.普通化学实验[M].3 版.北京:化学工业出版社,2020.

[18] 李蕾,马红霞,曹红,等.化学基本操作技术实验[M].北京:化学工业出版社,2014.

[19] 周昕,罗虹,刘文娟.大学实验化学[M].3 版.北京:科学出版社,2019.

[20] 吕丹,厉安昕,吴晓艺.大学化学实验(Ⅲ)——有机化学实验[M].北京:化学工业出
    版社,2020.

[21] 刁国旺,刘巍,韩莹,等.新编大学化学实验(一)——基础知识与仪器[M].北京:化学
    工业出版社,2016.

[22] 陶文亮,汤洪敏,杨玉琼.基础化学实验[M].北京:科学出版社,2017.

[23] 龚剑,占永革.常用玻璃容量瓶容量测量结果不确定度评定[J].广州大学学报(自然

科学版),2011,10(2):85-87.

[24] 黄雷.实验仪器容量瓶使用探究[J].实验教学与仪器,2017,34(4):30-31.

[25] 张志清,谷田平,戴金桥.影响容量瓶校准结果的因素分析[J].工业计量,2013,23(1):48-50.

[26] 黄安源.油气运输过程中水合物的抑制[D].中国石油大学,2011.

[27] 环境保护部.水质 五日生化需氧量(BOD5)的测定 稀释与接种法:HJ 505—2009[S].北京:中国环境科学出版社,2009.

[28] 国家标准局.石油产品运动粘度测定法和动力粘度计算法:GB/T 265—1988[S].北京:中国标准出版社,1989.

[29] 中华人民共和国国家质量监督检验检疫总局,中国国家标准化管理委员会.分析实验室用水规格和试验方法:GB/T 6682—2008[S].北京:中国标准出版社,2008.

[30] 国家能源局.钻井液试验用土:SY/T 5490—2016[S].北京:石油工业出版社,2016.

[31] 国家能源局.水基压裂液技术要求:SY/T 7627—2021[S].北京:石油工业出版社,2022.

[32] 国家能源局.水力压裂和砾石充填作业用支撑剂性能测试方法:SY/T 5108—2014[S].北京:石油工业出版社,2015.

[33] 国家石油和化学工业局.化学防砂人工岩心抗折强度、抗压强度及气体渗透率的测定:SY/T 5276—2000[S].北京:石油工业出版社,2001.

[34] 国家能源局.碎屑岩油藏注水水质指标技术要求及分析方法:SY/T 5329—2022[S].北京:石油工业出版社,2023.

[35] 国家能源局.油田注入水细菌分析方法 绝迹稀释法:SY/T 0532—2012[S].北京:石油工业出版社,2012.

[36] 国家能源局.压裂支撑剂导流能力测试方法:SY/T 6302—2019[S].北京:石油工业出版社,2020.